Burkhard Schiek · Heinz-Jürgen Siweris
Rauschen in Hochfrequenzschaltungen

ELTEX

Studientexte Elektrotechnik

Herausgegeben von
Dr.-Ing. Reinhold Pregla
Universitäts-Professor an der Fernuniversität, Hagen

In der Reihe „ELTEX" sind bisher erschienen:

Blume, Siegfried: Theorie elektromagnetischer Felder
Goser, Karl: Großintegrationstechnik, Teil 1
Handschin, Edmund: Elektrische Energieübertragungssysteme
Khoramnia, Ghassem: Einführung in die elektrische Energietechnik (Arbeitsbuch)
Klepp, Horst und Lehmann, Theodor: Technische Mechanik, 2 Bände
Peier, Dirk: Einführung in die elektrische Energietechnik
Pregla, Reinhold: Grundlagen der Elektrotechnik, 2 Bände
Schiek, Burkhard: Meßsysteme der Hochfrequenztechnik
Schiek, Burkhard und Siweris, Heinz-Jürgen: Rauschen in Hochfrequenzschaltungen
Schneeweiß, Winfrid: Grundbegriffe der Graphentheorie
Schünemann, Klaus und Hintz, Adrian: Bauelemente und Schaltungen der Hochfrequenztechnik, Teil 1
Unger, Hans-Georg: Elektromagnetische Theorie für die Hochfrequenztechnik, 2 Bände
Unger, Hans-Georg: Optische Nachrichtentechnik, 2 Bände
Unger, Hans-Georg: Elektromagnetische Wellen auf Leitungen
Voges, Edgar: Hochfrequenztechnik, 2 Bände
Walke, Bernhard: Datenkommunikation I, 2 Bände
Wendland, Broder: Fernsehtechnik, Band I
Wupper, Horst: Grundlagen elektronischer Schaltungen
Wupper, Horst: Einführung in die digitale Signalverarbeitung

In Vorbereitung:

Goser, Karl: Großintegrationstechnik, Teil 2
Locher, Franz: Numerische Mathematik
Schünemann, Klaus und Hintz, Adrian: Bauelemente und Schaltungen der Hochfrequenztechnik, Teil 2
Wendland, Broder: Fernsehtechnik, Band II

Rauschen in Hochfrequenzschaltungen

von Prof. Dr.-Ing. Burkhard Schiek
und Dr.-Ing. Heinz-Jürgen Siweris

Hüthig Buch Verlag Heidelberg

Burkhard Schiek

geboren am 14.10.1938 in Elbing, Ostpreußen. 1958–1964 Studium Elektrotechnik an der Technischen Universität Braunschweig, anschließend wissenschaftlicher Mitarbeiter und Assistent am Institut für Hochfrequenztechnik der TU Braunschweig bis 1969. 1966 Promotion. 1969–1978 wissenschaftlicher Mitarbeiter beim Philips Forschungs-Laboratorium Hamburg-Stellingen. Seit 1978 Professor an der Fakultät für Elektrotechnik – Institut für Hoch- und Höchstfrequenztechnik – der Ruhr-Universität Bochum. Arbeitsgebiete: Hochfrequenztechnik, Mikrowellentechnik, Hochfrequenz-Meßtechnik.

Heinz-Jürgen Siweris

geboren am 26.06.1953 in Oberhausen. 1973–1978 Studium der Elektrotechnik an der Ruhr-Universität Bochum. 1979–1985 wissenschaftlicher Mitarbeiter am Institut für Hoch- und Höchstfrequenztechnik der Ruhr-Universität Bochum. 1987 Promotion. Seit 1985 wissenschaftlicher Mitarbeiter in den Forschungslaboratorien der Siemens AG in München.

CIP-Titelaufnahme der Deutschen Bibliothek

Schiek, Burkhard:
Rauschen in Hochfrequenzschaltungen / von Burkhard Schiek
u. Heinz-Jürgen Siweris. – Heidelberg : Hüthig, 1990
  (Eltex)
  ISBN 3-7785-2007-5
NE: Siweris, Heinz-Jürgen:

© 1990 Hüthig Buch Verlag GmbH, Heidelberg
Printed in Germany

Vorwort

Elektrisches Rauschen begrenzt im allgemeinen die Empfindlichkeit und Auflösung von Nachrichtensystemen, Navigationssystemen, Meßsystemen und ähnlichen elektronischen Systemen. Dieses Buch möchte den Leser mit den wichtigsten Rauschmechanismen, mit ihrer Darstellung durch Ersatzquellen und mit Berechnungsverfahren für das Rauschen in elektrischen Schaltungen bekannt machen.

Die Auswirkungen des Rauschens in hochfrequenztechnischen Systemen sind nicht immer einfach zu überblicken. Es bestehen zum Teil komplizierte Wechselwirkungen mit den anderen Schaltungsparametern. Ferner ist häufig nicht nur ein einziger Rauschvorgang zu berücksichtigen, sondern es können mehrere verschiedene Prozesse zusammenwirken. Ein Beispiel dafür ist das Rauschen in Frequenzkonvertern beziehungsweise Mischern. Um eine empfindliche Eingangsstufe zu erhalten, sollte die Rauschzahl, welche ein Maß für das Eigenrauschen des Systems ist, möglichst niedrig sein. Die Gesamtrauschzahl läßt sich verbessern, wenn vor den eigentlichen Mischer ein rauscharmer Vorverstärker geschaltet wird. Weist dieser Vorverstärker jedoch keine sehr große Verstärkung auf, dann kann gemäß der Kaskadenformel die Gesamtrauschzahl von Vorverstärker und Mischer noch nennenswert durch den Mischer verschlechtert werden. Oftmals aber wird aus Gründen einer einfachen Lösung oder einer möglichst großen Dynamik auf den Vorverstärker verzichtet. Dann ist eine niedrige Rauschzahl des Mischers besonders wichtig. Wenn die Zwischenfrequenz des Mischers niedrig ist, dann kann das sogenannte Funkel- oder $1/f$-Rauschen die Rauschzahl des Mischers wesentlich erhöhen. Eine erhöhte Rauschzahl kann auch im Misch- oder Lokaloszillator begründet liegen. So ist es möglich, daß der Mischer nicht ausreichend balanciert ist und daß demoduliertes Amplitudenrauschen des Mischoszillators die Rauschzahl des Mischers erhöht. Man beobachtet eine Erhöhung der Rauschzahl auch dann, wenn Phasen- oder Frequenzrauschen des Mischoszillators im Mischer ungewollt diskriminiert wird. Um die störenden Auswirkungen des Rauschens im Gesamtsystem zu minimieren, benötigt man die Kenntnis all dieser Rauschmechanismen sowie ihrer Wechselwirkungen und Abhängigkeiten.

Es ist ein Anliegen dieses Textes, ein qualitatives und quantitatives Verständnis für Rauschphänomene in linearen und nichtlinearen Hochfrequenzschaltungen zu vermitteln. Das vorliegende Buch erhebt keinen Anspruch darauf, vollständig etwa im Sinne eines Nachschlagewerkes zu sein. Auf eine detaillierte Behandlung der physikalischen Ursachen des Rauschens, wie etwa die Herleitung der Bezeichung für die verfügbare Rauschleistung von thermisch rauschenden Widerständen, wird verzichtet.

Die Übungsaufgaben sind unterschiedlich schwierig. Auch wenn man bei einigen Übungsaufgaben nicht die Muße finden sollte, sie selbständig zu lösen, empfiehlt es sich, einige Zeit über einen möglichen Lösungsweg nachzudenken, bevor man sich den am Ende des Textes beschriebenen Lösungsweg anschaut. Man beachte auch, daß es gelegentlich mehrere Lösungsmöglichkeiten für eine bestimmte Aufgabe geben kann.

Der vorliegende Text ist aus der Vorlesung "Rauschen in Hochfrequenz-schaltungen und Oszillatoren" entstanden, die der erstgenannte Autor seit 1979 regelmäßig an der Fakultät für Elektrotechnik der Ruhr-Universität Bochum für Hörer vom 6. Semester an hält. Zu dieser Vorlesung entstand zunächst ein Vorlesungsskript. Hierauf aufbauend schrieben die Autoren einen Fernstudienkurs, der seit 1989 an der FernUniversität Hagen einge-setzt wird.

Ein überarbeiteter Text wurde im Zentrum für Fernstudienentwicklung (ZFE) der FernUniversität Hagen auf einem Textverarbeitungssystem neu geschrieben und gestaltet. Unser besonderer Dank gilt den Mitarbeitern des ZFE, insbesondere Frau Claudia Barcarolo, Frau Monika Giebeler, Herrn Peter Becker und Herrn Reinhard Rollbusch, die bei der Erstellung der Druckvorlagen und Zeichnungen, durch Korrekturlesungen und Verbesserungsvorschläge mitgewirkt haben.

Durch Diskussionen und Rechnungen, insbesondere bei den Übungsauf-gaben, haben zu diesem Buch wesentlich die Herren Dip. Ing. Hermann-Josef Eul und cand.ing. Stefan Büchmann beigetragen. Für ihre Mithilfe möchten wir herzlich danken. Des weiteren gilt unser Dank für Korrektur-lesungen sowie das Schreiben von Texten und das Zeichnen von Bildern: Frau cand.ing. Petra Grünendick, Frau Martina Krampe, Frau Ina Kommorowski, Frau cand.ing. Karin Wendland, Herrn cand.ing. Peter Lüßenhop und Herrn cand.ing. Martin Vossiek.

Viele Studenten aus den Vorlesungen haben durch kritische Fragen und durch Anregungen geholfen, die Darstellung im Text zu verbessern.

Unser Dank gilt auch Herrn Prof. R. Pregla, dem Herausgeber dieser Reihe, für seine ständige Förderung und Anteilnahme beim Entstehen dieses Textes.

Burkhard Schiek
Heinz-Jürgen Siweris

Bochum und München, im Februar 1990

Inhaltsverzeichnis

		Seite
	Literaturverzeichnis	XII
	Vorbemerkung zur Kurseinheit 1	1
	Studienziele zur Kurseinheit 1	2
1	**Mathematische und systemtheoretische Grundlagen**	**3**
1.1	Einführung	3
1.1.1	Technische Bedeutung des Rauschens	3
1.1.2	Physikalische Ursache des Rauschens	3
1.1.3	Allgemeine Eigenschaften von Rauschsignalen	5
1.2	Mathematische Grundlagen	6
	zur Beschreibung von Rauschsignalen	
1.2.1	Stochastischer Prozeß und Wahrscheinlichkeitsdichte	6
1.2.2	Verbundwahrscheinlichkeitsdichte und	9
	bedingte Wahrscheinlichkeitsdichte	
1.2.3	Mittelwerte und Momente	10
1.2.4	Auto- und Kreuzkorrelationsfunktion	12
1.2.5	Beschreibung von Rauschsignalen im Frequenzbereich	14
1.2.6	Die charakteristische Funktion und der zentrale Grenz-	16
	wertsatz	
1.2.7	Zusammenhang zwischen Momenten verschiedener Ordnung	22
1.3	Übertragung von Rauschsignalen über lineare Netzwerke	24
1.3.1	Impulsantwort und Übertragungsfunktion	24
1.3.2	Transformation von Autokorrelationsfunktion	26
	und Leistungsspektrum	
1.3.3	Korrelation zwischen Eingangs- und Ausgangsrauschen	28
1.3.4	Überlagerung von teilweise korrelierten Rauschsignalen	29
	Vorbemerkung zur Kurseinheit 2	33
	Studienziele zur Kurseinheit 2	34
2	**Rauschen von Ein- und Zweitoren**	**35**
2.1	Rauschen von Eintoren	35
2.1.1	Thermisches Rauschen von Widerständen	35
2.1.2	Netzwerke aus Widerständen gleicher Temperatur	36
2.1.3	Der RC-Kreis	37
2.1.4	Thermisches Rauschen komplexer Impedanzen	38
2.1.5	Verfügbare Rauschleistung und äquivalente Rausch-	40
	temperatur	
2.1.6	Netzwerke mit inhomogener Temperaturverteilung	42
2.1.7	Das Dissipationstheorem	43
2.2	Rauschen von Zweitoren	47

		Seite
2.2.1	Beschreibung des Eigenrauschens durch Strom- und Spannungsquellen	47
2.2.2	Ersatzrauschquellen bei thermisch rauschenden Vierpolen homogener Temperatur	51
2.2.3	Beschreibung des Eigenrauschens durch Wellen	55
2.2.4	Rauschen von Zirkulatoren und Isolatoren	56
2.2.5	Rauschwellen bei thermisch rauschenden Vierpolen homogener Temperatur	57
2.2.6	Ersatzrauschwellen bei linearen Verstärkern	63
2.3	Die Rauschzahl von linearen Zweitoren	64
2.3.1	Definition der Rauschzahl	65
2.3.2	Berechnung der Rauschzahl aus Ersatzschaltungen	68
2.3.3	Die Rauschzahl thermisch rauschender Zweitore	71
2.3.4	Kaskadenformel für hintereinander geschaltete Zweitore	74
2.3.5	Rauschanpassung	78
	Vorbemerkung zur Kurseinheit 3	85
	Studienziele zur Kurseinheit 3	86
3	**Messung von Rauschkenngrößen**	**88**
3.1	Messung der Kreuzkorrelationsfunktion und des Kreuzspektrums	89
3.2	Eine anschauliche Deutung der Korrelation	93
3.3	Messung der äquivalenten Rauschtemperatur eines Eintores	94
3.3.1	Grundschaltung	94
3.3.2	Fehler bei der Rauschleistungsmessung	97
3.4	Spezielle Radiometerschaltungen	100
3.4.1	Das Dicke-Radiometer	100
3.4.2	Probleme bei fehlangepaßten Meßobjekten	103
3.4.3	Kompensationsradiometer	107
3.4.4	Korrelationsradiometer	115
3.4.5	Grundsätzliche Fehler bei Rauschleistungs- bzw. Rauschtemperaturmessungen	121
3.4.6	Grundsätzliche Fehler bei einem Korrelationsradiometer bzw. Korrelator	124
3.5	Messung der Rauschzahl	125
	Vorbemerkung zur Kurseinheit 4	129
	Studienziele zur Kurseinheit 4	130
4	**Rauschen von Dioden und Transistoren**	**131**
4.1	Schrotrauschen	131

		Seite
4.2	Schrotrauschen von Schottky-Dioden	137
4.3	Schrotrauschen von pn-Dioden	141
4.4	Rauschen von PIN-Dioden	142
4.5	Rauschersatzschaltbilder von bipolaren Transistoren	145
4.6	Rauschen von Feldeffekttransistoren	152
4.6.1	Statische Kennlinie und Kleinsignalverhalten	153
4.6.2	Thermisches Rauschen des inneren FET	159
4.6.3	Die Rauschzahl des vollständigen FET	167
	Vorbemerkung zur Kurseinheit 5	173
	Studienziele zur Kurseinheit 5	175
5	**Parametrische Schaltungen**	**176**
5.1	Parametrische Rechnung	176
5.2	Abwärtsmischer mit Schottky-Dioden	179
5.3	Rauschersatzschaltungen von gepumpten Schottky-Dioden	187
5.4	Die Rauschzahl von Abwärtsmischern mit Schottky-Dioden	195
5.4.1	Der balancierte Mischer	197
5.5	Die Rauschzahl von Abwärtsmischern mit Feldeffekt-transistoren	199
5.6	Rauschzahlmessungen an Abwärtsmischern	202
5.7	Rauschzahl eines parametrischen Verstärkers	203
5.7.1	Kennlinie und Kenngrößen von Sperrschichtvaraktoren	203
5.7.2	Parametrischer Betrieb eines Varaktors	207
5.7.3	Der parametrische Verstärker	209
5.7.4	Die Rauschzahl des parametrischen Verstärkers	212
5.8	Gleichlageaufwärtsmischer mit Varaktoren	215
	Vorbemerkung zur Kurseinheit 6	217
	Studienziele zur Kurseinheit 6	218
6	**Rauschen in nichtlinearen Zweitoren**	**219**
6.1	Einführung	219
6.2	Probleme der Rauschcharakterisierung nichtlinearer Zweitore	220
6.3	$1/f$-Rauschen	222
6.4	Amplituden- und Phasenrauschen	224
6.4.1	Rauschmodulation	224
6.4.2	Sinusförmige Amplituden- und Phasenmodulation	225
6.4.3	Spektren des Amplituden- und Phasenrauschens	227
6.5	Die normierte Einseitenbandrauschleistung	231
6.6	Amplituden- und Phasenrauschen von Verstärkern	232

		Seite
6.7	Übertragung von Amplituden- und Phasenschwankungen über nichtlineare Zweitore	236
6.7.1	Die Konversionsmatrix	236
6.7.2	Großsignalverstärker	240
6.7.3	Frequenzvervielfacher und -teiler	242
6.8	Messung des Phasenrauschens	244
	Vorbemerkung zur Kurseinheit 7	249
	Studienziele zur Kurseinheit 7	250
7	**Rauschen von Oszillatoren**	**251**
7.1	Eintor- und Zweitoroszillatoren	251
7.2	Schwingbedingung	252
7.3	Rauschen	255
7.3.1	Amplituden- und Phasenschwankungen in nicht-linearen Netzwerken	255
7.3.2	Übertragung von Amplituden- und Phasenschwankungen durch lineare Netzwerke	257
7.3.3	Oszillatorrauschen	259
7.4	Die Stabilitätsbedingung	262
7.5	Beispiele	263
7.5.1	Eintoroszillator mit Serienschwingkreis	263
7.5.2	Zweitoroszillator mit Transmissionsresonator	269
7.6	Störende Auswirkungen des Oszillatorrauschens	275
7.6.1	Heterodynempfang	275
7.6.2	Entfernungsmessung	277
7.6.3	Geschwindigkeitsmessung	278
7.6.4	Nachrichtenübertragung durch Frequenz- oder Phasenmodulation	280
7.6.5	Meßsystem für die Gasspektroskopie	281
7.7	Verfahren zur Reduzierung des Phasenrauschens	282
7.7.1	Phasensynchronisation	283
7.7.2	Phasenregelkreise	290
7.8	Messung des Oszillatorrauschens	295
7.8.1	Amplitudenrauschen	295
7.8.2	Phasenrauschen	297
	Lösungen der Übungsaufgaben (Kapitel 1)	307
	Lösungen der Übungsaufgaben (Kapitel 2)	317
	Lösungen der Übungsaufgaben (Kapitel 3)	339
	Lösungen der Übungsaufgaben (Kapitel 4)	363

	Seite
Lösungen der Übungsaufgaben (Kapitel 5)	373
Lösungen der Übungsaufgaben (Kapitel 6)	388
Lösungen der Übungsaufgaben (Kapitel 7)	400
Stichwortverzeichnis	413

Literaturverzeichnis

[1] BITTEL, Storm: *Rauschen*, Springer, 1971

[2] VAN DER ZIEL: *Noise*, Chapman and Hall, 1955

[3] VAN DER ZIEL: *Noise, Sources, Characterisation, Measurement*, Prentice Hall, 1970

[4] BENEKING: *Praxis des elektronischen Rauschens*, BI, 1969

[5] HENNE: *Rauschkenngrößen der Antennen, HF- und NF-Verstärker*, Oldenbourg, 1972

[6] DAVENPORT, ROOT: *An Introduction to the Theory of Random Signals and Noise*, McGraw-Hill, 1958

[7] PAPAOULIS: *Probability, Random Variables and Stochastic Processes*, McGraw-Hill, 1965

[8] MÜLLER: *Rauschen*, Springer, Berlin, 1969

[9] PAPAOULIS: *Signal Analysis*, McGraw-Hill, 1977

[10] SCHWARTZ: *Information, Transmission, Modulation and Noise*, McGraw-Hill, 1970

[11] LANDSTORFER, GRAF: *Rauschprobleme der Nachrichtentechnik*; Oldenbourg, München, 1981

[12] VOGES: *Hochfrequenztechnik*; Hüthig, Heidelberg, 1986

[13] SCHIEK: *Meßsysteme der Hochfrequenztechnik*, Hüthig, Heidelberg, 1984

[14] SCHYMURA: *Rauschen in der Nachrichtentechnik*, Hüthig & Pflaum, München/Heidelberg, 1978

[15] CATTERMOLE, O'REILLY: *Rauschen und Stochastik in der Nachrichtentechnik*, VCH Verlag, Weinheim, 1988

Vorbemerkung zur Kurseinheit 1

In dieser Kurseinheit sollen die wichtigsten mathematisch-statistischen und systemtheoretischen Grundlagen für die folgenden Kurseinheiten, wie sie dort gebraucht werden, besprochen werden. Eine gewisse Vertrautheit des Lesers mit Wahrscheinlichkeitsrechnung und Statistik sowie Systemtheorie wird jedoch vorausgesetzt.

In diesem Kurs sollen ganz überwiegend zeitkontinuierliche Rauschsignale betrachtet werden, also Rauschsignale wie sie in der Regel in hochfrequenten Schaltungen auftreten.

Über den zeitlichen Verlauf eines Rauschsignals kann man im allgemeinen keine Voraussagen treffen, vielmehr nur über Mittelwerte des Rauschvorganges, zum Beispiel über den quadratischen Mittelwert, also die mittlere Leistung. Als eine besonders wichtige Beschreibung von Rauschsignalen wird sich die Rauschleistung pro Bandbreite, das sogenannte Spektrum, erweisen. Diese spektrale Darstellung ist gerade in der Hochfrequenztechnik sehr nützlich und gebräuchlich. Es ist daher das Ziel einer Rauschbetrachtung, an jeder Stelle einer Schaltung oder eines ganzen Systems die spektrale Verteilung der Rauschleistung, d.h. das Spektrum, quantitativ zu erfassen. Dazu kann man entweder versuchen, das Spektrum in der Schaltung zu berechnen oder aber zu messen, beides muß jedoch richtig durchgeführt werden. Am besten ist es, sowohl zu messen als auch zu rechnen und beide Resultate zur Übereinstimmung zu bringen. Wenn man das erreicht hat, dann kann man einigermaßen sicher sein, daß man die Rauschphänomene in der Schaltung oder dem System verstanden hat und ist dann oft in der Lage, Wege zu bedenken, wie das Rauschen verringert werden kann. Ob es überhaupt weiter verringert werden muß, hängt davon ab, wie groß die Nutzsignale in der Schaltung sind und welches Verhältnis von Nutzsignal zu Rauschsignal erforderlich ist. Wir werden sehen, daß wir diese Fragen im großen und ganzen beantworten können, aber zunächst benötigen wir dazu einige Grundlagen, die in der ersten Kurseinheit besprochen werden sollen. Ein wesentliches Ergebnis dieser ersten Kurseinheit wird sein, daß das Spektrum gemäß dem Betragsquadrat der zugehörigen komplexen Übertragungsfunktion innerhalb einer Schaltung transformiert wird. Wir werden später sehen, daß dieser Aussage eine große Bedeutung für eine Rauschanalyse zukommt.

Studienziele zur Kurseinheit 1

Nach dem Durcharbeiten dieser Kurseinheit sollten Sie

▸ wissen, daß Auto- oder Kreuzkorrelationsfunktion bzw. Auto- oder Kreuzspektrum ein Paar von Fouriertransformierten sind;

▸ daß aber von einem Rausch*signal* keine Fouriertransformierte existiert;

▸ verstanden haben, daß bei Rauschrechnungen eine Kenntnis über die Korrelation der betreffenden Rauschgrößen erforderlich ist;

▸ jedoch eingesehen haben, daß die Korrelation allein mit Hilfe der komplexen Zeigerdarstellung im allgemeinen nicht bestimmt werden kann;

▸ die große Bedeutung der Gaußverteilung aufgrund des zentralen Grenzwertsatzes erkannt haben;

▸ nachvollzogen haben, daß die Berechnung von verschiedenen Mittelwerten über Scharmittelwerte für uns vor allem ein Hilfsmittel ist, um entsprechende Zeitmittelwerte berechnen zu können;

▸ sich erinnern, daß nur bei einer Gaußverteilung Momente höherer Ordnung aus dem Moment 2. Ordnung berechnet werden können.

1 Mathematische und systemtheoretische Grundlagen

1.1 Einführung

1.1.1 Technische Bedeutung des Rauschens

Der Begriff des Rauschens ist der Empfindung entlehnt, die man hat, wenn elektrische Schwankungserscheinungen im hörbaren Bereich ausreichend verstärkt auf einen Lautsprecher gegeben werden. Allgemein bekannt ist dieses Phänomen zum Beispiel bei einem Rundfunkempfänger. Der Begriff Rauschen wurde in der Folge auch auf nicht hörbare Frequenzbereiche ausgedehnt. Die Ursachen des elektrischen Rauschens sind im allgemeinen Schwankungserscheinungen von Strömen und Spannungen in den Verstärkerschaltungen. Als eine störende Erscheinung begrenzt Rauschen die Empfindlichkeit von nachrichtentechnischen Empfängern beziehungsweise deren Übertragungskapazität. Es begrenzt die Genauigkeit von Meßsystemen. Ohne Rauschen könnte man Sendeleistungen soweit verringern, wie es die auch stets vorhandene Einkopplung anderer Übertragungskanäle zuläßt. Das elektrische Rauschen hat daher einen großen Einfluß auf die Systemauslegung und damit die Kosten.

Rauschen als Störung

Anderseits enthält Rauschen als Naturerscheinung häufig auch nützliche Information. Mit Hilfe des thermischen Rauschens lassen sich Temperaturmessungen durchführen, mit Antennen auch berührungslos und über größere Entfernungen (*Remote sensing*, Fernerkundung). In der Radioastronomie geben schwache Rauschsignale Auskunft über Moleküle in fernen Galaxien. In elektronischen Bauelementen läßt der Frequenzgang und die Größe des Rauschens häufig Schlüsse auf die Funktionsweise und Qualität der Bauelemente zu.

Rauschen als Information

1.1.2 Physikalische Ursachen des Rauschens

Dieser Text behandelt vorwiegend die Auswirkungen des Rauschens in Schaltungen, vor allem in hochfrequenten Schaltungen. Demgegenüber wird auf die physikalischen Ursachen des Rauschens weniger ausführlich eingegangen. Eine besonders große Bedeutung kommt dabei dem **thermischen Rauschen** in elektrisch leitenden festen Körpern zu. Die bei endlichen Temperaturen stets vorhandenen Gitterschwingungen der Gitteratome werden auf die freien Elektronen übertragen. Die Elektronen führen

thermisches Rauschen

3

daher eine unregelmäßige, von Stößen unterbrochene Bewegung aus, wodurch an den Enden eines Leiters eine unregelmäßig schwankende Spannung entsteht. Wir werden später sehen, daß die verfügbare Rauschleistung an einem Widerstand nur von der absoluten Temperatur dieses Widerstandes abhängt. Daher eignet sich das thermische Rauschen besonders gut als eine Vergleichsrauschquelle, auf die man andere Rauscharten beziehen kann. Das thermische Rauschen ist ein verhältnismäßig schwaches Rauschen, welches man durch Abkühlen noch weiter verringern kann. In vielen Systemen ist man daher zufrieden, wenn das auf den Systemeingang bezogene Rauschen in der Größenordnung des thermischen Rauschens liegt.

Ein anderer, vor allem in elektronischen Bauelementen sehr wichtiger Rauschmechanismus, ist das sog. **Schrotrauschen.** Die Überschreitung von elektrischen Potentialbarrieren ist ein statistischer Vorgang, weil die Ladungsträger, Elektronen oder Ionen, eine Ladung aufweisen, die stets ein ganzzahliges Vielfaches der Elementarladung ist. Daher ist beispielsweise der von einer Kathode bei konstanter Temperatur und Spannung emittierte Strom kein reiner Gleichstrom, vielmehr schwankt er um einen zeitlichen Mittelwert. Weil die emittierten Elektronen in unregelmäßiger Folge auf die Anode auftreffen, hat sich für diese Erscheinung die Bezeichnung **Schroteffekt** durchgesetzt (engl. *shot noise*). Ähnliche Erscheinungen findet man bei Potentialbarrieren im Inneren von festen Körpern, d.h., bei Halbleiter-Halbleiter-Übergängen oder bei Metall-Halbleiter-Übergängen. Daher weisen solche Übergänge bei Stromdurchgang ebenfalls Schrotrauschen auf. Wir werden später sehen, daß ein Vergleich von Schrotrauschen und thermischem Rauschen den Schluß zuläßt, daß Schrotrauschen im allgemeinen die kleinere verfügbare Rauschleistung aufweist.

Sehr starkes Rauschen tritt beim Durchbruch von Halbleitersperrschichten auf. Man spricht dann von **Lawinen-** oder **Avalancherauschen.** Beschleunigte Elektronen erzeugen durch Stoß Elektronen-Loch-Paare. Insbesondere die Elektronen können nach einer Beschleunigung weitere Elektronen-Loch-Paare erzeugen, wodurch der Strom sehr rasch ansteigt. In rauscharmen Bauelementen muß man dafür sorgen, daß es nicht zu einem Durchbruchmechanismus kommt. In kalibrierten Rauschquellen hingegen macht man sich den Durchbruchmechanismus von pn- oder Schottky-Übergängen zunutze, um größere definierte Rauschleistungen zu erzeugen.

Schrotrauschen

Lawinenrauschen

4

Die elektrischen Eigenschaften von Oberflächen oder Grenzflächen werden energetisch durch sog. Grenzflächenzustände beeinflußt, die ebenfalls statistischen Schwankungen unterworfen sind. Dies führt bei Stromfluß zu dem sog. **Funkelrauschen** oder **1/f-Rauschen,** das sich vor allem bei tiefen Frequenzen bemerkbar macht und im allgemeinen mit zunehmender Frequenz f gemäß $1/f$ abnimmt, bis es von anderen frequenzunabhängigen Rauschmechanismen wie thermischem Rauschen oder Schrotrauschen überdeckt wird. Wie wir sehen werden, hat das Funkelrauschen große Bedeutung für Hochfrequenzoszillatoren, weil es sich dem Trägersignal über unvermeidbare nichtlineare Prozesse aufmodulieren kann, wodurch dem Oszillatorsignal unerwünschte Amplituden- und Phasenschwankungen aufgeprägt werden.

1/f-Rauschen

Oszillatoren können als mitgekoppelte Verstärker hoher Güte aufgefaßt werden. Es sind die stets vorhandenen Rauschsignale, die nach dem Einschalten der Betriebsspannungen solange verstärkt werden, bis Sättigungseffekte zu einer annähernd sinusförmigen Schwingung konstanter Amplitude führen.

1.1.3 Allgemeine Eigenschaften von Rauschsignalen

Der typische Zeitverlauf von Rauschsignalen läßt sich auf einem Oszilloskop sichtbar machen, wenn wie in Bild 1.1 die thermische Rauschspannung eines Widerstandes ausreichend verstärkt wird.

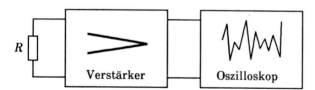

Bild 1.1: Auf einem Oszilloskop dargestelltes Rauschen

Als besonderes Charakteristikum fällt dabei der unregelmäßige Zeitverlauf des Rauschsignals ins Auge. Eine mathematische Beschreibung des zeitlichen Signalverlaufs ist ersichtlich nicht möglich, insbesondere kann der Signalverlauf nicht für die Zukunft vorhergesagt werden. Im Gegensatz zu Sinussignalen beschränkt man sich bei Rauschsignalen daher auf die Angabe von Mittelwerten, wobei man sich der Methoden der statistischen Signaltheorie bedient.

Rauschen
im Zeitbereich

Bei einer Beschreibung im Frequenzbereich ist bei einem Sinussignal die Leistung auf eine diskrete Frequenz konzentriert. Bei einem Rauschsignal hingegen ist die Leistung bei einer einzelnen Frequenz immer null und erst in einer endlichen Bandbreite kann man auch eine endliche Leistung messen. Hierin besteht eine Möglichkeit, Sinussignale von Rauschsignalen meßtechnisch zu trennen.

Rauschen im Frequenzbereich

1.2 Mathematische Grundlagen zur Beschreibung von Rauschsignalen

In diesem Abschnitt werden die wichtigsten mathematischen Grundlagen zur Beschreibung von Rauschsignalen behandelt. Für ein weitergehendes Studium der Wahrscheinlichkeitsrechnung und der Theorie stochastischer Prozesse wird auf die angegebene Literatur hingewiesen.

1.2.1 Stochastischer Prozeß und Wahrscheinlichkeitsdichte

Wie in Bild 1.2 gezeigt, mögen N gleiche Widerstände $R_1 = R_2 = ... = R_N = R$ auf gleicher Temperatur T liegen. An jedem der Widerstände wird der Verlauf der Leerlaufspannung über der Zeit t gemessen und aufgezeichnet.

Alle Rauschspannungen werden gleichzeitig aufgezeichnet, zusammen ergeben sie einen **stochastischen Prozeß.** Jeder einzelne Kurvenverlauf ist eine sog. **Realisierung** des stochastischen Prozesses. Greift man eine bestimmte Zeit, z.B. t_1, heraus, dann liefern die verschiedenen Realisierungen eine Folge von Spannungswerten $U_{1i}(t_1)$, $i = 1,2,3,...,N$. Man nennt $U_1(t_1)$ eine **Zufallsvariable** oder eine **zufällige** oder **stochastische Variable.** Wenn die Zufallsvariable, die im folgenden für allgemeine Betrachtungen mit Y bezeichnet werden soll, nur abzählbar viele Werte annehmen kann, dann nennt man Y eine diskrete Zufallsvariable. Wenn Y alle Werte in einem vorgegebenen Intervall annehmen kann, dann nennt man Y eine **stetige** Zufallsvariable. Wir werden uns in diesem Text ganz überwiegend mit stetigen Zufallsprozessen beschäftigen. Die Zufallsvariable Y kann eine regellose Spannung, einen Strom, eine Rauschwelle oder dergleichen mehr bezeichnen.

Zufallsvariable

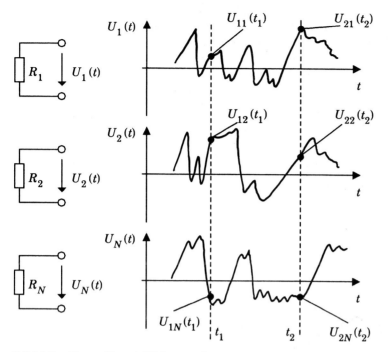

Bild 1.2: *Ensemble von Widerständen mit Rauschspannungen* $U_{1i}(t_1)$
bzw. $U_{2i}(t_2)$ *mit* $i = 1,2,3,...,N$

Die stetige Zufallsvariable $Y = Y(t_1)$, die sich ergibt, wenn die Anzahl N der Realisierungen gegen unendlich strebt, weist eine bestimmte **Amplitudenverteilung** auf. Mit $p(Y = y) \cdot \Delta y = p(y) \cdot \Delta y = p(t_1;y) \cdot \Delta y$ bezeichnen wir die Wahrscheinlichkeit dafür, einen Amplitudenwert der Zufallsvariablen Y zur Zeit t_1 im Intervall y bis $(y + \Delta y)$ zu finden. Wir nennen $p(y)$ die **Wahrscheinlichkeitsdichte** oder **Amplitudenverteilungsdichte** oder **Verteilungsdichte** oder kurz **Dichte**. Es gilt die Normierungsbedingung

$$\int_{-\infty}^{+\infty} p(y)\,dy = 1.\tag{1.1}$$

Fragt man nach der Wahrscheinlichkeit W_k dafür, daß der Amplitudenwert kleiner oder gleich y'_1 bleibt, und zwar wiederum für die Zeit t_1, dann gilt die Beziehung

$$W_k\{Y \le y'_1\} = \int_{-\infty}^{y'_1} p(t_1,y)\,dy.\tag{1.2}$$

Verteilungsdichte

7

Ebenso gilt für die Wahrscheinlichkeit, daß der Amplitudenwert innerhalb der Grenzen y'_1 und y''_1 liegt, mit $y''_1 < y'_1$

$$W_k\{y''_1 \leq Y \leq y'_1\} = \int_{y''_1}^{y'_1} p(t_1, y)\,\mathrm{d}y\,. \tag{1.3}$$

Elektrische Rauscherscheinungen weisen im allgemeinen eine Amplitudenverteilung auf, die als **Normalverteilung** oder **Gaußverteilung** bezeichnet wird (Bild 1.3), wobei die folgende Beziehung gilt: Gaußverteilung

$$p(y) = \frac{1}{\sqrt{2 \cdot \pi \cdot \sigma^2}} \cdot e^{-(y-\mu)^2/(2 \cdot \sigma^2)}\,. \tag{1.4}$$

Die Normalverteilung ist gerade um μ.

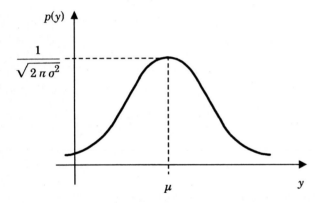

Bild 1.3: Graphische Darstellung einer Normalverteilung

Übungsaufgabe 1.1
Es soll gezeigt werden, daß die Normalverteilung die Normierungsbedingung der Gleichung 1.1 erfüllt.

Die Größe σ wird auch als Streuung bezeichnet. Es weisen z.B. das thermische Rauschen und das Schrotrauschen eine normalverteilte Amplitudenverteilung auf. Dies beruht auf dem folgenden Satz:

Der zentrale Grenzwertsatz der Statistik sagt aus, daß unter bestimmten Voraussetzungen die Summe von sehr vielen unabhängigen und zufälligen Variablen mit beliebiger Verteilung wiederum eine zufällige Variable ist, aber mit Normal- oder Gaußverteilung. Es entsteht beispielsweise thermisches Rauschen aus der regellosen thermischen Bewegung von vielen Einzelelektronen, die sich unabhängig voneinander bewegen. Daraus ergibt sich dann, daß z.B. die Leerlaufspannung eines thermisch rauschenden Widerstandes normalverteilt ist.

Zentraler
Grenzwertsatz

1.2.2 Verbundwahrscheinlichkeitsdichte und bedingte Wahrscheinlichkeitsdichte

Der Ausdruck $p(t_1,y_1; t_2,y_2)\, dy_1\, dy_2$ bedeutet die **Verbundwahrscheinlichkeit**, d.h., die Wahrscheinlichkeit, in derselben Realisierung zur Zeit t_1 die Amplitude im Intervall dy_1 um y_1 und zur Zeit t_2 die Amplitude im Intervall dy_2 um y_2 zu finden.

Die Wahrscheinlichkeitsdichten $p(t_1,y_1)$ und $p(t_2,y_2)$ lassen sich aus der Verbundwahrscheinlichkeitsdichte berechnen. Es gilt:

$$p(t_1,y_1) = \int_{-\infty}^{+\infty} p(t_1,y_1; t_2,y_2)\, dy_2 , \qquad (1.5)$$

$$p(t_2,y_2) = \int_{-\infty}^{+\infty} p(t_1,y_1; t_2,y_2)\, dy_1 . \qquad (1.6)$$

Eine weitere in der Statistik gebräuchliche Größe ist die sogenannte **bedingte Wahrscheinlichkeit**. Der Ausdruck $p(t_2,y_2 / t_1,y_1)\, dy_2$ bedeutet die Wahrscheinlichkeit dafür, die Amplitude zur Zeit t_2 im Intervall dy_2 um y_2 zu finden, unter der Bedingung, daß sie zur Zeit t_1 im Intervall dy_1 um y_1 war. Für die bedingte Wahrscheinlichkeit gilt wiederum die Normierung:

$$\int_{-\infty}^{+\infty} p(t_2,y_2 / t_1,y_1)\, dy_2 = 1 . \qquad (1.7)$$

Die Verbundwahrscheinlichkeitsdichte und die bedingte Wahrscheinlichkeitsdichte sind über die folgende Beziehung miteinander verknüpft:

$$p(t_2,y_2; t_1,y_1) = p(t_1,y_1) \cdot p(t_2,y_2 / t_1,y_1) . \qquad (1.8)$$

Hängt ein Amplitudenwert zum Zeitpunkt t_2 nicht vom Amplitudenwert zum Zeitpunkt t_1 ab, so sagt man, die zufälligen Variablen $Y(t_1)$ und $Y(t_2)$

statistische
Unabhängigkeit

sind statistisch unabhängig. Dann ist die bedingte Wahrscheinlichkeits-dichte gleich der Wahrscheinlichkeitsdichte, also

$$p(t_2, y_2 / t_1, y_1) = p(t_2, y_2). \tag{1.9}$$

Wegen Gleichung (1.9) ergibt sich für die Verbundwahrscheinlichkeit statistisch unabhängiger Variabler:

$$p(t_1, y_1; t_2, y_2) = p(t_1, y_1) \cdot p(t_2, y_2), \tag{1.10}$$

also das Produkt der Wahrscheinlichkeitsdichten der einzelnen Variablen.

1.2.3 Mittelwerte und Momente

Bei Rauschvorgängen interessiert man sich überwiegend für Mittelwerte und ihre Übertragungseigenschaften in Schaltungen. Der **Scharmittel-wert** $\langle Y(t_1) \rangle$ oder **Erwartungswert** $E[Y(t_1)]$ der zufälligen Variablen Y zum Zeitpunkt t_1 ist durch den folgenden Ausdruck gegeben: *(Erwartungswert)*

$$\langle Y(t_1) \rangle = E[Y(t_1)] = \int_{-\infty}^{+\infty} y_1 \cdot p(t_1, y_1) \, dy_1. \tag{1.11}$$

Ebenso definiert man Erwartungswerte der Potenzen von Y und nennt diese dann ein Moment der Verteilung. Es gilt *(Erwartungswerte: Momente 1. Ordnung)*

$$\langle Y^n(t_1) \rangle = E[Y^n(t_1)] = \int_{-\infty}^{+\infty} y_1^n \cdot p(t_1, y_1) \, dy_1 \tag{1.12}$$

$$\text{mit } n = 1, 2, 3, \dots .$$

Das erste Moment oder der Erwartungswert $E(Y)$ ist für viele Rauschvor-gänge, wie z.B. thermisches Rauschen, null, weil die Wahrscheinlichkeit $p(t_1, y_1)$ dieser Prozesse eine gerade Funktion von y_1 ist. Besonders große Bedeutung hat das zweite Moment $E(Y^2)$, weil es, wenn Y für Ströme, Spannungen oder Wellen steht, ein Maß für die mittlere Rauschleistung ist.

Mit den **zentralen Momenten** bezeichnet man die Verteilung der zu-fälligen Variablen Y um ihren Scharmittelwert, es wird also gewisser-maßen nur der 'Wechselanteil' berücksichtigt. Es gilt:

$$\langle [Y(t_1) - \langle Y(t_1) \rangle]^n \rangle = E\{[Y(t_1) - E(Y(t_1))]^n\}$$

$$= \int_{-\infty}^{+\infty} (y_1 - \langle Y(t_1) \rangle)^n \cdot p(t_1, y_1) \, dy_1. \tag{1.13}$$

Man bezeichnet das zweite zentrale Moment als **Varianz** σ^2 und σ selbst als **Streuung** oder **Standardabweichung**.

Bei den elektrischen Schwankungserscheinungen hat man es ganz über- stationärer Prozeß
wiegend mit sogenannten **stationären** Vorgängen zu tun, das heißt, man
darf davon ausgehen, daß die verschiedenen Dichten, Wahrscheinlich-
keiten, Mittelwerte und Momente sich nicht mit der Zeit ändern. Ein
einfaches Beispiel für einen instationären Prozeß erhält man, wenn man
sich vorstellt, daß das Ensemble von Widerständen aus Bild 1.2 sich in
einem Wärmebad befindet, dessen Temperatur mit der Zeit verändert wird.
Wir können daher für einen **stationären Prozeß** die Zeitangabe weglassen
und z.B. anstelle von Gleichung (1.11) für den Erwartungswert schreiben:

$$\langle Y \rangle \;=\; E(Y) \;=\; \int_{-\infty}^{+\infty} y \cdot p(y)\, \mathrm{d}y \qquad\qquad (1.14)$$

und anstelle von Gleichung (1.12) und Gleichung (1.13)

$$\langle Y^n \rangle \;=\; E(Y^n) \;=\; \int_{-\infty}^{+\infty} y^n\, p(y)\, \mathrm{d}y\,, \qquad\qquad (1.15)$$

$$\langle (Y - \langle Y \rangle)^n \rangle \;=\; E\{[Y - E(Y)]^n\} \;=\; \int_{-\infty}^{+\infty} (y - \langle Y \rangle)^n \cdot p(y)\, \mathrm{d}y\,. \qquad (1.16)$$

Außerdem werden wir uns in diesem Kurs im wesentlichen nur mit **ergo-** ergodischer Prozeß
dischen Prozessen beschäftigen. Ein ergodischer Prozeß ist ein stationärer
Prozeß, bei dem der zeitliche Mittelwert gleich dem Scharmittelwert ist.
Tatsächlich werden wir Rauschvorgänge im allgemeinen nur an **einer**
Registrierkurve (z.B. in Bild 1.2 die Kurve an R_1) beobachten können und
im allgemeinen werden uns auch nur zeitliche Mittelwerte interessieren.
Jeder ergodische Prozeß ist stationär, während die Umkehrung nicht gelten muß. Die Annahme, daß zeitliche und Scharmittelwerte gleich sind,
stellt für uns vor allem ein nützliches Rechenhilfsmittel dar, weil man
häufig über Dichten vorab Aussagen treffen kann. Bezeichnen wir die zeitlichen Mittelwerte mit einem Balken (–), dann können wir die Gleichung
(1.11) für einen ergodischen und damit stationären Prozeß auch folgendermaßen schreiben:

$$\overline{y(t)} \;=\; \lim_{T \to \infty} \frac{1}{2 \cdot T} \cdot \int_{-T}^{T} y(t)\, \mathrm{d}t \;=\; \langle Y \rangle \;=\; E(Y)$$

$$=\; \int_{-\infty}^{+\infty} y \cdot p(y)\, \mathrm{d}y\,. \qquad\qquad (1.17)$$

11

In Gleichung (1.17) beschreibt die Variable t die Zeitabhängigkeit der stochastischen Amplitude $y(t)$. Für den quadratischen zeitlichen Mittelwert ergibt sich entsprechend:

$$\overline{y^2(t)} = \lim_{T\to\infty} \frac{1}{2\cdot T} \cdot \int_{-T}^{T} y^2(t)\,dt = \langle Y^2 \rangle$$

$$= E(Y^2) = \int_{-\infty}^{+\infty} y^2 \cdot p(y)\,dy \tag{1.18}$$

und für höhere Momente folgt ebenso:

$$\overline{y^n(t)} = \langle Y^n \rangle = E(Y^n) = \int_{-\infty}^{+\infty} y^n \cdot p(y)\,dy. \tag{1.19}$$

Auch für das zentrale Moment kann man entsprechend ansetzen:

$$\overline{(y(t) - \overline{y(t)})^n} = \langle (Y - \langle Y \rangle)^n \rangle. \tag{1.20}$$

Um es noch einmal zu betonen: In diesem Text werden wir uns fast ausschließlich mit stetigen, stationären und ergodischen Rauschprozessen beschäftigen, für die uns ganz überwiegend der quadratische zeitliche Mittelwert interessiert. Die obigen Beziehungen erlauben uns jedoch, zeitliche Mittelwerte auch über Wahrscheinlichkeitsdichten zu berechnen, was sich mitunter als vorteilhaft herausstellen wird.

1.2.4 Auto- und Kreuzkorrelationsfunktion

Als **Autokorrelationsfunktion** $\rho(t_1, t_2)$ bezeichnet man das gemittelte Produkt der Amplitudenwerte $y(t_1)$ zu einem Zeitpunkt t_1 und $y(t_2)$ zu einem Zeitpunkt t_2. Für einen stationären Prozeß wird dieser Mittelwert jedoch nur von der Zeitdifferenz $\theta = t_2 - t_1$ abhängen, so daß man unter Verwendung der Verbundwahrscheinlichkeitsdichte schreiben kann:

$$\rho(\theta) = \overline{y(t) \cdot y(t+\theta)} = \lim_{T\to\infty} \frac{1}{2\cdot T} \cdot \int_{-T}^{T} y(t) \cdot y(t+\theta)\,dt$$

$$= \langle Y(t_1) \cdot Y(t_2) \rangle = \int\int_{-\infty}^{+\infty} y_1 \cdot y_2 \cdot p(t_1,y_1; t_2,y_2)\,dy_1\,dy_2$$

$$= \int\int_{-\infty}^{+\infty} y_1 y_2\, p(y_1,y_2,\theta)\,dy_1\,dy_2. \tag{1.21}$$

Bei dem letzten Ausdruck auf der rechten Seite wurde wiederum davon Gebrauch gemacht, daß für einen stationären Prozeß auch die Verbundwahrscheinlichkeitsdichte nur von der Zeitdifferenz θ abhängen kann. Die Berechnung der Autokorrelationsfunktion über eine Wahrscheinlichkeitsdichte wird uns als Rechenhilfsmittel dienen.

Die Autokorrelationsfunktion ist bei stationären Prozessen immer eine gerade Funktion von θ. Dies sieht man, wenn man in der Definitionsgleichung $t + \theta = \tau$ setzt:

$$\rho(\theta) \; = \; \overline{y(t)\,y(t+\theta)} \; = \; \overline{y(\tau)\,y(\tau-\theta)} \; = \; \rho(-\theta) \, . \tag{1.22}$$

Für $\theta = 0$ ist die Autokorrelationsfunktion identisch mit dem quadratischen Mittelwert.

Anschaulich ist die Autokorrelationsfunktion ein Maß dafür, wie stark der Wert einer Zufallsvariablen zum Zeitpunkt t von den zuvor aufgetretenen Werten beeinflußt wird. Anders ausgedrückt bedeutet ein großer Wert von $\rho(\theta)$, daß man bei Kenntnis von $y(t)$ die Werte $y(t \pm \theta)$ mit größerer Wahrscheinlichkeit berechnen kann als bei kleiner oder sogar verschwindender Korrelation.

Wird in Gleichung (1.21) die Mittelung nicht mit zwei Werten desselben Prozesses, sondern von unterschiedlichen Prozessen X und Y durchgeführt, so erhält man die **Kreuzkorrelationsfunktion** ρ_{xy} dieser Prozesse. Für stationäre Prozesse gilt analog zu Gleichung (1.21):

$$\rho_{xy}(\theta) \; = \; \overline{x(t)\,y(t+\theta)} \; = \; \lim_{T \to \infty} \frac{1}{2 \cdot T} \int_{-T}^{T} x(t)\,y(t+\theta)\,\mathrm{d}t$$

$$= \; \langle X(t_1)\,Y(t_2) \rangle \; = \; \int \int_{-\infty}^{+\infty} x_1 y_2\, p(t_1, x_1; t_2, y_2)\,\mathrm{d}x_1\,\mathrm{d}y_2$$

$$= \; \int \int_{-\infty}^{+\infty} x_1 y_2\, p(x_1, y_2, \theta)\,\mathrm{d}x_1\,\mathrm{d}y_2 \, . \tag{1.23}$$

Im Gegensatz zur Autokorrelationsfunktion ist die Kreuzkorrelationsfunktion im allgemeinen keine gerade Funktion.

Die Kreuzkorrelationsfunktion zweier Signale X und Y gibt an, wie 'ähnlich' sich beide Signale sind. Sie wird maximal, wenn beide Signale bis auf einen konstanten Faktor identisch sind, z.B. wenn sie derselben Rauschquelle entnommen wurden. Die Signale sind dann vollständig korreliert. Umgekehrt ist die Kreuzkorrelationsfunktion stets identisch null, wenn die Signale zwei physikalisch völlig unabhängigen Quellen entstammen, z.B. zwei getrennten thermisch rauschenden Widerständen. In diesem Fall sind die Signale unkorreliert.

1.2.5 Beschreibung von Rauschsignalen im Frequenzbereich

Im Zeitbereich beschreiben wir Rauschsignale durch die Auto- oder Kreuzkorrelationsfunktion. Die Autokorrelationsfunktion für die Zeitverschiebung $\theta = 0$ ist ein Maß für den zeitlichen quadratischen Mittelwert und damit die Signalleistung. Im Frequenzbereich erfolgt die Beschreibung der Rauschsignale durch die **spektrale Leistungsdichte** oder das **Leistungsspektrum** oder kurz **Spektrum** $W(f)$ bei der Frequenz f. Dabei ist $W(f)$ df der Beitrag des Frequenzintervalls df bei der Frequenz f zum quadratischen Mittelwert bzw. zur Signalleistung. Es gilt daher die Beziehung:

spektrale Leistungsdichte

$$\overline{y^2(t)} = \int_0^\infty W(f)\,\mathrm{d}f. \tag{1.24}$$

Außer dem sogenannten **einseitigen Spektrum** $W(f)$, das nur für positive Frequenzen existiert, definiert man das **zweiseitige Spektrum** $W(f)$ sowohl für positive als auch für negative Frequenzen als Fouriertransformierte der Autokorrelationsfunktion. Umgekehrt ist dann die Autokorrelationsfunktion $\rho(\theta)$ die inverse Fouriertransformierte des Spektrums $W(f)$.

einseitige und zweiseitige Spektren

$$W(f) = \int_{-\infty}^{+\infty} \rho(\theta)\,e^{-j2\pi f\theta}\,\mathrm{d}\theta$$

$$\rho(\theta) = \int_{-\infty}^{+\infty} W(f)\,e^{+j2\pi f\theta}\,\mathrm{d}f \tag{1.25}$$

Die Autokorrelationsfunktion und das Spektrum bilden ein Paar von Fouriertransformierten.

Diese sogenannten Wiener-Khintchine-Relationen, auf deren Herleitung hier verzichtet wird, werden wir im folgenden vielfältig verwenden. Weil $\rho(\theta)$ eine reelle und gerade Funktion in θ ist, folgt, daß auch das zweiseitige Spektrum $W(f)$ eine reelle und gerade Funktion in f ist. Dies läßt sich wie folgt einsehen. Es gilt

Wiener-Khintchine-Theorem

$$W(f) = \int_{-\infty}^{+\infty} \rho(\theta)\,e^{-j2\pi f\theta}\,\mathrm{d}\theta = \int_{-\infty}^{+\infty} \rho(-\theta)\,e^{-j2\pi f\theta}\,\mathrm{d}\theta, \tag{1.26}$$

14

weil $\rho(\theta) = \rho(-\theta)$ eine gerade Funktion ist. Mit der Substitution $\theta = -\tau$ und Vertauschung der Integrationsgrenzen erhält man weiterhin:

$$W(f) = \int_{-\infty}^{+\infty} \rho(\tau) e^{j2\pi f\tau} \, \mathrm{d}\tau = W^*(f) = W(-f). \qquad (1.27)$$

Daraus folgt aber, daß $W(f)$ reell und gerade in f ist.

Das zweiseitige Spektrum ist häufig angenehm zu verwenden, weil die Verknüpfung mit der Autokorrelationsfunktion bei der Hin- und Rücktransformation symmetrisch ist. Physikalische Bedeutung hat jedoch das einseitige Leistungsspektrum $\boldsymbol{W}(f)$, welches nur für positive Frequenzen definiert ist. Einseitiges und zweiseitiges Spektrum, $\boldsymbol{W}(f)$ und $W(f)$, hängen jedoch einfach zusammen. Es gilt nämlich:

$$\boldsymbol{W}(f) = W(f) + W(-f) = 2 \cdot W(f). \qquad (1.28)$$

Der Unterschied im Faktor 2 ergibt sich aus der unterschiedlichen Definition der Integrationsgrenzen. Es gilt zum Beispiel:

$$\overline{u^2(t)} = \rho(\theta = 0) = \int_{-\infty}^{+\infty} W(f) \, \mathrm{d}f$$

$$= 2 \cdot \int_0^{\infty} W(f) \, \mathrm{d}f = \int_0^{\infty} \boldsymbol{W}(f) \, \mathrm{d}f. \qquad (1.29)$$

In entsprechender Weise bilden das Kreuzspektrum W_{12} und die Kreuzkorrelationsfunktion $\rho_{12}(\theta)$ ein Paar von Fouriertransformierten.

$$W_{12}(f) = \int_{-\infty}^{+\infty} \rho_{12}(\theta) e^{-j2\pi f\theta} \, \mathrm{d}\theta$$

$$\rho_{12}(\theta) = \int_{-\infty}^{+\infty} W_{12}(f) e^{+j2\pi f\theta} \, \mathrm{d}f \qquad (1.30)$$

Die Kreuzkorrelationsfunktion $\rho_{12}(\theta)$ ist im allgemeinen keine gerade Funktion, aber eine reelle Funktion. Daraus ergibt sich die Beziehung:

$$W_{12}(f) = \int_{-\infty}^{+\infty} \rho_{12}(\theta) e^{-j2\pi f\theta} \, \mathrm{d}\theta = W_{12}^*(-f). \qquad (1.31)$$

Der Realteil des Kreuzspektrums ist daher eine gerade Funktion in f, der Imaginärteil eine ungerade Funktion in f. Außerdem ist, wie man mit Hilfe der Definitionsgleichung nachvollziehen kann,

$$\rho_{12}(\theta) = \rho_{21}(-\theta). \qquad (1.32)$$

15

Mit der Substitution $\tau = -\theta$ und einer Vertauschung der Integrationsgrenzen folgt aus dieser Beziehung:

$$W_{12}(f) = \int_{-\infty}^{+\infty} p_{12}(\theta) e^{-j2\pi f\theta} \, d\theta$$

$$= \int_{-\infty}^{+\infty} p_{21}(-\theta) e^{-j2\pi f\theta} \, d\theta$$

$$= \int_{-\infty}^{+\infty} p_{21}(\tau) e^{j2\pi f\tau} \, d\tau = W_{21}^{*}(f). \qquad (1.33)$$

Entsprechend Gleichung (1.31) ist außerdem

$$W_{21}(f) = W^{*}_{21}(-f). \qquad (1.34)$$

Man beachte, daß das Kreuzspektrum im allgemeinen eine komplexe Funktion ist.

1.2.6 Die charakteristische Funktion und der zentrale Grenzwertsatz

Die inverse Fouriertransformierte der Wahrscheinlichkeitsdichte $p(x)$ bezeichnet man als charakteristische Funktion $C(u)$. Damit gleichwertig ist die Aussage, daß die charakteristische Funktion der Erwartungswert der Funktion e^{jux} ist. Daher gilt:

$$C(u) = E(e^{jux}) = \int_{-\infty}^{+\infty} e^{jux} p(x) \, dx = F^{-1}(p(x)). \qquad (1.35)$$

Die charakteristische Funktion existiert stets, denn es ist $|e^{jux}| = 1$ und $p(x) \geq 0$ und reell und daher

$$|C(u)| \leq \int_{-\infty}^{+\infty} p(x) \, dx = C(0) = 1. \qquad (1.36)$$

Weil p(x) reell ist, gilt für den konjugiert komplexen Wert von C

$$C^{*}(u) = C(-u). \qquad (1.37)$$

Dies bedeutet, daß $Re(C)$ eine gerade und $Im(C)$ eine ungerade Funktion von u ist. Ist $p(x)$ eine gerade Funktion, dann ist auch $C(u)$ eine gerade und damit reelle Funktion. Ist die charakteristische Funktion bekannt, dann läßt sich die zugehörige Wahrscheinlichkeitsdichte durch eine Fouriertransformation gewinnen:

$$p(x) = \frac{1}{2\pi} \int_{-\infty}^{+\infty} e^{-jux} \cdot C(u)\,\mathrm{d}u \; . \tag{1.38}$$

Die charakteristische Funktion und die Wahrscheinlichkeitsdichte bilden ein Paar von Fouriertransformierten.

Als ein besonders wichtiges Beispiel und einen Anwendungsfall für die charakteristische Funktion betrachten wir die Wahrscheinlichkeit $p_s(s)$ dafür, daß zwei voneinander **unabhängige** Zufallsvariable X und Y mit den zugehörigen Wahrscheinlichkeitsdichten $p_1(x)$ und $p_2(y)$ bei einem Experiment den Summenwert $s = x + y$ ergeben. Gesucht ist die Wahrscheinlichkeitsdichte für das Summenergebnis $p_s(s)$. Mit $y = s\text{-}x$ gilt für $p_s(s)$, wie man zeigen kann:

$$p_s(s) = \int_{-\infty}^{+\infty} p_1(x) \cdot p_2(s-x)\,\mathrm{d}x$$

$$= \int_{-\infty}^{+\infty} p_2(y) \cdot p_1(s-y)\,\mathrm{d}y \; . \tag{1.39}$$

Das Integral in Gl. (1.39) ist ein Faltungsintegral. Die entsprechende Erweiterung auf mehr als zwei unabhängige Zufallsvariable ergibt für $p_s(s)$ ein mehrfaches Faltungsintegral

$$p_s(s) = p_1 \star p_2 \star p_3 \star p_4 \cdots . \tag{1.40}$$

Die Reihenfolge bei der Faltung ist beliebig. Nach einem Satz aus der Theorie der Fouriertransformation ergibt sich die charakteristische Funktion von $p_s(s)$, nämlich $C_s(u)$, daher als Produkt der charakteristischen Funktionen C_i der einzelnen Wahrscheinlichkeitsdichten p_i, $i = 1,2,3\ldots$.

Faltungssatz

$$C_s(u) = \prod_{i=1}^{n} C_i(u) \tag{1.41}$$

Der zentrale Grenzwertsatz der Statistik sagt aus, daß unter recht allgemeinen Bedingungen die Summe von sehr vielen statistisch unabhängigen zufälligen Variablen eine Gaußverteilung aufweist. Dabei ist es ohne Bedeutung, welche Verteilung die einzelnen Variablen haben. In der Übungsaufgabe 1.2 soll mit Hilfe des Faltungssatzes gezeigt werden, daß sich bereits für die Summe von drei Variablen mit Rechteckverteilung eine recht Gauß-ähnliche Verteilung der Summenvariablen ergibt.

gute Konvergenz

Übungsaufgabe 1.2

Für drei Rechteckverteilungen $p_1(x)$, $p_2(y)$, $p_3(z)$ wie im Bild skizziert soll die Verteilung $p_s(s) = p_s(x+y+z)$ berechnet werden.

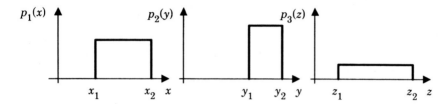

Die Verteilungsdichten sollen unabhängig voneinander sein.

Zahlenbeispiel: $x_1 = 2$; $x_2 = 4$; $y_1 = 3$; $y_2 = 4$; $z_1 = 1$; $z_2 = 5$

Für eine sehr große Zahl n gleicher und unabhängiger Verteilungsdichten mit rechteckiger Form

$$
p(x) = \begin{cases} \dfrac{1}{\beta} & \text{für} \quad -\dfrac{\beta}{2} \leq x \leq \dfrac{\beta}{2} \\[2ex] 0 & \text{für} \quad |x| > \dfrac{\beta}{2} \end{cases}
$$

(1.42)

Beispiel für zentralen Grenzwertsatz

kann man mit Hilfe der charakteristischen Funktion $C_s(u)$ analytisch zeigen, daß die Wahrscheinlichkeitsdichte der Summe $p_s(s)$ eine Gaußverteilung annimmt. Es gilt für die charakteristische Funktion der einzelnen Zufallsvariablen $C_1(u)$

$$
C_1(u) = \frac{1}{\beta} \int_{-\beta/2}^{\beta/2} e^{jux} \, \mathrm{d}x = \frac{sin\, \dfrac{\beta u}{2}}{\dfrac{\beta u}{2}}
$$

(1.43)

und damit für $C_s(u)$

$$
C_s(u) = C_1^n(u).
$$

(1.44)

Durch Rücktransformation erhält man die Wahrscheinlichkeitsdichte $p_s(s)$ für die Summe von n derartig verteilten Zufallsvariablen

$$
p_s(s) = \frac{1}{2\pi} \int_{-\infty}^{+\infty} \left[\frac{sin\, \dfrac{\beta u}{2}}{\dfrac{\beta u}{2}} \right]^n e^{-jus} \, \mathrm{d}u.
$$

(1.45)

Für große n wird die Funktion $si^n(\beta u/2)$ nur ganz nahe bei $u=0$ überhaupt von null verschiedene Werte annehmen. Daher können wir eine Reihenentwicklung für $si^n(\beta u/2)$ bereits nach den ersten beiden Gliedern abbrechen.

$$si^n\left(\frac{\beta u}{2}\right) \simeq \left(1 - \frac{(\beta u)^2}{24}\right)^n \qquad (1.46)$$

Für große n ist letzterer Ausdruck jedoch identisch mit einer Gaußfunktion, wie man durch Vergleich der Koeffizienten der jeweiligen Reihenentwicklungen zeigen kann.

$$\left(1 - \frac{(\beta u)^2}{24}\right)^n = exp\left(-\frac{n}{24}(\beta u)^2\right) \quad \text{für große } n \qquad (1.47)$$

Damit erhält man für $p_s(s)$ aus Gleichung (1.45) mit Hilfe einer Integraltafel

$$p_s(s) = \frac{1}{2\pi}\int_{-\infty}^{+\infty} exp\left(-\frac{n}{24}(\beta u)^2\right) \cdot exp(-jus)\, du$$

$$= \frac{e^{-s^2/2\sigma_n^2}}{\sqrt{2\pi\cdot\sigma_n^2}} \qquad \text{mit } \sigma_n = \frac{\beta\cdot\sqrt{n}}{\sqrt{12}}. \qquad (1.48)$$

Man erhält also eine Gaußverteilung mit der Standardabweichung σ_n. Die Standardabweichung σ_1 für die einzelne Zufallsvariable mit rechteckiger Verteilung gemäß Gleichung (1.42) ergibt sich zu

$$\sigma_1 = \frac{\beta}{\sqrt{12}}. \qquad (1.49)$$

Damit wird

$$\sigma_n = \sqrt{n}\cdot\sigma_1. \qquad (1.50)$$

Wir werden im folgenden sehen, daß das Ergebnis der Gleichung (1.50) aufgrund allgemeiner Beziehungen für die Summe unabhängiger Variabler zu erwarten war. Dazu betrachten wir die Varianz σ_s^2 von $S=X+Y$. Es gilt für den Erwartungswert von S, $E(S)=\bar{s}$, daß er sich aus der Summe der Erwartungswerte von X und Y ergibt, d.h. $\bar{s}=\bar{x}+\bar{y}$. Daher ergibt sich:

$$\sigma_s^2 = \int\int_{-\infty}^{+\infty} (s - \bar{s})^2 \cdot p_1(x) \cdot p_2(y) \, dx \, dy$$

$$= \int\int_{-\infty}^{+\infty} [(x - \bar{x}) + (y - \bar{y})]^2 \cdot p_1(x) \cdot p_2(y) \, dx \, dy$$

$$= \int_{-\infty}^{+\infty} (x - \bar{x})^2 \, p_1(x) \, dx + \int_{-\infty}^{+\infty} (y - \bar{y})^2 \, p_2(y) \, dy$$

$$+ 2 \cdot \underbrace{\int_{-\infty}^{+\infty} (x - \bar{x}) \, p_1(x) \, dx}_{= 0} \cdot \underbrace{\int_{-\infty}^{+\infty} (y - \bar{y}) \, p_2(y) \, dy}_{= 0}. \qquad (1.51)$$

Daher folgt:

$$\sigma_s^2 = \sigma_x^2 + \sigma_y^2. \qquad (1.52)$$

Die Aussage der Gleichung (1.51) läßt sich ersichtlich auf n Variable erweitern:

$$\sigma_s^2 = \sum_{i=1}^{n} \sigma_i^2. \qquad (1.53)$$

Die Varianz der Zufallsvariablen S, die sich aus der Summe der unabhängigen Zufallsvariablen X und Y ergibt, ist gleich der Summe der Varianzen der einzelnen Zufallsvariablen. Ebenso ergibt sich der Mittelwert aus der Summe der Mittelwerte:

$$\bar{s} = \sum_{i=1}^{n} \bar{x}_i. \qquad (1.54)$$

Voraussetzung dafür ist lediglich, daß die einzelnen Zufallsvariablen statistisch unabhängig voneinander sind. Auf die einzelnen Verteilungsdichten kommt es dabei nicht an. Das Ergebnis der Gleichung (1.50) ergab sich durch die Summation von n gleichen Verteilungen mit der Standardabweichung σ_1. Daher ist die Standardabweichung σ_n der Summenvariablen gerade um den Faktor $\sqrt{n}$ größer.

Die Gleichungen (1.52) und (1.53) gelten genauso für Differenzen von Zufallsvariablen. Für Gauß-verteilte unabhängige Zufallsvariable läßt sich die Gültigkeit der Gleichung (1.52) auch durch direkte Rechnung mit Hilfe der charakteristischen Funktion zeigen (Übungaufgabe 1.3).

Übungsaufgabe 1.3

Für unabhängige Zufallsvariable mit Gaußverteilung soll durch direkte Rechnung und unter Zuhilfenahme der charakteristischen Funktion gezeigt werden, daß die Varianz der Summenzufallsvariablen sich aus der Summe der einzelnen Varianzen ergibt.

Ist die charakteristische Funktion bekannt, dann läßt sich die Wahrscheinlichkeitsdichte durch eine Fouriertransformation gewinnen (Gleichung (1.35)). Differenziert man die Gleichung (1.35) einmal, dann erhält man:

$$\frac{dC(u)}{du} = j \int_{-\infty}^{+\infty} e^{jux} \cdot x \cdot p(x)\,dx. \tag{1.55}$$

Daraus folgt für $u = 0$

$$\frac{1}{j}\left.\frac{dC(u)}{du}\right|_{u=0} = \int_{-\infty}^{+\infty} x\,p(x)\,dx = \langle X \rangle. \tag{1.56}$$

Durch mehrfache Ableitung erhält man entsprechend

$$\frac{1}{j^n}\left.\frac{d^n C(u)}{du^n}\right|_{u=0} = \langle X^n \rangle. \tag{1.57}$$

Bei bekannter charakteristischer Funktion lassen sich die Momente durch Differentiation berechnen, was oft besonders bequem ist.

Charakteristische Funktion als Rechenhilfsmittel

Die Definition der charakteristischen Funktion als inverse Fouriertransformierte der Dichtefunktion läßt sich auf mehrere Variable erweitern. Es ergibt sich die charakteristische Funktion für zwei Variable als doppeltes Fourierintegral:

$$C(u,v) = \int_{-\infty}^{+\infty}\int_{-\infty}^{+\infty} e^{jux+jvy}\,p(x,y)\,dx\,dy. \tag{1.58}$$

Dabei ist $p(x,y)$ die bivariate Wahrscheinlichkeitsdichte der Zufallsvariablen X und Y. Durch Umkehrung ergibt sich aus Gleichung (1.58) wiederum die bivariate Wahrscheinlichkeitsdichte

bivariate Wahrscheinlichkeitsdichte

$$p(x,y) = \frac{1}{(2\pi)^2}\int_{-\infty}^{+\infty}\int_{-\infty}^{+\infty} e^{-jux-jvy}\cdot C(u,v)\,du\,dv. \tag{1.59}$$

21

Bildet man in der Gleichung (1.58) k-te und l-te Ableitungen nach u und v, dann erhält man gemischte Momente.

$$\langle X^k \cdot Y^l \rangle \;=\; \frac{1}{j^{k+l}} \cdot \frac{\partial^{k+l}\, C(u,v)}{\partial u^k \cdot \partial v^l}\;\Bigg|_{u=v=0}. \qquad (1.60)$$

Außerdem gilt:

$$C(u,0) \;=\; C(u)$$

$$C(0,v) \;=\; C(v)$$

und

$$|C(u,v)| \;\leq\; C(0,0) = 1. \qquad (1.61)$$

Sind die zufälligen Variablen X und Y statistisch unabhängig, das heißt $p(x,y) = p(x) \cdot p(y)$, dann ist

$$C(u,v) \;=\; C(u) \cdot C(v). \qquad (1.62)$$

1.2.7 Zusammenhang zwischen Momenten verschiedener Ordnung

Im allgemeinen lassen sich Momente verschiedener Ordnung nicht ineinander umrechnen. Sind jedoch die Zufallsvariablen $X(t_i)$ eines Prozesses für alle Zeiten t_i normalverteilt und besitzen sie eine normalverteilte multivariate Dichte, so lassen sich die höheren Momente aus den Momenten erster und zweiter Ordnung berechnen. Prozesse dieser Art heißen Gaußprozesse. Wir wollen zwei erwartungswertfreie Zufallsvariable $X_1(t_1)$ und $X_2(t_2)$ aus verschiedenen ergodischen Gaußprozessen mit normalverteilten Dichten $p_1(x_1)$ zum Zeitpunkt t_1 und $p_2(x_2)$ zum Zeitpunkt t_2 betrachten. Wie in der Übungsaufgabe 1.4 gezeigt wird, ergibt sich die zugehörige charakteristische Funktion $C(u_1,u_2)$ zu

höhere Momente bei Gaußprozessen

$$C(u_1,u_2) \;=\; \int\int_{-\infty}^{+\infty} exp(ju_1 x_1 + ju_2 x_2)\, p(x_1,x_2)\, dx_1\, dx_2$$

$$=\; exp\left[-\frac{1}{2}\left(\rho_{11} \cdot u_1^2 + \rho_{22} \cdot u_2^2 + 2\rho_{12} \cdot u_1 \cdot u_2 \right) \right]. \quad (1.63)$$

Dabei ist $p(x_1,x_2)$ die Gauß-verteilte bivariate Dichte.

Übungsaufgabe 1.4

Leiten Sie die Gleichung (1.63) ab.

Mit Hilfe der Gleichung (1.60) erkennt man, daß ρ_{11} die Varianz von $X_1(t_1)$, ρ_{22} die Varianz von $X_2(t_2)$ und ρ_{12} die sog. Kovarianz von $X_1(t_1)$ und $X_2(t_2)$ bezeichnen. Spezialisiert man auf einen einzelnen Prozeß mit $X_1 = X_2 = X$ für $t_1 = t_2$, dann bedeutet $\rho_{12} = \rho_{12}(\theta)$ die Autokorrelationsfunktion in Abhängigkeit von $\theta = t_2 - t_1$ und $\rho_{11} = \rho_{22} = \rho_{12}(\theta = 0) = \rho(0)$ die Autokorrelationsfunktion für $\theta = 0$. Wiederum mit Hilfe der Gleichung (1.60) kann man durch direktes Ausrechnen für das Moment 4. Ordnung $\langle X^2(t) \cdot X^2(t+\theta) \rangle$ den folgenden Zusammenhang zum Moment 2. Ordnung aufzeigen (Übungsaufgabe 1.5):

$$\langle X^2(t) \cdot X^2(t+\theta) \rangle = \rho^2(0) + 2\rho^2(\theta). \tag{1.64}$$

Übungsaufgabe 1.5

Leiten Sie mit Hilfe der Gleichungen (1.60) und (1.63) die Beziehung (1.64) ab.

Die Beziehung (1.64) werden wir später benötigen, um die Standardabweichung zu bestimmen, die bei einer Rauschleistungsmessung bei endlichen Meßzeiten und endlichen Bandbreiten auftritt.

1.3 Übertragung von Rauschsignalen über lineare Netzwerke

1.3.1 Impulsantwort und Übertragungsfunktion

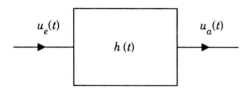

Bild 1.4: Ein Vierpol, beschrieben durch seine Impulsantwortfunktion.

Wir betrachten einen linearen Vierpol, dessen Impulsantwortfunktion $h(t)$ sei. Die Spannung am Ausgang, $u_a(t)$, ist über ein Faltungsintegral mit der Eingangsspannung $u_e(t)$ verknüpft.   Impulsantwort

$$u_a(t) = \int_{-\infty}^{+\infty} h(t')\, u_e(t-t')\, dt' \tag{1.65}$$

Für die Gewichtsfunktion $h(t)$ muß aus physikalischen Gründen gelten   Kausalität

$$h(t) = 0 \quad \text{für } t < 0, \tag{1.66}$$

weil eine Wirkung nicht vor der Ursache auftreten kann. Wählt man als Eingangsspannung eine sinusförmige Spannung in komplexer Form mit U_e, U_a als komplexe Zeiger

$$u_e(t) = Re\{|U_e|\, e^{j\Phi} \cdot e^{j\omega t}\} = Re\{U_e \cdot e^{j\omega t}\}$$

$$u_a(t) = Re\{U_a \cdot e^{j\omega t}\}, \tag{1.67}$$

dann erweist sich auch das Ausgangssignal als sinusförmig und es gilt:

$$U_a \cdot e^{j\omega t} = \int_{-\infty}^{+\infty} h(t') \cdot U_e \cdot e^{j\omega t}\, e^{-j\omega t'}\, dt'$$

$$= U_e \cdot e^{j\omega t} \cdot \int_{-\infty}^{+\infty} h(t')\, e^{-j\omega t'}\, dt'. \tag{1.68}$$

Wir kürzen

$$\int_{-\infty}^{+\infty} h(t')\, e^{-j\omega t'}\, dt' = V(\omega) \tag{1.69}$$

ab und nennen $V(\omega)$ die komplexe Spannungsverstärkung oder komplexe Übertragungsfunktion des Vierpols, so daß die gewohnte komplexe Schreibweise gilt

Übertragungs-
funktion

$$U_a = V(\omega) \cdot U_e . \tag{1.70}$$

Ersichtlich sind $h(t)$ und $V(\omega)$ bzw. $V(f)$ ein Paar von Fouriertransformierten

$$V(f) = \int_{-\infty}^{+\infty} h(t)\, e^{-j2\pi ft}\, \mathrm{d}t ,$$

$$h(t) = \int_{-\infty}^{+\infty} V(f)\, e^{+j2\pi ft}\, \mathrm{d}f . \tag{1.71}$$

Bei Rechnungen im Zeitbereich verwendet man vorzugsweise $h(t)$, bei Rechnungen im Frequenzbereich vorzugsweise $V(f)$. Weil $h(t)$ reell ist, gilt

$$V^*(f) = \int_{-\infty}^{+\infty} h(t)\, e^{j2\pi ft}\, \mathrm{d}t = V(-f) \tag{1.72}$$

oder auch

$$V^*(-f) = V(f) .$$

Der Realteil von $V(f)$ ist deshalb eine gerade Funktion der Frequenz, der Imaginärteil eine ungerade Funktion.

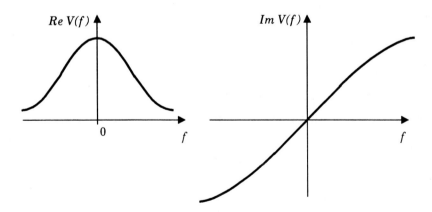

Bild 1.5: Real- und Imaginärteil einer komplexen Übertragungsfunktion

1.3.2 Transformation von Autokorrelationsfunktion und Leistungsspektrum

Wie bereits im vorhergehenden Kapitel ausführlich besprochen, werden wir im folgenden annehmen, daß die betrachteten Rauschprozesse stationär sind, daß also keine zeitliche Abhängigkeit der verschiedenen Mittelwerte besteht. Außerdem nehmen wir an, daß die Rauschprozesse **ergodisch** sind, daß also ein Mittelwert zu einem festen Zeitpunkt über eine große Schar von gleichartigen Rauschprozessen zu dem gleichen Ergebnis führt wie ein zeitlicher Mittelwert über einen einzelnen Rauschprozeß.

Für die Autokorrelationsfunktion $\rho_e(\theta)$ der Eingangsspannung $u_e(t)$ gilt daher

$$\rho_e(\theta) \;=\; \overline{u_e(t) \cdot u_e(t+\theta)} \;=\; \langle u_e(t) \cdot u_e(t+\theta) \rangle$$

$$= \lim_{T \to \infty} \frac{1}{2T} \int_{-T}^{T} u_e(t) \cdot u_e(t+\theta)\, \mathrm{d}t. \tag{1.73}$$

Die Balken — oder die Klammersymbole $\langle\rangle$ werden also als gleichwertig behandelt. Eine entsprechende Definition gilt auch für ρ_a, die Autokorrelationsfunktion am Ausgang. Die Autokorrelationsfunktionen am Ausgang und am Eingang, ρ_a und ρ_e, sind, wie jetzt gezeigt werden soll, über ein zweifaches Faltungsintegral miteinander verknüpft. Wir schreiben zunächst

$$u_a(t) \cdot u_a(t+\theta)$$

$$= \int_{-\infty}^{+\infty} h(t')\, u_e(t-t')\, \mathrm{d}t' \cdot \int_{-\infty}^{+\infty} h(t'')\, u_e(t+\theta-t'')\, \mathrm{d}t''$$

$$= \int_{-\infty}^{+\infty} \int_{-\infty}^{+\infty} h(t') \cdot h(t'') \cdot u_e(t-t')\, u_e(t-t''+\theta)\, \mathrm{d}t' \mathrm{d}t'' \tag{1.74}$$

Wir bilden auf beiden Seiten den Mittelwert über t und nutzen aus, daß die Integration und die Mittelwertbildung vertauscht werden dürfen. Es ist aber mit $\tau = t - t'$

$$\overline{u_e(t-t') \cdot u_e(t-t''+\theta)}$$

$$= \overline{u_e(\tau) \cdot u_e(\tau + t'-t''+\theta)} \;=\; \rho_e(\theta+t'-t''). \tag{1.75}$$

Damit erhalten wir schließlich eine Verknüpfung zwischen ρ_a und ρ_e in der Form eines doppelten Faltungsintegrals, die wir später noch benutzen werden.

Transformation der Autokorrelations-funktion

$$\rho_a(\theta) = \int \int_{-\infty}^{+\infty} h(t') \cdot h(t'') \cdot \rho_e(\theta + t' - t'') \, dt' dt'' \qquad (1.76)$$

Sowohl ρ_e als auch ρ_a sind gerade Funktionen von θ.

Aus der Beziehung über die Transformation der Autokorrelationsfunktion zwischen Eingang und Ausgang eines Vierpols (Gleichung (1.76)) können wir auch die Transformation des Leistungsspektrums berechnen, also die Verknüpfung der Leistungsspektren W_e am Eingang und W_a am Ausgang. Wir setzen an, daß W_a das Leistungsspektrum zur Autokorrelationsfunktion ρ_a ist und verwenden außerdem die Beziehung aus Gleichung (1.76)

$$
\begin{aligned}
W_a &= \int_{-\infty}^{+\infty} \rho_a(\theta) \, e^{-j2\pi f\theta} \, d\theta \\
&= \int \int \int_{-\infty}^{+\infty} h(t') \cdot h(t'') \cdot \rho_e(\theta + t' - t'') \, e^{-j2\pi f\theta} \, d\theta \, dt' dt'' \\
&= \int \int \int_{-\infty}^{+\infty} h(t') \, h(t'') \cdot \rho_e(\theta + t' - t'') \\
&\qquad \cdot e^{-j2\pi f(\theta + t' - t'')} \, e^{j2\pi f t'} \cdot e^{-j2\pi f t''} \cdot d\theta \, dt' dt''.
\end{aligned}
\qquad (1.77)
$$

Bei der letzten Umformung wurde lediglich eine Erweiterung vorgenommen. Im weiteren machen wir von der Möglichkeit Gebrauch, die Integrationsreihenfolge zu vertauschen. Zunächst erfolgt eine Integration über $\tau = \theta + t' - t''$, wobei $t' - t''$ zunächst als konstant aufgefaßt wird.

$$
\begin{aligned}
W_a(f) &= W_e(f) \left\{ \int_{-\infty}^{\infty} h(t') \, e^{+j2\pi f t'} dt' \right\} \left\{ \int_{-\infty}^{+\infty} h(t'') \, e^{-j2\pi f t''} dt'' \right\} \\
&= W_e(f) \cdot V^*(f) \cdot V(f) \\
&= |V(f)|^2 \cdot W_e(f) \qquad (1.78)
\end{aligned}
$$

Die Größe $V(f)$ ist die im allgemeinen komplexe Übertragungsfunktion des betrachteten Vierpols, also die Fouriertransformierte der Impulsantwortfunktion $h(t)$. Es gilt daher der Satz: Das Leistungsspektrum wird mit dem Betragsquadrat der entsprechenden Übertragungsfunktion transformiert.

Transformation des Leistungsspektrums

1.3.3 Korrelation zwischen Eingangs- und Ausgangsrauschen

Besteht zwischen Eingangs- und Ausgangsrauschen eines rauschfreien Vierpols eine Korrelation, dann kann diese durch die Kreuzkorrelationsfunktion $\rho_{ea}(\theta)$ beschrieben werden:

$$\rho_{ea}(\theta) = \overline{u_e(t) \cdot u_a(t+\theta)}$$

$$= \langle \int_{-\infty}^{+\infty} h(t') \cdot u_e(t) \cdot u_e(t+\theta-t') \, dt' \rangle$$

$$= \int_{-\infty}^{+\infty} h(t') \cdot \rho_e(\theta-t') \, dt'. \tag{1.79}$$

Dabei wurde wiederum die Reihenfolge von Mittelwertbildung und Integration vertauscht. Die Kreuzkorrelationsfunktion ist im allgemeinen keine gerade Funktion. Durch eine Fouriertransformation der Gleichung (1.79) in den Frequenzbereich erhält man das zugehörige Kreuzspektrum $W_{ea}(f)$.

$$W_{ea}(f) = \int_{-\infty}^{+\infty} \rho_{ea}(\theta) \, e^{-j2\pi f\theta} \, d\theta$$

$$= \int \int_{-\infty}^{+\infty} h(t') \cdot \rho_e(\theta-t') \, e^{-j2\pi f(\theta-t')} \, e^{-j2\pi ft'} \, d\theta \, dt'$$

$$= W_e \cdot V(f) \tag{1.80}$$

Dabei wurde, wie schon früher, erstens von einer Erweiterung und zweitens von einer Vertauschung der Integrationsreihenfolge Gebrauch gemacht.

Im Gegensatz zu W_e und W_a ist W_{ea} im allgemeinen komplex. Wegen $W_a = |V|^2 \cdot W_e$ gilt auch

$$W_{ea}(f) = \frac{W_a}{|V|^2} \cdot V = \frac{W_a}{V^*}. \tag{1.81}$$

Ferner kann man zeigen, daß

$$W_{ae} = W_{ea}^* = W_e \cdot V^* = \frac{W_a}{V}. \tag{1.82}$$

Es ist nämlich

$$\rho_{ae} = \overline{u_a(t) \cdot u_e(t+\theta)}$$

$$= \langle \int_{-\infty}^{+\infty} h(t') \cdot u_e(t-t') \cdot u_e(t+\theta) \, dt' \rangle$$

$$= \int_{-\infty}^{+\infty} h(t') \cdot \rho_e(\theta + t') \, dt'.$$

Und weiterhin

$$W_{ae} = \int \int_{-\infty}^{+\infty} h(t') \cdot \rho_e(\theta + t') \cdot e^{-j2\pi f(\theta + t')} \, e^{+j2\pi ft'} \, d\theta \, dt'. \qquad (1.83)$$

Also gilt $W_{ae} = W_e \cdot V^* = W^*_{ea}$, womit Gleichung (1.82) bewiesen wäre. Für das normierte Kreuzspektrum der Eingangs- und Ausgangsgrößen eines Vierpols gilt

normiertes Kreuzspektrum

$$k_{ea} = \frac{W_{ea}}{\sqrt{W_e \cdot W_a}} = \frac{W_e \cdot V}{W_e \cdot |V|} = \frac{V}{|V|}. \qquad (1.84)$$

Der Betrag des normierten Kreuzspektrums ist also 1, das heißt, die Eingangs- und Ausgangsgrößen sind vollständig korreliert. Das ist auch nicht weiter verwunderlich, weil die Signale auseinander hervorgingen.

1.3.4 Überlagerung von teilweise korrelierten Rauschsignalen

Mit Hilfe des untenstehenden 6-Pols sollen zwei Rauschspannungen, u_{e1} und u_{e2}, die teilweise korreliert sind, in einem Lastwiderstand Z_a überlagert werden. Wir wollen die Autokorrelationsfunktion der Ausgangsspannung $u_a(t)$ berechnen, also

$$\overline{u_a(t) \cdot u_a(t+\theta)} \,.$$

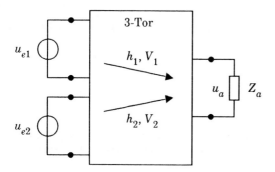

Bild 1.6: Zur Überlagerung von Rauschsignalen

Es ist

$$\overline{u_a(t) \cdot u_a(t+\theta)}$$

$$= \langle \int \int_{-\infty}^{+\infty} \{ h_1(t') \cdot u_{e1}(t-t') + h_2(t') u_{e2}(t-t') \} dt'$$

$$\cdot \{ h_1(t'') u_{e1}(t+\theta-t'') + h_2(t'') \cdot u_{e2}(t+\theta-t'') \} dt'' \rangle . \qquad (1.85)$$

Hieraus entstehen 4 Anteile:

$$\overline{u_a(t) \cdot u_a(t+\theta)} = \rho_a(\theta)$$

$$= \int \int_{-\infty}^{+\infty} h_1(t') \cdot h_1(t'') \cdot \rho_{e1}(\theta+t'-t'') dt'dt'' \qquad (1)$$

$$+ \int \int_{-\infty}^{+\infty} h_2(t') \cdot h_2(t'') \cdot \rho_{e2}(\theta+t'-t'') dt'dt'' \qquad (2)$$

$$+ \int \int_{-\infty}^{+\infty} h_1(t') \cdot h_2(t'') \rho_{e1e2}(\theta+t'-t'') dt'dt'' \qquad (3)$$

$$+ \int \int_{-\infty}^{+\infty} h_1(t'') \cdot h_2(t') \rho_{e2e1}(\theta+t'-t'') dt'dt'' . \qquad (4) \qquad (1.86)$$

Hierbei beschreiben die Anteile (1) und (2) jeweils die Autokorrelation und die Anteile (3) und (4) die Kreuzkorrelationsfunktion. Schließlich bilden wir von diesem Ausdruck die Fouriertransformierte und vertauschen die Reihenfolge der Integrationen. Wir erhalten:

$$W_a = \int_{-\infty}^{+\infty} p_a(\theta)\, e^{-j2\pi f\theta}\, d\theta$$

$$= |V_1|^2 \cdot W_{e1} + |V_2|^2 \cdot W_{e2}$$

$$+ V_1^* \cdot V_2 \cdot W_{e1e2} + V_2^* \cdot V_1 \cdot W_{e2e1} \,. \tag{1.87}$$

Wir wollen uns im folgenden die Rauschspannungen durch Sinussignale derselben Frequenz ersetzt denken. Wir können in der gewohnten komplexen Zeigerdarstellung für die Ausgangsspannung schreiben:

symbolische Rechnung

$$U_a = V_1 \cdot U_{e1} + V_2 \cdot U_{e2}$$

oder

$$|U_a|^2 = |V_1|^2 \cdot |U_{e1}|^2 + |V_2|^2 \cdot |U_{e2}|^2$$

$$+ V_1^* \cdot V_2 \cdot U_{e1}^* \cdot U_{e2} + V_1 \cdot V_2^* \cdot U_{e1} \cdot U_{e2}^* . \tag{1.88}$$

Ein Vergleich mit der Gleichung (1.87) zeigt, daß es eine einfache Äquivalenz zwischen der Rechnung mit Leistungs- und Kreuzspektren und der Rechnung mit komplexen Zeigern gibt. Man setzt $|U_e|^2$ mit W_e gleich, $|U_a|^2$ mit W_a, und $U_{e1}^* U_{e2}$ mit dem Kreuzspektrum W_{e1e2}. Es sei jedoch darauf hingewiesen, daß man das Kreuzspektrum im allgemeinen nicht über $U_{e1}^* U_{e2}$ berechnen kann. Damit ist ein Weg aufgezeigt, wie man in linearen Schaltungen mit Rauschgrößen ähnlich bequem rechnen kann wie mit sinusförmigen Anregungen. Der wesentliche Unterschied liegt in der Notwendigkeit, die Korrelation zwischen den Rauschsignalen zu berücksichtigen.

Äquivalenz zwischen Spektren und komplexen Zeigern

Von der Gleichsetzung von Spektren und dem Produkt komplexer Zeiger werden wir in diesem Kurs noch oft Gebrauch machen. Zwei Signale können vollständig korreliert sein, zum Beispiel wenn sie auseinander hervorgegangen sind. Sie können vollständig unkorreliert oder auch teilweise miteinander korreliert sein. Sind zwei Signale vollständig unkorreliert, dann kann man einfach die Leistungen oder Spektren addieren. Es ist oft nicht ganz einfach, die Korrelation zwischen zwei Rauschsignalen zu bestimmen. Kennt man jedoch die Korrelation, dann kann man in linearen Schaltungen nach einiger Übung ähnlich bequem rechnen wie mit sinusförmigen Anregungen.

Die Kreuzkorrelationsfunktion $\rho_{12}(\theta)$ ist im allgemeinen keine gerade, aber natürlich eine reelle Funktion. Wegen Gleichung (1.33) können wir Gleichung (1.87) auch in der Form schreiben:

$$W_a = |V_1|^2 \cdot W_{e1} + |V_2|^2 \cdot W_{e2} + 2\, Re\,(V_1^* V_2 \cdot W_{e1e2}),\qquad (1.89)$$

womit auch gezeigt ist, daß W_a auf jeden Fall reell wird, wie es für ein Leistungsspektrum sein muß.

Übungsaufgabe 1.6

Aus weißem Rauschen sollen zwei Frequenzbänder bei unterschiedlichen Frequenzen herausgefiltert werden. Welche Korrelation besteht zwischen diesen Rauschsignalen?

Übungsaufgabe 1.7

Für rechteckig bandbegrenztes weißes Rauschen soll die Autokorrelationsfunktion berechnet werden.

Übungsaufgabe 1.8

Für den untenstehenden RC-Tiefpaß soll die Autokorrelationsfunktion des Ausgangsrauschens berechnet werden, wenn das Eingangsrauschen weißes Rauschen ist, das z.B. durch den Widerstand R generiert sein soll.

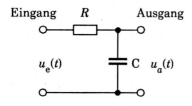

Vorbemerkung zur Kurseinheit 2

Thermisches Rauschen ist ein besonders grundlegendes Rauschphänomen und tritt praktisch in jeder elektronischen Schaltung auf. Es ist daher sehr wichtig zu wissen, wie man mit thermischem Rauschen in Schaltungen rechnen kann. Dazu verwendet man üblicherweise Ersatzschaltungen. Man kann sowohl für thermisch rauschende Eintore als auch für Zweitore Ersatzschaltungen einführen, die das Rauschen richtig wiedergeben. Üblicherweise beschreibt man das Rauschen durch Quellen, z.B. Strom- und Spannungsquellen und rauschfreie Zweitore bzw. rauschfreie Impedanznetzwerke. Will man verschiedene Darstellungen ineinander umrechnen, dann sieht man, daß man von den Ersatzrauschquellen nicht nur ihre Amplituden zur Verfügung haben muß, sondern daß man auch die Korrelation der Ersatzrauschquellen untereinander kennen muß. Für thermisch rauschende Netzwerke gelingt es aber stets, die Korrelation von beliebig angenommenen Ersatzquellen zu berechnen.

Eine Darstellung mit Ersatzquellen und rauschfreien Netzwerken läßt sich ebenso auf nichtthermisch rauschende lineare Netzwerke übertragen. Beispielsweise kann man lineare Verstärker durch Rauschstrom- bzw. -spannungsquellen am Eingang und Ausgang beschreiben. Der Verstärker selbst mit gleicher Verstärkung und gleichen Impedanzverhältnissen wird dann als rauschfrei angenommen.

Eine andere wichtige Darstellung des Verstärkerrauschens kann mit Hilfe der sogenannten **Rauschzahl** erfolgen. Die Rauschzahl gibt an, um wieviel das Signal-zu-Rauschverhältnis sich verschlechtert, wenn ein Nutzsignal durch einen Verstärker verstärkt werden soll. Man kann die Signalquelle mit verlustlosen und damit rauschfreien Transformationsnetzwerken geeignet transformieren, so daß die Gesamtrauschzahl möglichst klein wird. Eine solche Rauschanpassung bringt aber nur dann einen Gewinn, wenn das erforderliche Transformationsnetzwerk tatsächlich hinreichend verlustfrei ist.

Studienziele zur Kurseinheit 2

Nach dem Durcharbeiten dieser Kurseinheit sollten Sie

▸ die Ersatzschaltbilder für thermisch rauschende Impedanzen bzw. Admittanzen kennen;

▸ den Gültigkeitsbereich der Nyquist-Beziehung abschätzen können;

▸ Ersatzschaltbilder von thermisch rauschenden Zweitoren aufstellen können;

▸ mit Hilfe des Dissipationstheorems erkannt haben, daß Netzwerke, welche Wirkleistung aufnehmen können, auch thermische Rauschleistung abgeben können;

▸ behalten haben, daß es für thermisch rauschende, aber sonst beliebige Zweitore homogener Temperatur gelingt, das Kreuzspektrum von Ersatzquellen allgemein anzugeben;

▸ in künftige Überlegungen einbeziehen, daß beidseitig angepaßte Zweitore homogener Temperatur unkorrelierte Rauschersatzwellen aufweisen;

▸ sich erinnern, daß die Rauschzahl definitionsgemäß nicht vom Lastwiderstand abhängt;

▸ eingesehen haben, daß Rauschanpassung und maximaler verfügbarer Gewinn im allgemeinen nicht zusammenfallen.

2   Rauschen von Ein- und Zweitoren

2.1   Rauschen von Eintoren

2.1.1 Thermisches Rauschen von Widerständen

Durch die thermische Bewegung von Elektronen oder Löchern in Metallen oder Halbleitern wird ein Widerstandsrauschen bewirkt (engl. *Johnson noise* oder *thermal noise*). Das Experiment liefert für den zeitlichen Mittelwert des Stromquadrats im Frequenzband der Breite Δf für den Kurzschlußrauschstrom

$$\overline{i^2(t)} \;=\; \frac{4kT}{R}\,\Delta f \;=\; 4kT\cdot G\cdot\Delta f. \tag{2.1}$$

Dabei ist R der Widerstand bzw. $G=1/R$ der Leitwert, T die absolute Temperatur in K, k die Boltzmann-Konstante

$$k \;=\; 1{,}38\cdot 10^{-23}\ Ws/K. \tag{2.2}$$

In analoger Weise findet man bei einer Spannungsmessung für die Leerlaufrauschspannung

$$\overline{u^2(t)} \;=\; 4k\cdot T\cdot R\cdot\Delta f. \tag{2.3}$$

Verwendet man die spektrale Dichtefunktion $W(f)$, die das mittlere Spannungsquadrat bzw. das mittlere Stromquadrat je Hertz Bandbreite angibt, dann gilt:

$$W_\mathrm{u}(f) \;=\; 4k\cdot T\cdot R$$

$$W_\mathrm{i}(f) \;=\; 4k\cdot T\cdot G. \tag{2.4}$$

Spektren
für thermisches
Rauschen

Für thermisches Rauschen ist die Dichtefunktion unabhängig von der Frequenz, jedenfalls wenn die Frequenz nicht zu hoch und die Temperatur nicht zu niedrig ist, wie wir noch sehen werden. Aus $W(f)$ kann man den zeitlichen Mittelwert des Stromquadrats berechnen. In Gl. (2.5) ist f_2 die obere und f_1 die untere Frequenzgrenze.

$$\overline{u^2(t)} \;=\; \int_{f_1}^{f_2} W_\mathrm{u}(f)\,\mathrm{d}f$$

$$\overline{i^2(t)} \;=\; \int_{f_1}^{f_2} W_\mathrm{i}(f)\,\mathrm{d}f \tag{2.5}$$

35

Die **spektrale Dichtefunktion** wird auch **spektrale Verteilungs-funktion** oder **Spektrum** oder **Leistungsspektrum** genannt.

Folgende Ersatzschaltungen für einen thermisch rauschenden Widerstand sind äquivalent:

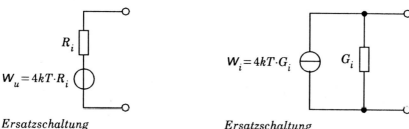

Ersatzschaltung
mit einer Spannungsquelle

Ersatzschaltung
mit einer Stromquelle

*Bild 2.1:   Rauschersatzschaltbilder eines thermisch rauschenden Wider-
standes*

Der Innenwiderstand R_i bzw. der Innenleitwert G_i ist dabei als rauschfrei anzusetzen. Die Spannungsquelle ist als beliebig niederohmig, die Strom-quelle als beliebig hochohmig anzunehmen.

2.1.2 Netzwerke aus Widerständen gleicher Temperatur

Werden mehrere Widerstände, die auf der gleichen Temperatur liegen, zusammengefaßt, dann läßt sich für die resultierende Schaltung wiederum eine Ersatzschaltung angeben. Man gelangt dabei zum gleichen Ergebnis, unabhängig davon, ob man zuerst einen Gesamtwiderstand berechnet und dann die äquivalente Rauschquelle bestimmt oder ob man für jeden Einzel-widerstand die äquivalente Rauschquelle bestimmt und dann die verschie-denen Rauschquellen zusammenfaßt. Entsprechendes gilt auch für Wider-standsnetzwerke. Voraussetzung für diese Vorgehensweise ist die An-nahme, daß die Rauschquellen unkorrreliert sind, daß also die quadra-tischen Mittelwerte addiert werden dürfen. Später werden wir noch Bei-spiele kennenlernen, wo diese Annahme nicht zutrifft.

Überlagerung
unkorrelierter
Rauschquellen

Übungsaufgabe 2.1

Als Beispiel von zwei in Serie geschalteten Widerständen parallel zu einem dritten Widerstand soll gezeigt werden, daß man zu derselben äquivalenten Gesamt-Rauschersatzschaltung gelangt, unabhängig davon, ob man zuerst einen Gesamtwiderstand berechnet oder zunächst die resultierende Rauschersatzquelle bestimmt. Es sei $T_1 = T_2 = T_3 = T_0$.

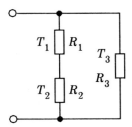

Offensichtlich dürfen wir einen Widerstand nicht beliebig fein unterteilen. Irgendwann wird die Annahme der statistischen Unabhängigkeit nicht mehr zutreffen, zum Beispiel wenn die Volumenabmessungen kleiner sind als die freie Weglänge der Elektronen. Dann kann aber auch ein Widerstand nicht mehr in der üblichen Weise definiert werden.

2.1.3 Der RC-Kreis

Wie in Abschnitt 1.3.4 gezeigt wurde, können rauschende lineare Netzwerke etwa nach den üblichen Regeln, wie sie auch für sinusförmige Anregungen gelten, berechnet werden.

So gilt z.B., daß die Rauschspektren über die Betragsquadrate der komplexen Übertragungsfunktion $V(f)$ verknüpft sind. Als Beispiel berechnen wir das Spektrum W_{uc} über dem Kondensator in der Schaltung in Bild 2.2. Nur der Widerstand R soll thermisch rauschen.

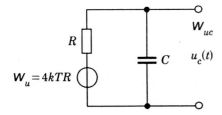

Bild 2.2:
Thermisch rauschender
Widerstand
mit parallel geschaltetem
Kondensator

Es gilt aufgrund der Spannungsteilung:

$$\boldsymbol{W}_{uc} = |V(f)|^2 \cdot \boldsymbol{W}_u = \left| \frac{\dfrac{1}{j\omega C}}{R + \dfrac{1}{j\omega C}} \right|^2 \cdot 4kT \cdot R$$

$$= \frac{4kT \cdot R}{1 + (\omega CR)^2} . \tag{2.6}$$

Die spektrale Dichte $\boldsymbol{W}_{uc}$ wird durch den Kondensator frequenzabhängig. Wir können den quadratischen Mittelwert der Spannung am Kondensator berechnen:

frequenzabhängiges Spektrum

$$\overline{u_c^2(t)} = \int_0^\infty \boldsymbol{W}_{uc}(f)\, \mathrm{d}f = \int_0^\infty \frac{4kTR}{1 + (\omega CR)^2}\, \mathrm{d}f$$

$$= \frac{2kT}{\pi \cdot C} \int_0^\infty \frac{1}{1 + \eta^2}\, \mathrm{d}\eta \qquad \text{mit } \eta = \omega CR$$

$$= \frac{2kT}{\pi C} \cdot \arctan \eta \,\Big|_0^\infty$$

$$= \frac{kT}{C} . \tag{2.7}$$

Das mittlere Spannungsquadrat am Kondensator ist also begrenzt, obwohl der Frequenzbereich als unbegrenzt angenommen wurde. Das Ergebnis ist außerdem unabhängig von R, was auch physikalisch interpretiert werden kann.

2.1.4 Thermisches Rauschen komplexer Impedanzen

In einem Gedankenexperiment seien ein reeller Widerstand R' und ein komplexer Widerstand $Z(f)$ über einen Bandpaß BP zusammengeschaltet.

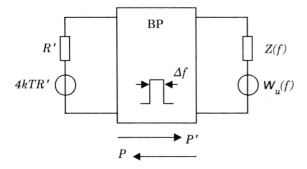

Bild 2.3: *Zur Erläuterung des thermischen Rauschens eines komplexen Widerstandes*

Die Widerstände R' und $Z(f)$ mögen auf der gleichen Temperatur T liegen. Das Bandpaßfilter soll verlustfrei sein, trägt also selbst zum Rauschen nicht bei. Im thermodynamischen Gleichgewicht muß die Rauschleistung P', das ist die Rauschleistung, die von dem Widerstand R' an den Verbraucher $Z(f)$ abgegeben wird, genau so groß sein wie die Rauschleistung P, das ist die Rauschleistung, die von der Impedanz $Z(f)$ an den Verbraucher R' abgegeben wird, also $P = P'$. Daraus folgt:

Leistungsbilanz bei thermodynamischem Gleichgewicht

$$P' = \frac{4kTR'}{|R' + Z(f)|^2} \cdot Re(Z) \cdot \Delta f,$$

$$P = \frac{W_u}{|R' + Z(f)|^2} \cdot R' \cdot \Delta f, \tag{2.8}$$

und wegen $P' = P$
$$W_u = 4kT \cdot Re(Z).$$

Ebenso erhält man mit $Y = 1/Z$
$$W_i = 4kT \cdot Re(Y). \tag{2.9}$$

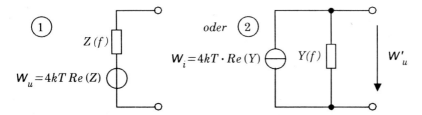

Bild 2.4: *Äquivalente Darstellungen für komplexe thermisch rauschende Impedanzen*

39

Damit kennen wir auch die Rauschquellen für thermisch rauschende komplexe Impedanzen bzw. Admittanzen. Die beiden Darstellungen sind äquivalent. Zum Beispiel ist in der rechten Ersatzschaltung von Bild 2.4 das Spektrum der Leerlaufspannung W'_u gleich

$$
\begin{aligned}
W_u' &= W_i \, \frac{1}{|Y(f)|^2} \\[2mm]
&= 4kT \cdot Re(Y) \cdot \frac{1}{Y(f) \cdot Y^*(f)} \\[2mm]
&= 4kT \cdot \frac{Y + Y^*}{2 \cdot Y \cdot Y^*} \\[2mm]
&= 4kT \cdot \frac{1}{2} \cdot \left[\frac{1}{Y} + \frac{1}{Y^*} \right] = 4kT \cdot Re(Z(f)) \\[2mm]
&= W_u \,.
\end{aligned}
\tag{2.10}
$$

Die Ersatzschaltbilder in Bild 2.4 für komplexe Impedanzen und Admittanzen behalten auch ihre Gültigkeit, wenn es sich um eine Kombination aus konzentrierten Elementen und Leitungen handelt. Die Leitungen können verlustlos oder auch verlustbehaftet sein.

2.1.5 Verfügbare Rauschleistung und äquivalente Rauschtemperatur

Die verfügbare Leistung P_{av} erhält man bekanntlich, wenn man mit der konjugiert komplexen Impedanz abschließt.

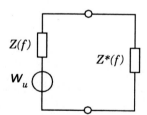

Bild 2.5:
Zur Erläuterung der verfügbaren Leistung

Die an $Z^*(f)$ abgegebene Leistung P_l ist:

$$P_l = \frac{W_u}{|Z + Z^*|^2} \cdot Re(Z^*) \cdot \Delta f$$

$$P_l = \frac{W_u}{4 \cdot [Re(Z)]^2} \cdot Re(Z) \cdot \Delta f$$

$$= \frac{4kT \cdot Re(Z) \cdot Re(Z) \cdot \Delta f}{4[Re(Z)]^2}$$

$$= kT \cdot \Delta f = P_{av}. \qquad (2.11)$$

Die verfügbare Leistung hängt nur von der Temperatur T ab und nicht vom Wert des Widerstandes. Daher kann die Rauschtemperatur auch verwendet werden, um das Rauschen eines allgemeinen verlustbehafteten Zweipols zu beschreiben. Man spricht dann von der äquivalenten Rauschtemperatur eines Zweipols, T_r, und dehnt die Definition auch auf nicht thermisch rauschende Zweipole aus. *(verallgemeinerte Definition der Rauschtemperatur)*

Nicht für alle Frequenzen und Temperaturen hat die Nyquist-Beziehung, Gl. (2.11), Gültigkeit, weil sie aus der statistischen Thermodynamik abgeleitet ist. Bei hohen Frequenzen und/oder niedrigen Temperaturen muß eine quantenmechanische Korrektur angebracht werden, die aus dem Planckschen Strahlungsgesetz für die Strahlung des schwarzen Körpers resultiert. Statt $P_{av} = kT\,\Delta f$ müssen wir schreiben: *(Gültigkeitsgrenzen der Nyquist-Beziehung)*

$$P_{av} = kT \cdot \Delta f \cdot p(f,T)$$

mit

$$p(f,T) = \frac{hf/kT}{exp\left(\dfrac{hf}{kT}\right) - 1}$$

$$h = \text{Plancksche Konstante} = 6{,}626 \cdot 10^{-34}\,Ws^2. \qquad (2.12)$$

Bei Zimmertemperatur und 10 GHz ist $p(f,T) \approx 1$. Die Plancksche Korrektur an der Nyquist-Formel verhindert auch, daß die Rauschleistung für große Bandbreiten beliebig groß werden kann.

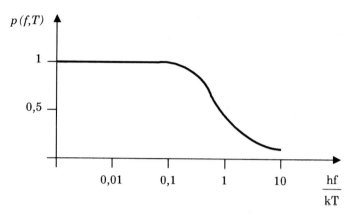

Bild 2.6: Strahlungsleistung als Funktion der Frequenz und der Temperatur

2.1.6 Netzwerke
mit inhomogener Temperaturverteilung

Wir betrachten ein Netzwerk mit den Impedanzen $Z_1, Z_2, Z_3 \ldots Z_j$, die unterschiedliche Temperaturen $T_1, T_2, T_3 \ldots T_j$ aufweisen. Bild 2.7 zeigt ein Beispiel mit drei Impedanzen. Das Netzwerk kann auch stärker vernetzt sein als hier gezeigt. Auch Leitungen kann das Netzwerk enthalten.

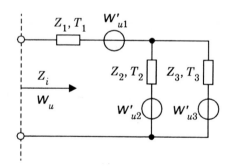

Bild 2.7:
Rauschender Zweipol
mit drei Temperaturen

Als nächstes berechnen wir die Leerlaufrauschquelle W_u an den äußeren Klemmen. Dazu benutzen wir das Superpositionsprinzip, das für lineare Schaltungen gilt, und transformieren die inneren Rauschquellen W'_{uj} nacheinander an den Eingang. Dann erhalten wir die Ersatzschaltung nach Bild 2.8.

Superpositions-prinzip

42

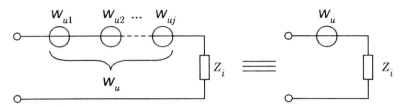

Bild 2.8: Ersatzquellen zu Bild 2.7

Dabei ist Z_i der Innenwiderstand des Zweipols, den man erhält, wenn man alle Rauschquellen kurzschließt. Wir können davon ausgehen, daß die W_{u1}, $W_{u2}, ..., W_{uj}$ alle unkorreliert sind, weil sie aus verschiedenen Widerständen abgeleitet werden. Also ist

$$W_u = \sum_j W_{uj} = 4kT_r \cdot Re(Z_i). \tag{2.13}$$

Die W_{uj} sind mit den W'_{uj} über das Betragsquadrat einer Übertragungsfunktion verknüpft, also über einen reellen Koeffizienten. Infolgedessen ist die äquivalente Temperatur T_r des Zweipols ebenfalls linear mit den einzelnen T_j verknüpft:

$$T_r = \sum_j \beta_j \cdot T_j. \tag{2.14}$$

Für die reellen Koeffizienten β_j muß ersichtlich gelten

$$\sum_j \beta_j = 1, \tag{2.15}$$

denn wenn alle T_j gleich sind, dann muß auch $T_r = T_j$ sein. Wir können T_r auch als Ergebnis einer Mittelwertbildung auffassen, woraus unmittelbar folgt:

$$T_{j\min} \leq T_r \leq T_{j\max}. \tag{2.16}$$

2.1.7 Das Dissipationstheorem

Bei einem reziproken Netzwerk lassen sich die Koeffizienten β_j auch anschaulich deuten als die vom Widerstand $Re(Z_j)$ aufgenommene relative Wirkleistung, wenn eine Einheitsleistung in das Netzwerk eingespeist wird. Dieses sog. **Dissipationstheorem** wollen wir zunächst beweisen und dann seine Anwendung an einigen Beispielen erläutern.

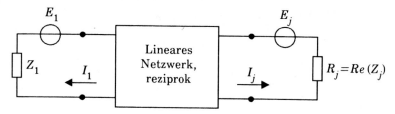

Bild 2.9: Zur Erläuterung des Dissipationstheorems

Gemäß Bild 2.9 greifen wir einen Widerstand R_j (Temperatur T_j)des linearen und reziproken Zweipolnetzwerkes heraus und fassen ihn als äußere
Beschaltung eines linearen reziproken Vierpols auf. Die Impedanz Z_1 und
der Generator E_1 beschreiben die Eingangsseite. Reziprozität besagt nun,
daß der Strom I_j, der durch E_1 erzeugt wird, für $E_j=0$ und der Strom I_1,
der durch E_j erzeugt wird, für $E_1=0$ wie in Gl. (2.17) verknüpft sind:

$$\left. \frac{E_1}{I_j} \right|_{E_j = 0} = \left. \frac{E_j}{I_1} \right|_{E_1 = 0} = \frac{1}{y} . \tag{2.17}$$

Dabei ist y eine komplexe Konstante. Die Impedanz Z_1 sei so gewählt, daß
sich Leistungsanpassung an die Eingangsimpedanz Z_{in} ergibt, d.h.
$Z_1=Z^*_{in}$. Für diesen Fall muß das Netzwerk gemäß Gl. (2.11) die
verfügbare Rauschleistung P_{av} an die Impedanz Z_1 abgeben.

Die an den Realteil von Z_1 aus dem thermisch rauschenden Widerstand R_j
abgegebene Rauschleistung P_{1r} ist:

$$\begin{aligned} P_{1r} &= |I_{1r}|^2 \cdot Re\,(Z_1) = |E_{jr}|^2 \cdot |y|^2 \cdot Re\,(Z_1) \\ &= 4\,kT_j\,R_j\,\Delta f \cdot |y|^2 \cdot Re\,(Z_1) = kT_j\,\beta_j\,\Delta f . \end{aligned} \tag{2.18}$$

Der zusätzliche Index r soll die Rauschgrößen kennzeichnen. Aus der Gl.
(2.18) folgt für den Koeffizienten β_j

$$\beta_j = 4 \cdot R_j \cdot |y|^2 \cdot Re\,(Z_1) . \tag{2.19}$$

Führt man diese Rechnung für jedes thermisch rauschende Element des
Netzwerkes durch, so muß die Summe der so erhaltenen Leistungen die
insgesamt verfügbare Rauschleistung P_{av} ergeben:

$$P_{av} = k \cdot \Delta f \cdot \sum_j (T_j\,\beta_j) . \tag{2.20}$$

Die β_j sind identisch mit denen in Gl. (2.14).

Es zeigt sich, daß β_j auch gerade das Verhältnis von in R_j absorbierter Leistung P_j zu einfallender (verfügbarer) Leistung P_1 ist:

$$\frac{P_j}{P_1} = |I_j|^2 \cdot R_j \frac{4\,Re\,(Z_1)}{|E_1|^2} = 4 \cdot R_j \cdot |y|^2 \cdot Re\,(Z_1) = \beta_j. \qquad (2.21)$$

In anderen Worten, der relative Beitrag eines Widerstandes R_j mit der Temperatur T_j zur effektiven Rauschtemperatur T_r des Zweipols, ausgedrückt durch den Koeffizienten β_j, ist gerade so groß wie die im Widerstand R_j relativ absorbierte Leistung, wenn man in den Zweipol Leistung einspeist. Thermische Rauschleistung ist also sehr eng verknüpft mit der Leistungsdissipation. Ein Bauelement, das keine Wirkleistung aufnehmen kann, kann auch keine thermische Rauschleistung emittieren. Das Dissipationstheorem wurde zwar für Schaltungen mit diskreten Elementen abgeleitet, läßt sich aber genauso auf Schaltungen mit kontinuierlich verteilten Elementen ausdehnen.

Zusammenhang zwischen Rauschen und Wirkleistungsaufnahme

Übungsaufgabe 2.2
Die äquivalente Temperatur T_r der Schaltung im Bild 2.7 soll über das Dissipationstheorem berechnet werden. Die Impedanzen Z_1, Z_2, Z_3 sollen komplex sein.

Übungsaufgabe 2.3
Es soll die Eingangstemperatur T_r der Schaltung in Bild 2.10 über das Dissipationstheorem berechnet werden.

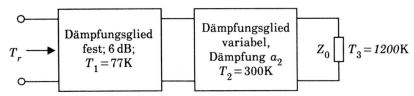

Bild 2.10: Rauschquelle variabler Temperatur aus festem und variablem Dämpfungsglied und einem heißen Zweipol

Übungsaufgabe 2.4

Für die Antennenanordnung in Bild 2.11 soll die äquivalente Rausch-temperatur über das Dissipationstheorem berechnet werden.

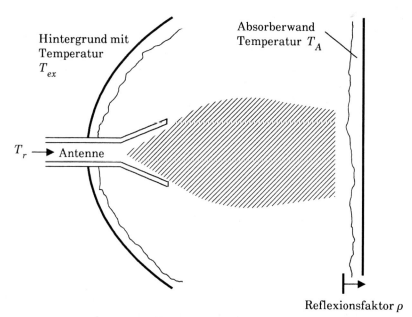

Bild 2.11: Bestimmung der Rauschtemperatur einer Antenne

2.2 Rauschen von Zweitoren

2.2.1 Beschreibung des Eigenrauschens durch Strom- und Spannungsquellen

Ebenso wie sich rauschende Eintore mit Ersatzstrom- bzw. Ersatzspannungsquellen beschreiben lassen, kann man auch das Rauschen von linearen rauschenden Zweitoren bzw. Vierpolen durch Rauschquellen am Eingang und/oder Ausgang beschreiben. Der Vierpol selbst wird dabei als rauschfrei angenommen und in üblicher Weise durch eine Matrix beschrieben, die Ströme und Spannungen am Eingang und Ausgang linear miteinander verknüpft. In Bild 2.12 ist eine Ersatzschaltung eines rauschenden Vierpols mit Rauschstromquellen am Eingang und am Ausgang angegeben. Der rauschfreie Vierpol selbst soll dabei durch eine Leitwertmatrix bzw. Admittanzmatrix [Y] dargestellt werden.

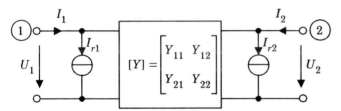

Bild 2.12:   *Rauschersatzschaltung eines Vierpols mit Rauschstromquellen und einer Leitwertmatrix*

Die Darstellung erfolgt mit Zeigern in der Frequenzebene f in der für uns bereits bekannten symbolischen Beschreibungsweise, das heißt

$$U, I = U(f), I(f).$$

Außer der Leitwertmatrix [Y] müssen verschiedene Rauschgrößen bekannt sein, um mit dem Vierpol rechnen zu können. In der symbolischen Schreibweise ist das Betragsquadrat der Rauschstromquelle $|I_{r1}|^2$, bzw. $|I_{r2}|^2$ gleich dem entsprechenden hier zweiseitigen Spektrum.

$$|I_{r1}|^2 = W_{r1}; \quad |I_{r2}|^2 = W_{r2}. \tag{2.22}$$

Außerdem muß für eine vollständige Beschreibung des Vierpolrauschverhaltens das Kreuzspektrum W_{r12} bekannt sein. In der symbolischen Schreibweise gilt:

Vollständige Zweitorbeschreibung durch drei Spektren

$$W_{r12} = I_{r1}^* \cdot I_{r2}. \tag{2.23}$$

Allerdings ist in der Regel Gl. (2.23) keine Vorschrift für die Berechnung von W_{r12}. Das Kreuzspektrum ist im allgemeinen eine komplexe Größe und muß daher nach Real- und Imaginärteil bzw. nach Betrag und Phase bekannt sein. Es ist häufig nicht einfach, das Kreuzspektrum zu bestimmen. Es werden jedoch eine Reihe von Beispielen folgen, wo es gelingt, das Kreuzspektrum zu ermitteln. Sind die Beträge der Ersatzrauschquellen und außerdem ihre Kreuzspektren bekannt, dann kann man in linearen Schaltungen im Prinzip alle interessierenden Rauschgrößen berechnen.

In einer anderen Darstellung eines rauschenden Vierpols verwendet man Rauschspannungsquellen am Eingang und Ausgang und beschreibt den rauschfreien Vierpol zweckmäßigerweise durch eine Widerstands- bzw. Impedanzmatrix [Z] (Bild 2.13).

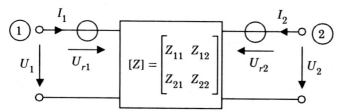

Bild 2.13: Rauschersatzschaltung eines Vierpols mit Rauschspannungs-quellen und einer Widerstandsmatrix

Verschiedene Darstellungen für den gleichen rauschenden Vierpol lassen sich ineinander umrechnen. Dies soll beispielhaft für die Darstellungen gemäß Bild 2.12 und 2.13 durchgeführt werden. Bei solchen Umrechnungen bzw. sonstigen Rauschrechnungen muß man Zählpfeile für die Ersatzrauschströme und -spannungen sowie die Klemmenströme und -spannungen einführen. Zwar kann man diese zunächst beliebig ansetzen, bei den anschließenden Rechnungen muß man sich jedoch strikt an die einmal gewählten Zählpfeile halten. Erhält man ein Ergebnis mit negativem Vorzeichen, dann bedeutet dies, daß Strom oder Spannung entgegengesetzt zum ursprünglich gewählten Zählpfeil gerichtet sind. Zwar wird man im allgemeinen zu guter Letzt ein Rauschspektrum berechnen wollen, also das Betragsquadrat eines Stromes oder einer Spannung, welches natürlich positiv ist, aber Gesamtstrom oder -spannung ergeben sich oft aus der Superposition von Einzelströmen oder -spannungen und diese Superposition muß mit richtigem Vorzeichen erfolgen.

Umrechnungen zwischen verschiedenen Ersatzschaltungen

Zählpfeile

Für die Darstellung mit Stromquellen nach Bild 2.12 kann man unter Beachtung der Zählpfeile die folgenden beiden Vierpolgleichungen anschreiben:

$$I_1 = Y_{11} \cdot U_1 + Y_{12} \cdot U_2 + I_{r1}$$
$$I_2 = Y_{21} \cdot U_1 + Y_{22} \cdot U_2 + I_{r2}$$

oder in Matrixform

$$\begin{bmatrix} I_1 \\ I_2 \end{bmatrix} = \begin{bmatrix} Y_{11} & Y_{12} \\ Y_{21} & Y_{22} \end{bmatrix} \cdot \begin{bmatrix} U_1 \\ U_2 \end{bmatrix} + \begin{bmatrix} I_{r1} \\ I_{r2} \end{bmatrix}$$

oder in Matrixkurzform

$$[I] = [Y] \cdot [U] + [I_r] . \tag{2.24}$$

Für die Darstellung mit Spannungsquellen nach Bild 2.13 gelten die folgenden Vierpolmatrixgleichungen, wenn man zunächst eine Leitwertdarstellung wählt. Es gilt $[Y] = [Z]^{-1}$, denn die Umrechnung der Vierpolparameter ist unabhängig von den Rauschquellen. Daher erhält man:

$$I_1 = Y_{11}(U_1 - U_{r1}) + Y_{12}(U_2 - U_{r2})$$
$$I_2 = Y_{21}(U_1 - U_{r1}) + Y_{22}(U_2 - U_{r2})$$

oder in Matrixschreibweise

$$[I] = [Y][U] - [Y] \cdot [U_r] . \tag{2.25}$$

Ein Vergleich der Gl. (2.24) mit Gl. (2.25) liefert die gesuchten Umrechnungsbeziehungen der Rauschquellen:

$$[I_r] = -[Y] \cdot [U_r]$$

bzw.

$$[U_r] = -[Z] \cdot [I_r] . \tag{2.26}$$

Mit Hilfe der Gl. (2.26) kann man das Kreuzspektrum der Rauschspannungsquellen $U^*_{r1} U_{r2}$ berechnen, sofern das Kreuzspektrum $I^*_{r1} I_{r2}$ und die Leistungsspektren $|I_{r1}|^2$ und $|I_{r2}|^2$ der Rauschstromquellen bekannt sind. Es gilt:

49

$$W_{u12} = U_{r1}^{*} \cdot U_{r2}$$

$$= \left(Z_{11} \cdot I_{r1} + Z_{12} \cdot I_{r2} \right)^{*} \cdot \left(Z_{21} \cdot I_{r1} + Z_{22} \cdot I_{r2} \right)$$

$$= \left\{ Z_{11}^{*} \cdot Z_{21} \cdot |I_{r1}|^{2} + Z_{12}^{*} \cdot Z_{22} \cdot |I_{r2}|^{2} \right.$$

$$\left. + Z_{11}^{*} \cdot Z_{22} \cdot (I_{r1}^{*} \cdot I_{r2}) + Z_{12}^{*} \cdot Z_{21} \cdot (I_{r1}^{*} \cdot I_{r2})^{*} \right\}$$

$$= Z_{11}^{*} \cdot Z_{21} \cdot W_{r1} + Z_{12}^{*} \cdot Z_{22} \cdot W_{r2} + Z_{11}^{*} \cdot Z_{22} \cdot W_{r12}$$

$$+ Z_{12}^{*} \cdot Z_{21} W_{r12}^{*} . \tag{2.27}$$

Für einen Vierpol gibt es 6 Möglichkeiten, Ströme und Spannungen zu verknüpfen und entsprechend 6 verschiedene Matrixdarstellungen. Ebenso gibt es 6 verschiedene Möglichkeiten, die Rauschersatzquellen anzuordnen, nämlich außer den beiden Schaltungen in Bild 2.12 und 2.13 noch die folgenden 4 Möglichkeiten:

sechs mögliche Rausch-ersatzschaltungen

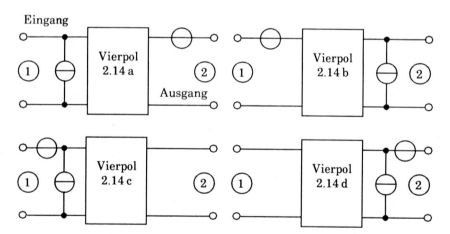

Bild 2.14: Weitere Anordnungsmöglichkeiten für die Rauschersatzquellen

Demnach gibt es also $6 \times 6 = 36$ Kombinationsmöglichkeiten der Ersatz-quellen mit den Vierpolmatrixdarstellungen. Welche davon besonders zweckmäßig ist, muß man von Fall zu Fall entscheiden. Jedoch wird zum Beispiel eine Darstellung mit Stromquellen günstiger mit der Leitwert-darstellung zu verknüpfen sein und eine Darstellung mit Spannungs-quellen günstiger mit der Impedanzmatrix. Die Darstellung gemäß Bild

2.14c eignet sich gut für die Berechnung der Rauschzahl, wie wir später noch sehen werden.

Sämtliche 36 Darstellungen lassen sich ineinander umrechnen, wodurch im allgemeinen auch die Korrelation der Rauschquellen geändert wird. Statt mit Rauschströmen und -spannungen kann man mit Rauschwellen und Streuparametern rechnen (Kap. 2.2.3). Dies wird sich oft als besonders günstig für Hochfrequenzschaltungen herausstellen.

Übungsaufgabe 2.5

Die untenstehende Ersatzschaltung eines Vierpols soll in diejenige des Bildes 2.14c umgerechnet werden. Die Korrelation der neuen Rauschstrom- und Spannungsquellen soll berechnet werden.

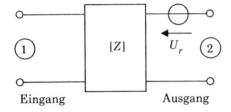

Eingang   Ausgang

Übungsaufgabe 2.6

Ein rauschender Vierpol, der durch eine Ersatzschaltung wie in Bild 2.12 beschrieben ist, wird am Ausgang durch einen als rauschfrei angenommenen komplexen Leitwert Y_2 abgeschlossen. Am Eingang liegt der komplexe Leitwert Y_1, dessen thermisches Rauschen durch eine parallele Stromquelle I_g gegeben ist. Wie groß ist die Rauschleistung bzw. das Spektrum W_2 am Lastleitwert Y_2?

2.2.2 Ersatzrauschquellen bei thermisch rauschenden Vierpolen homogener Temperatur

Für den Spezialfall thermisch rauschender Vierpole homogener Temperatur lassen sich die Ersatzrauschquellen ganz allgemein aus den Vierpolparametern berechnen. Mit homogener Temperatur des Vierpols ist gemeint, daß sich alle Verlustbereiche im Netzwerk des Vierpols, also z.B. Widerstände, dielektrische Verluste in Kondensatoren, Wirbelstromver-

Zusammenhang zwischen Rauschquellen und Vierpolparametern

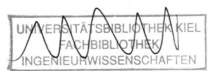

luste in Eisen, Verluste auf Leitungen und dergleichen mehr, auf der gleichen physikalischen Temperatur T befinden. Wir wollen dabei von einer Beschreibung mit der Leitwertmatrix $[Y]$ und Rauschstromquellen am Eingang und Ausgang wie in Bild 2.12 ausgehen. Der Vierpol, den wir betrachten, könnte auch irgend zwei Tore eines N-Poles charakterisieren, wobei alle anderen Tore als kurzgeschlossen gedacht sind.

Die Betragsquadrate von I_{r1} und I_{r2} erhält man auf einfache Weise, indem man das jeweils andere Tor kurzschließt und die Nyquist-Beziehung ansetzt (zweiseitiges Spektrum):

$$|I_{r1}|^2 = W_{r1} = 2kT \cdot Re(Y_{11}),$$
$$|I_{r2}|^2 = W_{r2} = 2kT \cdot Re(Y_{22}). \qquad (2.28)$$

Damit gewinnt man jedoch noch keine Aussage über das Kreuzspektrum $W_{r12} = I^*_{r1} \cdot I_{r2}$. Um dafür eine weitere Aussage zu erhalten, wollen wir den Eingangsleitwert Y_{in} an Tor ① für den Fall berechnen, daß an Tor ② ein Leerlauf vorhanden ist, also $I_2 = 0$ ist. Auch dieser so entstandene Zweipol muß wiederum thermisch mit der Temperatur T rauschen. Wir wollen ihn durch eine Ersatzrauschquelle I'_{r1} beschreiben (Bild 2.15).

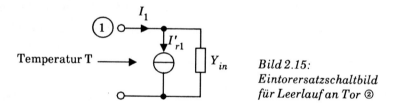

Bild 2.15:
Eintorersatzschaltbild
für Leerlauf an Tor ②

Daher gilt für I'_{r1}:

$$|I'_{r1}|^2 = 2kT \cdot Re(Y_{in}). \qquad (2.29)$$

Andererseits läßt sich der Rauschstrom I'_{r1} für Leerlauf an Tor ② in Bild 2.12 auch aus den beiden Rauschquellen I_{r1} und I_{r2} berechnen. Dazu bestimmen wir den Kurzschlußrauschstrom I_{1k} für Kurzschluß am Eingang, d.h. $U_1 = 0$, und Leerlauf am Ausgang, d.h. $I_2 = 0$. Aus der Matrixgleichung (2.24)

$$[I] = [Y] \cdot [U] + [I_r] \Big|_{\substack{U_1 = 0 \\ I_2 = 0}} \qquad (2.30)$$

erhält man

$$I_{1k} = Y_{12} \cdot U_2 + I_{r1}$$

$$0 = Y_{22} \cdot U_2 + I_{r2}. \tag{2.31}$$

Aus Gl. (2.31) kann man U_2 eliminieren und erhält

$$I_{1k} = I_{r1} - \frac{Y_{12}}{Y_{22}} \cdot I_{r2}. \tag{2.32}$$

Wir dürfen verlangen, daß $|I'_{r1}|^2$ gleich $|I_{1k}|^2$ ist.

$$|I'_{r1}|^2 = 2kT \cdot Re(Y_{in}) = 2kT \cdot Re\left(Y_{11} - \frac{Y_{12} \cdot Y_{21}}{Y_{22}}\right)$$

$$= |I_{1k}|^2 = 2kT \cdot Re(Y_{11}) + \left|\frac{Y_{12}}{Y_{22}}\right|^2 \cdot 2kT \cdot Re(Y_{22})$$

$$- I^*_{r1} \cdot I_{r2} \cdot \frac{Y_{12}}{Y_{22}} - I_{r1} \cdot I^*_{r2} \frac{Y^*_{12}}{Y^*_{22}} \tag{2.33}$$

In der Gl. (2.33) hebt sich der Term $2kT \cdot Re(Y_{11})$ auf beiden Seiten der Gleichung auf und man erhält schließlich:

$$I^*_{r1} \cdot I_{r2} \cdot \frac{Y_{12}}{Y_{22}} + I_{r1} \cdot I^*_{r2} \cdot \frac{Y^*_{12}}{Y^*_{22}}$$

$$= \left|\frac{Y_{12}}{Y_{22}}\right|^2 \cdot 2kT \cdot Re(Y_{22}) + 2kT \cdot Re\left(\frac{Y_{12} \cdot Y_{21}}{Y_{22}}\right). \tag{2.34}$$

Eine ganz ähnliche Gleichung, jedoch mit Vertauschung der Indizes 1 und 2, erhält man, wenn man die gleiche Betrachtung für das Tor ② durchführt, also einen Leerlauf an Tor ① einführt. Die beiden Gleichungen, die auf diese Weise entstehen, sind linear in den Variablen $I^*_{r1} \cdot I_{r2}$ und $I_{r1} \cdot I^*_{r2}$. Löst man z.B. nach $I^*_{r1} \cdot I_{r2}$ auf, dann erhält man nach einiger Zwischenrechnung

$$I^*_{r1} \cdot I_{r2} = W_{r12} = kT \cdot (Y^*_{12} + Y_{21}). \tag{2.35}$$

Übungsaufgabe 2.7

Leiten Sie die Beziehung (2.35) ab!

Entsprechend gilt für ein N-Tor bei Betrachtung der Tore i und j:

Verallgemeinerung auf N-Tore

$$I^*_{ri} \cdot I_{rj} = W_{rij} = kT(Y^*_{ij} + Y_{ji}). \qquad (2.36)$$

Diese einfachen Beziehungen für das Kreuzspektrum der Rauschstromquellen am Eingang und Ausgang gelten für den Fall thermisch rauschender Vierpole homogener Temperatur, und zwar sowohl für reziproke, d.h. $Y_{ij} = Y_{ji}$, als auch für nichtreziproke passive Schaltungen. Die Beziehung (2.35) läßt sich in die übrigen 35 Darstellungsmöglichkeiten umrechnen.

Wenn umgekehrt ein Vierpol oder N-Pol in seinem Rauschverhalten die Gln. (2.28) und (2.35) bzw. (2.36) erfüllt, dann dürfen wir ihn durch **eine** homogene Temperatur beschreiben. Daraus ergibt sich oft eine besonders einfache Charakterisierung der Rauscheigenschaften eines Vierpols. Wir werden in Kap. 5. bei der Berechnung des Rauschverhaltens von Frequenzkonvertern hiervon Gebrauch machen.

Übungsaufgabe 2.8

Ein thermisch rauschender Vierpol mit homogener Temperatur T werde durch Rauschstromquellen I_{r1} und I_{r2} am Eingang ① und Ausgang ② beschrieben. Der Eingang sei mit der thermisch rauschenden komplexen Impedanz Y_1 abgeschlossen, die ebenfalls die Temperatur T aufweist und durch die Rauschstromquelle I_g charakterisiert ist. Für den Ausgang ② soll ein Zweipol-Rauschersatzschaltbild angegeben werden, indem die Gln. (2.28) und (2.35) verwendet werden.

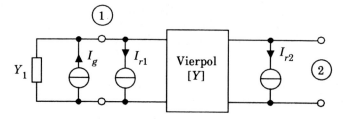

Ein passiver thermisch rauschender Vierpol homogener Temperatur ist damit ein Beispiel, wo die Berechnung von Vierpolersatzrauschquellen gelingt.

2.2.3 Beschreibung des Eigenrauschens durch Wellen

Eine in der Hochfrequenztechnik besonders gebräuchliche und einer Leitungsstruktur besonders gut angepaßte Matrixdarstellung ist diejenige mit Streumatrizen. Auch in dieser Darstellung kann man Rauschersatzquellen einführen. Außer den auf den Vierpol zulaufenden Rauschwellen $A_{1,2}$ und den vom Vierpol austretenden Wellen $B_{1,2}$, führt man für den rauschenden Vierpol Rauschersatzwellen $X_{1,2}$ ein, die über die Gl. (2.37) definiert werden und an dem Ersatzschaltbild 2.16 illustriert werden sollen. Es sei [S] die Streumatrix des Vierpols. Wir schreiben

Streumatrix und Rauschwellen

$$B_1 = S_{11} \cdot A_1 + S_{12} \cdot A_2 + X_1$$
$$B_2 = S_{21} \cdot A_1 + S_{22} \cdot A_2 + X_2$$

oder in Matrixform

$$[B] = [S] \cdot [A] + [X].\qquad(2.37)$$

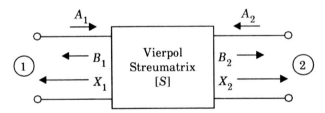

Bild 2.16: Darstellung eines rauschenden Vierpols durch eine Streumatrix [S] und Rauschersatzwellen X_1 und X_2

Für die Rauschersatzwellen X_1, X_2 ist bisher kein spezielles Symbol gebräuchlich. In Bild 2.16 werden lediglich Richtungspfeile verwendet. Die Betragsquadrate der Rauschwellen A, B, X sollen hier die Dimension einer spektralen Leistungsdichte aufweisen, also Leistung pro Bandbreite.

Die Wellendarstellung läßt sich ebenfalls in eine Strom- oder Spannungsdarstellung umrechnen. Dazu bedient man sich der Gleichungen

$$\frac{U_{1,2}}{\sqrt{Z_0}} = A_{1,2} + B_{1,2},$$

$$I_{1,2} \cdot \sqrt{Z_0} = A_{1,2} - B_{1,2}. \tag{2.38}$$

Dabei ist Z_0 der reelle Wellenbezugswiderstand und U, I sind Ströme und Spannungen in der Stromspannungsdarstellung. Die Übungaufgabe 2.9 möge den Rechengang erläutern.

Übungsaufgabe 2.9

Die Darstellung aus Bild 2.12 mit Ersatzstromquellen soll in diejenige aus Bild 2.16 mit Ersatzrauschwellen umgerechnet werden.

2.2.4 Rauschen von Zirkulatoren und Isolatoren

Ein idealer Zirkulator, z.B. ein 3-Tor-Zirkulator, ist an allen drei Toren perfekt angepaßt und transmittiert verlustfrei von Tor I nach II, II nach III und III nach I. Keine Transmission erfolgt von III nach II, II nach I und I nach III. Damit lautet die Streumatrix eines idealen 3-Tor-Zirkulators, wenn ϕ die Übertragungsphase ist:

$$[S] = \begin{bmatrix} 0 & 0 & e^{j\phi} \\ e^{j\phi} & 0 & 0 \\ 0 & e^{j\phi} & 0 \end{bmatrix}. \tag{2.39}$$

Ein idealer Zirkulator ist verlustfrei und damit rauschfrei. Wir werden ihn noch häufiger für Gedankenmodelle verwenden. Ein aus Ferriten aufgebauter realer Zirkulator ist im allgemeinen nicht perfekt angepaßt und weist endliche Übertragungsverluste und eine endliche Entkopplung auf. Aber auch ein realer mit Ferriten aufgebauter Zirkulator ist passiv und weist daher nur thermisches Rauschen auf, wovon wir noch Gebrauch machen wollen.

Eigenschaften realer Zirkulatoren

Schließt man ein Tor des Zirkulators mit einem Wellenabschluß ab, dann erhält man einen Isolator, der auch als Richtungsleitung bezeichnet wird (Bild 2.17).

Wellenabschluß

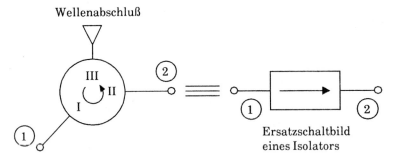

Bild 2.17: *Isolator, der aus einem Zirkulator gewonnen wird, indem ein Tor mit dem Wellenwiderstand abgeschlossen wird.*

Die Streumatrix des Isolators lautet, wenn ϕ wiederum eine beliebige Phase ist:

$$[S] = \begin{bmatrix} 0 & 0 \\ e^{j\phi} & 0 \end{bmatrix}. \tag{2.40}$$

Ein im allgemeinen mit Ferriten aufgebauter realer Isolator weist endliche Verluste in Vorwärtsrichtung, aber auch eine endliche Entkopplung in Rückwärtsrichtung auf. Für übliche Laborbedingungen wird man davon ausgehen können, daß sowohl Zirkulatoren als auch Isolatoren sich auf homogener Temperatur befinden.

Es sei noch angemerkt, daß Isolatoren zwar häufig nicht mit Hilfe von Zirkulatoren realisiert werden, ihre Rauscheigenschaften an den äußeren Toren aber durch einen Zirkulator mit Wellenabschluß an einem Tor identisch beschrieben werden können. Davon werden wir noch Gebrauch machen.

2.2.5 Rauschwellen bei thermisch rauschenden Vierpolen homogener Temperatur

Wir wollen im folgenden annehmen, daß der betrachtete Vierpol thermisch mit homogener Temperatur T rauscht und wollen versuchen, eine ähnliche Beziehung wie Gln. (2.28) und (2.35) bezüglich der Stromquellen für die Darstellung mit Ersatzrauschwellen und Streumatrizen abzuleiten. Dazu soll zunächst der Vierpol am Eingang und am Ausgang mit dem Wellenwiderstand Z_0 abgeschlossen werden, der ebenfalls die Temperatur T aufweisen soll (Bild 2.18).

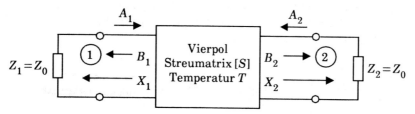

Bild 2.18: *Vierpol mit Streumatrix [S] auf homogener Temperatur T,*
beidseitig mit Z_0 abgeschlossen.

Wegen des thermodynamischen Gleichgewichts und der reflexionsfreien
Abschlüsse am Eingang und Ausgang, d.h.

$$Z_1 = Z_2 = Z_0,$$

gilt

$$|A_1|^2 = |B_1|^2 = |A_2|^2 = |B_2|^2 = kT. \qquad (2.41)$$

Die Rauschwellen A_1 und A_2 stammen aus den Abschlußimpedanzen Z_1
und Z_2. Daher sind sie unkorreliert, d.h. $A^*_1 A_2 = 0$, und ebenfalls unkorreliert sind A_1 und A_2 mit den Ersatzrauschwellen X_1 und X_2 des
Vierpols, weil sie jeweils in verschiedenen Bereichen generiert werden.
Daher gilt auch $A^*_{1,2} \cdot X_{1,2} = 0$. Mit diesen Voraussetzungen erhält man für
einen Vierpol homogener Temperatur:

$$|B_1|^2 = B_1 \cdot B^*_1$$

$$= \left(S_{11} \cdot A_1 + S_{12} \cdot A_2 + X_1\right)\left(S^*_{11} \cdot A^*_1 + S^*_{12} \cdot A^*_2 + X^*_1\right)$$

$$= |S_{11}|^2 \cdot |A_1|^2 + |S_{12}|^2 \cdot |A_2|^2 + |X_1|^2. \qquad (2.42)$$

Daraus folgt, wenn man die Beziehungen der Gl. (2.41) verwendet,

$$|X_1|^2 = kT[1 - |S_{11}|^2 - |S_{12}|^2],$$

$$|X_2|^2 = kT[1 - |S_{22}|^2 - |S_{21}|^2]. \qquad (2.43)$$

Zusammenhang
zwischen
Rauschwellen und
Streuparametern

Damit sind die Betragsquadrate der Ersatzrauschwellen X_1 und X_2
bestimmt. Schließlich benötigt man das Kreuzspektrum zwischen X_1 und
X_2, also den Ausdruck $X^*_1 \cdot X_2$. Hierzu bietet sich zunächst ein Weg ganz
ähnlich wie bei der Rechnung über die Leitwertmatrix an. Man betrachtet
z.B. die Fälle Leerlauf und Kurzschluß an Tor ② in Bild 2.18 und berechnet
$|B_1|^2$ für diese beiden Fälle. Im thermodynamischen Gleichgewicht und bei

Abschluß mit Z_0 an Tor ① muß $|B_1|^2$ für Leerlauf und Kurzschluß an Tor ②
gleich sein und zwar gilt $|B_1|^2 = kT$. Dies liefert ein Gleichungssystem für
$X^*_1 \cdot X_2$ und $X_1 \cdot X^*_2$. Den weiteren Gang der Rechnung findet man in der
Übungsaufgabe 2.10.

Übungsaufgabe 2.10

Es soll das Kreuzspektrum $X^*_1 \cdot X_2$ in der Darstellung mit Ersatzrauschwellen und Streumatrix für einen thermisch rauschenden Vierpol homogener Temperatur abgeleitet werden. Dazu sollen an jeweils einem Tor ein
Leerlauf bzw. Kurzschluß angenommen werden.

Es soll hier jedoch ein etwas anschaulicherer und kürzerer Weg beschritten
werden, um das Kreuzspektrum $X^*_1 \cdot X_2$ zu berechnen. Aus der Gl. (2.35)
können wir den Schluß ziehen, daß ein entkoppelter Vierpol, d.h. ein Vierpol mit $Y_{12} = Y_{21} = 0$, auch unkorrelierte Rauschwellen aufweist, sofern er
thermisch mit homogener Temperatur rauscht. Wie wir an einigen Beispielen noch sehen werden, ist dies oftmals keineswegs eine triviale
Aussage. Nehmen wir an, daß der betrachtete Vierpol nicht nur entkoppelt,
sondern auch beidseitig angepaßt ist, dann gilt für diesen Vierpol

(Seitennotiz: Berechnung des Kreuz-spektrums)

$$B^*_1 \cdot B_2 = 0, \qquad\qquad (2.44)$$

weil für einen solchen Vierpol $B_1 \sim I_{r1}$ und $B_2 \sim I_{r2}$ gilt. Gemäß Bild 2.19
wollen wir einen Vierpol [S] betrachten, der zwischen zwei idealen Zirkulatoren eingebettet ist.

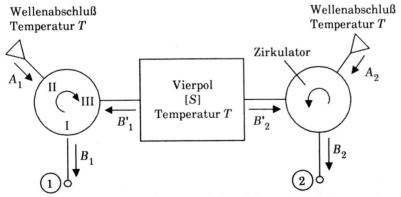

Bild 2.19: *Thermisch rauschender fehlangepaßter Vierpol mit Streumatrix*
[S] und Temperatur T, eingebettet zwischen idealen Zirkulatoren.

Die Schaltung in Bild 2.19 soll sich auf einer homogenen Temperatur T befinden, und zwar die gesamte Schaltung, d.h. der Vierpol und die Abschlüsse der Zirkulatoren. Die Zirkulatoren selbst sollen verlustfrei und damit rauschfrei sein. Auf die Schaltung in Bild 2.19, und zwar auf die Tore ① und ②, trifft infolgedessen die Gl. (2.44) zu, weil die Schaltung wegen der idealen Zirkulatoren zwischen den Toren ① und ② entkoppelt ist und weil sie sich auf homogener Temperatur befindet. Daraus folgt mit Gl. (2.37)

$$B_1^* \cdot B_2 = 0$$

$$= (S_{11}^* \cdot A_1^* + S_{12}^* \cdot A_2^* + X_1^*)(S_{21} \cdot A_1 + S_{22} \cdot A_2 + X_2)$$

und daraus

$$X_1^* \cdot X_2 = -(S_{11}^* \cdot S_{21} + S_{12}^* \cdot S_{22}) \cdot kT. \tag{2.45}$$

Die Überlegung, die zu der Gl. (2.45) geführt hat, läßt sich unmittelbar auf ein N-Tor erweitern, wobei dann für das Kreuzspektrum der Tore i, j gilt: *Verallgemeinerung auf N-Tore*

$$X_i^* \cdot X_j = kT \{[1] - [S^*] \cdot [S]^T\}_{i,j}. \tag{2.46}$$

Dabei ist [1] die Einheitsmatrix und $[S]^T$ die transponierte Streumatrix des N-Tores. Von der Matrix in der geschweiften Klammer in Gl. (2.46) soll das Element i, j gewählt werden. Für $i = j$ folgt das uns schon bekannte Ergebnis der Gl. (2.43).

Die Korrelation der Ersatzrauschwellen $X^*_1 \cdot X_2$ wird gemäß Gl. (2.45) für einen Vierpol zu null, wenn die Tore des Vierpols entkoppelt sind. Dieses Ergebnis war zu erwarten, da es bereits in den Ansatz gesteckt wurde. Ein interessantes neues Ergebnis ist jedoch, daß die Korrelation auch für den Fall der beidseitigen Anpassung verschwindet, also für $S_{11} = S_{22} = 0$. Wie wir noch sehen werden, hat diese Eigenschaft angepaßter passiver Vierpole homogener Temperatur große Bedeutung in der Rauschmeßtechnik und wird dort häufig ausgenutzt.

Beispiele für solche Vierpole sind Dämpfungsglieder, die beidseitig angepaßt sind und unter Laborbedingungen im allgemeinen eine homogene Temperaturverteilung aufweisen. Dabei ist es ohne Bedeutung, in welcher Technik die Dämpfungsglieder aufgebaut sind. Für ein π-Dämpfungsglied mit konzentrierten Widerständen wie in Bild 2.20 wird in der Übungsaufgabe 2.11 die Korrelation explizit ausgerechnet. Sie ergibt sich bei homogener Temperatur erwartungsgemäß zu null. *Rauschen von Dämpfungsgliedern*

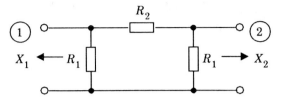

Bild 2.20: π-Dämpfungsglied mit konzentrierten Widerständen

Übungsaufgabe 2.11

Für ein angepaßtes π-Dämpfungsglied wie in Bild 2.20 soll das Kreuzspektrum $X^*_1 \cdot X_2$ explizit berechnet werden. Alle drei Widerstände sollen die gleiche Temperatur T_0 aufweisen.

Aus der Anschauung heraus verwundert es, daß die Korrelation der Ersatzrauschwellen verschwindet, weil z.B. das Rauschen aus dem Widerstand R_1 bzw. R_2 sowohl an das Tor ① als auch an das Tor ② gelangt.

Ein weiteres Beispiel, das zunächst der Anschauung zu widersprechen scheint, ist in Bild 2.21 skizziert. Der Signalteiler mit $\lambda/4$-Leitungen sei an Tor ① mit dem Wellenwiderstand abgeschlossen.

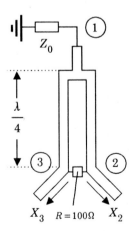

Bild 2.21:
Signalteiler mit $\lambda/4$-Leitungen
und 100Ω-Entkopplungswiderstand

Auch hier könnte man zunächst meinen, daß an den Toren ② und ③ korrelierte Rauschanteile vorliegen müßten, da eine gemeinsame Speisung aus Tor ① erfolgt. Tatsächlich sind bei der Mittenfrequenz die Tore ② und

Korrelation bei angepaßtem Signalteiler

③ entkoppelt und angepaßt und deshalb sind die Rauschersatzwellen der Tore ② und ③ unkorreliert. Dies zeigt auch eine direkte Rechnung, wie sie in der Übungsaufgabe 2.12 durchgeführt wird.

Übungsaufgabe 2.12

Für den Signalteiler aus Bild 2.21 soll durch Rechnung gezeigt werden, daß das Kreuzspektrum $X^*_3 \cdot X_2$ null wird, wenn der Widerstand R die gleiche Temperatur T_0 wie der Abschlußwiderstand Z_0 an Tor ① aufweist.

Als ein weiteres Beispiel seien zwei Antennen vorgegeben, deren Richtdia-
gramme so ausgerichtet sind, daß die Antennen thermisches Rauschen aus
dem gleichen Bereich einer Absorberwand empfangen (Bild 2.22). Trotzdem ist das Rauschen, welches die beiden Antennen von den Absorbern
empfangen, unkorreliert, wenn die Absorberwand eine homogene Temperatur aufweist und wenn die Antennen bzw. die Absorberwand gut angepaßt sind.

Antennen-
rauschen

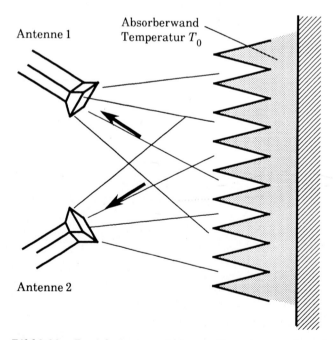

Bild 2.22: *Zwei Antennen empfangen Rauschen aus dem gleichen Bereich
einer Absorberfläche*

Außerdem werden die Antennen gut entkoppelt sein, wenn die Neben-zipfeldämpfung groß ist. In die Beziehung für das Kreuzspektrum Gl. (2.45) gehen Anpassung und Entkopplung jedoch multiplikativ ein, daher wird die Korrelation besonders gering sein. Eine andere mögliche Erklärung ist die folgende: Der Absorber strahlt in verschiedene Raumrichtungen, wo-durch die Korrelation aufgehoben wird. Die beiden Antennen müssen aus geometrischen Gründen räumlich verschiedene Positionen einnehmen.

2.2.6 Ersatzrauschwellen bei linearen Verstärkern

Ein Verstärker ist kein passiver Vierpol homogener Temperatur. Deshalb wird bei linearen Verstärkern beliebiger Bauart im allgemeinen eine Korrelation zwischen den Eingangs- und Ausgangsrauschwellen auftreten. So findet man experimentell z.B. bei Vorverstärkern, die mit rauscharmen Bipolartransistoren aufgebaut sind, Beträge des normierten Kreuzspek-trums von typisch etwa 0,5.

In vielen Rauschmeßproblemen ist es wünschenswert, Verstärker mit un-korrelierten Eingangs- und Ausgangsrauschwellen zur Verfügung zu ha-ben, weil dadurch eine Messung oftmals übersichtlicher wird. Dies leistet die Schaltung in Bild 2.23, in der zwei möglichst identische und angepaßte Verstärker über zwei 90°-3dB-Koppler parallel geschaltet werden.

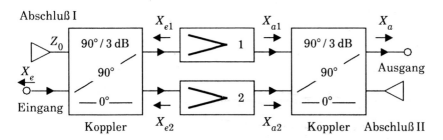

Bild 2.23: Dekorrelierter Verstärker, bestehend aus einem Verstärkerpaar und zwei 90°-3dB-Kopplern (balancierter Verstärker)

Die Koppler sollen für die folgende Betrachtung perfekt angepaßt und verlustfrei sein. Wir wollen das Kreuzspektrum $X^*_e X_a$ berechnen und zeigen, daß es für identische Verstärker und perfekte Koppler null wird.

Aufgrund des 90°-Kopplers, der über die Diagonale eine Phasenverschiebung von $+90° \hat{=} j$ aufweisen soll, gilt, wenn $X_{e1,2}$ und $X_{a1,2}$ die Eingangs- und Ausgangs-Ersatzrauschwellen der Verstärker bezeichnen:

$$X_e = \frac{1}{\sqrt{2}} [j X_{e1} + X_{e2}],$$

$$X_a = \frac{1}{\sqrt{2}} [X_{a1} + j X_{a2}]. \tag{2.47}$$

Daraus folgt für das Kreuzspektrum:

$$X_e^* X_a = \frac{1}{2} \left[-j X_{e1}^* X_{a1} + j X_{e2}^* X_{a2} - j X_{e1}^* j X_{a2} + X_{e2}^* X_{a1} \right]. \tag{2.48}$$

Es sind X_{e1} mit X_{a2} und X_{e2} mit X_{a1} unkorreliert, also $X^*_{e1} X_{a2} = 0$ und $X^*_{e2} X_{a1} = 0$, weil es sich um Rauschwellen von zwei getrennten Verstärkern handelt. Sind die Verstärker darüber hinaus gleich, dann gilt

$$X_{e1}^* X_{a1} = X_{e2}^* X_{a2}. \tag{2.49}$$

Mit diesen Annahmen folgt aus Gl. (2.48)

$$X^*_e X_a = 0. \tag{2.50}$$

Kreuzspektrum des balancierten Verstärkers

Das Rauschen aus dem Abschluß I in Bild 2.23 gelangt nicht an den Ausgang. Deshalb wird die Gesamtrauschzahl des dekorrelierten Verstärkers nicht verändert, sofern die Koppler verlustlos sind.

2.3 Die Rauschzahl von linearen Zweitoren

Die Rauschzahl F eines Zweitores ist ein Maß für das zusätzliche Rauschen, das entsteht, wenn ein Signal, das auch ein Rauschsignal sein kann, durch ein Zweitor hindurchtritt. Beispiele für solche Zweitore sind Verstärker, Dämpfungsglieder, Leitungen, Filter. Wenn das Zweitor rauschfrei ist, dann ist die Rauschzahl $F = 1$ bzw. $F \hat{=} 0$ dB. Es gibt mehrere gleichwertige Definitionen für die Rauschzahl, von denen zwei im folgenden näher erläutert werden sollen.

2.3.1 Definition der Rauschzahl

Es sei W_2 das einseitige Leistungsspektrum am Ausgangs- oder Lastwiderstand Z_l des Zweitores. Der Ausgangswiderstand Z_l wird in der Definition
als rauschfrei angenommen. Später wird sich außerdem zeigen, daß auch
der Impedanzwert von Z_l nicht in die Rauschzahl eingeht. Dies muß nicht
für eine praktische Schaltung gelten, bei welcher der Ausgangswiderstand
im allgemeinen rauschen wird. Wir werden später bei der Messung der
Rauschzahl sehen, daß man dafür sorgen muß, daß der Einfluß des Aus-
gangswiderstandes auf die Rauschzahl vernachlässigbar wird, um mit der
Definition der Rauschzahl im Einklang zu sein.

Einfluß des Lastwiderstandes

Es sei, wie bereits gesagt, W_2 das Leistungsspektrum des Rauschens bei
der Frequenz f_0 am Ausgangswiderstand Z_l des Zweitores (Bild 2.24) und
W_{20} das Leistungsspektrum, wenn das betrachtete Zweitor als rauschfrei
angenommen wird.

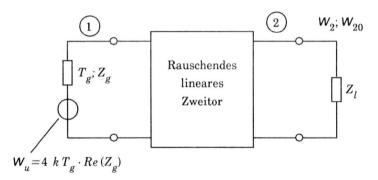

$$W_u = 4\,k\,T_g \cdot \mathrm{Re}\,(Z_g)$$

Bild 2.24: Prinzipschaltbild zur Definition der Rauschzahl

Die Rauschzahl ist definiert als Verhältnis der Leistungsspektren am
Ausgangswiderstand bei rauschendem Vierpol, W_2, und rauschfreiem
Vierpol, W_{20},

Rauschzahl-definition über Rauschspektren

$$F = \frac{W_2}{W_{20}} \,. \tag{2.51}$$

Bei der Definition der Rauschzahl wird angenommen, daß der Quellwider-
stand bzw. Generatorwiderstand thermisch mit der Temperatur $T_g = T_0$
rauscht und dadurch das Spektrum W_{20} verursacht bzw. das Spektrum W_2
mitverursacht. Im allgemeinen wird angenommen, daß Z_g auf Zimmertemperatur liegt und T_0 290 K beträgt. Bezeichnen wir mit ΔW_2 denjenigen

Anteil des Leistungsspektrums am Lastwiderstand, der ausschließlich vom rauschenden Zweitor herrührt, dann gilt

$$W_2 = W_{20} + \Delta W_2, \tag{2.52}$$

weil beide Teile des Spektrums W_2 aus verschiedenen Bereichen stammen und daher unkorreliert sind. Mit Gl. (2.52) können wir für die Rauschzahl auch schreiben

$$F = 1 + \frac{\Delta W_2}{W_{20}}. \tag{2.53}$$

Weil sich die Rauschzahl als Verhältnis von Spektren darstellen läßt, kann man anstelle von einseitigen Spektren ebensogut zweiseitige Spektren ansetzen. Mit der gleichen Bedeutung der Indizes wie beim einseitigen Spektrum erhält man dann für die Rauschzahl

$$F = \frac{W_2}{W_{20}} = 1 + \frac{\Delta W_2}{W_{20}}. \tag{2.54}$$

Statt über die Spektren kann man die Rauschzahl auch über die entsprechenden Rauschleistungen P in dem Frequenzband Δf definieren. Ist das Spektrum W über die Bandbreite Δf konstant, dann ist

$$P = W \cdot \Delta f, \tag{2.55}$$

andernfalls gilt

$$P = \int_{f_1}^{f_2} W(f)\,\mathrm{d}f. \tag{2.56}$$

Damit ergibt sich für die Rauschzahl, wenn die Indizes wiederum von den einseitigen Spektren übernommen werden,

$$F = \frac{P_2}{P_{20}} = 1 + \frac{\Delta P_2}{P_{20}}. \tag{2.57}$$

Für eine weitere Interpretation der Rauschzahl müssen wir Vereinbarungen über verschiedene Definitionen der Verstärkung eines linearen Zweitores treffen. Unter der Leistungsverstärkung G_k eines Zweitores wollen wir das Verhältnis von tatsächlicher Wirkleistung am Lastwiderstand P_2 zur Wirkleistung P_1, die in den Eingang des Zweitores eintritt, verstehen.

Rauschzahl-
definitionen über
Rauschleistungen

Leistungsverstärkung: $\qquad G_k = \dfrac{P_2}{P_1}$ $\hfill$ (2.58)

Mit dem Gewinn G_p soll das Verhältnis von Wirkleistung P_2 am Lastwiderstand zu verfügbarer Generatorleistung P_g bezeichnet werden:

Gewinn: $\qquad\qquad\qquad G_p = \dfrac{P_2}{P_g}$. $\hfill$ (2.59)

Mit dem verfügbaren Gewinn G_{av} soll das Verhältnis von verfügbarer Ausgangsleistung am Zweitorausgang P_{2av} zu verfügbarer Generatorleistung bezeichnet werden. Die verfügbare Ausgangsleistung P_{2av} erhält man, wenn man durch die Wahl von Z_l für konjugiert komplexe Anpassung, das heißt Leistungsanpassung, am Ausgang sorgt.

Verfügbarer Gewinn: $\qquad G_{av} = \dfrac{P_{2av}}{P_g}$ $\hfill$ (2.60)

Wie man sieht, sind diese Definitionen für eine Leistungsverstärkung keine reinen Zweitorgrößen, sondern von der Beschaltung des Zweitores abhängig.

Eine reine Zweitorgröße ist hingegen der **maximale Gewinn G_m**, der sich einstellt, wenn sowohl eingangs- als auch ausgangsseitig für Leistungsanpassung gesorgt wird. Mit der Definition des Gewinns G_p nach Gl. (2.59) kann man für das Spektrum W_{20} bzw. die Leistung P_{20} am Lastwiderstand bei rauschfreiem Vierpol auch schreiben:

$$W_{20} = G_p \cdot W_g = G_p \cdot k \cdot T_0$$

oder

$$P_{20} = G_p \cdot P_g = G_p \cdot k \cdot T_0 \cdot \Delta f. \qquad (2.61)$$

Dabei ist $W_g = k \cdot T_0$ die verfügbare Leistungsdichte des Generators. Für die Rauschzahl F erhält man damit in einer anderen Schreibweise

$$F = \frac{2}{G_p \cdot k \cdot T_0} = 1 + \frac{\Delta_2}{G_p \cdot k \cdot T_0}$$

$$= \frac{P_2}{G_p \cdot k \cdot T_0 \cdot \Delta f} = 1 + \frac{\Delta P_2}{G_p \cdot k \cdot T_0 \cdot \Delta f} . \qquad (2.62)$$

Eine weitere Formulierung für die Rauschzahl ergibt sich, wenn wir Zähler und Nenner in Gl. (2.57) mit S_g erweitern. Dabei ist S_g eine am Eingang verfügbare Signalleistung und S_2 die entsprechende Signalleistung am Ausgang bzw. am Lastwiderstand Z_l. Mit der Verknüpfung der Signalleistungen über den Gewinn

$$S_2 = G_p \cdot S_g \qquad (2.63)$$

können wir daher für die Rauschzahl schreiben:

$$F = \frac{P_2}{P_{20}} = \frac{S_g}{S_g} \cdot \frac{P_2}{G_p \cdot P_g} = \frac{S_g / P_g}{S_2 / P_2} . \qquad (2.64)$$

Gl. (2.64) besagt, daß sich die Rauschzahl auch deuten läßt als Quotient von Signal-zu-Rauschverhältnis am Eingang zu Signal-zu-Rauschverhältnis am Ausgang. Die Rauschzahl ist danach ein Maß für die Verschlechterung des Signal-zu-Rauschverhältnisses.

Rauschzahl-definition über Signal-Rausch-Verhältnisse

2.3.2 Berechnung der Rauschzahl aus Ersatzschaltungen

Wir können die Rauschzahl linearer Zweitore bei vorgegebener Ersatzschaltung mit Hilfe der symbolischen Schreibweise berechnen, wenn wir die Korrelation zwischen den einzelnen Ersatzrauschquellen kennen.

Für grundsätzliche Überlegungen bedient man sich gern der Ersatzschaltung mit Strom- und Spannungsquelle am Eingang (Bild 2.25), deren Rauschzahl beispielhaft berechnet werden soll.

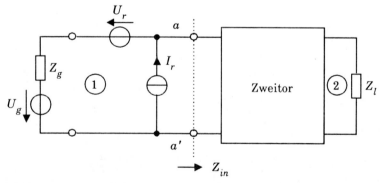

Bild 2.25: *Ersatzschaltung mit Strom- und Spannungsquelle zur Berechnung der Rauschzahl eines Vierpols*

Da das Zweitor selbst als rauschfrei angenommen wird, können wir die Rauschzahl bereits für die Ebene $a - a'$ vor dem Zweitor bestimmen, denn ein nachgeschaltetes rauschfreies Zweitor verändert die Gesamtrauschzahl nicht. Wir wollen für diese Schaltung die Rauschzahl F berechnen. Zunächst rechnen wir die Stromquelle I_r nach der üblichen Regel in eine Spannungsquelle um (Bild 2.26).

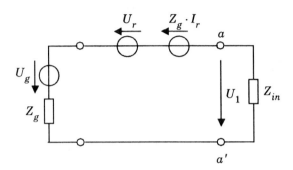

Bild 2.26: Ersatzschaltbild von Bild 2.25 mit Spannungsquelle statt Stromquelle

Man beachte, daß die Zählpfeile der Strom- und Spannungsquellen zwar zunächst frei gewählt werden können, bei anschließenden Umwandlungen und Rechnungen müssen jedoch die Zählpfeilregeln konsequent beachtet werden. Anderenfalls kann man Kreuzspektren mit falschen Vorzeichen erhalten. Aus Bild 2.26 ergibt sich für die Spannung U_1 – bzw. U_{10} für ein rauschfreies Zweitor – und damit für die Rauschzahl F:

$$U_1 = (U_g + U_r + Z_g \cdot I_r) \cdot \frac{Z_{in}}{Z_{in} + Z_g} \; ; \quad U_{10} = U_g \cdot \frac{Z_{in}}{Z_{in} + Z_g}, \quad (2.65)$$

$$F = \frac{|U_1|^2}{|U_{10}|^2} = \frac{|U_g + U_r + Z_g \cdot I_r|^2}{|U_g|^2}$$

$$= \frac{|U_g|^2 + |U_r|^2 + |Z_g|^2 \cdot |I_r|^2 + 2 \cdot Re(Z_g \cdot U_r^* \cdot I_r)}{|U_g|^2}. \quad (2.66)$$

Führt man anstelle der Strom- und Spannungszeiger Spektren ein, und zwar gemäß

$$W_g = |U_g|^2 = 2k \cdot T_0 \cdot Re(Z_g) ;$$

$$W_u = |U_r|^2 ; \quad W_i = |I_r|^2 ; \quad W_{ui} = U_r^* \cdot I_r , \qquad (2.67)$$

dann erhält man für die Rauschzahl schließlich

$$F = 1 + \frac{W_u + |Z_g|^2 \cdot W_i + 2\,Re(Z_g \cdot W_{ui})}{2 \cdot k \cdot T_0 \cdot Re(Z_g)} . \qquad (2.68)$$

Der Wert des Lastwiderstandes Z_l bzw. Z_{in} geht nicht in die Berechnung ein, während der Generatorinnenwiderstand Z_g sehr wohl die Rauschzahl beeinflußt. Die Rauschzahl ist deshalb keine reine Zweitorgröße, aber vom Lastwiderstand unabhängig. *Einfluß des Generatorinnenwiderstandes*

Als ein weiteres Beispiel für die Berechnung einer Rauschzahl aus einer Ersatzschaltung sei diejenige mit je einer Stromquelle am Eingang und am Ausgang betrachtet (Bild 2.27).

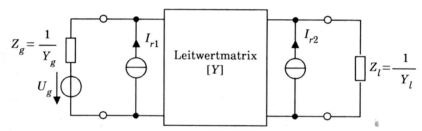

Bild 2.27: Berechnung der Rauschzahl für eine Ersatzschaltung mit zwei Stromquellen

Mit $W_{r1}=|I_{r1}|^2$, $W_{r2}=|I_{r2}|^2$, $W_{r12}=I_{r1}^* \cdot I_{r2}$ erhält man mit Hilfe der Übungsaufgabe 2.13

$$F = 1 + \frac{|Y_{21}|^2 \cdot W_{r1} + |Y_{11}+Y_g|^2 \cdot W_{r2}}{|Y_{21}|^2 \cdot 2k \cdot T_0 \cdot Re(Y_g)}$$

$$- \frac{2 \cdot Re[Y_{21}^* \cdot (Y_{11}+Y_g) \cdot W_{r12}]}{|Y_{21}|^2 \cdot 2k \cdot T_0 \cdot Re(Y_g)} . \qquad (2.69)$$

Übungsaufgabe 2.13
Leiten Sie die Gl. (2.69) ab!

2.3.3 Die Rauschzahl thermisch rauschender Zweitore

Besonders übersichtliche Verhältnisse für die Rauschzahl ergeben sich bei passiven thermisch rauschenden Zweitoren homogener Temperatur. Dazu betrachten wir zunächst ein beidseitig angepaßtes Zweitor (Dämpfungsglied) mit der homogenen Temperatur T_1 und der Leistungsdämpfung $\kappa_1 = |S_{21}|^2$. Auch der Generatorwiderstand Z_g möge angepaßt sein, also $Z_g = Z_0$. Dabei ist Z_0 der reelle Bezugswiderstand. Weil die Rauschzahl nicht von dem Lastwiderstand Z_l abhängt, nehmen wir zur Vereinfachung ebenfalls am Ausgang Anpassung an, also $Z_l = Z_0$ (Bild 2.28).

Bild 2.28: Zur Rauschzahl eines beidseitig angepaßten passiven Zweitores der homogenen Temperatur T_1

Wenn die Temperatur des Zweitores zunächst ebenfalls T_0 beträgt, dann ist die Rauschleistung P_2 am Lastwiderstand Z_l die verfügbare Rauschleistung bei T_0, $P_2 = k \cdot T_0 \cdot \Delta f$. Der Anteil $P_{20} = \kappa_1 \cdot k \cdot T_0 \cdot \Delta f$ stammt dabei aus dem Generator, der Anteil $\Delta P_2 = (1 - \kappa_1) \cdot k \cdot T_0 \cdot \Delta f$ aus dem Zweitor. Dieser letztere Anteil erhöht sich auf $\Delta P_2 = (1 - \kappa_1) \cdot k \cdot T_1 \cdot \Delta f$, wenn die Temperatur des Zweitores T_1 ist. Damit erhält man für die Rauschzahl:

$$F = \frac{P_2}{P_{20}} = 1 + \frac{\Delta P_2}{P_{20}}$$

$$= 1 + \frac{(1 - \kappa_1) \cdot k \cdot T_1 \cdot \Delta f}{\kappa_1 \cdot k \cdot T_0 \cdot \Delta f} = 1 + \frac{1 - \kappa_1}{\kappa_1} \cdot \frac{T_1}{T_0} . \tag{2.70}$$

Ist die Temperatur des beidseitig angepaßten Zweitores gleich der Bezugstemperatur T_0, dann folgt aus Gl. (2.70):

$$F = \frac{1}{\kappa_1} \qquad \text{für } T_1 = T_0. \tag{2.71}$$

In Worten ausgedrückt bedeutet dies, daß ein Dämpfungsglied von z.B. 6 dB gerade auch eine Rauschzahl von 6 dB aufweist, wenn es die Umgebungstemperatur T_0 angenommen hat. Die Beziehungen (2.70) und (2.71) gelten ebensogut für ein angepaßtes nichtreziprokes passives Zweitor, z.B. für einen Isolator oder für einen Zirkulator mit einem reflexionsfreien Abschluß. Es ist instruktiv, die Rauschzahl des passiven und reziproken Zweitores mit Hilfe des Dissipationstheorems zu berechnen. Dies ist besonders dann oft eine nützliche Vorgehensweise, wenn das Zweitor aus mehr als einem Temperaturgebiet besteht. Der Anteil ΔP_2 aus dem Zweitor am Lastwiderstand ist

Zusammenhang zwischen Rauschzahl und Dämpfung

$$\Delta P_2 = k \cdot T_1 \cdot \beta_1 \cdot \Delta f, \tag{2.72}$$

wobei der Koeffizient β_1 gleich der im Zweitor relativ absorbierten Leistung ist, wenn man von der Lastseite her einspeist. Ersichtlich ist wegen der vorausgesetzten Reziprozität und Leistungsanpassung am Ausgang

$$\beta_1 + \kappa_1 = 1 \tag{2.73}$$

und für die Rauschzahl folgt daher wiederum das Ergebnis von Gl. (2.70).

In ähnlicher Weise erfolgt die Berechnung der Rauschzahl eines passiven Zweitores mit der homogenen Temperatur T_1, wenn das Zweitor an seinen Toren nicht angepaßt ist und wenn außerdem der Generator- und der Lastwiderstand nicht gleich dem reellen Bezugswiderstand Z_0 sind. Weil die Rauschzahl nicht von dem Lastwiderstand Z_l abhängt, nehmen wir zur Vereinfachung der folgenden Überlegung konjugiert komplexe Anpassung bzw. Leistungsanpassung am Ausgang bzw. Lastwiderstand an.

Rauschzahl bei Fehlanpassung

Wenn die Temperatur des Zweitores zunächst T_0 beträgt, dann ist die Rauschleistung P_2 am Lastwiderstand Z_l gerade $P_2 = k \cdot T_0 \cdot \Delta f$. Es sei G_{av} der verfügbare Gewinn. Der Anteil $P_{20} = G_{av} \cdot k \cdot T_0 \cdot \Delta f$ stammt dabei aus dem Generator, der Anteil $\Delta P_2 = P_2 - P_{20} = (1 - G_{av})k \cdot T_0 \cdot \Delta f$ aus dem Zweitor. Der letztere Anteil wird $\Delta P_2 = (1 - G_{av}) \cdot k \cdot T_1 \cdot \Delta f$, wenn die Temperatur des Zweitores T_1 ist. Damit erhält man für die Rauschzahl

$$F = \frac{P_2}{P_{20}} = 1 + \frac{\Delta P_2}{P_{20}} = 1 + \frac{(1 - G_{av})}{G_{av}} \frac{T_1}{T_0}. \tag{2.74}$$

Offensichtlich übernimmt G_{av} die Rolle von κ_1 in Gl. (2.70). Für allseitige Anpassung und damit $\kappa_1 = G_{av}$ gehen die Beziehungen ineinander über. Die Beziehung (2.74) gilt ebensogut für ein nichtreziprokes passives Zweitor.

Auch im Fall des fehlangepaßten Zweitores ist es instruktiv, die Rauschzahl eines passiven aber reziproken Zweitores mit Hilfe des Dissipationstheorems zu berechnen. Wiederum gilt Gl. (2.72) und wegen der vorausgesetzten Reziprozität und Leistungsanpassung am Ausgang ist der Absorptionskoeffizient β_1 mit dem verfügbaren Gewinn G_{av} ersichtlich wie folgt verknüpft:

$$G_{av} = 1 - \beta_1 . \tag{2.75}$$

Dabei haben wir ausgenutzt, daß für ein reziprokes Zweitor der Gewinn von Tor ① nach Tor ② gleich dem Gewinn von Tor ② nach Tor ①, also $G_{p12} = G_{p21}$ ist, wie in der Übungsaufgabe 2.14 gezeigt wird.

Übungsaufgabe 2.14

Es soll gezeigt werden, daß bei einem reziproken Netzwerk der Gewinn richtungsunabhängig ist.

Die Rauschzahl eines passiven und reziproken Zweitores über das Dissipationstheorem zu berechnen ist vor allem dann vorteilhaft, wenn das Zweitor aus mehr als einem Temperaturgebiet besteht. Dies wird am Beispiel der Übungsaufgabe 2.15 demonstriert.

Übungsaufgabe 2.15

Zwei Dämpfungsglieder, beidseitig angepaßt, von 3 dB bzw. 6 dB werden hintereinandergeschaltet. Die Temperaturen betragen T_1 und T_2. Wie groß ist die Rauschzahl der Hintereinanderschaltung?

Ist die Temperatur eines passiven Zweitores, reziprok oder nichtreziprok, gleich der Bezugstemperatur, $T_1 = T_0$, dann folgt aus Gl. (2.74) für die Rauschzahl

$$F = \frac{1}{G_{av}} . \tag{2.76}$$

73

In der Übungsaufgabe 2.16 soll durch direkte Rechnung an einem Beispiel die Gl. (2.76) bestätigt werden.

Übungsaufgabe 2.16

Für die untenstehende Ersatzschaltung soll die Rauschzahl berechnet werden. Es soll gezeigt werden, daß die Rauschzahl unabhängig vom Wert des Lastwiderstandes ist und Gl. (2.76) erfüllt wird. Es seien R_1, R_2, Z_g reell.

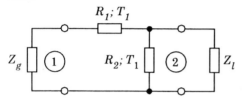

2.3.4 Kaskadenformel für hintereinandergeschaltete Zweitore

Für mehrere hintereinandergeschaltete Zweitore mit den einzelnen Leistungsverstärkungen oder -dämpfungen κ_1, κ_2, κ_3 etc. und den einzelnen Rauschzahlen F_1, F_2, F_3 kann man eine Gesamtrauschzahl F_t angeben (Bild 2.29).

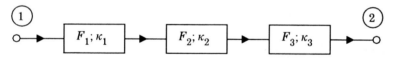

Bild 2.29: Zur Rauschzahl kaskadierter Zweitore

Wir wollen zunächst annehmen, daß alle Zweitore beidseitig reflexionsfrei an den Bezugswiderstand Z_0 angepaßt sind und daß ebenfalls der Generatorwiderstand und der Lastwiderstand gleich Z_0 sind. Diese Verhältnisse werden in der Hochfrequenztechnik zumeist angestrebt, weil man dann ein besonders glattes Übertragungsverhalten über der Frequenz erreicht. Für allseits angepaßte Zweitore mit angepaßten Abschlüssen gilt mit Gl. (2.62) und $G_p = \kappa$ für den Rauschbeitrag eines Zweitores am Ausgang:

$$\Delta W = (F-1) \cdot \kappa \cdot k \cdot T_0 . \tag{2.77}$$

Kaskadierung bei allseitiger Anpassung

Damit erhält man für die Gesamtrauschzahl F_t

$$F_t = 1 + \frac{(F_1 - 1)\,\kappa_1 \cdot \kappa_2 \cdot \kappa_3 \cdot k \cdot T_0}{\kappa_1 \cdot \kappa_2 \cdot \kappa_3 \cdot k \cdot T_0}$$

$$+ \frac{(F_2 - 1) \cdot \kappa_2 \cdot \kappa_3 \cdot k \cdot T_0}{\kappa_1 \cdot \kappa_2 \cdot \kappa_3 \cdot k \cdot T_0} + \frac{(F_3 - 1) \cdot \kappa_3 \cdot k \cdot T_0}{\kappa_1 \cdot \kappa_2 \cdot \kappa_3 \cdot k \cdot T_0}$$

$$= F_1 + \frac{F_2 - 1}{\kappa_1} + \frac{F_3 - 1}{\kappa_1 \cdot \kappa_2}. \tag{2.78}$$

Die Kaskadenformel ist in dieser Form nur gültig, wenn bei der Messung oder Berechnung einer Einzelrauschzahl die gleichen Impedanzverhältnisse eingehalten werden, wie sie auch in der Kette gelten, hier also beidseitige Anpassung.

Die Berechnung der Gesamtrauschzahl F_t wird schwieriger, wenn beliebig angepaßte Zweitore hintereinandergeschaltet werden, und wenn auch Generator- und Lastwiderstand beliebig sind. Die größeren Schwierigkeiten sind dadurch bedingt, daß sich der Gesamtgewinn im allgemeinen **nicht** als Produkt der Einzelgewinne ergibt.

Die folgende Betrachtung soll für die Hintereinanderschaltung von zwei Zweitoren durchgeführt werden. Die Erweiterung auf mehr als zwei Stufen ist jedoch unmittelbar ersichtlich. Es seien ΔP_{r1} und ΔP_{r2} die Rauschleistungen am Ausgang der beiden einzelnen Stufen, hervorgerufen durch ihr Eigenrauschen (Bild 2.30) und P_g die verfügbare Generatorleistung.

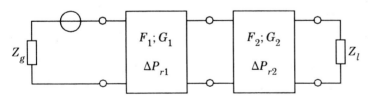

Bild 2.30: Zur Kaskadenformel bei fehlangepaßten Zweitoren

Man beachte, daß bei der Messung oder Definition der Rauschzahl einer einzelnen Stufe die Impedanzverhältnisse gegenüber der Kettenschaltung nicht verändert werden dürfen. Es gelten für die Einzelrauschzahlen F_1 bzw. F_2 der ersten und zweiten Stufe, wenn G_1 bzw. G_2 der Gewinn der ersten bzw. zweiten Stufe ist (Bild 2.30), die folgenden Gleichungen:

Bedeutung konstanter Impedanzverhältnisse

75

$$F_1 = 1 + \frac{\Delta P_{r1}}{G_1 \cdot P_g} ; \qquad F_2 = 1 + \frac{\Delta P_{r2}}{G_2 \cdot P_g} . \tag{2.79}$$

Dabei gilt es zu beachten, daß bei der Einzelbestimmung von G_2 und F_2 der Generatorwiderstand der gleiche sein muß wie in der Kettenschaltung.

Ziel ist im folgenden, einen Zusammenhang zwischen der Gesamtrauschzahl F_t und den Rauschzahlen der einzelnen Stufen herzuleiten. Für die Gesamtrauschzahl F_t kann man den folgenden Ausdruck angeben, wenn der Index av die verfügbare Leistung bezeichnet:

$$F_t = \frac{G_2 \cdot (G_1 \cdot P_g)_{av} + G_2 \cdot (\Delta P_{r1})_{av} + \Delta P_{r2}}{G_2 \cdot (G_1 \cdot P_g)_{av}}$$

$$= 1 + \underbrace{\frac{(\Delta P_{r1})_{av}}{(G_1 \cdot P_g)_{av}}}_{F_1} + \frac{\Delta P_{r2}}{G_2 \cdot (G_1 \cdot P_g)_{av}} . \tag{2.80}$$

Wir erkennen, daß der erste Teil in Gl. (2.80) gleich der Rauschzahl F_1 ist. Weil die Rauschzahl nicht vom Lastwiderstand abhängt, kann als Lastwiderstand auch derjenige gewählt werden, welcher Leistungsanpassung am Ausgang bewirkt. Daher kann man für F_1 aus Gl. (2.79) auch schreiben:

$$F_1 = 1 + \frac{\Delta P_{r1}}{G_1 \cdot P_g} = 1 + \frac{(\Delta P_{r1})_{av}}{(G_1 \cdot P_g)_{av}} . \tag{2.81}$$

Der zweite Summand in Gl. (2.80) läßt sich umformen, indem man den verfügbaren Gewinn einführt. Es gilt entsprechend der Definition des verfügbaren Gewinns der Zusammenhang:

$$(G_1 \cdot P_g)_{av} = G_{1av} \cdot P_g . \tag{2.82}$$

Damit wird aus Gl. (2.80):

$$F_t = F_1 + \frac{\Delta P_{r2}}{G_{1av} \cdot G_2 \cdot P_g} = F_1 + \frac{F_2 - 1}{G_{1av}} . \tag{2.83}$$

Damit haben wir den gesuchten Zusammenhang zwischen der Gesamt-rauschzahl F_t und den einzelnen Rauschzahlen F_1 und F_2 gefunden. Der Einfluß der Rauschzahl der zweiten Stufe ist um den verfügbaren Gewinn der ersten Stufe vermindert. Verursacht die erste Stufe jedoch Dämpfung, dann ist G_{1av} kleiner als eins und der Einfluß der Rauschzahl der zweiten Stufe wird groß.

Einfluß der zweiten Stufe

Die Gesamtrauschzahl F_{t3} einer dreistufigen Anordnung kann man finden, wenn man F_t aus Gl. (2.83) als erste Stufe auffaßt und für den Einfluß von F_3 die Gl. (2.83) noch einmal anwendet. Man erhält, wenn G_{12av} der verfügbare Gewinn der ersten beiden Stufen ist:

$$F_{t3} = F_1 + \frac{F_2 - 1}{G_{1av}} + \frac{F_3 - 1}{G_{12av}} \, . \qquad (2.84)$$

Es gilt aber, daß der verfügbare Gewinn der hintereinandergeschalteten zwei Stufen gleich dem Produkt der einzelnen verfügbaren Gewinne ist.

$$G_{12av} = G_{1av} \cdot G_{2av} \qquad (2.85)$$

Dies kann man einsehen, wenn man die verfügbare Leistung P_{2av} am Ausgang der zweiten Stufe angibt. Für P_{2av} erhält man definitionsgemäß

$$P_{2av} = G_{2av}(G_1 \cdot P_g)_{av} = G_{1av} \cdot G_{2av} \cdot P_g = G_{12av} \cdot P_g , \qquad (2.86)$$

woraus die Gültigkeit von Gl. (2.85) folgt. Damit können wir die Kaskaden-formel für die Rauschzahl schließlich in der folgenden Form schreiben:

$$F_t = F_1 + \frac{F_2 - 1}{G_{1av}} + \frac{F_3 - 1}{G_{1av} \cdot G_{2av}} + \frac{F_4 - 1}{G_{1av} \cdot G_{2av} \cdot G_{3av}} + \dots . \qquad (2.87)$$

Für allseits angepaßte Zweitore geht die Beziehung Gl. (2.87) wegen $\kappa = G_{av}$ in Gl. (2.78) über.

Übungsaufgabe 2.17

Gegeben seien zwei Verstärker (allgemein: lineare Zweitore) mit den Rauschzahlen F_1 und F_2 und den verfügbaren Gewinnen G_{1av} und G_{2av}. In welcher Reihenfolge sollte man die Verstärker anordnen, um eine mög-lichst niedrige Gesamtrauschzahl zu erreichen?

Schaltet man ein passives Netzwerk mit der homogenen Temperatur T_0 und dem verfügbaren Gewinn G_{av} vor einen Verstärker mit der Rauschzahl F_2, dann erhält man gemäß der Kaskadenformel für die Gesamtrauschzahl F_t:

$$F_t \;=\; \frac{1}{G_{av}} + \frac{F_2 - 1}{G_{av}} \;=\; \frac{F_2}{G_{av}} \,. \tag{2.88}$$

Drückt man die Rauschzahl in dB aus, dann erhöht ein vorgeschaltetes verlustbehaftetes, passives Zweitor die Rauschzahl um den dB-Wert des verfügbaren Gewinns dieses Zweitores. Handelt es sich bei dem Zweitor um ein angepaßtes Dämpfungsglied, dann erhöht sich die Rauschzahl in dB um den dB-Wert der Dämpfung. Für ein unsymmetrisches passives Netzwerk ist der verfügbare Gewinn im allgemeinen richtungsabhängig. Die Gesamtrauschzahl kann sich gemäß Gl.(2.88) daher ändern, wenn man das passive Zweitor umdreht. Außerdem hängt die Rauschzahl F_2 des Verstärkers im allgemeinen vom Ausgangswiderstand des vorgeschalteten Zweitores ab.

Einfluß eines vorgeschalteten Dämpfungsgliedes

2.3.5 Rauschanpassung

Für ein gegebenes rauschendes Zweitor hängt die Rauschzahl nur noch von dem Generatorwiderstand Z_g ab. Eine Wahl des Generatorwiderstandes Z_g derart, daß die Rauschzahl minimal wird, nennt man Rauschanpassung. Kann man den Generatorwiderstand Z_g nicht direkt beeinflussen, dann wird man eine geeignete, möglichst verlustfreie Transformationsschaltung vorsehen, welche Z_g in den optimalen Wert transformiert. Die Transformation kann mit Transformatoren, Blindwiderständen oder Leitungselementen erfolgen. Die Rauschanpassung ist im allgemeinen nicht mit einer Leistungsanpassung identisch. Bei hohen Frequenzen und breitbandigen Verstärkern wird man jedoch häufig die Schaltung auf eine Leistungsanpassung hin auslegen. Wir wollen die Rauschanpassung anhand der Ersatzschaltung in Bild 2.31 mit Strom- und Spannungsquelle am Eingang diskutieren.

Minimierung der Rauschzahl

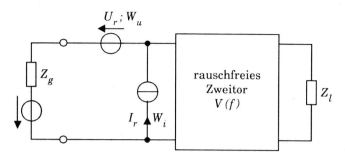

Bild 2.31: Zur Diskussion der Rauschanpassung

Wir übernehmen die Diskussion aus Abschnitt 2.3.2 und die Gl. (2.68). Mit den Definitionen

$$Z = Z_g = |Z| e^{j\phi}; \quad W_{ui} = |W_{ui}| e^{j\Psi} \tag{2.89}$$

erhält man aus Gl. (2.68) für die Rauschzahl F:

$$F = 1 + \frac{W_u + |Z|^2 \cdot W_i + 2 \cdot |Z| \cdot |W_{ui}| \cdot \cos(\phi + \Psi)}{2k \cdot T_0 \cdot |Z| \cos\phi} . \tag{2.90}$$

Wir suchen die minimale Rauschzahl in Abhängigkeit von $Z_g = Z$ und bilden von F die partiellen Ableitungen nach $|Z|$ und ϕ. Bei Rauschanpassung gilt: Bestimmung des optimalen Generatorwiderstandes

$$\frac{\partial F(|Z|,\phi)}{\partial |Z|} = 0 . \tag{2.91}$$

Daraus folgt die optimale Generatorimpedanz Z_{opt}:

$$|Z_{opt}|^2 \cdot W_i = W_u$$

oder

$$|Z_{opt}| = \sqrt{\frac{W_u}{W_i}} . \tag{2.92}$$

Der optimale Betrag $|Z_{opt}|$ hängt also nicht von der Korrelation bzw. W_{ui} ab. Aus Einfluß der Korrelation

$$\frac{\partial F(|Z|,\phi)}{\partial \phi} = 0 \tag{2.93}$$

ergibt sich mit $|Z| = |Z_{opt}|$ aus Gl. (2.92)

$$\sin\phi_{\text{opt}} \; = \; \frac{|W_{ui}|}{\sqrt{W_u \cdot W_i}}\,\sin\Psi \quad =|k_{ui}|\,\sin\Psi \;\text{ mit } |\phi_{\text{opt}}| \leq \frac{\pi}{2}\,. \quad (2.94)$$

Der Winkel des optimalen Generatorwiderstandes hängt also nur von der Korrelation ab. Man erhält die optimale Rauschzahl F_{min}, wenn man in Gl. (2.90) für den Generatorwiderstand Z den optimalen Generatorwiderstand Z_{opt} einsetzt:

$$F_{\text{min}} \; = \; 1 + \frac{\sqrt{W_u \cdot W_i}}{k \cdot T_0}\left[\,|k_{ui}|\cdot\cos\Psi + \sqrt{1-|k_{ui}|^2\,\sin^2\Psi}\,\right]. \quad (2.95)$$

Für den Grenzfall verschwindender Korrelation, also $k_{ui}=0$ wird daraus

$$F_{\text{min}} \; = \; 1 + \frac{\sqrt{W_u \cdot W_i}}{k \cdot T_0}\,. \qquad\qquad (2.96)$$

Für den Fall vollständiger Korrelation, also $|k_{ui}|=1$, und mit $|\Psi|\geq\pi/2$ erhält man aus Gl. (2.95) das Ergebnis $F_{\text{min}}=1$. Dies bedeutet, daß sich die vollständig korrelierten Rauschquellen gerade auch vollständig kompensieren können.

Ebenfalls beobachten wir, daß für $W_u=0$ oder $W_i=0$ die optimale Rauschzahl $F_{\text{min}}=1$ sein kann. Allerdings wird dann die erforderliche Impedanztransformation extrem, weil wegen Gl. (2.92) Z_{opt} entweder gegen null oder gegen unendlich geht. Bei passiven thermisch rauschenden Zweitoren homogener Temperatur ist die Rauschzahl gleich dem reziproken Wert des verfügbaren Gewinns (Gl. (2.76)). Die Rauschzahl wird daher minimal, wenn der verfügbare Gewinn gleich dem maximal verfügbaren Gewinn G_m ist, also eingangs- und ausgangsseitig Leistungsanpassung vorgesehen wird. Dies gilt auch, wenn die homogene Temperatur des Zweitores von T_0 abweicht (Gl. (2.74)).

Rauschanpassung
bei passiven
thermisch
rauschenden
Zweitoren

Für passive Zweitore mit mehreren Temperaturgebieten, also inhomogener Temperaturverteilung, muß beidseitige Leistungsanpassung jedoch nicht notwendigerweise mit Rauschanpassung zusammenfallen. Bei einem passiven thermisch rauschenden Zweitor **homogener** Temperatur fallen beidseitige Leistungsanpassung und Rauschanpassung zusammen. Daraus ergibt sich der optimale Generatorwiderstand $Z_g=Z_{\text{opt}}$. Die durch die Wahl von Z_{opt} erreichbare minimale Rauschzahl F_{min} wird allerdings nicht verändert, wenn der Lastwiderstand verändert wird, weil die Rauschzahl ganz allgemein nicht vom Lastwiderstand abhängt. Für eine Wahl des

Lastwiderstandes abweichend von der ausgangsseitigen Leistungsanpassung wird jedoch im allgemeinen auch die eingangsseitige Leistungsanpassung aufgehoben sein. Eine nur eingangsseitige Leistungsanpassung muß daher bei einem passiven Zweitor homogener Temperatur nicht notwendigerweise mit minimaler Rauschzahl (Rauschanpassung) zusammenfallen.

Wie man zeigen kann (Übungsaufgabe 2.18), liegen für ein gegebenes rauschendes Zweitor (nicht notwendigerweise passiv) die Orte konstanter Rauschzahl in der komplexen Ebene des Generatorwiderstandes Z_g auf – nicht notwendigerweise konzentrischen – Kreisen (Bild 2.32), welche die minimale Rauschzahl F_{min} einschließen. Das gleiche gilt für die Orte konstanten verfügbaren Gewinns in Abhängigkeit vom Generatorwiderstand Z_g. Auch diese Konturen sind Kreise, welche den maximalen verfügbaren Gewinn einschließen. Auch diese Kreise liegen im allgemeinen nicht konzentrisch.

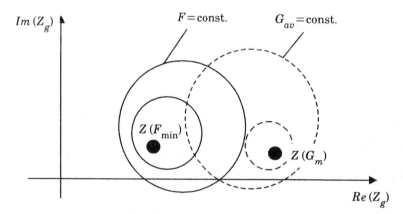

Bild 2.32: Die Konturen (Kreise) konstanter Rauschzahl und konstanten
            verfügbaren Gewinns in der komplexen Ebene des Generator-
            widerstandes Z_g

Für einen geringen Einfluß der zweiten Stufe in einer Kaskadenschaltung sollte der verfügbare Gewinn der ersten Stufe möglichst groß sein. Daher sollte man Z_g so wählen, daß die Rauschzahl möglichst niedrig wird, ohne daß der verfügbare Gewinn zu klein wird. Es sollte also Z_g in der Nähe sowohl von $Z(F_{min})$ als auch von $Z(G_m)$ liegen.

Übungsaufgabe 2.18

Es soll gezeigt werden, daß die Konturen konstanter Rauschzahl Kreise in der komplexen Ebene des Generatorwiderstandes Z_g sind.

Die Rauschanpassung läßt sich ebenso über die Darstellung mit Rauschwellen diskutieren. Für ein – aus Gründen der Übersichtlichkeit – beidseitig angepaßtes Zweitor mit den Rauschwellen X_1 und X_2 soll die Rauschzahl als Funktion der Generatoranpassung Γ_g diskutiert werden (Bild 2.33).

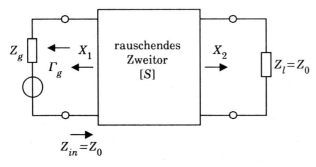

Bild 2.33: *Rauschzahldarstellung mit Rauschwellen*

Das beidseitig angepaßte rauschende Zweitor sei durch die Streumatrix [S] beschrieben, mit $S_{11} = S_{22} = 0$. Für eine einfache Betrachtung wählen wir den Lastwiderstand Z_l gleich dem Bezugswiderstand Z_0. Der Generatorreflexionsfaktor Γ_g ist mit dem Generatorwiderstand Z_g verknüpft:

Rauschanpassung bei Verwendung von Rauschwellen

$$\Gamma_g = \frac{Z_g - Z_0}{Z_g + Z_0} . \tag{2.97}$$

Für die Rauschzahl der Schaltung in Bild 2.33 findet man den Ausdruck:

$$F = 1 + \frac{|X_1 \cdot S_{21} \cdot \Gamma_g + X_2|^2}{k \cdot T_0 \cdot (1 - |\Gamma_g|^2) \cdot |S_{21}|^2}$$

$$= 1 + \frac{|X_1 \cdot \Gamma_g + X_2 / S_{21}|^2}{k \cdot T_0 \cdot (1 - |\Gamma_g|^2)} . \tag{2.98}$$

Mit den Abkürzungen $W_1 = |X_1|^2$, $W_2 = |X_2 / S_{21}|^2$, $W_{12} = X^*_1 \cdot X_2 / S_{21}$, $W_{12} = |W_{12}| e^{j\Psi_1}$, $\Gamma_g = |\Gamma_g| \cdot e^{j\Psi_2}$ erhält man für die Rauschzahl:

$$F = 1 + \frac{|\Gamma_g|^2 W_1 + W_2 + 2 \cdot |W_{12}| \cdot |\Gamma_g| \cdot \cos(\Psi_1 - \Psi_2)}{k \cdot T_0 (1 - |\Gamma_g|^2)} . \qquad (2.99)$$

Für unkorrelierte Zweitorrauschwellen, also $W_{12} = 0$, führt offensichtlich Generatoranpassung, d.h. $\Gamma_g = 0$, zur minimalen Rauschzahl. Für eine endliche Korrelation, $W_{12} \neq 0$, ergibt $\cos(\Psi_1 - \Psi_2) = -1$ das Rauschminimum. Das entsprechende optimale $|\Gamma_g|$ erhält man über eine Differentiation zu

$$|\Gamma_g|_{\text{opt}} = \frac{W_1 + W_2 - \sqrt{(W_1 + W_2)^2 - 4 \cdot |W_{12}|^2}}{2 \cdot |W_{12}|} . \qquad (2.100)$$

Man erkennt, daß bei vorhandener Korrelation die Rauschzahl durch eine gewisse Generatorfehlanpassung, also $\Gamma \neq 0$ minimiert werden kann.

Für beidseitig angepaßte thermisch rauschende Zweitore homogener Temperatur hatten wir gesehen, daß die Rauschwellen X_1 und X_2 unkorreliert sind. Deshalb ist für eine minimale Rauschzahl $\Gamma_g = 0$ und daher $Z_g = Z_0$, also Anpassung, die günstigste Wahl.

Vorbemerkung zur Kurseinheit 3

Die genaue Messung von Rauschleistungen ist besonders delikat und erfordert einige Erfahrung. Dies liegt unter anderem daran, daß Rauschsignale im allgemeinen sehr schwach sind und erst durch eine wesentliche Verstärkung zur Anzeige gebracht werden können. Weil aber der erste Verstärker ebenfalls rauscht und zwar oft in der gleichen Größenordnung wie das Meßobjekt, muß man spezielle Vergleichsschaltungen verwenden, sog. Schaltradiometer, um das Rauschen des Vorverstärkers nach Möglichkeit zu eliminieren. Der Beitrag des Rauschens vom ersten Vorverstärker ist schwieriger zu beseitigen, wenn das Meßobjekt eine unbekannte und möglicherweise frequenzabhängige und komplexe Impedanz aufweist. In diesem Fall kann man mit sog. Kompensationsradiometern zum Ziel gelangen. Diese erfordern Vorverstärker, die nicht nur unkorrelierte Eingangs- und Ausgangsrauschwellen aufweisen, sondern zusätzlich eine wohldefinierte Eingangsrauschtemperatur. Dann kann man die sog. verfügbare Rauschtemperatur des Meßobjekts bestimmen, die ein Charakteristikum des Meßobjekts ist und nicht von der Anpassung des Meßobjekts abhängt.

Eine besonders interessante Variante eines Radiometers ist ein sog. Korrelationsradiometer, welches im Unterschied zu dem oben erwähnten Schaltradiometer vor dem ersten Vorverstärker keinen Schalter benötigt, der aufgrund seiner unvollkommenen Eigenschaften das Meßergebnis beeinflussen kann. Bei einem Korrelationsradiometer kann man eventuelle Schalter, im allgemeinen elektronische Schalter, mit Vorteil nach einer hinreichend großen Vorverstärkung einsetzen. Dann sind die Schalter jedoch unkritisch, weil ihr Eigenrauschen klein gegen das verstärkte Meßobjektrauschen ist. Ein Abschnitt über die Messung des Kreuzspektrums und der Kreuzkorrelation soll zum besseren Verständnis des Korrelationsradiometers beitragen.

Die Bestimmung der Rauschzahl von linearen Zweitoren gehört zu den Routinemessungen in der Hochfrequenztechnik. Wichtig ist, daß die Messung der Rauschzahl in möglichst enger Anlehnung an die Definition der Rauschzahl erfolgt. Die Definition der Rauschzahl sagt beispielsweise aus, daß der Lastwiderstand als rauschfrei angenommen wird. Praktisch ist dies nur dadurch zu erreichen, daß eine genügend große Nachverstärkung erfolgt, bis das Eigenrauschen des Lastwiderstandes vernachlässigbar ist. Der Nachverstärker beeinflußt aber die gemessene Rauschzahl. Mit Hilfe der Kaskadenformel kann der Einfluß des Nachverstärkers berücksichtigt werden. Eine Korrektur der Rauschzahl ist dann nicht erforderlich, wenn das Meßobjekt selbst ein Verstärker mit hinreichend großer Verstärkung ist. Den Radiometer- und Rauschzahlmessungen ist gemeinsam, daß eine prinzipielle Schranke die Genauigkeit der Messung begrenzt. Diese prinzipielle Schranke folgt aus der stochastischen Natur des Meßsignals. Eine Rauschleistung kann daher in endlicher Bandbreite und Meßzeit nicht beliebig genau bestimmt werden. Der auftretende Fehler ist umso kleiner, je größer die Bandbreite und die Meßzeit ist.

Der Hochfrequenzbereich ist daher für Rauschmessungen besonders gut geeignet, weil im allgemeinen große absolute Bandbreiten zur Verfügung stehen.

Rauschmessungen können häufig durch Störstrahlungen und Störsignale verfälscht werden. Solche Störsignale können dazu führen, daß die Messungen nicht reproduzierbar sind. Im allgemeinen wird man durch Abschirmmaßnahmen und Filter dafür Sorge tragen müssen, daß Störsignale hinreichend abgeschwächt sind. Unter diesen Bedingungen lassen sich Rauschmessungen durchführen, die bezüglich Reproduzierbarkeit und Genauigkeit sowie der Übereinstimmung mit Rauschmodellen den Messungen mit deterministischen Signalen nicht nachstehen.

Studienziele zur Kurseinheit 3

Nach dem Durcharbeiten dieser Kurseinheit sollten Sie

▸ Meßverfahren für die Messung der Auto- und Kreuzkorrelations-funktion sowie des Spektrums und des Kreuzspektrums kennen;

▸ erkannt haben, daß die Messung einer Rauschleistung bei endlicher Meßzeit und endlicher Bandbreite mit einem Fehler behaftet ist;

▸ verstanden haben, daß bei einem Dicke-Radiometer der Rauschbeitrag des Vorverstärkers nur dann herausfällt, wenn die Impedanzen von Meßobjekt und Referenz nach Real- und Imaginärteil gleich sind;

▸ verfolgt haben, daß ein Kompensationsradiometer mit fehlangepaßtem Meßobjekt nur dann richtig anzeigt, wenn der Vorverstärker unkorre-lierte Eingangs- und Ausgangsrauschwellen aufweist;

▸ eingesehen haben, daß ein Korrelationsradiometer den großen Vorteil hat, ohne Schalter vor dem ersten Vorverstärker auszukommen;

▸ behalten haben, daß definitionsgemäß der Lastwiderstand in die Rauschzahl nicht eingeht, was bei einer Rauschzahlmessung berück-sichtigt werden muß.

3 Messung von Rauschkenngrößen

Rauschsignale sind im allgemeinen so schwach, daß man sie nicht direkt mit einem Leistungsmesser anzeigen kann. Es bedarf vielmehr einer genügend großen Verstärkung, bis eine direkte Anzeige mit einem Leistungsmesser oder quadratischen Mittelwertbildner möglich wird. Außerdem wird man im allgemeinen ein Bandpaßfilter vorsehen, um zu definierten Aussagen über die Abhängigkeit der Rauschleistung von der Frequenz zu gelangen. Indem man z.B. ein schmalbandiges Bandpaßfilter verwendet, dessen Mittenfrequenz durchstimmbar ist, kann man die Rauschleistungsdichte in Abhängigkeit von der Frequenz, also das Leistungsspektrum, bestimmen. Für eine quantitative Aussage muß ersichtlich die Form des Bandpaßfilters bekannt sein. Um auf die verfügbare Rauschleistung eines Zweipols schließen zu können, muß außer der Gesamtverstärkung auch die Kopplung zwischen Meßobjekt und Verstärker bekannt sein. *Vorverstärkung*

Filterung

Das Eigenrauschen des ersten Vorverstärkers liegt oft in der gleichen Größenordnung wie das Rauschen des Meßobjekts und wird zunächst zusammen mit dem Meßobjektrauschen angezeigt. Trotzdem sollte die Messung der verfügbaren Rauschleistung des Meßeintores dadurch nicht beeinflußt werden. Im folgenden werden Wege aufgezeigt, wie man dieses Ziel erreichen kann. *Eigenrauschen des Vorverstärkers*

Eine beliebig genaue Messung ist jedoch selbst dann nicht möglich, wenn Verstärkung, Fehlanpassung und Eigenrauschen des Verstärkers genau bekannt sind. Dies liegt daran, daß die Meßzeit, die zur Verfügung steht, nicht unbegrenzt ist. Wir werden im nächsten Abschnitt sehen, daß die Unsicherheit bei einer Rauschleistungsmessung um so kleiner ist, je größer die zur Verfügung stehende Bandbreite und je größer die Meßzeit ist. Diese Grenze in der Meßunsicherheit kann prinzipiell nicht unterschritten werden. Alle übrigen Unsicherheiten wie Verstärkereigenrauschen, Meßobjektfehlanpassung, Größe der Verstärkung, Drift der Verstärkung können jedoch prinzipiell beliebig klein gehalten werden. Man wird daher anstreben, diese Unsicherheiten bis in die Größenordnung der durch endliche Meßzeit und Bandbreite gegebenen prinzipiellen Meßfehler zu verringern. Es ist vor allem dieser prinzipielle Meßfehler, durch den sich die Rauschmeßtechnik von Messungen mit kohärenten Signalen unterscheidet. Ein anderer wichtiger Unterschied liegt darin, daß bei Rauschmessungen das unvermeidbare Verstärkereigenrauschen im allgemeinen in der gleichen Größenordnung wie die Meßgröße liegt. Der prinzipielle Meßfehler, der sich bei endlicher Meßzeit und Bandbreite ergibt, soll in Abschnitt 3.3.2 hergeleitet werden. Zunächst soll jedoch die Messung der Kreuzkorrelationsfunktion und des Kreuzspektrums besprochen werden. *Einfluß der Meßzeit*

3.1   Messung der Kreuzkorrelationsfunktion und des Kreuzspektrums

Die Messung der Kreuzkorrelationsfunktion bzw. des Kreuzspektrums orientiert sich an der Definition dieser Größen. In Bild 3.1 ist ein analoges Meßverfahren für die Korrelationsfunktion skizziert, welches für den Hochfrequenzbereich infrage kommt.

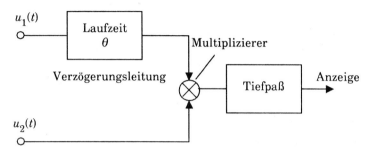

Bild 3.1:   Zur Messung der Kreuzkorrelationsfunktion

Eines der beiden Signale wird um eine einstellbare Laufzeit θ verzögert. In einem analogen Multiplizierer wird das Produkt beider Signale und mit Hilfe eines Tiefpasses dessen Mittelwert gebildet. Im Hochfrequenzbereich kann man den Multiplizierer näherungsweise durch einen doppelt balancierten Mischer realisieren.

Mischer als Multiplizierer

Unterhalb von einigen 100 kHz wird man eine digitale Verarbeitung vorziehen. Dabei wird der Amplitudenverlauf von $u_1(t)$ und $u_2(t)$ zunächst durch Analog-Digital-Wandler in entsprechende Datenworte umgesetzt. Die weitere Verarbeitung erfolgt dann vollständig digital.

Die Messung des Kreuzspektrums kann mit der Schaltung in Bild 3.2 erfolgen. Im Unterschied zu der Messung der Korrelationsfunktion verwenden wir jetzt schmalbandige Bandpaßfilter. Die Betrachtung erfolgt im Frequenzbereich.

Es seien V_1 und V_2 die komplexen Übertragungsfunktionen der entsprechenden Bandpässe ggf. einschließlich der Verstärker. Der Phasenschalter habe die komplexe Übertragungsfunktion H_ϕ. Es gilt für das Kreuzspektrum W_{a12} am Ausgang:

$$W_{a12} = W_{e12} \cdot V_1^* \cdot H_\phi^* \cdot V_2 . \tag{3.1}$$

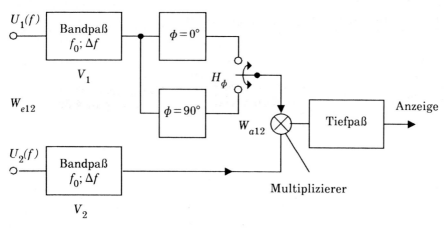

Bild 3.2: Zur Messung des Kreuzspektrums

Tatsächlich messen wir mit Hilfe des Multiplizierers und des Tiefpasses die Kreuzkorrelationsfunktion $\rho_{a12}(\theta=0)$. Wenn die Bandpaßfilter hinreichend schmal sind, wird angezeigt:

$$\rho_{a12}(\theta=0) = \int_{-\infty}^{+\infty} W_{a12}(f)\,df \quad (\text{wegen } \theta=0 \text{ und } exp\,(j2\pi f\theta)=1)$$

$$= \left[V_1^*(f_0) \cdot H_\phi^*(f_0) \cdot V_2(f_0) \cdot W_{e12}(f_0) \right.$$

$$\left. + V_1^*(-f_0) \cdot H_\phi^*(-f_0) \cdot V_2(-f_0) \cdot W_{e12}(-f_0) \right] \Delta f. \quad (3.2)$$

Dabei ist f_0 die Mittenfrequenz der Bandpässe. Für gleiche Bandpässe, d.h. $V_1=V_2=V$ und die Phasenschalterstellung $\phi=0°$ bzw. $H_\phi=1$, wird wegen $V(-f_0)=V^*(f_0)$ und $H_\phi(-f_0)=H^*_\phi(f_0)$ aus Gl. (3.2) {Messung des Realteils}

$$\rho_{a12} = |V(f_0)|^2 (W_{e12}(f_0) + W_{e12}^*(f_0)) \cdot \Delta f$$

$$= |V(f_0)|^2 \cdot 2 \cdot Re\,[W_{e12}(f_0)] \cdot \Delta f. \quad (3.3)$$

Man erhält also in der Schalterstellung $\phi=0°$ eine Anzeige, die bis auf eine Proportionalitätskonstante gleich dem Realteil des Eingangskreuzspektrums ist. Für die Schalterstellung $\phi=90°$ folgt aus Gl. (3.2) mit $V_1=V_2=V$ und $H_\phi(f_0)=j$ bzw. $H^*_\phi(-f_0)=H_\phi(f_0)=j$:

$$\rho_{a12} = \left[-j|V(f_0)|^2 \cdot W_{e12}(f_0) + j|V(f_0)|^2 \cdot W_{e12}^*(f_0) \right] \Delta f$$

$$= |V(f_0)|^2 \cdot 2 \cdot Im\,[W_{e12}(f_0)] \cdot \Delta f. \quad (3.4)$$

Man erhält also in der Schalterstellung $\phi = 90°$ eine Anzeige, die bis auf die gleiche Proportionalitätskonstante gleich dem Imaginärteil des Eingangskreuzspektrums ist. Indem man die Mittenfrequenz des Bandpasses verändert, läßt sich das Kreuzspektrum nach Real- und Imaginärteil über der Frequenz ausmessen. Zur Eichung des Korrelators kann man zwei vollständig korrelierte Rauschsignale auf die Eingänge geben. Für $\phi = 90°$ muß sich dann eine Nullanzeige ergeben. Mit vollständig unkorrelierten Signalen kann für beide Schalterstellungen überprüft werden, ob sich eine Nullanzeige ergibt.

(Marginalie: Messung des Imaginärteils)

Führt man der Meßschaltung in Bild 3.2 identische Eingangssignale zu, d.h. $U_1 = U_2 = U$, dann ist das Kreuzspektrum gleich dem Leistungsspektrum von U. Will man nur Leistungsspektren messen, dann kann der Phasenschalter und ein Bandpaßfilter entfallen und man gelangt zu der vereinfachten Schaltung in Bild 3.3. Man erkennt, daß ein Multiplizierer mit parallel geschalteten Eingängen und nachfolgendem Tiefpaßfilter einem Leistungsmesser entspricht.

(Marginalie: Verwendung als Leistungsmesser)

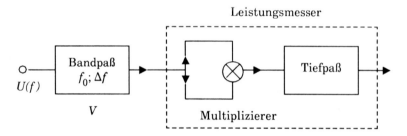

Bild 3.3: *Messung des Spektrums mit Multiplizierer bzw. Leistungsmesser*

Bei einer Messung des Kreuzspektrums wie in Bild 3.2 ist es oftmals schwierig, zwei Bandpaßfilter, insbesondere durchstimmbare Bandpaßfilter, mit gutem Gleichlauf zu realisieren. Das Gleichlaufproblem läßt sich lösen, indem beide Eingangssignale durch Mischung mit **einem** Oszillatorsignal variabler Frequenz auf die gleiche feste Zwischenfrequenz umgesetzt werden (Heterodynprinzip). Will man nur ein durchstimmbares Bandpaßfilter verwenden oder hat nur ein solches zur Verfügung, dann kann man die Messung zeitseriell mit der Anordnung in Bild 3.4 durchführen. An den Ausgängen eines 180°-Kopplers stehen Summe und Differenz der Eingangssignale $U_1(f)$ und $U_2(f)$ zur Verfügung.

(Marginalie: Gleichlaufproblem bei Bandpaßfiltern)

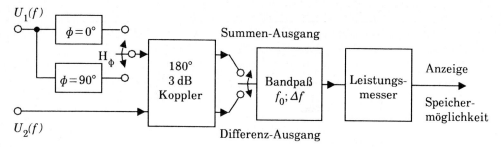

Bild 3.4: Zeitserielle Messung des Kreuzspektrums

Gemäß der mathematischen Identität $(a+b)^2-(a-b)^2=4ab$ messen wir zunächst das Spektrum am Summenausgang des 180°-Kopplers, speichern den Wert ab, messen anschließend das Spektrum am Differenzausgang und bilden die Differenz beider Werte. In der symbolischen Schreibweise erhalten wir daher für die Schalterstellung $\phi=0°$

Zeitserielle Messung

$$\frac{1}{2}(U_1+U_2)^*(U_1+U_2)|V|^2 - \frac{1}{2}(U_1-U_2)^*(U_1-U_2)\cdot|V|^2$$

$$= (U_1^*\cdot U_2 + U_1\cdot U_2^*)\cdot|V|^2 = 2|V|^2\cdot Re(U_1^*U_2)$$

$$= 2|V|^2\cdot Re(W_{e12}). \tag{3.5}$$

Das durch Differenzbildung gewonnene Meßergebnis ist dem Realteil des Eingangskreuzspektrums proportional. Ebenso erhält man den Imaginärteil, wenn man den Phasenschalter in die Stellung $\phi=90°$ bringt. Verwendet man anstelle des 180°-Kopplers einen 90°-3dB-Koppler, dann erhält man den Realteil für die 90°-Schalterstellung und den Imaginärteil für die 0°-Schalterstellung.

Mitunter wird das verwendete Bandpaßfilter so breit sein, daß man nicht davon ausgehen kann, daß das Eingangsspektrum im Durchlaßbereich des Bandpaßfilters konstant ist. In diesem Fall erhält man beispielsweise für die Schalterstellung $\phi=0°$ eine Anzeige, die gemäß Gl. (3.2) für $V_1=V_2=V$ dem über der Frequenz gemittelten Realteil des Eingangskreuzspektrums proportional ist. Dabei ist $|V(f)|^2$ eine Gewichtsfunktion. Es gilt in diesem Fall, wenn f_1 und f_2 die Frequenzgrenzen des Bandpaßfilters sind:

$$\rho_{a12}(\theta=0) = 2\cdot\int_{f_1}^{f_2}|V(f)|^2\cdot Re[W_{e12}(f)]\,df. \tag{3.6}$$

Einen entsprechenden Ausdruck erhält man für die Schalterstellung $\phi=90°$.

3.2 Eine anschauliche Deutung der Korrelation

Die Korrelation zwischen zwei Rauschsignalen kann durch zwei gleichwertige Darstellungen, nämlich die **Kreuzkorrelationsfunktion** ρ_{12} oder das **Kreuzspektrum** W_{12} beschrieben werden. Für beide Darstellungen wollen wir eine anschauliche Beschreibung der Korrelation diskutieren.

Zunächst wollen wir die Kreuzkorrelation betrachten. Es seien $u_1(t)$ und $u_2(t)$ kontinuierliche Zeitsignale, die teilweise korreliert sind. Wir zerlegen $u_2(t)$ derart in zwei Komponenten

Korrelation im Zeitbereich

$$u_2(t) = u_2'(t) + u_2''(t), \tag{3.7}$$

daß $u_2'(t)$ bis auf einen reellen Proportionalitätsfaktor γ zeitidentisch mit $u_1(t)$ ist.

$$u_2'(t) = \gamma \cdot u_1(t) \tag{3.8}$$

Solch eine Aufteilung ist immer möglich und stellt zunächst nur einen formalen Schritt dar. Wählt man aber γ richtig, und zwar zu

$$\gamma = \frac{\rho_{12}(0)}{\rho_{11}(0)}, \tag{3.9}$$

dann ist außerdem $u_2''(t)$ unkorreliert mit $u_1(t)$. Dies läßt sich direkt zeigen:

$$\begin{aligned}
\overline{u_2''(t) \cdot u_1(t)} &= \overline{(u_2(t) - \gamma\, u_1(t)) \cdot u_1(t)} \\
&= \overline{u_2(t) \cdot u_1(t)} - \gamma \cdot \overline{u_1^2(t)} \\
&= \rho_{12}(\theta=0) - \gamma \cdot \rho_{11}(\theta=0) = 0 \,.
\end{aligned} \tag{3.10}$$

Diese Betrachtung hätten wir ebensogut mit zwei um θ zeitverschobenen Signalen durchführen können. Wir können die Kreuzkorrelationsfunktion daher so deuten, daß sie bis auf einen Normierungsfaktor denjenigen Anteil von $u_2(t)$ angibt, der mit $u_1(t)$ zeitidentisch ist und sich daher beispielsweise in einem Brückenabgleich ausbalancieren läßt. Bekanntlich kann man in einer Wechselstrombrücke, die mit Sinussignalen betrieben wird, einen vollständigen Nullabgleich dadurch erreichen, daß sich zwei um 180° phasenverschobene Signale herausphasen. Unkorrelierte Signale können sich in einer Brücke überhaupt nicht ausbalancieren, weil die Signale bei einer Überlagerung immer quadratisch addiert werden müssen. Bei teilweise korrelierten Signalen kann man gerade den vollständig korrelierten

Anteil $u'_2(t)$, der durch ρ_{12} beschrieben wird, ausbalancieren, während der unkorrelierte Anteil $u''_2(t)$ quadratisch mit $u_1(t)$ kombiniert werden muß. Auch bei einer endlichen Zeitverschiebung θ kann man die Signale in korrelierte und unkorrelierte Anteile aufteilen. Die Aufteilung ist im allgemeinen eine Funktion von θ, ebenso wie die Kreuzkorrelationsfunktion im allgemeinen von θ abhängt.

Auch bei einer Darstellung im Frequenzbereich können wir die Korrelation auf ähnliche Weise anschaulich deuten. Dazu bedienen wir uns der Zeigerdarstellung. Es seien $U_1(f)$ und $U_2(f)$ zwei teilweise korrelierte Rauschsignale. Es sei k_{12} eine komplexe Zahl, die denjenigen Anteil von U_2 angibt, der nach entsprechender Phasen- und Amplitudenänderung mit U_1 identisch ist.

Korrelation im Frequenzbereich

$$U_2 \; = \; U'_2 + U''_2 \; = \; k_{12} \cdot U_1 + U''_2 \tag{3.11}$$

Wir können wiederum zeigen, daß U''_2 bei richtiger Wahl von k_{12} mit U_1 unkorreliert ist.

$$U^*_1 \cdot U''_2 \; = \; U^*_1 [U_2 - k_{12} \cdot U_1] \; = \; W_{12} - k_{12} \cdot W_1 \tag{3.12}$$

Der Ausdruck in Gl. (3.12) wird offensichtlich dann zu null, wenn

$$k_{12} \; = \; \frac{W_{12}}{W_1} \tag{3.13}$$

gesetzt wird.

3.3 Messung der äquivalenten Rauschtemperatur eines Eintores

3.3.1 Grundschaltung

Wir stellen uns die Aufgabe, von einem Eintor bzw. Zweipol die verfügbare Rauschleistung bei der Mittenfrequenz f_0 in einer vorgegebenen Bandbreite Δf möglichst genau zu messen. Statt von verfügbarer Rauschleistung können wir auch von der äquivalenten Rauschtemperatur des Eintores sprechen. Eine Meßanordnung, welche solch eine Messung erlaubt, nennt man auch ein **Radiometer** oder auch **Spektrometer**. Wie in Bild 3.5 gezeigt, benötigt man für solch eine Messung mindestens eine Verstärkerkette, bestehend z.B. aus einem rauscharmen Vorverstärker und einem Nachverstärker, sowie einen Bandpaß und einen Leistungsmesser. Der

Radiometer

Leistungsmesser kann auch ein Multiplizierer sein, dessen Eingänge parallel geschaltet sind, der also als Quadrierer arbeitet (vgl. Bild 3.3). Schließlich benötigt man ein Tiefpaßfilter und eine Anzeige.

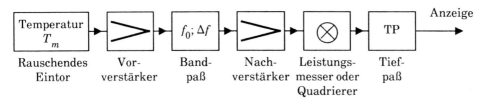

Bild 3.5: Prinzipschaltbild für Rauschtemperaturmessungen

Ein solches Meßverfahren wirft jedoch eine Reihe von Problemen auf. Zunächst einmal muß die genaue Verstärkung der Verstärkerkette bekannt sein, um auf die Rauschleistung des Meßobjekts schließen zu können. Die erforderliche hohe Verstärkung neigt jedoch zu zeitlichen Schwankungen, also zur Verstärkungsdrift. Als weiteres Problem erkennt man, daß der erste Vorverstärker, auch wenn es sich um einen rauscharmen Verstärker handelt, ebenfalls Rauschen produziert, das in der gleichen Größenordnung wie das Rauschen des Meßobjekts liegen kann. Man muß daher eine Möglichkeit finden, das Vorverstärkerrauschen vom Meßobjektrauschen zu trennen. Außerdem sollte die Verstärkung nicht in das Meßergebnis eingehen. Eine mögliche Lösung ist in Bild 3.6 skizziert.

Probleme durch Drift und Eigenrauschen

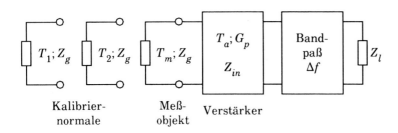

Bild 3.6: Radiometer mit verschiedenen Kalibriernormalen

Es sei Z_g die Impedanz des Meßobjektes mit der Temperatur T_m. Die Eingangsimpedanz des Verstärkers sei Z_{in}, es können Z_g und Z_{in} komplex sein. Das Eigenrauschen des Verstärkers wollen wir ebenfalls durch eine Temperatur T_a (System- oder Verstärkertemperatur) beschreiben. Dazu stellen wir uns einen äquivalenten thermisch rauschenden Generatorwiderstand mit der Temperatur T_a und der Impedanz Z_g vor, der bei

95

rauschfreiem Verstärker gerade soviel Rauschen am Lastwiderstand Z_l erzeugt wie der Verstärker selbst. Schließlich mögen zwei Kalibriernormale mit den bekannten und verschiedenen Temperaturen T_1 und T_2 zur Verfügung stehen, deren Impedanz Z_g identisch mit der des Meßobjekts sein soll. Mit dem Gewinn G_p lassen sich dann drei Rauschleistungen am Ausgang angeben, nämlich die Rauschleistung P_m bei Anschluß des Meßobjekts und die Rauschleistungen P_1, P_2 bei Anschluß der beiden Kalibriernormale. Man erhält

$$P_m = G_p(T_m + T_a) \cdot k \cdot \Delta f,$$

$$P_1 = G_p(T_1 + T_a) \cdot k \cdot \Delta f,$$

$$P_2 = G_p(T_2 + T_a) \cdot k \cdot \Delta f. \tag{3.14}$$

Diese Gleichungen lassen sich nach T_m auflösen. In das Ergebnis gehen nur die bekannten Temperaturen T_1 und T_2 sowie die Verhältnisse der Rauschleistungen $P_m/P_2 = p_{m2}$ und $P_m/P_1 = p_{m1}$ ein, nicht jedoch der unbekannte Gewinn G_p und die Verstärkertemperatur T_a. Man erhält:

$$T_m = \frac{(p_{m2} - 1)p_{m1}}{p_{m2} - p_{m1}} \cdot T_1 - \frac{(p_{m1} - 1)p_{m2}}{p_{m2} - p_{m1}} \cdot T_2. \tag{3.15}$$

Ein Nachteil dieses Verfahrens ist, daß verhältnismäßig lange Zeiten zwischen den drei Einzelmessungen vergehen können und daher hohe Anforderungen an die Stabilität der Verstärkung, die während der Dauer der Messung konstant sein muß, zu stellen sind. Spezielle Radiometerschaltungen, wie sie in Abschnitt 3.4 beschrieben werden, stellen deutlich geringere Anforderungen an die Stabilität der Verstärkung.

Des weiteren ist es möglich, daß das Meßobjekt fehlangepaßt ist und die Impedanz des Meßobjekts nicht mit der Impedanz der beiden Kalibriernormale übereinstimmt. Auch hierfür gibt es spezielle Radiometerschaltungen, mit denen man in der Tat, wie wir später sehen werden, die Rauschtemperatur des Meßobjekts, also die verfügbare Rauschleistung, mit kleinen Fehlern messen kann.

Zunächst müssen wir uns jedoch darüber Klarheit verschaffen, wie groß der Fehler bei der Bestimmung der Rauschleistung bzw. des Spektrums dann wird, wenn wir keine beliebig große Meßzeit zur Verfügung haben, wie es die Theorie verlangt. Es wird sich zeigen, daß bei endlicher Meßzeit wenigstens die Bandbreite möglichst groß sein sollte Eine große Bandbreite kann aber dazu führen, daß man nur ein gemitteltes Spektrum bestimmt. Bevor man ein Radiometer entwerfen kann, muß man daher die

Fehler bei einer Rauschleistungsmessung mit begrenzter Meßzeit und Bandbreite kennen. Eine quantitative Bestimmung dieser Fehler erfolgt im nächsten Abschnitt.

3.3.2 Fehler bei der Rauschleistungsmessung

Wie bereits diskutiert, läßt sich eine Rauschleistung bzw. ein Leistungsspektrum bzw. allgemein der quadratische Mittelwert eines stochastischen Signals nicht fehlerfrei bestimmen, weil Meßzeit und Bandbreite nicht unbegrenzt sind. Es soll nun ein quantitativer Ausdruck für diese Unsicherheit gefunden werden. Ein Spektrometer, wie es zur Messung von Spektren verwendet wird, ist in Bild 3.7 nochmals vereinfacht skizziert. Dabei bezeichnen W_1, W_2, W_a die Spektren und ρ_1, ρ_2 und ρ_a die zugehörigen Autokorrelationsfunktionen.

Einfluß von Meßzeit und Bandbreite auf Meßgenauigkeit

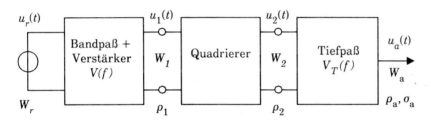

Bild 3.7: Blockschaltbild eines Spektrometers

Ein Spektrometer filtert ein Rauschsignal im Spektralbereich und bildet über eine gewisse Zeit τ den quadratischen Mittelwert des Rauschsignals. Wir interessieren uns für das mittlere Schwankungsquadrat der Ausgangsspannung $u_a(t)$ (oder als Scharmittelwert von U_a).

$$\overline{u_a^2(t)} = \langle U_a^2 \rangle = \rho_a(0)$$

$$= \int_{-\infty}^{+\infty} W_a(f)\,\mathrm{d}f = \int_{-\infty}^{+\infty} W_2(f) \cdot |V_T(f)|^2\,\mathrm{d}f \qquad (3.16)$$

Der Quadrierer möge für die Momentanwerte der Spannungen die Gleichung

$$u_2(t) = c \cdot u_1^2(t) \qquad (3.17)$$

aufweisen. Der Erwartungswert der Ausgangsspannung $u_a(t)$ ist

$$\overline{u_a(t)} = \langle U_a \rangle = V_T(0) \cdot \overline{u_2(t)}$$

$$= c \cdot V_T(0) \cdot \int_{-\infty}^{+\infty} W_1(f)\,df = c \cdot V_T(0) \cdot \rho_1(0). \qquad (3.18)$$

Als nächstes muß ein Zusammenhang zwischen dem Spektrum W_2 und dem Spektrum W_1 hergestellt werden. Dazu beobachten wir, daß unter der Annahme einer Gaußschen Amplitudenverteilung die Autokorrelationsfunktionen ρ_2 und ρ_1 gemäß Gl. (3.19) verknüpft sind (siehe auch Gl. 1.64) . *Beschränkung auf Gaußsche Amplitudenverteilung*

$$\rho_2 = \overline{u_2(t) \cdot u_2(t+\theta)} = \langle u_2(t) \cdot u_2(t+\theta) \rangle$$

$$= c^2 \cdot \overline{u_1^2(t) \cdot u_1^2(t+\theta)} = c^2 \langle u_1^2(t) \cdot u_1^2(t+\theta) \rangle$$

$$= c^2 [\rho_1^2(0) + 2\,\rho_1^2(\theta)] \qquad (3.19)$$

Durch eine Fouriertransformation erhalten wir W_2 aus ρ_2. Dabei wird der Ausdruck $\rho_1 \cdot \rho_1$ in Gl. (3.19), also ein Produkt im θ-Bereich, durch eine Faltung im Frequenzbereich über f' dargestellt.

$$W_2(f) = c^2 \cdot \rho_1^2(0) \cdot \delta(f) + 2c^2 \cdot \underbrace{\int_{-\infty}^{+\infty} W_1(f') \cdot W_1(f-f')\,df'}_{\text{Faltung}} \qquad (3.20)$$

Damit erhalten wir für die Varianz σ_a^2 der Ausgangsspannung $u_a(t)$ mit den Gln. (3.16) und (3.20):

$$\sigma_a^2 = \overline{u_a^2(t)} - \overline{u_a(t)}^2 = c^2 \cdot \rho_1^2(0) \int_{-\infty}^{+\infty} |V_T(f)|^2 \delta(f)\,df$$

$$+ 2c^2 \int \int_{-\infty}^{+\infty} |V_T(f)|^2\, W_1(f') \cdot W_1(f-f')\,df'\,df$$

$$- [c \cdot V_T(0) \cdot \rho_1(0)]^2$$

$$= 2c^2 \int \int_{-\infty}^{+\infty} |V_T(f)|^2 \cdot W_1(f') \cdot W_1(f-f')\,df'\,df. \qquad (3.21)$$

Die Bandbreite f_c des verwendeten Tiefpasses sei sehr viel kleiner als die Bandbreite Δf des hochfrequenten Bandfilters, also $f_c \ll \Delta f$, so daß wir in Gl. (3.21) den Ausdruck $W_1(f-f') \approx W_1(-f') = W^*_1(f') = W_1(f')$ setzen können.

Ferner wollen wir annehmen, daß das Spektrum W_1 im Durchlaßbereich Δf des Bandfilters konstant ist und daß das Bandfilter von rechteckiger Form mit der Mittenfrequenz f_0 ist. Damit wird Gl. (3.21):

$$\overline{u_a^2(t)} - \overline{u_a(t)}^{\,2} = 2c^2 \cdot 2 \cdot W_1^2(f_0) \cdot \Delta f \cdot \int_{-\infty}^{+\infty} |V_T(f)|^2 \, df. \qquad (3.22)$$

Führt man die relative Streuung $\tilde{\sigma}_a$ des Ausgangssignals, welche auf $\overline{u_a(t)}^{\,2}$ bezogen ist, ein, dann erhält man mit Gl. (3.18) und für einseitige Spektren:

$$\tilde{\sigma}_a^2 = \frac{\overline{u_a^2(t)} - \overline{u_a(t)}^{\,2}}{\overline{u_a(t)}^{\,2}} = \frac{2c^2 \cdot W_1^2(f_0) \cdot \Delta f \cdot \int_0^{\infty} |V_T(f)|^2 \cdot df}{c^2 \cdot W_1^2(f_0) \, (\Delta f)^2 \cdot V_T^2(0)}$$

$$= 2 \cdot \frac{1}{\Delta f} \cdot \frac{\int_0^{\infty} |V_T(f)|^2 \, df}{V_T^2(0)}. \qquad (3.23)$$

Wir definieren eine effektive Bandbreite des Tiefpasses Δf_T gemäß

$$\Delta f_T = \frac{\int_0^{\infty} |V_T(f)|^2 \, df}{V_T^2(0)}. \qquad (3.24) \quad \text{effektive Bandbreite}$$

Ausgedrückt durch die Streuung ΔT_m der Rauschtemperatur T_m und unter Berücksichtigung der Systemtemperatur des Spektrometers T_a lautet Gl. (3.23):

$$\tilde{\sigma}_a = \frac{\Delta T_m}{T_m + T_a} = \frac{\Delta T_m}{T_r} = \sqrt{2 \cdot \frac{\Delta f_T}{\Delta f}}. \qquad (3.25)$$

Für ein rechteckiges Tiefpaßfilter mit der Grenzfrequenz f_c ist $f_c = \Delta f_T$ und es gilt:

$$\frac{\Delta T_m}{T_r} = \sqrt{2 \cdot \frac{f_c}{\Delta f}}. \qquad (3.26)$$

Wird als Tiefpaß ein idealer Integrator mit der Integrationszeit τ verwendet, dann gilt, wenn c_i eine Proportionalitätskonstante ist, *Integrator als Tiefpaß*

$$|V_T(f)|^2 = c_i^2 \, \frac{\sin^2(\pi f \tau)}{(\pi f)^2}$$

und

$$\Delta f_T = \frac{1}{2\tau},\qquad\qquad(3.27)$$

und man erhält daher

$$\frac{\Delta T_m}{T_r} = \frac{1}{\sqrt{\Delta f \cdot \tau}}.\qquad\qquad(3.28)$$

Diese wichtige Beziehung wurde erstmals 1946 von RICE abgeleitet.

Wenn das Spektrum W_1 nicht über der Bandbreite Δf konstant ist oder wenn das hochfrequente Bandpaßfilter nicht von rechteckiger Form ist, dann gilt Gl. (3.25) ebenso, wenn man anstelle von Δf eine effektive Bandbreite Δf_{eff} setzt, die sich aus der folgenden Beziehung bestimmt (vgl. Bild 3.7):

$$\Delta f_{eff} = \frac{\left[\int_0^\infty W_1(f)\,\mathrm{d}f\right]^2}{\int_0^\infty W_1^2(f)\,\mathrm{d}f} = \frac{\left[\int_0^\infty |V(f)|^2 \cdot W_r(f)\,\mathrm{d}f\right]^2}{\int_0^\infty |V(f)|^4 \cdot W_r^2(f)\,\mathrm{d}f}.\qquad(3.29)$$

Übungsaufgabe 3.1

Man leite Gl. (3.27) ab. Welche hochfrequente Bandbreite benötigt man, wenn bei einer Integrationszeit von 1s 68% bzw. 95% aller Meßwerte eine Genauigkeit besser als 0,1 K bei einer Rauschtemperatur von $T_m = 300$ K aufweisen sollen?

3.4 Spezielle Radiometerschaltungen

3.4.1 Das Dicke-Radiometer

Mit dem nach seinem Erfinder Dicke-Radiometer genannten Meßsystem, welches hier auch Schaltradiometer genannt werden soll, kann man das Rauschen eines Meßeintores unabhängig von der Verstärkung und dem Rauschen der Verstärkerkette bestimmen. Bild 3.8 zeigt das Blockschaltbild.

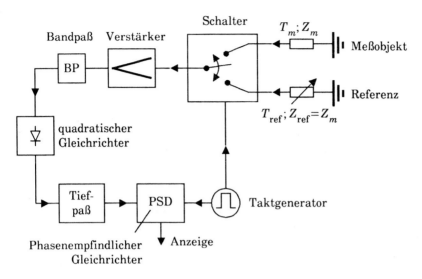

Bild 3.8: Dicke-Radiometer bei bekannter Impedanz des Meßobjektes

Mit Hilfe eines Schalters, der möglichst verlustfrei sein sollte, wird periodisch zwischen dem Zweipolmeßobjekt mit der unbekannten Temperatur T_m und der Impedanz Z_m und einem Referenzzweipol mit der einstellbaren Temperatur T_{ref} und der Impedanz Z_{ref} umgeschaltet. Das Rauschsignal am Ausgang des Bandpasses setzt sich zeitlich nacheinander aus den Anteilen von T_m und T_{ref} und, zeitlich konstant, dem Anteil des ersten Vorverstärkers zusammen. Das Rauschen des Meßobjektes und der Referenz ist nicht mit dem Eigenrauschen des Verstärkers korreliert. Allerdings ist der Beitrag des Verstärkers nur dann für die beiden Schaltzustände konstant, wenn die Impedanzen des Meßobjektes und der Referenz, Z_m und Z_{ref}, gleich sind. Dies ist also eine notwendige Bedingung für die richtige Anzeige des obigen Radiometers. Nach Durchlaufen von Verstärker und Bandpaß wird das Rauschsignal quadratisch gleichgerichtet und mit einem Tiefpaß gefiltert. Anschließend wird mit einem phasenempfindlichen Gleichrichter das durch den Schaltvorgang (von z.B. 1 kHz) verursachte Wechselsignal herausgesiebt und angezeigt. Zur Messung von T_m wird die Referenztemperatur T_{ref} so eingestellt, daß dieses Wechselsignal zu null wird. Nach erfolgtem Nullabgleich gilt

Bedingung für Impedanzen

$$T_m = T_{ref},$$ (3.30)

Nullabgleich

101

denn der additive Rauschbeitrag des Verstärkers ist für beide Schaltzu- reduzierter
Drifteinfluß
stände gleich und geht daher nicht in die Abgleichbedingung ein. Auch
Schwankungen der Verstärkung gehen nicht in die Abgleichbedingung
ein, sofern sie langsam gegen die Periodendauer der Umschaltfrequenz
sind. Dies ist ein deutlicher Vorteil des Dicke-Radiometers gegenüber der
Grundschaltung aus Bild 3.5. Die Meßzeit τ jedoch darf beim Dicke-Radiometer beliebig größer sein als die Periodendauer. Man wird die Meßzeit
hinreichend groß wählen, so daß der damit verbundene Fehler bei der
Rauschleistungsmessung genügend klein wird.

Oftmals wird der zur Verfügung stehende Schalter für das Dicke-Radio- Schalter mit
unterschiedlicher
Dämpfung
meter nicht genau die gleiche Einfügungsdämpfung für beide Schaltzu-
stände aufweisen. In diesem Fall kann man die Schaltung aus Bild 3.8 wie
in Bild 3.9 modifizieren. Zunächst wird an Tor ① das Meßobjekt ange-
schlossen und mit Hilfe der abstimmbaren Referenzrauschquelle I wird ein
Nullabgleich vorgenommen. Der sich bei dem Nullabgleich ergebende
Wert für $T^{\mathrm{I}}_{\mathrm{ref}}$ wird festgehalten.

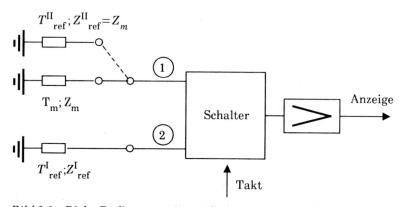

Bild 3.9: *Dicke-Radiometer mit zwei Referenzrauschquellen*

Anschließend wird das Meßobjekt durch die Referenzrauschquelle II ersetzt
und durch Einstellung von $T^{\mathrm{II}}_{\mathrm{ref}}$ ein erneuter Nullabgleich vorgenommen.
Dann ist bei Gleichheit der Impedanzen $Z^{\mathrm{II}}_{\mathrm{ref}} = Z_m$

$$T_m = T^{\mathrm{II}}_{\mathrm{ref}} \qquad\qquad (3.31)$$

unabhängig davon, ob die Einfügungsdämpfungen in beiden Schalterstellungen gleich sind oder nicht. Die Einfügungdämpfungen müssen lediglich
langzeitstabil sein. Die Referenzrauschquelle I an Tor ② braucht nicht
kalibriert zu sein, sondern muß lediglich einstellbar und stabil sein. Die

Impedanz Z^{I}_{ref} darf von der Meßobjektimpedanz Z_m abweichen. Diese muß aber mit der Impedanz der Referenzrauschquelle II übereinstimmen, also $Z_m = Z^{II}_{ref}$.

3.4.2 Probleme bei fehlangepaßten Meßobjekten

Bisher haben wir Meßverfahren kennengelernt, mit deren Hilfe man die Rauschtemperatur eines angepaßten Eintormeßobjektes oder eines Ein- tores mit bekannter Impedanz bestimmen kann. Bekannt kann auch bedeuten, daß die Impedanz des Meßobjekts gleich der Impedanz einer Rauschquelle ist. Ist der Meßzweipol jedoch fehlangepaßt und seine Impedanz darüber hinaus komplex und frequenzabhängig, dann wird eine genaue Messung der unbekannten Rauschtemperatur schwieriger, weil insbesondere zwei neue Probleme auftreten.

Erstes Problem: Wegen der Fehlanpassung des Meßeintores mit der Tem- peratur T_m wird in der Bandbreite Δf nicht die verfügbare Rauschleistung $P_{av} = k \cdot T_m \cdot \Delta f$ gemessen, sondern eine geringere Leistung P_l mit

Rauschleistung bei Fehlanpassung

$$P_l = (1 - |\rho|^2) \cdot k \cdot T_m \cdot \Delta f, \qquad (3.32)$$

wie jetzt gezeigt werden soll. Dabei ist $|\rho|$ der Betrag des Reflexionsfaktors der zu messenden Impedanz.

In der Schaltung in Bild 3.10 soll der Lastwiderstand Z_0, der zugleich Bezugswiderstand ist, reell sein.

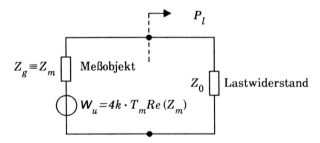

Bild 3.10: Zur Erläuterung der Rauschleistung bei Fehlanpassung

Die an den als rauschfrei angenommenen Lastwiderstand Z_0 abgegebene Rauschleistung P_l ist:

$$P_l = \frac{4k \cdot T_m \cdot Re(Z_m)}{|Z_0 + Z_m|^2} \cdot Z_0 \cdot \Delta f. \qquad (3.33)$$

Mit

$$|\rho|^2 = \left| \frac{Z_m - Z_0}{Z_m + Z_0} \right|^2 \tag{3.34}$$

erhält man für P_l:

$$
\begin{aligned}
P_l &= k\,T_m \cdot \Delta f \cdot \frac{2 \cdot (Z_m + Z_m^*) \cdot Z_0}{|Z_m + Z_0|^2} \\
&= k\,T_m \cdot \Delta f \, \frac{|Z_m + Z_0|^2 + 2(Z_m + Z_m^*) \cdot Z_0 - |Z_m + Z_0|^2}{|Z_m + Z_0|^2} \\
&= k\,T_m \cdot \Delta f \left\{ 1 - \left| \frac{Z_m - Z_0}{Z_m + Z_0} \right|^2 \right\} \\
&= k\,T_m \cdot \Delta f \{1 - |\rho|^2\} = P_{av}(1 - |\rho|^2). \tag{3.35}
\end{aligned}
$$

Dabei ist $P_{av} = k \cdot T_m \cdot \Delta f$ die verfügbare Rauschleistung des Meßobjektes bzw. Generators. Das Ergebnis der Gl. (3.35) entspricht auch der Anschauung. Die Rauschleistung P_l, die den Lastwiderstand Z_0 erreicht, ist um den reflektierten Anteil P_{re} vermindert.

$$P_{re} = k\,T_m \cdot \Delta f \, |\rho|^2 \tag{3.36}$$

reflektierte
Rauschleistung

Der Ausdruck $1 - |\rho|^2$ ist gerade der Gewinn G_p der Schaltung:

$$G_p = \frac{P_l}{P_{av}} = 1 - |\rho|^2. \tag{3.37}$$

Ist, wie in Bild 3.11 gezeigt, sowohl die Meßobjekt- bzw. Generatorimpedanz $Z_m = Z_g$ als auch die Lastimpedanz Z_l komplex und ungleich der reellen Bezugsimpedanz Z_0, dann ergibt sich für den Gewinn G_p die bekannte Beziehung (siehe z.B. [12]):

$$G_p = \frac{(1 - |\Gamma_g|^2)(1 - |\Gamma_l|^2)}{|1 - \Gamma_g \Gamma_l|^2}. \tag{3.38}$$

In Gl. (3.38) sind Γ_g und Γ_l die generator- bzw. lastseitigen auf den reellen Bezugswiderstand Z_0 bezogenen Reflexionsfaktoren (Bild 3.11).

$$\Gamma_g = \frac{Z_g - Z_0}{Z_g + Z_0} \; ; \qquad \Gamma_l = \frac{Z_l - Z_0}{Z_l + Z_0} \tag{3.39}$$

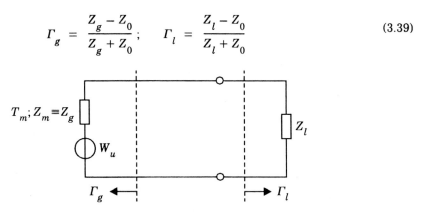

Bild 3.11: Generator- und lastseitige Fehlanpassung

Die Beziehung Gl. (3.38) eignet sich weniger gut für eine anschauliche Deutung. Diese gelingt jedoch in völliger Analogie zu den Gln. (3.35) und (3.36), wenn wir einen modifizierten Reflexionsfaktor $\tilde{\rho}$ einführen, der den – hier im allgemeinen komplexen – Generatorwiderstand $Z_g \equiv Z_m$ zum Bezug hat. Mit

$$|\tilde{\rho}| = \left| \frac{Z_l - Z_m^*}{Z_l + Z_m} \right| = \left| \frac{Z_l - Z_g^*}{Z_l + Z_g} \right| \tag{3.40}$$

erhält man für die Leistung P_l am Lastwiderstand, wie in der Übungsaufgabe 3.2 gezeigt werden soll:

$$P_l = P_{av}(1 - |\tilde{\rho}|^2). \tag{3.41}$$

Dabei ist $P_{av} = k\, T_m \cdot \Delta f$ wiederum die verfügbare Rauschleistung (allgemein auch verfügbare Leistung) des Meßobjektes bzw. Generators. Die Leistung P_{re}, mit

$$P_{re} = P_{av} - P_l = P_{av} \cdot |\tilde{\rho}|^2, \tag{3.42}$$

kann man in völliger Analogie zu Gl. (3.36) als reflektierte Leistung deuten, wie wir später noch deutlicher erkennen werden. Die Leistung P_l können wir als transmittierte Leistung bezeichnen. Der verfügbare Gewinn G_p ist wiederum durch die Beziehung

$$G_p = 1 - |\tilde{\rho}|^2 \tag{3.43}$$

gegeben. Dieser Ausdruck für G_p ist identisch mit dem Ausdruck für G_p in Gl. (3.38).

105

Übungsaufgabe 3.2

Zeigen Sie die Gültigkeit der Gl. (3.41) sowie die Identität der Gleichungen (3.43) und (3.38).

Ein **zweites Problem**, das im Zusammenhang mit einem nichtangepaßten Zweipol als Meßobjekt auftritt, besteht darin, daß der erforderliche erste Vorverstärker seinerseits eine Rauschwelle in Richtung auf das Meßobjekt emittiert. Diese kann vom Meßobjekt reflektiert werden und zurück in den Verstärker gelangen. Im allgemeinen wird dieser reflektierte Anteil mit der Verstärker-Ausgangsrauschwelle korreliert sein. Dann ist in einer Meßschaltung wie in Bild 3.8 nicht mehr gewährleistet, daß das Eigenrauschen des Vorverstärkers für beide Schaltzustände gleich ist und damit den Abgleich nicht beeinflußt. Als Ausweg bietet sich an, wie in Bild 3.12 gezeigt, zwischen Schalter und Vorverstärker einen beidseitig angepaßten Ferritisolator einzufügen. Ein solches passives nichtreziprokes Bauelement homogener Temperatur weist, wie wir gesehen haben, unkorrelierte Eingangs- und Ausgangsrauschwellen auf. Außerdem ist die Größe der Eingangsrauschwelle quantitativ bekannt, wenn die physikalische Temperatur des Isolators bekannt ist.

Fehler durch Eigenrauschen des Vorverstärkers

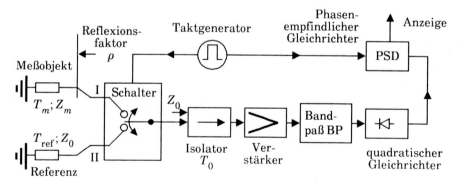

Bild 3.12: *Rauschvergleichsmessung mit Isolator vor dem ersten Vorverstärker*

Die Rauschwelle des Vorverstärkers gelangt wegen der Rückwärtsisolation des Isolators kaum noch auf das Meßobjekt.

Stimmt man die angepaßte Referenz derart in der Temperatur ab, daß die Rauschleistungen am Ausgang der Verstärkerkette für beide Schaltzustände gleich werden und die Anzeige am Ausgang des phasenempfindlichen Gleichrichters (PSD) null wird, dann kann man die folgende Leistungsbilanzgleichung für den Isolatoreingang aufstellen:

Zustand I $\quad P_{\mathrm{I}} = k \cdot T_m \cdot \Delta f \cdot (1 - |\rho|^2) + k \cdot T_0 \cdot |\rho|^2 \cdot \Delta f$

$\qquad\qquad\qquad\qquad\qquad\qquad$ Beitrag des Isolators

Zustand II $\quad P_{\mathrm{II}} = k \cdot T_{\mathrm{ref}} \cdot \Delta f.$ $\hfill$ (3.44)

Für Abgleich, das heißt $P_{\mathrm{I}} = P_{\mathrm{II}}$, erhält man

$$T_m \cdot (1 - |\rho|^2) + T_0 \cdot |\rho|^2 = T_{\mathrm{ref}}.$$ $\hfill$ (3.45)

Hat man $|\rho|^2$ durch eine Messung bestimmt, dann kann man T_m bei bekanntem T_{ref} und bekannter Temperatur T_0 des Isolators aus der Gl. (3.45) bestimmen:

$$T_m = \frac{T_{\mathrm{ref}} - T_0 \cdot |\rho|^2}{(1 - |\rho|^2)}.$$ $\hfill$ (3.46)

Steht ein passiver Ferritisolator nicht zur Verfügung, etwa bei Frequenzen unterhalb von ungefähr 500 MHz, dann kann man den dekorrelierten Verstärker aus Bild 2.23 verwenden, dessen Eingangstemperatur jedoch bestimmt werden muß. Benötigt man ein hohes Maß an Dekorrelation, dann kann man auch einen Isolator und einen dekorrelierten Verstärker kombinieren.

dekorrelierter Verstärker als Ersatz für Ferritisolator

Eine Auswertung nach Gl. (3.46) wird schwierig, wenn der Reflexionsfaktor ρ in der Meßbandbreite frequenzabhängig ist. Dann muß $|\rho|^2$ in Gl. (3.46) durch einen Mittelwert ersetzt werden. Eleganter als das Verfahren in Bild 3.12 sind für fehlangepaßte Meßobjekte sogenannte Kompensationsradiometer, bei denen der Reflexionsfaktor des Meßobjektes nicht separat bestimmt werden muß, weil er nicht in die Abgleichbedingung eingeht. Solche Kompensationsradiometer sollen im nächsten Abschnitt diskutiert werden.

3.4.3 Kompensationsradiometer

Mit einem schaltbaren Zirkulator wird, wie in Bild 3.13 gezeigt, abwechselnd das Meßobjekt und die Referenzrauschquelle auf den Verstärkereingang geschaltet. Der Zirkulationssinn eines Zirkulators kann dadurch umgekehrt werden, daß man die Richtung des vormagnetisierenden Gleichfeldes umkehrt.

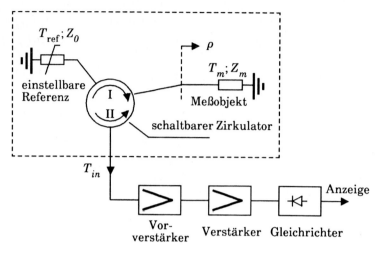

Bild 3.13: Kompensationsradiometer mit schaltbarem Zirkulator

Im Zustand I gelangt die Rauschleistung P_I auf den Eingang des ersten Verstärkers. Die Rauschleistung P_I setzt sich aus einem Anteil der Referenzrauschleistung, die am Meßobjekt reflektiert wird, und der Rauschleistung des Meßobjektes zusammen. Beide Anteile sind unkorreliert. Wegen der möglichen Fehlanpassung des Meßobjektes, beschrieben durch den Reflexionsfaktor ρ, wird die Rauschleistung des Meßobjektes um den Faktor $1 - |\rho|^2$ reduziert.

$$P_I = k \cdot T_{ref} \cdot |\rho|^2 \cdot \Delta f + k \cdot T_m \cdot (1 - |\rho|^2) \cdot \Delta f. \qquad (3.47)$$

Im Schaltzustand II des Zirkulators wird, wenn man einen idealen Zirkulator voraussetzt, die Rauschleistung der Referenz gemessen:

$$P_{II} = k \cdot T_{ref} \cdot \Delta f. \qquad (3.48)$$

Durch einen Abgleich der Referenztemperatur T_{ref} wird dafür gesorgt, daß die Rauschleistungen P_I und P_{II} in den beiden Zuständen gleich werden.

$$P_I = P_{II} = k \cdot T_{ref} |\rho|^2 \cdot \Delta f + k \cdot T_m (1 - |\rho|^2) \cdot \Delta f$$

$$= k \cdot T_{ref} \cdot \Delta f \qquad (3.49)$$

Daraus folgt als Abgleichbedingung, wenn der Betrag des Reflexions- Abgleichbedingung
faktors ρ ungleich eins ist:

$$T_m = T_{ref}. \qquad (3.50)$$

Das Ergebnis der Gl. (3.50) ist unabhängig von der Größe des Reflexions-faktors ρ. Deshalb darf ρ auch frequenzabhängig sein, das heißt $\rho(f)$ darf auch innerhalb der Meßbandbreite variieren. Das beschriebene Verfahren kann man ein Kompensationsverfahren nennen, weil der durch Fehlan-passung hervorgerufene Rauschminderbetrag vom Meßobjekt gerade durch einen entsprechenden Beitrag der Referenz kompensiert wird.

Man kann auch auf andere Weise argumentieren: Der gestrichelt ein-gerahmte Teil der Schaltung in Bild 3.13 weist eine Eingangstemperatur T_{in} auf. Für den Fall, daß dieser Teil sich auf homogener Temperatur $T_{ref} = T_m$ befindet (dabei ist vorausgesetzt, daß der Zirkulator verlustfrei ist), muß $T_{in} = T_{ref} = T_m$ sein. Das Prinzip der Kompensation soll noch einmal anhand des Bildes 3.14 erläutert werden. In dieser Schaltung befindet sich zwischen Meßobjekt und Verstärker ein Isolator auf der Temperatur T_0. Dieser Isolator ist aus Gründen der Anschaulichkeit durch einen idealen Zirkulator realisiert. Eines der drei Tore des Zirkulators ist mit dem reellen Bezugswiderstand Z_0 abgeschlossen, der sich auf der Temperatur T_0 befinden möge.

Kompensations-prinzip

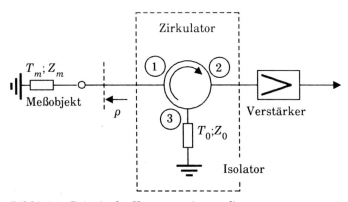

Bild 3.14: Prinzip des Kompensationsradiometers

Wir erkennen, daß eine Verstärkereingangswelle im Tor ③ des Zirkulators absorbiert wird. Die Verstärkerausgangswelle ist konstant und unab-hängig von der Objektimpedanz Z_m. Sie kann bei Messungen eliminiert werden. Auf das Meßobjekt läuft eine Welle zu, die aus dem Wellenab-schluß Z_0 von Tor ③ des Zirkulators stammt. Sie wird an dem Meßobjekt reflektiert, durchläuft den Zirkulator und speist die Leistung P_{re}

$$P_{re} = k \cdot T_0 \cdot \Delta f \cdot |\rho|^2 = P_{av} \cdot |\rho|^2 \qquad (3.51)$$

109

in den Verstärker. Aus dem Meßobjekt gelangt die Leistung P_l auf den Verstärker. Mit $T_m = T_0$ erhält man für P_l:

$$P_l \; = \; k \cdot T_m \cdot \Delta f \cdot (1 - |\rho|^2) \; = \; k \cdot T_0 \cdot \Delta f \cdot (1 - |\rho|^2)$$

$$= \; P_{av}(1 - |\rho|^2) \,. \tag{3.52}$$

Wir erkennen, daß der wegen Fehlanpassung des Meßobjektes an der verfügbaren Leistung P_{av} fehlende Anteil durch P_{re} kompensiert wird. Für den Eingangskreis gilt damit genau die Ersatzschaltung aus Bild 3.10.

Auch wenn der Lastwiderstand Z_l fehlangepaßt ist, also komplex und ungleich dem reellen Bezugswiderstand Z_0 ist, aber die Temperatur T_0 aufweist, tritt eine exakte Kompensation ein. Wir betrachten dazu die Schaltung in Bild 3.11. Ziehen wir den verlustfreien Imaginärteil $j\,Im(Z_l)$ aus dem Lastwiderstand Z_l heraus, dann können wir Bild 3.11 entsprechend Bild 3.15 umzeichnen. Gehen wir von der Bezugsebene 1–1′ auf die Bezugsebene 2 – 2′ über, dann erkennen wir, daß der Betrag des Reflexionsfaktors $\tilde{\rho}$ unverändert bleibt. Übernehmen wir $\tilde{\rho}$ aus Gl. (3.40),

Kompensation bei komplexem Lastwiderstand

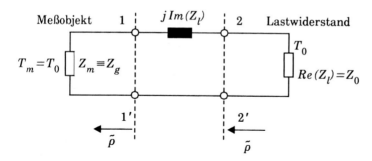

Bild 3.15 *Zur Erläuterung der Kompensation bei einem komplexen Lastwiderstand*

dann erhalten wir:

$$|\tilde{\rho}| \; = \; \left| \frac{Z_l - Z_g^{*}}{Z_l + Z_g} \right| \; = \; \left| \frac{Re(Z_l) - [Z_g + j\,Im(Z_l)]^{*}}{Re(Z_l) + [Z_g + j\,Im(Z_l)]} \right| \,. \tag{3.53}$$

In der Bezugsebene 2 – 2′ 'sehen' wir gerade die Impedanz $Z_g + j\,Im(Z_l)$. Die Impedanz $Re\,(Z_l)$ können wir als neuen reellen Bezugswellenwiderstand wählen, $Re\,(Z_l) \equiv Z_0$. Damit gelten wiederum die Beziehungen Gl. (3.51) und Gl. (3.52) und der Fall mit komplexem Lastwiderstand Z_l ist auf den Fall mit reellem Lastwiderstand Z_0 zurückgeführt, auf den wir uns im folgenden beschränken wollen.

Statt des schaltbaren Zirkulators, der wahrscheinlich Schaltspitzen beim Schalten verursacht und sich auch nicht sehr schnell schalten läßt, kann man, wie in Bild 3.16 gezeigt, auch einen festen Zirkulator, einen Signalteiler und einen gewöhnlichen mechanischen oder elektronischen Schalter verwenden.

Vermeidung des schaltbaren Zirkulators

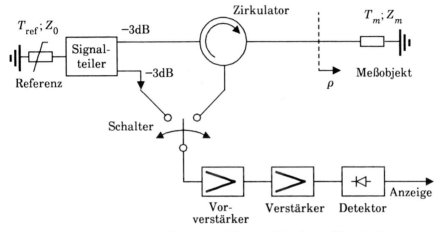

Bild 3.16: Kompensationsradiometer mit festem Zirkulator, Signalteiler und Schalter

Ein Kompensationsradiometer läßt sich auch ohne Zirkulator, dessen reale Eigenschaften im allgemeinen deutlich von den idealen Eigenschaften abweichen, und stattdessen mit Richtkopplern, Wellenabschlüssen, einem Dämpfungsglied, einem Schalter und einem nichtreziproken passiven Isolator aufbauen. Bild 3.17 zeigt die vollständige Schaltung.

Kompensationsradiometer ohne Zirkulator

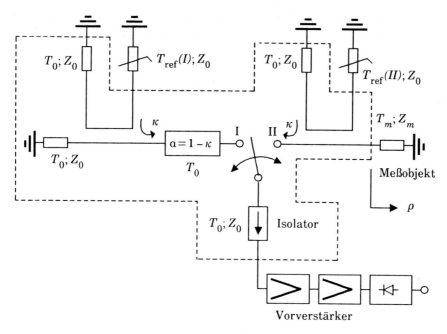

Bild 3.17: Kompensationsradiometer mit Richtkopplern, Schalter, Isolator und
zwei Referenzquellen

Übungsaufgabe 3.3

Für die Schaltung eines kompensierten Radiometers wie in Bild 3.17 soll
die Abgleichbedingung hergeleitet werden. Die als verlustfrei angenommenen Koppler mögen die Leistungskoppeldämpfung κ aufweisen. Das
angepaßte Dämpfungsglied weise die Leistungsdämpfung $a = 1 - \kappa$ auf. Alle
passiven Komponenten sollen sich auf der Umgebungstemperatur T_0
befinden. Außer dem Meßobjekt mit dem Reflexionsfaktor ρ seien alle
übrigen Komponenten angepaßt. Die variable Referenzrauschquelle mit
der Temperatur T_{ref} steht zweimal mit exaktem Gleichlauf zur Verfügung,
d.h. $T_{ref}(I) = T_{ref}(II)$.

Sorgt man dafür, daß sich alle passiven Komponenten einschließlich
Isolator auf der gleichen homogenen Temperatur, z.B. T_0, befinden (das
Innere des gestrichelt eingerahmten Bereiches in Bild 3.17), dann ist
streng gewährleistet, daß ein beliebig fehlangepaßtes Meßobjekt ($\rho \neq 0$) mit
der Temperatur $T_m = T_0$ auch mit eben dieser Temperatur gemessen wird.

Voraussetzung:
homogene
Temperatur

Das heißt für $T_m = T_0$ tritt kein Offsetfehler auf, auch wenn z.B. die Koppler und die Zuleitungen endliche Verluste aufweisen. Ein solcher Offsettest läßt sich zum Beispiel mit einem Wellenabschluß mit der Temperatur T_0 als Meßobjekt und, zwecks Fehlanpassung, mit einem parallel oder in Reihe geschalteten Blindwiderstand durchführen. Verluste des Blindwiderstandes stören nicht, wenn sie ebenfalls mit der Temperatur T_0 verknüpft sind. Ein solcher Offsetfehler tritt im allgemeinen auf, wenn sich der Isolator oder der Vorverstärkereingang nicht auf der Temperatur T_0 befindet. Ist diese Eingangstemperatur niedriger als T_0, dann kann man sie möglicherweise durch Zusatzrauschen künstlich auf T_0 anheben. Ein Offsetfehler kann auch folgendermaßen entstehen: Wie bereits erwähnt, muß beachtet werden, daß der Isolator/Vorverstärker seinerseits Rauschleistung auf das Meßobjekt emittiert, also eine Eingangsrauschwelle aufweist, die an einem fehlangepaßten Meßobjekt reflektiert wird und wiederum auf den Isolator/Vorverstärker gelangt. Außerdem weist der Isolator/Vorverstärker eine Ausgangsrauschwelle auf. Für alle bisher diskutierten Radiometerschaltungen wurde für die Abgleichbedingung vorausgesetzt, daß die Eingangs- und Ausgangsrauschwellen unkorreliert sind, und die Ausgangsrauschwelle daher für beide Schaltzustände nur einen additiven Beitrag liefert, der beim Abgleich herausfällt. Dies trifft für einen angepaßten Isolator homogener Temperatur zu, wie wir anhand der Gl. (2.44) gesehen hatten. Ein rauscharmer Vorverstärker hat diese Eigenschaft im allgemeinen nicht, außer wenn man bewußt dekorrelierende Maßnahmen ergreift, wie bei dem dekorrelierten Verstärker von Bild 2.23. Im allgemeinen weist auch der passive Isolator nur eine endliche Rückwärtsdämpfung auf, so daß die Kombination aus Isolator und Vorverstärker wiederum nur eine endliche Dekorrelation aufweisen kann. Tatsächlich benötigt man, wie die Übungsaufgabe 3.4 zeigt, ein hohes Maß an Dekorrelation bei den besprochenen Kompensationsradiometern, um Meßfehler klein zu halten.

Übungsaufgabe 3.4

Wie gut muß die Dekorrelation des Vorverstärkers mit Isolator mindestens sein, um bei den Radiometern der Bilder 3.13, 3.16 und 3.17 den Meßfehler unter 1K zu halten? Der Reflexionsfaktor des Meßobjektes betrage –6 dB.

Daher kann es erforderlich werden, sowohl Isolatoren als auch dekorrelierte Verstärker zu verwenden und möglicherweise muß man weitere Maßnahmen ergreifen, um die effektive Korrelation herabzusetzen.

Bei den Radiometern nach Bild 3.13 und 3.16 soll der Zirkulator die Funktion übernehmen, eine mögliche Korrelation aufzuheben. Die beiden in Bild 3.17 erforderlichen abstimmbaren Referenzrauschquellen müssen einen guten Gleichlauf aufweisen. Man kann sie auch aus **einer** Rauschquelle und einem angepaßten und entkoppelten Signalteiler gewinnen oder auch aus **einer** Rauschquelle und einem Schalter.

Radiometer nach den skizzierten Prinzipien sind z.B. entwickelt worden, um die Körpertemperatur eines Menschen zu bestimmen. Dabei werden Genauigkeiten von etwa 0,1 K erreicht. Der Vorteil eines solchen Thermometers besteht darin, daß die Eindringtiefe in den menschlichen Körper bei z.B. 3 GHz einige Zentimeter betragen kann, so daß man die Kerntemperatur des Menschen messen kann.

Bei der Messung der Körpertemperatur verwendet man Antennen oder Sonden, die im allgemeinen in unmittelbarem Kontakt zur Körperoberfläche stehen. Dadurch ist der Reflexionsfaktor stark von der Gewebestruktur abhängig. Experimente haben gezeigt, daß man mit kompensierenden Radiometern die Körpertemperatur in der Tat anpassungsunabhängig messen kann. Das kompensierende Radiometer läßt sich unter Verwendung einer weiteren abstimmbaren Rauschquelle so abwandeln, daß man fehlangepaßte Meßobjekte mit Temperaturen unterhalb der Umgebungstemperatur T_0 vermessen kann, ohne dafür eine kalte Rauschquelle zu benötigen (Übungsaufgabe 3.5).

Anwendungsbeispiel: Messung der Körpertemperatur

Übungsaufgabe 3.5

Mit einer zusätzlichen warmen ($T_{aux} > T_0$) Rauschquelle kann man ein kompensierendes Radiometer gemäß Bild 3.17 (oder 3.13, 3.16) so erweitern, daß man fehlangepaßte kalte ($T_m < T_0$) Meßobjekte vermessen kann. Dazu kann man in der Schaltung in Bild 3.17 eine variable Hilfsrauschquelle mit der Temperatur T_{aux} über einen weiteren Richtkoppler in den Meßzweig schalten, so daß das Gesamtrauschen in diesem Zweig vermehrt wird und ein Nullabgleich über die Referenztemperatur T_{ref1} möglich wird. Zudem wird der Kompensationszweig um ein weiteres Dämpfungsglied ($a_2 = 1 - \kappa_2$) erweitert. Nachdem die Temperatur T_{aux} definiert erhöht wurde, z.B. um einen Faktor n, wird durch Erhöhen der Referenztemperatur auf T_{ref2} ein zweiter Abgleich durchgeführt. Wie läßt sich die Objekttemperatur T_m aus T_{ref2} bestimmen?

114

3.4.4 Korrelationsradiometer

Die Wirkungsweise eines Korrelationsradiometers soll zunächst für ein angepaßtes Meßobjekt erläutert werden. Das Rauschsignal aus dem Meßobjekt mit der Temperatur T_m, beschrieben durch die Rauschwelle A_m, wird mit der Rauschwelle A_{ref} aus der abstimmbaren und angepaßten Referenzrauschquelle in einem Richtkoppler, z.B. einem 180°-Koppler, derart überlagert, daß man einmal die Summe und einmal die Differenz von A_m und A_{ref} erhält (Bild 3.18).

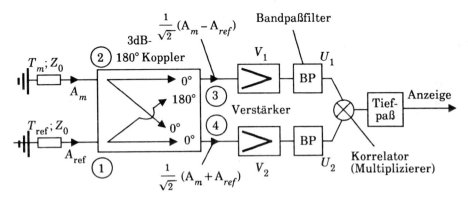

Bild 3.18: Prinzipschaltung des Korrelationsradiometers

Die Ausgangsrauschwellen des 180°-Kopplers werden einzeln verstärkt, und zwar in Verstärkern mit den komplexen Verstärkungsfaktoren V_1 und V_2, und im Korrelator miteinander korreliert. Der Korrelator stellt im Zeitbereich einen **Multiplizierer** mit anschließender Tiefpaßfilterung dar, der $\overline{u_1(t) \cdot u_2(t)}$ bildet. Im Frequenzbereich bildet der Korrelator die Funktion

$$Re(W_{12}) = Re[U_1^*(f) \cdot U_2(f)] . \tag{3.54}$$

Mit

$$U_1 = \frac{1}{\sqrt{2}} (A_m - A_{ref}) \cdot V_1$$

$$U_2 = \frac{1}{\sqrt{2}} (A_m + A_{ref}) \cdot V_2$$

und

$$|A_m|^2 \;=\; k \cdot T_m \cdot \Delta f$$

$$|A_{ref}|^2 \;=\; k \cdot T_{ref} \cdot \Delta f \tag{3.55}$$

wird aus Gl. (3.54):

$$Re(W_{12}) \;=\; \frac{1}{2}\, Re[(A_m - A_{ref})^* \cdot (A_m + A_{ref}) \cdot V_1^* \cdot V_2]$$

$$= \; \frac{1}{2}\, k\,(T_m - T_{ref}) \cdot \Delta f \cdot Re[V_1^* \cdot V_2], \tag{3.56}$$

insbesondere wenn A_m und A_{ref} unkorreliert sind. In einer Schaltung wie in Bild 3.18 ist nicht zu erwarten, daß A_m und A_{ref} korreliert sind, weil sie aus verschiedenen Quellen stammen. Ist die Verstärkung in beiden Zweigen ungefähr gleich, d.h. $V_1 \approx V_2$, dann bedingt verschwindende Korrelation, also $Re(W_{12}) = 0$ bzw. eine Nullanzeige am Ausgang des Korrelators, daß $T_m = T_{ref}$ ist. Der Abgleich beim Korrelationsradiometer ist damit im Prinzip wie beim Schaltradiometer: Die Referenztemperatur wird verändert, bis ein Nullabgleich erfolgt. Der wesentliche Vorteil des Korrelationsradiometers im Vergleich zum Schaltradiometer besteht darin, daß kein Schalter vor dem Vorverstärker benötigt wird. Ein solcher Schalter kann, insbesondere wegen seiner Schaltspitzen, seiner endlichen und veränderlichen Dämpfung und seines Eigenrauschens Meßfehler verursachen. Trotzdem kann auch beim Korrelationsradiometer der Einsatz eines Schalters sinnvoll sein, wie Bild 3.19 zeigt. Weil ein analoger Multiplizierer im allgemeinen eine endliche Gleichspannung ('Offset') an seinem Ausgang aufweist, auch wenn die Korrelation Null ist, schaltet man zweckmäßigerweise hinter **einen** der beiden Verstärker des Korrelationsradiometers einen 180°-Umschalter (Bild 3.19), der periodisch die Polarität umtastet, z.B. im Takt von 10 kHz (Frequenz f_i). Am Ausgang des

Vermeidung von Schaltern

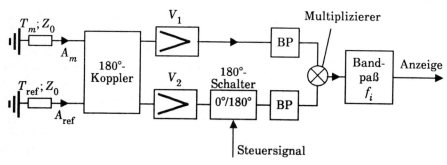

Bild 3.19: Korrelationsradiometer mit 180°-Schalter

116

Multiplizierers (Korrelators) wird das entstandene 10 kHz-Wechselsignal verstärkt und zur Anzeige gebracht. Durch diese Maßnahme bleibt ein Gleichspannungsoffset des Multiplizierers ohne Bedeutung.

Für den Nullabgleich ist es nicht von Bedeutung, wenn der 0°/180°-Schalter in den beiden Schaltzuständen eine etwas unterschiedliche Dämpfung aufweist, ausgedrückt z.B. durch die Verstärkung $V'_1 = V_1 \cdot (1 - \Delta V)$, ΔV reell. Die Amplitude des 10 kHz-Signals am Ausgang des Multiplizierers ist der Differenz von $Re(W_{12})$ in den beiden Zuständen 0°(I) und 180°(II) des 180°-Schalters proportional (vgl. Gl. (3.3)).

$$Re(W^{I}_{12}) - Re(W^{II}_{12})$$

$$= \frac{1}{2} k\Delta f \cdot (T_m - T_{ref}) \, Re(V^*_1 V_2 - V'^*_1 V_2 \cdot e^{-j180°})$$

$$= \frac{1}{2} k\Delta f \cdot (T_m - T_{ref}) \, Re[V^*_1 V_2 - V^*_1(1 - \Delta V) e^{-j180°} \cdot V_2]$$

$$= \frac{1}{2} k\Delta f \cdot (T_m - T_{ref}) \, Re[V^*_1 V_2 [2 - \Delta V]] \tag{3.57}$$

Ein Abgleich ergibt ersichtlich wieder $T_m = T_{ref}$. Weist der Korrelator jedoch einen endlichen Offsetfehler auf, dann bewirkt eine unterschiedliche Dämpfung in den beiden Schaltzuständen des 180°-Phasenschalters einen Fehler am Ausgang des Korrelators. Mit anderen Worten kann man sagen, daß eine parasitäre Amplitudenmodulation des Phasenschalters dann zu einem Meßfehler führt, wenn der Korrelator nicht exakt balanciert ist, also einen Offsetfehler aufweist. Mit Meßfehler des Korrelators ist gemeint, daß Anzeige Null nicht mit verschwindender Korrelation zusammenfällt. Wie man zeigen kann (Übungsaufgabe 3.6), wird dieser durch parasitäre Amplitudenmodulation des Phasenschalters verursachte Meßfehler von höherer Ordnung klein, wenn man wie in Bild 3.20 in jeden der beiden Verstärkungszweige einen 180°-Phasenschalter einfügt.

Meßfehler durch Phasenschalter und Korrelator

117

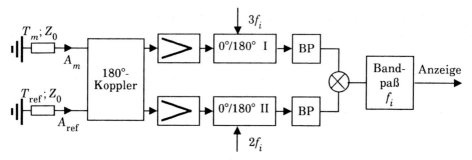

Bild 3.20: Korrelationsradiometer mit zwei 180°-Phasenschaltern

Die Ansteuerung von Phasenschalter I erfolgt mit einem Rechtecksignal der Frequenz $3f_i$ (Beispiel: 30 kHz) mit einem Tastverhältnis 1:1, die Ansteuerung von Phasenschalter II erfolgt mit einem Rechtecksignal der Frequenz $2f_i$ (Beispiel: 20 kHz), aber einem Tastverhältnis von 2:1. In Bild 3.21 sind die Zeitverläufe der Ansteuersignale aufgezeichnet. Befinden sich beide Phasenschalter I, II in der 180°-Stellung, dann ergibt sich resultierend die Phaseneinstellung 0°. Daher wirkt die Anordnung mit Doppelmodulation wie die Anordnung mit einem Phasenschalter in Bild 3.19 mit der effektiven Schaltfrequenz von f_i (Beispiel: 10 kHz).

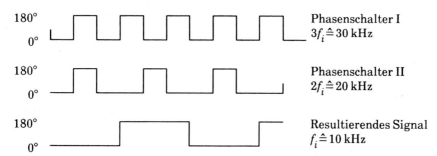

Bild 3.21: Signalverläufe an den beiden Phasenschaltern der Schaltung von
Bild 3.20

Ein weiterer Vorzug dieser Schaltung ist, daß keine Schaltenergie bei der Frequenz f_i erzeugt wird, sondern bei den Frequenzen $2f_i$ und $3f_i$, die jedoch den Bandpaß vor der Anzeige nicht passieren können. Auf diese Weise ist auch die Gefahr gemindert, daß bereits durch einen galvanischen Übersprecher das Schaltsignal in den empfindlichen Empfangsteil gelangt. Für den Fall, daß die Schaltübergänge nicht genügend genau erfolgen, sollte man sie bei der Auswertung dadurch eliminieren, daß man das Signal an

Vorteile der Doppelmodulation

den Schaltübergängen austastet, etwa mit der Frequenz $6f_i \hat{=} 60\text{kHz}$. Die Austastung erfolgt im Niederfrequenzbereich.

Es sei noch angemerkt, daß die 180°-Phasentastung nicht kritisch ist und bei Abweichungen von 180° die Empfindlichkeit nur geringfügig reduziert wird. Wie in der Übungsaufgabe 3.6 gezeigt wird, ist ein weiterer Vorteil der Doppelmodulation, daß der unerwünschte Einfluß einer Amplitudenmodulation verringert wird.

Übungsaufgabe 3.6

Es soll gezeigt werden, daß bei endlicher Balancierung des Korrelators und Doppelphasenmodulation wie in Bild 3.20 die Auswirkung einer parasitären Amplitudenmodulation auf den Meßfehler von höherer Ordnung klein ist.

Statt eines 180°-Kopplers im Empfangsteil des Korrelationsradiometers kann man auch einen 90°-3dB-Koppler verwenden. Dies wird in der Übungsaufgabe 3.7 näher ausgeführt.

Übungsaufgabe 3.7

Das Korrelationsradiometer soll im Eingang mit einem 90°-3dB-Koppler ausgestattet sein. Wie muß die übrige Schaltung modifiziert werden, um mit einer solchen Anordnung Rauschtemperaturen messen zu können?

Ein Korrelationsradiometer kann man mit einem Dicke-Radiometer bzw. Schaltradiometer, wie in Bild 3.22 gezeigt, kombinieren. Dazu benötigt man einen zweiten 180°-Koppler.

Kombination aus Dicke- und Korrelationsradiometer

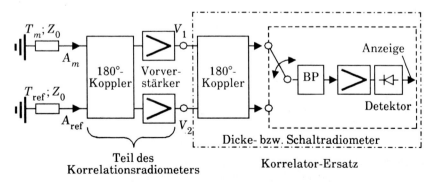

Bild 3.22: Kombiniertes Korrelations- und Schaltradiometer

119

Das Besondere an der Schaltung in Bild 3.22 ist, daß der Schalter des Dicke-Radiometers erst nach einer Vorverstärkung angeordnet wird und daher weniger kritisch ist. Wie in der Übungsaufgabe 3.8 gezeigt wird, müssen die Verstärkungen V_1 und V_2 der beiden Vorverstärker für einen korrekten Abgleich nicht gleich sein.

Übungsaufgabe 3.8

Es soll gezeigt werden, daß unterschiedliche Verstärkungsfaktoren V_1 und V_2 der beiden Vorverstärker in der Schaltung in Bild 3.22 den korrekten Abgleich nicht beeinflussen. Dies gilt sowohl für eine Schaltung, die mit zwei 180°-Kopplern realisiert wird, als auch für eine solche, die mit zwei 90°-3dB-Kopplern realisiert wird.

Der eingerahmte Teil der Schaltung in Bild 3.22, also 180°-Koppler und Schaltradiometer, ersetzt gerade einen Korrelator. Für zwei Eingangsgrößen A, B werden im 180°-Koppler die Summe und Differenz gebildet, also $A + B$ und $A - B$ und anschließend im Schaltradiometer die Differenz der Betragsquadrate.

$$|A + B|^2 - |A - B|^2 = 2\,AB^* + 2\,A^*B = 4 \cdot Re\,(AB^*) \qquad (3.58)$$

Der Ausdruck $Re\,(AB^*)$ ist aber auch das Ergebnis eines Korrelators aus Multiplizierer und nachfolgendem Tiefpaß, wie wir in Abschnitt 3.1 gesehen haben.

Für fehlangepaßte Meßobjekte lassen sich prinzipiell die Kompensationsverfahren, die beim Schaltradiometer angewendet wurden, auch auf das Korrelationsradiometer übertragen. Als Beispiel möge eine Schaltung wie in Bild 3.13 dienen, die in Bild 3.23 skizziert ist.

Korrelationsradiometer für fehlangepaßte Meßobjekte

Die Bilanzgleichung für einen Abgleich ergibt sich ebenso wie in Gl. (3.49). Der Zirkulator kann wie in Bild 3.17 auch durch einen Richtkoppler ersetzt werden. Die beiden einstellbaren Referenzrauschquellen sollten einen möglichst genauen Gleichlauf aufweisen, jedoch unkorreliert sein. Es empfiehlt sich daher nicht, sie aus einer Rauschquelle über einen Signalteiler abzuleiten. Bei den diskutierten Radiometern ist es nicht erforderlich, daß Meßobjekt und Referenz die gleiche Amplitudenstatistik aufweisen.

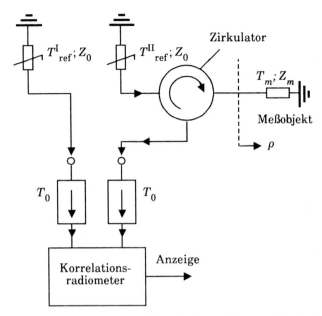

Bild 3.23: Kompensations-Korrelationsradiometer für ein fehlangepaßtes Meßobjekt

3.4.5 Grundsätzliche Fehler bei Rauschleistungs- bzw. Rauschtemperaturmessungen

Wie wir in dem Kapitel 3.3.2 gesehen haben, läßt sich die Leistung eines stationären Rauschsignals nicht fehlerfrei messen, weil die Meßzeit, die zur Verfügung steht, begrenzt ist. Die Standardabweichung $\sigma_m = \Delta T_m$, die bei einer Temperaturmessung nach Gl. (3.28) auftritt, ist der Wurzel der Meßzeit τ und der Wurzel der Bandbreite $B = \Delta f$ umgekehrt proportional. (T_a = Systemtemperatur des Vorverstärkers.)

$$\sigma_m = \Delta T_m = \frac{1}{\sqrt{\tau \cdot \Delta f}} \cdot (T_m + T_a) \tag{3.59}$$

Bei einem Schaltradiometer vergleicht man die Rauschtemperatur T_m des Meßeintores, welche die Standardabweichung ΔT_m aufweist, mit der Rauschtemperatur T_{ref} (Standardabweichung ΔT_{ref}) des Referenzeintores. In einem Abgleich versucht man, die Temperaturen $T_m = T_{ref}$ einzustellen. Dies gelingt nur bis auf einen Temperaturfehler ΔT_{bal} (Standardabweichung), weil sowohl die Temperatur des Meßobjektes als auch der Referenz fehlerhaft gemessen wird. Für unkorrelierte Rauschsignale ergibt sich nach Kapitel 1, Gl. (1.52) die Varianz des Abgleichtemperaturfehlers als Summe der Varianzen von Meßtemperatur und Referenztemperatur.

$$\Delta T^2_{bal} = \Delta T^2_m + \Delta T^2_{ref} \qquad (3.60)$$

Bei gleichen Meßzeiten τ' für Referenz- und Meßtor und unter Abgleichbedingungen ist $\Delta T_m = \Delta T_{ref}$ und

$$\Delta T_{bal} = \sqrt{2} \cdot \Delta T_m = \frac{\sqrt{2}}{\sqrt{\tau' \cdot B}} (T_m + T_a) \quad \text{mit } B = \Delta f. \quad (3.61)$$

Bei einem Schalt-(Dicke-)Radiometer wird man im allgemeinen gleiche Meßzeiten τ' auf das Meßtor und das Referenztor verwenden Mit einer Gesamtmeßzeit $\tau = 2\tau'$ erhöht sich der Temperaturfehler ΔT_{sch} wiederum um einen Faktor $\sqrt{2}$ auf   Meßfehler beim Dicke Radiometer

$$\Delta T_{sch} = \sqrt{2} \cdot \sqrt{2} \cdot \Delta T_m = \frac{2}{\sqrt{\tau \cdot B}} (T_m + T_a). \qquad (3.62)$$

Man beachte, daß die Gesamtmeßzeit τ im allgemeinen nicht von der Schaltfrequenz abhängt. Die letztere Erhöhung des Meßfehlers um einen Faktor $\sqrt{2}$ bzw. 3 dB aufgrund der gleichmäßigen Aufteilung der Meßzeit zwischen Objekt und Referenz läßt sich vermeiden, wenn man einen hier als Doppelschalter bezeichneten Schalter verwendet und zwei Verstärkungskanäle vorsieht, wie in Bild 3.24 skizziert.

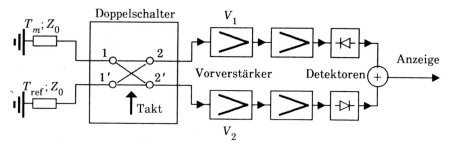

Bild 3.24: *Zweikanalradiometer mit Doppelschalter*

Der Doppelschalter verbindet abwechselnd 1 mit 2 bzw. 1' mit 2' und 1 mit 2' bzw. 1' mit 2. Die Ausgangssignale der beiden Detektoren bzw. Leistungsmesser sind gleichphasig und können subtrahiert oder, wie in Bild 3.24, addiert werden, wenn eine Detektordiode umgepolt wird. Das zweizügige Radiometer (im Englischen auch als *Graham receiver* bezeichnet) nutzt die vorgegebene Meßzeit τ voll aus und weist daher einen Temperaturfehler gemäß Gl. (3.61) auf, also 3 dB Verbesserung gegenüber dem einfachen Schaltradiometer.

Der Temperaturfehler steigt an für den Fall, daß das Meßobjekt mit dem Reflexionsfaktor ρ fehlangepaßt ist. Dies wird in der Übungsaufgabe 3.9 quantitativ hergeleitet.

erhöhte Meßfehler bei Fehlanpassung

Übungsaufgabe 3.9
Für ein Kompensationsradiometer wie in Bild 3.13 soll der Temperaturfehler in Abhängigkeit des Reflexionsfaktors ρ berechnet werden.

Die bisherigen Fehlerbetrachtungen sind unabhängig von der Schaltfrequenz gültig. Man kann auch, wie bereits erwähnt, die erforderlichen Messungen hintereinander durchführen, die Ergebnisse abspeichern und die Differenzbildung rechnerisch durchführen. Etwas einfacher wird es im allgemeinen jedoch sein, das Schalten mit einem Takt von z.B. 100 Hz bis 100 kHz durchzuführen und das Wechselsignal am Ausgang des Detektors, welches die Taktfrequenz aufweist, schmalbandig zu filtern und zu verstärken. Die prinzipiellen Temperaturfehler aufgrund der stochastischen Natur des Rauschens sind in beiden Fällen gleich.

Außer diesen prinzipiellen Fehlern, die durch die Wahl einer großen Bandbreite im allgemeinen ausreichend niedrig gehalten werden können, treten weitere Fehler auf, deren Ursachen ähnlich vielfältig wie bei anderen Meßverfahren sein können. Dazu gehören z.B. Drifteffekte, Quantisierungsfehler, ungleichmäßige Erwärmung. Bei fehlangepaßten Meßobjekten kann insbesondere ein Meßfehler hinzutreten, wenn die Eingangstemperatur des Vorverstärkers einschließlich Isolator nicht genau T_0 ist und wenn die Isolator-Vorverstärker-Kombination teilweise korrelierte Rauschwellen am Ein- und Ausgang aufweist.

Bisher wurden überwiegend Radiometer mit Nullabgleich diskutiert, d.h. die Referenzquelle wird nachgestellt, bis die Anzeige null ergibt bzw. einen Wert innerhalb der Standardabweichung des Temperaturfehlers. Häufig wird eine kontinuierlich durchstimmbare Referenzrauschquelle nicht zur Verfügung stehen, sondern lediglich eine Quelle mit fester Temperatur, z.B. T_1. Dann wird man die Anzeigekennlinie mit Hilfe von T_0 und T_1 kalibrieren und unter Annahme einer quadratischen Detektorkennlinie T_m bestimmen.

Für den Fall eines nullabgleichenden Schaltradiometers geht ersichtlich die Charakteristik des Detektors nicht ein, d.h. der Detektor muß nicht notwendigerweise eine quadratische Anzeige aufweisen, sofern das Meßobjekt und die Referenz die gleiche Amplitudenstatistik aufweisen, also beispielsweise beide normalverteilt sind.

3.4.6 Grundsätzliche Fehler bei einem Korrelationsradiometer bzw. Korrelator

Man wird vermuten, daß ein Korrelationsradiometer wegen der Ähnlichkeit mit dem zweikanaligen Schaltradiometer auch den gleichen Temperaturfehler wie in Gl. (3.61) angegeben aufweisen wird. Dies gilt in der Tat, wie in der Übungsaufgabe 3.10 gezeigt wird.

Übungsaufgabe 3.10
Es soll gezeigt werden, daß ein Korrelationsradiometer wie in Bild 3.18 bzw. 3.19 den gleichen prinzipiellen Meßfehler aufweist wie das Doppelschaltradiometer in Bild 3.24.

Weiterhin wird man vermuten, daß auch für ein Korrelationsradiometer gilt, daß der Multiplizierer im Korrelator nicht notwendigerweise ideal sein muß, wenn stets ein Nullabgleich durchgeführt wird. Im GHz-Bereich wird man einen breitbandigen Multiplizierer z.B. durch einen doppelt balancierten Mischer realisieren und dann durchaus Abweichungen von einer idealen Multipliziererkennlinie beobachten. Daß unter Abgleichbedingungen und gleicher Amplitudenstatistik bei Meßobjekt und Referenz der Korrelator keine perfekte Multipliziererkennlinie aufweisen muß, entnimmt man z.B. der Identität Gl. (3.58). Aber auch eine direkte Rechnung, wie sie in der Übungsaufgabe 3.11 durchgeführt wird, erweist, daß ein Korrelationsradiometer im Fall eines Nullabgleichs keine ideale Multipliziererkennlinie aufweisen muß.

Anforderungen an Multiplizierer

Übungsaufgabe 3.11
Es soll mit Hilfe der charakteristischen Funktion gezeigt werden, daß verschwindende Korrelation auch von einem Korrelator richtig angezeigt wird, dessen Kennlinie von der idealen Multipliziererkennlinie abweicht. Der Korrelator soll gemäß Bild 3.19 einen 180°-Phasenschalter enthalten.

Mißt man mit einem Korrelationsradiometer die Rauschtemperatur eines angepaßten Meßobjektes mit der Temperatur T_m, dann wird bei Abgleich auch $T_m = T_{ref}$ sein. Die Anzeige schwankt um den Nullpunkt entsprechend einem Temperaturfehler (Standardabweichung), wie er durch Gl. (3.61) gegeben ist. Betrachtet man einmal nur den Korrelator im Radiometer, dann stellt man fest, daß verschwindende Korrelation, also Korrelation null, mit einem endlichen Fehler angezeigt wird. Wie in der Übungsaufgabe 3.12 quantitativ gezeigt werden soll, weist ein Korrelator einen ungefähr konstanten Fehler auf, unabhängig von der Größe der Korrelation. Der relative Fehler wächst daher umgekehrt proportional zur Größe des Korrelationskoeffizienten an.

Übungsaufgabe 3.12
Es soll der relative Fehler bei einer Korrelationsmessung bestimmt werden.

Bei kleinen Bandbreiten und kleinen Meßzeiten lassen sich kleine Korrelationskoeffizienten nur recht ungenau bestimmen. Dabei ist es unerheblich, ob man die Korrelation mit digitalisierten Werten im Rechner, analog mit einem Multiplizierer oder analog über eine Äquivalenz wie in Gl. (3.58) bestimmt.

3.5 Messung der Rauschzahl

Die Messung der Rauschzahl fußt entsprechend der Definition auf einer Veränderung der Generatorrauschleistung und der Beobachtung einer entsprechenden Veränderung der Ausgangsrauschleistung. Bei der **3dB-Methode** benötigen wir einen einstellbaren und kalibrierten Rauschgenerator, dessen eingestellte Temperatur T_g ablesbar sein soll (Bild 3.25).

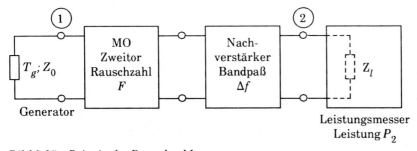

Bild 3.25: Prinzip der Rauschzahlmessung

125

Die Meßmethode besteht darin, die Generatorrauschtemperatur T_g solange zu erhöhen, bis die Rauschleistung P_2 am Ausgang des zu messenden Zweitores bzw. Nachverstärkers sich verdoppelt hat. Die verdoppelte Rauschleistung sei P'_2. Der Rauschbeitrag des Zweitores auf den Ausgang sei ΔP_2. Der Rauschbeitrag des Generators der Temperatur T_0 auf den Ausgang sei P_{20}. 3 dB-Methode

$$P_2 = \Delta P_2 + P_{20}$$

$$P'_2 = \Delta P_2 + P_{20} \cdot \frac{T_g}{T_0}$$

$$= 2\,(\Delta P_2 + P_{20}) \tag{3.63}$$

Wir lösen Gl. (3.63) nach ΔP_2 auf,

$$\Delta P_2 = P_{20}\left[\frac{T_g}{T_0} - 2\right], \tag{3.64}$$

und setzen in die Beziehung Gl. (2.57) für die Rauschzahl ein:

$$F = 1 + \frac{\Delta P_2}{P_{20}} = \frac{T_g}{T_0} - 1 = \frac{T_{ex}}{T_0}. \tag{3.65}$$

Der Ausdruck $T_g - T_0$ wird auch Übertemperatur T_{ex} genannt (engl. *excess temperature*). Die Rauschzahl ist also proportional zu der auf T_0 bezogenen Übertemperatur des Rauschgenerators, die zur Verdoppelung der Rauschleistung am Ausgang eingestellt werden mußte. Anstelle einer Leistungserhöhung um 3 dB hätten wir auch einen beliebigen anderen Wert wählen können. Die Rauschzahl wird bei der Mittenfrequenz f_0 des Bandpaßfilters in der Verstärkerkette gemessen, streng genommen als mittlere Rauschzahl innerhalb der Bandbreite Δf des Filters. Die Rauschzahl wird immer einschließlich des nachgeschalteten ersten Vorverstärkers gemessen. Will man nur die Rauschzahl des Meßzweitores selbst wissen, dann muß man über die Kaskadenformel den Beitrag der Rauschzahl des ersten Vorverstärkers eliminieren. Dies ist nicht erforderlich, wenn das Meßobjekt selbst ein Verstärker ist und eine genügend große Verstärkung aufweist. Dann ist der Rauschbeitrag der nachfolgenden Stufe vernachlässigbar. Man kann die Rauschleistungen direkt am Ausgang des Meßzweitores auch mit Hilfe eines Radiometers messen. In diesem Fall geht die Rauschzahl der

Beitrag des Vorverstärkers

nachfolgenden Verstärkerstufe nicht in das Meßergebnis ein, man mißt unmittelbar die Rauschzahl des Meßobjektes.

Bei der **Y-Faktor-Methode** verwendet man einen Rauschgenerator mit einer festen Übertemperatur $T_{g0} - T_0$, die man jedoch periodisch ein- und ausschaltet. Eine solche Rauschquelle kann beispielsweise durch eine Avalanche-Diode mit einem angepaßten Dämpfungsglied realisiert werden. Ein üblicher Wert für T_{g0}/T_0 ist 16 dB. Bei eingeschaltetem Rauschgenerator mit der Temperatur T_{g0} sei die verstärkte Rauschleistung am Ausgang P'_2. Mit ausgeschaltetem Rauschgenerator der Temperatur T_0 sei die Rauschleistung am Ausgang P_2. Das Verhältnis von P'_2 und P_2 nennt man den Y-Faktor.

Y-Faktor-Methode

$$Y = \frac{P'_2}{P_2} \qquad (3.66)$$

Mit den Gln. (3.63) und (3.65) und bekanntem Y erhält man für die Rauschzahl

$$F = \frac{T_{g0}/T_0 - 1}{Y - 1} = \frac{T_{ex}}{T_0(Y-1)} . \qquad (3.67)$$

Es ist sehr nützlich, ein Rauschzahlmeßgerät zu besitzen, bei dem die Meßauswertung genügend schnell und automatisch erfolgt, weil dann ein experimenteller Abgleich eines Meßobjektes auf minimale Rauschzahl möglich wird. Bei einem automatischen Gerät wird der Rauschgenerator im allgemeinen periodisch ein- und ausgeschaltet. Die zugehörigen Ausgangsleistungen P_2 und P'_2 werden gemessen, der Meßwert wird digitalisiert und die weitere Meßwertverarbeitung gemäß Gl. (3.67) erfolgt in einem Rechner, der aber durch D/A-Wandlung unter anderem auch eine analoge Anzeige für die Rauschzahl liefert. Bei älteren Geräten erfolgte die Auswertung der Gl. (3.67) im allgemeinen vollständig analog.

Auch eine Rauschzahl läßt sich in endlicher Meßzeit und bei endlicher Bandbreite nicht beliebig genau messen, weil quadratische Mittelwerte von Rauschsignalen bestimmt werden müssen. Allerdings ist der hierbei entstehende Fehler zumeist kleiner als die übrigen Meßfehler, wie in der Übungsaufgabe 3.13 gezeigt werden soll.

Übungsaufgabe 3.13

Wie groß ist der Fehler bei einer Rauschzahlmessung in einer Bandbreite von 5 MHz und einer Meßzeit von 0,1 s, der durch die statistische Natur des Rauschsignals verursacht wird? Die Rauschzahl möge 6 dB betragen, die Übertemperatur 16 dB entsprechen.

Neuere Rauschzahlmeßgeräte geben außer der Rauschzahl des Meßobjektes oft auch den Gewinn des Meßobjektes an.

Übungsaufgabe 3.14

Wie kann man den Gewinn eines Meßobjektes mit einem rechnergesteuerten Rauschzahlmeßgerät bestimmen?

Vorbemerkung zur Kurseinheit 4

Neben dem thermischen Rauschen stellt das Schrotrauschen eines der grundlegenden Rauschphänomene bei elektronischen Bauelementen dar. Schrotrauschen ist eng mit der Tatsache verknüpft, daß der Stromtransport nicht kontinuierlich, sondern aufgrund der diskreten Elementarladung der Elektronen in kleinen Portionen erfolgt. Weil außerdem der Übergang der Elektronen in einem Bauelement zeitlich unregelmäßig ist und daher ein fließender Gleichstrom nur im zeitlichen Mittel konstant ist, aber nicht innerhalb kurzer Zeitabschnitte, ist einem Strom ein Schwankungsanteil überlagert. Es wird sich herausstellen, daß das Spektrum des Schwankungsanteils bei schnellen Bauelementen ähnlich wie beim thermischen Rauschen bis zu höchsten Frequenzen konstant sein kann. Die Größe des Spektrums hängt gemäß der sogenannten Schottky-Beziehung nur von dem fließenden Gleichstrom ab. Schrotrauschen zeigen z.B. pn-Dioden und Schottky-Dioden. Bezieht man das Schrotrauschen bei einem gegebenen Vorstrom auf die Wechselstromimpedanz der Diode, dann kann man auch für pn- und Schottky-Dioden einen Temperaturbegriff einführen, ähnlich wie bei thermisch rauschenden Widerständen. Es wird sich herausstellen, daß die so definierte Rauschtemperatur von Schottky-Dioden im allgemeinen kleiner ist als diejenige von thermisch rauschenden Widerständen, und zwar bei gleicher physikalischer Temperatur.

Mit der PIN-Diode werden wir ein Bauelement kennenlernen, dessen Rauschtemperatur gleich der physikalischen Temperatur ist.

Rauschersatzschaltungen sowohl von bipolaren Transistoren als auch Feldeffekttransistoren lassen sich im wesentlichen mit der Hilfe von thermischen Rauschquellen und Schrotrauschquellen darstellen. Außerdem benötigt man für die Ersatzschaltungen passive Bauelemente und gesteuerte Quellen. Mit Hilfe von gültigen Ersatzschaltungen können wir die Bauelemente in Verstärkerschaltungen einfügen und komplette Ersatzschaltungen für Kleinsignalverstärker finden. Mit Hilfe solcher Rauschersatzschaltungen können wir beispielsweise die Rauschzahl eines Verstärkers berechnen und mit Meßergebnissen vergleichen.

Studienziele zur Kurseinheit 4

Nach dem Durcharbeiten dieser Kurseinheit sollten Sie

▸ erkannt haben, daß die Form des Spektrums beim Schrotrauschen von der Form des Einzelimpulses abhängt;

▸ und daß die zufällige Aufeinanderfolge der Impulse ein kontinuierliches Spektrum zur Folge hat;

▸ sich erinnern, daß Einzelimpulsüberlappungen die Form des Spektrums nicht verändern, jedoch die Amplitudenstatistik beeinflussen;

▸ eingesehen haben, daß es auch bei Schrotrauschen sinnvoll ist, einen Temperaturbegriff mit Hilfe der verfügbaren Rauschleistung einzuführen;

▸ in der Lage sein, für gegebene Kleinsignalersatzschaltungen die Rauschzahl zu berechnen.

4   Rauschen von Dioden und Transistoren

4.1   Schrotrauschen

Der Strom einer Elektronenröhre zeigt Rauschen, weil der Elektrizitäts-transport kein kontinuierlicher Vorgang ist, sondern durch diskrete Ladungen erfolgt und weil der Fluß der Elektronen, also ihre Anzahl pro Zeiteinheit, nicht gleichförmig ist, sondern statistischen Schwankungen unterliegt. Ein übersichtliches Modell ist eine Vakuumröhre oder spezieller eine Vakuumdiode im Sättigungsbereich. Der gesamte Strom $i(t)$ kann in einen Gleichstrom I_0 und in einen Wechselstrom $i_s(t)$ aufgeteilt werden. Es sei z die mittlere Anzahl von Elektronen pro Zeiteinheit und q die Elementarladung. Dann gilt

Vakuumdiode im Sättigungsbereich

$$i(t) = I_0 + i_s(t) \tag{4.1}$$

mit

$$I_0 = z \cdot q . \tag{4.2}$$

Der zeitliche Mittelwert des Wechselanteils des Stroms $i_s(t)$ ist ansatz-gemäß null, also

$$\overline{i_s(t)} = 0 . \tag{4.3}$$

Der Wechsel- oder Rauschanteil $i_s(t)$ des Stroms $i(t)$ wird als ergodische Schwankungserscheinung aufgefaßt, d.h. zeitliche und Scharmittelwerte werden als gleich angenommen.

Eine Vakuumdiode mit Reinmetallkathode liefert einen Sättigungsstrom, wenn sie mit einer genügend hohen Anodenspannung betrieben wird. Die Sättigungsdiode ist ein übersichtliches Modell auch für eine Reihe von Halbleiterbauelementen, die ein ähnliches Rauschverhalten zeigen. Für das Modell der Vakuumsättigungsdiode sind die folgenden Annahmen weitgehend erfüllt:

a) Die Elektronen werden aus der Glühkathode statistisch unabhängig voneinander emittiert.

b) Der Weg-Zeit-Verlauf des einzelnen Elektrons durch den Entladungs-raum zwischen Kathode und Anode ist unabhängig von der Anwesen-heit anderer Elektronen, d.h. der Einfluß von Raumladungen der Elektronen wird vernachlässigt.

Außerdem werden zur Vereinfachung des Modells die folgenden Annahmen getroffen:

c) Die Elektronen haben keine thermische Anfangsgeschwindigkeit an der Kathode.

d) Alle Elektronen folgen dem gleichen Weg-Zeit-Gesetz.

e) An der Anode werden keine Sekundärelektronen ausgelöst.

Jedes Elektron, welches die Vakuumdiode durchläuft, ruft infolge einer Influenzwirkung im Außenkreis einen Stromimpuls der Dauer τ hervor. Dabei ist τ die Laufzeit eines Elektrons von der Kathode zur Anode.

Die Impulsform für den Stromimpuls ist voraussetzungsgemäß für jedes Elektron gleich und soll durch eine Funktion $g(t)$ beschrieben werden. Im Prinzip könnte man $g(t)$ berechnen, wenn man die Anodenspannung und die Geometrie der Vakuumdiode kennt. Wir werden jedoch sehen, daß es gar nicht auf Detailkenntnisse über $g(t)$ ankommt. Grundsätzlich gilt, daß $g(t)$ außerhalb der Flugzeit des Elektrons, die bei $\theta = 0$ beginnt und bei $\theta = \tau$ endet, null ist.

Stromimpuls des einzelnen Elektrons

$$g(\theta) = 0 \quad \text{für } \theta \leq 0 \text{ und } \theta \geq \tau \tag{4.4}$$

Damit erhält ein v-ter Stromimpuls, der zur Zeit t_v startet, den zeitlichen Verlauf

$$i_v(t) = q \cdot g(t - t_v). \tag{4.5}$$

Für einige Stromimpulse ist der zeitliche Verlauf in Bild 4.1 skizziert.

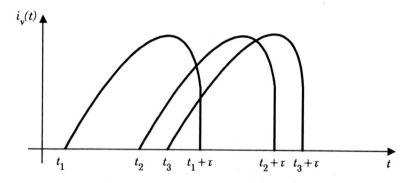

Bild 4.1: Zeitlicher Verlauf der Stromimpulse im Außenkreis

Durch jedes Elektron wird eine Elementarladung q transportiert, so daß sich eine Normierungsbedingung für den einzelnen Stromimpuls ergibt:

$$\int_{t_\nu}^{t_\nu + \tau} i_\nu(t)\,\mathrm{d}t \;=\; \int_{t_\nu}^{t_\nu + \tau} q \cdot g(t - t_\nu)\,\mathrm{d}t \;=\; q \qquad (4.6) \quad \text{Normierungs-}\\ \text{bedingung}$$

oder

$$\int_0^\tau g(\theta)\,\mathrm{d}\theta \;=\; 1 \,. \qquad (4.7)$$

Der Gesamtstrom $i(t)$ ergibt sich aus der Überlagerung der einzelnen Stromimpulse.

$$i(t) \;=\; I_0 + i_s(t) \;=\; q \cdot \sum_\nu g(t - t_\nu) \qquad (4.8)$$

Dabei ergibt sich der Gleichstrom I_0 aus

$$I_0 \;=\; z \cdot \int_0^\tau q \cdot g(\theta)\,\mathrm{d}\theta \;=\; q \cdot z \,. \qquad (4.9)$$

Wegen $\overline{i_s(t)} = 0$ erhält man für die quadratischen Mittelwerte den Zusammenhang

$$\overline{i^2(t)} \;=\; I_0^2 + \overline{i_s^2(t)} \,. \qquad (4.10)$$

Um $\overline{i^2{}_s(t)}$ zu bestimmen, muß man die Varianz einer statistisch unabhängigen Impulsfolge aus den Einzelimpulsen berechnen (sog. Campbell'sches Theorem).

Man wird daher versuchen, die Autokorrelationsfunktion von $i(t)$ zu berechnen. Wir betrachten eine unregelmäßige Impulsfolge $p(t)$ (einen sog. Poisson-Prozeß, bestehend aus beliebigen aber gleichen normierten Einzelimpulsen $g(t - t_\nu)$). Die Wahrscheinlichkeit, daß in einem infinitesimalen Zeitintervall $\mathrm{d}t$ ein Impuls liegt, sei $z \cdot \mathrm{d}t$. Es sei z konstant und unabhängig von der Lage des Zeitintervalls. Außerdem seien die Impulse voneinander unabhängig, d.h. das Erscheinen eines Impulses zur Zeit t_ν hat keinen Einfluß auf das Auftreten weiterer Impulse. Es sind beliebige Impulsüberlappungen zugelassen.

Poisson-Prozeß

Mit Hilfe der Ausblendeigenschaft der δ-Funktion läßt sich der einzelne Impuls auch durch einen Integralausdruck darstellen.

$$g(t - t_\nu) \;=\; \int_{-\infty}^{+\infty} g(t') \cdot \delta(t - t_\nu - t')\,\mathrm{d}t' \qquad (4.11)$$

133

Für die Impulsfolge $p(t)$ gilt, wenn wir Summation und Integration vertauschen:

$$p(t) = \int_{-\infty}^{+\infty} g(t') \cdot \sum_{\nu} \delta(t - t_{\nu} - t') \, dt'$$

$$= \int_{-\infty}^{+\infty} g(t') \cdot x(t - t') \, dt'. \tag{4.12}$$

Dabei bedeutet $x(t)$ eine unregelmäßige Folge von δ-Impulsen. Für die Autokorrelationsfunktion $\rho_p(\theta)$ von $p(t)$ erhält man, wenn $P(\theta)$ die Autokorrelationsfunktion der Folge von δ-Impulsen ist:

$$\rho_p(\theta) = \int_{-\infty}^{+\infty} \int_{-\infty}^{+\infty} g(t') \cdot g(t'') \, \langle x(t - t') x(t - t'' + \theta) \rangle \, dt' dt''$$

$$= \int_{-\infty}^{+\infty} \int_{-\infty}^{+\infty} g(t') \cdot g(t'') \cdot P(t' - t'' + \theta) \, dt' dt''. \tag{4.13}$$

Damit ist die Autokorrelationsfunktion der unregelmäßigen Impulsfolge auf die Autokorrelationsfunktion einer unregelmäßigen Folge von Dirac-Impulsen zurückgeführt worden. Wie man anschaulich erwartet und wie in der Übungsaufgabe 4.1 gezeigt wird, erhält man als Autokorrelationsfunktion $P(\theta)$ einer unregelmäßigen Folge von Dirac-Impulsen wiederum eine Dirac-Funktion.

$$P(\theta) = z \cdot \delta(\theta) + z^2 \tag{4.14}$$

Der Term z^2 auf der rechten Seite von Gl. (4.14) kommt durch den Gleichanteil $\langle x(t) \rangle$ zustande. Für den Gleichanteil $\langle p(t) \rangle$ gilt:

$$\langle p(t) \rangle = \int_{-\infty}^{+\infty} g(t') \cdot \langle x(t - t') \rangle \, dt'$$

$$= z \cdot \int_{-\infty}^{+\infty} g(t) \, dt = z. \tag{4.15}$$

Betrachtet man nur den Schwankungsanteil $P_s(\theta)$ der Autokorrelationsfunktion, dann besteht dieser aus einer Dirac-Funktion ohne Gleichanteil.

$$P_s(\theta) = \langle (x(t) - \langle x(t) \rangle)(x(t + \theta) - \langle x(t) \rangle) \rangle$$

$$= P(\theta) - z^2 = z \cdot \delta(\theta) \tag{4.16}$$

Übungsaufgabe 4.1

Es soll Gl. (4.14) bzw. (4.16) hergeleitet werden.

Benutzen wir das Ergebnis der Gl. (4.14), d.h. die Autokorrelationsfunktion für eine unregelmäßige Folge von Dirac-Impulsen, dann können wir Gl. (4.13) auswerten. Man erhält:

$$\rho_p(\theta) = z \cdot \int_{-\infty}^{+\infty} g(t) \cdot g(t + \theta)\, dt + z^2. \qquad (4.17)$$

Diese Gleichung wird als Theorem von Campbell bezeichnet. Das Leistungsspektrum W_p der unregelmäßigen Impulsfolge ergibt sich als Fouriertransformierte der Autokorrelationsfunktion $\rho_p(\theta)$. Die Fouriertransformierte des Einzelimpulses $g(t)$ sei

$$S(f) = \int_{-\infty}^{+\infty} g(t)\ exp(-j2\pi ft)\, dt. \qquad (4.18)$$

Theorem von Campbell

Damit läßt sich das Leistungsspektrum W_p dieses sogenannten Poisson-Prozesses unmittelbar angeben, weil die Fouriertransformierte des Faltungsintegrals in Gl. (4.17) gerade $|S(f)|^2$ ist. Wir erhalten:

$$W_p(f) = \int_{-\infty}^{+\infty} \rho_p(\theta)\ e^{-j2\pi f\theta}\, d\theta = z \cdot |S(f)|^2 + z^2 \cdot \delta(f). \qquad (4.19)$$

Der Frequenzverlauf des Spektrums wird ausschließlich durch die Form des Einzelimpulses bestimmt. Das Spektrum wird umso breiter, je schmaler der Einzelimpuls ist. Der Term $z^2 \cdot \delta(f)$ in Gl. (4.19) beschreibt den Gleichanteil, der Term $z \cdot |S(f)|^2$ den Schwankungsanteil bzw. das Rauschen der unregelmäßigen Impulsfolge.

Zusammenhang zwischen Leistungsspektrum und Einzelimpuls

Beim Poisson-Prozeß wird die Form der Autokorrelationsfunktion bzw. des Leistungsspektrums ausschließlich durch die Form des Einzelimpulses bestimmt, die Impulsdichte wirkt sich nur als Faktor aus. Ob Impulsüberlappungen auftreten oder nicht, ist ohne Bedeutung. Demgegenüber hängt die Amplitudenverteilung des stochastischen Signals sehr wohl von der Wahrscheinlichkeit der Impulsüberlappung ab. Nehmen wir etwa an, daß die Einzelimpulse Rechteckimpulse mit einer solchen Rate sind, daß Überlappungen nur sehr selten auftreten, dann wird die Amplitudenverteilung im wesentlichen nur zwei Werte annehmen, nämlich die Plateauwerte des Rechtecksignals. Bei starker Impulsüberlappung ergibt

135

sich jedoch aus dem zentralen Grenzwertsatz, daß die Amplitudenverteilung durch eine stetige Gaußverteilung angenähert werden kann, und zwar unabhängig von der Form des Einzelimpulses. Beim Schrotrauschen liegt praktisch immer der Fall starker Überlappung vor, so daß bezüglich der Amplitudenverteilung von einer Gaußverteilung ausgegangen werden darf. Für die Form des Leistungsspektrums ist die Voraussetzung starker Überlappung der Einzelimpulse jedoch ohne Bedeutung, wie wir gesehen hatten. Mit dem Schwankungsanteil

$$p_s(t) = p(t) - \langle p(t) \rangle$$

und

$$\overline{i_s^2(t)} = q^2 \cdot \overline{p_s^2(t)} \tag{4.20}$$

erhalten wir mit Gl. (4.19) für das einseitige Leistungsspektrum W_s der Stromschwankungen, d.h. das Spektrum des Schrotrauschens:

$$W_s = 2 \cdot q^2 \cdot z \cdot |S(f)|^2 = 2 \cdot q \cdot I_0 \cdot |S(f)|^2 . \tag{4.21}$$

Die Frequenzabhängigkeit des Rauschens wird durch die Form des Einzelimpulses und dessen Spektrum $|S(f)|^2$ bestimmt.

Für den Bereich niedriger Frequenzen, also für Frequenzen f, die klein gegen die reziproke zeitliche Länge τ der Impulse sind, d.h.

$$f \ll \tau^{-1} , \tag{4.22}$$

kann das Rauschen ohne Kenntnis der speziellen Impulsform angegeben werden. Für diesen Fall gilt:

$$|S(f)|^2 = \left| \int_0^\tau g(\theta) \, e^{-j 2\pi f \theta} \, d\theta \right|^2$$

$$\approx \left| \int_0^\tau g(\theta) \, d\theta \right|^2 = 1 \quad \text{für} \quad f \cdot \theta \approx 0 . \tag{4.23}$$

Der niederfrequente Teil des Rauschspektrums W_s ist deshalb unabhängig von der Impulsform und nur durch den Gleichstrom I_0 bestimmt.

$$W_s = 2q \cdot I_0 \tag{4.24}$$

Diese sog. Schottky-Beziehung ist von großer praktischer Bedeutung, weil sie auf eine Vielzahl von Bauelementen anwendbar ist und insbesondere bei schnellen Halbleiterbauelementen bis in den Bereich sehr hoher Frequenzen erfüllt ist. Das Spektrum $|S(f)|^2$ hängt nur wenig von der Impulsform ab und zeigt typisch den Verlauf einer si^2-ähnlichen Funktion (Bild 4.2).

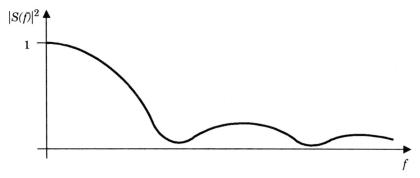

Bild 4.2: Typischer Verlauf des Impulsspektrums

4.2 Schrotrauschen von Schottky-Dioden

Wir wollen im folgenden Metall-Halbleiter-Übergänge, sog. Schottky-Dioden betrachten. Da diese Dioden auf einem Majoritätsträgereffekt beruhen, sind sie so schnell, daß die Schottky-Beziehung bis zu sehr hohen Frequenzen (z.B. ≈ 30 GHz) in ihrer frequenzunabhängigen Form gilt. Es soll zunächst eine Schottky-Diode ohne Bahnwiderstand zugrunde gelegt werden. Daher gilt für den Strom I und die Spannung U der folgende Zusammenhang:

$$I = I_{ss} \cdot \left(exp \left[\frac{q}{n \cdot kT} \cdot U \right] - 1 \right).$$

(4.25)

In Gl. (4.25) ist I_{ss} der sog. Sättigungsstrom, T ist die physikalische Temperatur der Sperrschicht und n ist ein empirischer sog. Idealitätsfaktor, der Abweichungen von dem idealen exponentiellen Verhalten beschreibt und Werte im Bereich $n = 1{,}02...1{,}3$ annehmen kann. Den bei der Vorspannung U_0 fließenden Vorstrom I_0 kann man sich aus einem Vorwärtsstrom I_f und einem Rückwärtsstrom I_r zusammengesetzt denken (engl. *forward* und *reverse*). Der Vorwärtsstrom besteht aus einem Elektronenstrom vom Halbleiterleitungsband zum Metall, der mit ansteigender Flußspannung eine sich verkleinernde Potentialbarriere vom Halbleiter zum Metall vorfindet. Der Rückwärtsstrom besteht aus einem Elektronenstrom vom Metall zum Halbleiter, der eine in etwa konstante Potentialbarriere Metall-Halbleiter überwinden muß. Bei Sperrspannungen ver-

Vorwärts- und Rückwärtsstrom

137

größert sich die Barriere Halbleiter-Metall rasch, so daß der Vorwärtsstrom vernachlässigbar klein wird, während der Rückwärtsstrom, also der
Elektronenstrom vom Metall zum Halbleiter, in etwa konstant bleibt.
Daher ist der Sättigungsstrom I_{ss} ungefähr gleich dem Rückwärtsstrom I_r,
d.h.

$$I_r = I_{ss} \quad \text{und} \quad I_f = I_0 + I_{ss} \, . \tag{4.26}$$

Ohne äußere anliegende Spannung sind Vorwärts- und Rückwärtsstrom
entgegengesetzt gleich. Sowohl für den Vorwärts- als auch für den
Rückwärtsstrom gelten ähnliche Annahmen wie bei der Vakuumdiode, die
zur Ableitung der Schottky-Beziehung führten. Solange die Ladungsträger
sich in Gebieten mit verhältnismäßig großen festen Raumladungen bewegen, wird die gegenseitige Beeinflussung von beweglichen Ladungsträgern
klein bleiben. Also zeigen sowohl Vorwärts- als auch Rückwärtsstrom
Schrotrauschen, das unkorreliert voneinander ist. Für die entsprechenden
Rauschspektren des Vorwärtsstroms, W_f, des Rückwärtsstroms, W_r, und
des Gesamtstroms, W_{is}, gelten daher die Beziehungen

$$W_f = 2q(I_0 + I_{ss})$$
$$W_r = 2q \cdot I_{ss}$$
$$W_{is} = 2q(I_0 + 2I_{ss}) \, . \tag{4.27}$$

Solange sich bei der Schottky-Diode Laufzeiteffekte und Trägerlebens-
dauer nicht auswirken, also bis zu Frequenzen im mm-Wellenbereich, gilt
für den Kleinsignal-Wechselstromleitwert G_s:

$$G_s(U_0) = \left. \frac{dI}{dU} \right|_{U=U_0} = \frac{q}{n \cdot kT} I_{ss} \cdot exp\left(\frac{q U_0}{n \cdot kT} \right)$$

$$= \frac{q}{n \cdot kT} [I_0 + I_{ss}] \, . \tag{4.28}$$

Mit dem Kleinsignalleitwert als Innenleitwert und dem Rauschspektrum
W_{is} einer idealen Stromquelle kann man ein Rauschersatzschaltbild einer
Schottky-Diode angeben (Bild 4.3).

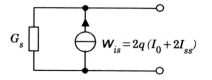

$$G_s \qquad W_{is} = 2q\,(I_0 + 2I_{ss})$$

Bild 4.3:
Rauschersatzschaltbild
einer Schottky-Diode
ohne Bahnwiderstand

Das Rauschersatzschaltbild gemäß Bild 4.3 kann um den thermisch rauschenden Bahnwiderstand R_b mit der Temperatur T erweitert werden (Bild 4.4).

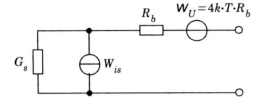

Bild 4.4:
Rauschersatzschaltbild
einer Schottky-Diode
mit Bahnwiderstand R_b

effektive
Temperatur

Das Schrotrauschen der Schottky-Diode läßt sich mit Hilfe des Innenleitwertes G_s durch Vergleich mit thermischem Rauschen ebenfalls über eine Temperatur beschreiben. Diese soll als effektive Temperatur T_{ef} bezeichnet werden. Gemäß Gl. (4.28) können wir das Schrotrauschspektrum W_{is} durch den Kleinsignalleitwert G_s ausdrücken. Wir erhalten

$$W_{is} = 2nkT \cdot G_s + 2 \cdot q \cdot I_{ss} \, . \tag{4.29}$$

Wie beim thermischen Rauschen definieren wir die effektive Temperatur über die nachfolgende Gleichung:

$$W_{is} = 4k \cdot T_{ef} \cdot G_s \, , \tag{4.30}$$

woraus wir T_{ef} bestimmen können:

$$T_{ef} = \frac{1}{2} n \cdot T + \frac{1}{2} n \cdot T \cdot \frac{I_{ss}}{I_0 + I_{ss}} \, . \tag{4.31}$$

Der zweite Term auf der rechten Seite von Gl. (4.31) ist bei einem Arbeitspunkt im Flußgebiet mit $I_0 \gg I_{ss}$ praktisch immer vernachlässigbar klein. Damit erhalten wir das interessante Ergebnis, daß eine Schottky-Diode bei vernachlässigtem Bahnwiderstand sich wie eine thermisch rauschende Impedanz mit der Temperatur $n \cdot T / 2$ verhält. Die verfügbare Rauschleistung P_{av} in der Bandbreite Δf ist frequenzunabhängig gleich

$$P_{av} = \frac{1}{2} n \cdot k \cdot T \cdot \Delta f \, . \tag{4.32}$$

Dabei ist T die thermodynamische oder physikalische Temperatur der Sperrschicht der Schottky-Diode

139

Für thermodynamisches Gleichgewicht, also $I_0 = 0$, erwartet man, daß die effektive Temperatur gleich der Umgebungstemperatur ist, also $T_{ef} = T$. Dies ist in Gl. (4.31) für $n = 1$ erfüllt, jedoch nicht für $n > 1$, was auf den heuristischen Ansatz bei der Einführung des Idealitätsfaktors hindeutet.

Temperatur
bei thermo-
dynamischem
Gleichgewicht

Bild 4.5 zeigt einen an einer Schottky-Diode gemessenen Verlauf der effektiven Rauschtemperatur als Funktion des Vorstroms in Flußrichtung. In der Übungsaufgabe 4.2 soll gezeigt werden, daß man den gemessenen Verlauf recht gut durch ein Modell wie in Bild 4.4 mit Schrot- und thermischer Rauschquelle beschreiben kann.

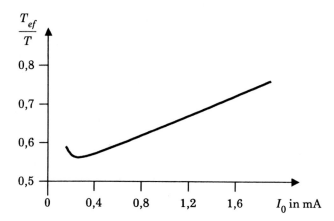

Bild 4.5: *Gemessene effektive Rauschtemperatur der Schottky-Diode HP 5082–2811, Frequenzbereich 20 – 40 MHz, als Funktion des Vorstroms*

Übungsaufgabe 4.2
Für die Schottky-Diode HP 5082–2811 mit den Daten $R_b = 9{,}8\,\Omega$, $n = 1{,}2$ und $I_{ss} = 8\,\text{nA}$ soll gemäß einem Ersatzmodell wie in Bild 4.4 die effektive Temperatur T_{ef} berechnet und mit den Meßwerten in Bild 4.5 verglichen werden.

Wie man Bild 4.5 entnehmen kann, lassen sich mit Hilfe von Schottky-Dioden im Prinzip ungekühlte Rauschgeneratoren mit Rauschtemperaturen unter Zimmertemperatur realisieren.

Bei tiefen Frequenzen, z.B. unterhalb von 1 MHz können sich zusätzliche Rauschmechanismen bemerkbar machen wie Funkel- oder $1/f$-Rauschen und Rekombinationsrauschen. Dadurch kann die effektive Temperatur über T_0 hinaus anwachsen. Das Funkelrauschen ist im allgemeinen ausgeprägter bei Galliumarsenid- (GaAs) als bei Silizium- (Si) Schottky-Dioden.

weitere Rausch-mechanismen bei Schottky-Dioden

Wesentlich erhöhtes Rauschen beobachtet man auch, wenn die Sperrspannung bis in den Bereich des Durchbruchs erhöht wird. Dieses sog. Lawinen- oder Avalancherauschen ist im spektralen Verlauf praktisch frequenzunabhängig, ähnlich wie Schrot- und thermisches Rauschen.

4.3   Schrotrauschen von pn-Dioden

Den Strom I eines pn-Überganges kann man sich aus vier Anteilen zusammengesetzt denken.

Erstens ein Strom von Majoritätsträgern, welche die Sperrschicht durchlaufen und in der jenseitigen Diffusionszone zu Minoritätsträgern werden und dort rekombinieren. Der Majoritätsträgerstrom kann sowohl aus einem Löcherstrom, I_{pf}, als auch aus einem Elektronenstrom, I_{nf}, bestehen. Bei einem unsymmetrischen pn-Übergang wird eine Ladungsträgerart überwiegen.

Zweitens ein Strom von Minoritätsträgern, welche mehr oder weniger zufällig in die Nähe der Sperrschicht gelangen, die Sperrschicht durchlaufen und in der jenseitigen Diffusionszone rekombinieren. Die Ströme seien entsprechend I_{pr} und I_{nr}. Für jeden dieser vier Teilströme liegt eine von der Vakuumdiode bekannte Situation vor: Der Übergang der Ladungsträger durch die Sperrschicht ist statistischen Schwankungen unterworfen. Eine gegenseitige Beeinflussung der Ladungen tritt kaum auf, weil in der Raumladungszone die Dichte der beweglichen Ladungsträger im allgemeinen sehr viel kleiner ist als die der ionisierten unbeweglichen Akzeptoren und Donatoren. Die angrenzenden p- und n-Bahngebiete sind weitgehend elektrisch neutral. Die vier aufgezählten Ströme zeigen infolgedessen Schrotrauschen, welches untereinander unkorreliert ist. Die zugehörigen Schrotrauschspektren sind

$$W_{if} = 2q \cdot [\,|I_{pf}| + |I_{nf}|\,] = 2q\,[I + I_{ss}]$$
$$W_{ir} = 2q \cdot [\,|I_{pr}| + |I_{nr}|\,] = 2q \cdot I_{ss}$$
$$W_{is} = W_{if} + W_{ir} \qquad\ = 2q\,[I + 2I_{ss}]\,. \tag{4.33}$$

Der Rückwärtssättigungsstrom I_{ss} ist im allgemeinen sehr klein. Die Schrotrauschspektren weisen damit formal die gleiche Form auf wie bei der Schottky-Diode. Auch die Gln. (4.25) und (4.29) gelten entsprechend. Jedoch zeigen *pn*-Übergänge schon bei mäßig hohen Frequenzen, z.B. 100 MHz, eine deutliche Frequenzabhängigkeit des Kleinsignalleitwertes $G(f)$. Frequenz-abhängigkeit des Kleinsignal-leitwertes

Unter gewissen einschränkenden Bedingungen gilt für das Schrotrausch-spektrum, unter leidlicher Übereinstimmung mit dem Experiment,

$$W_{is} \;=\; 4kT \cdot Re\,[G(f) - G_0] + 2q\,[I_0 + 2I_{ss}]\,. \tag{4.34}$$

Es wird also angenommen, daß der von dem niederfrequenten Wert G_0 abweichende Leitwert $G(f) - G_0$ thermisch rauscht. Insgesamt erhöht sich dadurch die effektive Rauschtemperatur.

4.4 Rauschen von PIN-Dioden

Eine PIN-Diode aus Silizium besteht aus einer Hintereinanderschaltung einer *p*-Zone, einer hochohmigen *i*-(*intrinsic*) Zone und einer *n*-Zone (Bild 4.6).

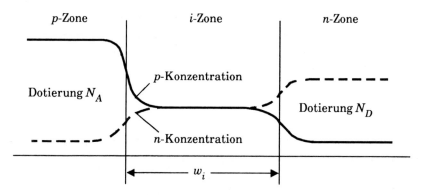

Bild 4.6: PIN-Struktur in Flußrichtung

Wenn die PIN-Diode in Flußrichtung vorgespannt wird, werden von den *p*- und *n*-Gebieten aus Löcher bzw. Elektronen in die *i*-Zone injiziert und dort zeitweilig gespeichert, bis sie durch Rekombination miteinander zu einem Leitungsstrom führen. Ein Teil der Rekombination findet jedoch auch in den angrenzenden Bahngebieten und Kontakten statt. Vernachlässigt man

jedoch die Rekombination in den Bahngebieten, dann besteht der Strom am
pi-Übergang im wesentlichen aus Löchern, die in die i-Zone injiziert
werden. Dieser Strom I_0 ist gleich der Gesamtladung Q_p aller in der i-Zone
gespeicherten Löcher geteilt durch ihre Lebensdauer τ_p.

$$I_0 = \frac{Q_p}{\tau_p} = \frac{q \cdot p \cdot A_i \cdot w_i}{\tau_p} \qquad (4.35)$$

Dabei ist A_i die Fläche, q die Elementarladung, p die mittlere Ladungs-
trägerdichte in der i-Zone und w_i die Weite der i-Zone. Ein entsprechender
Ausdruck gilt für den in-Übergang.

$$I_0 = \frac{Q_n}{\tau_n} = \frac{q \cdot n \cdot A_i \cdot w_i}{\tau_n} \qquad (4.36)$$

Die beiden Ladungsträgerarten stehen in der i-Zone im Ladungsgleich-
gewicht, d.h. es bildet sich keine resultierende Raumladung aus. Außerdem
wird angenommen, daß die i-Zone frei von ortsfesten Raumladungen ist.
Weil die Löcher und Elektronen in der i-Zone im wesentlichen miteinander
rekombinieren, gilt

$$n \approx p; \quad \tau_p \approx \tau_n = \tau_i. \qquad (4.37)$$

Der differentielle hochfrequente Widerstand R_i der i-Zone berechnet sich
näherungsweise über die spezifische Leitfähigkeit σ_i. Dabei ist μ_p die
Beweglichkeit der Löcher und μ_n die Beweglichkeit der Elektronen in der
i-Zone und μ_i ihre mittlere Beweglichkeit, $(\mu_p + \mu_n) / 2$.

$$\sigma_i = q \cdot (\mu_p \cdot p + \mu_n \cdot n) = 2q\mu_i \cdot p \qquad (4.38)$$

Man erhält damit für den differentiellen Hochfrequenzwiderstand R_i der
Basiszone (i-Zone) den Ausdruck

Hochfrequenz-
widerstand

$$R_i = \frac{w_i}{\sigma_i \cdot A_i} = \frac{w_i^2}{2q\mu_i \, p \cdot A_i \cdot w_i} = \frac{w_i^2}{2\mu_i \, \tau_i \, I_0}. \qquad (4.39)$$

Je höher der Strom ist, je mehr bewegliche Ladungsträger sich also in der
Basiszone befinden, desto kleiner wird der Hochfrequenzwiderstand. Um
möglichst kleine Hochfrequenzwiderstände zu verwirklichen, sollten die
Weite w_i klein und die Lebensdauer τ_i groß sein. Der gesamte Bahnwiderstand der angrenzenden Bahngebiete sollte ebenfalls möglichst klein sein.

Die in den Bahngebieten gespeicherten Minoritätsträger bewirken Diffusionskapazitäten, die man sich für Wechselsignale in Serie zu dem Widerstand der i-Zone vorstellen muß. Der Wechselstromwiderstand der Diffusionskapazitäten wird üblicherweise bereits für einige kHz so klein, daß er gegenüber dem Bahnwiderstand R_b und dem Widerstand der Basiszone R_i vernachlässigt werden kann. In Sperrichtung des PIN-Übergangs tritt eine kleine und praktisch spannungsunabhängige Sperrschichtkapaziät C_i auf, die durch die Weite w_i der Basiszone, ihre Fläche A_i und ihre Dielektrizitätskonstante ε_i bestimmt ist. Ein für hochfrequente Wechselsignale daher gültiges Ersatzschaltbild für die PIN-Diode zeigt Bild 4.7.

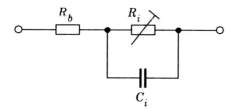

Bild 4.7:
Wechselsignal-Ersatzschaltbild
der PIN-Diode mit strom-
steuerbarem Widerstand R_i

Die PIN-Diode ist hochohmig in Sperrichtung und niederohmig in Flußrichtung und zwar ist der Widerstand stromsteuerbar proportional $1/I_0$ (Gl. (4.39)). Für hinreichend große Steuerströme I_0 wird R_i klein gegen R_b.

PIN-Dioden werden daher als elektronisch steuerbare Hochfrequenzschalter oder für kontinuierlich steuerbare Hochfrequenzwiderstände oder Dämpfungsglieder eingesetzt.

Anwendungen von PIN-Dioden

Wegen des Raumladungsgleichgewichtes in der i-Zone erwarten wir, daß der steuerbare Hochfrequenzwiderstand R_i der i-Zone thermisches Rauschverhalten zeigt, d.h. thermisch mit der physikalischen Temperatur der i-Zone rauscht. Dies wird in der Tat sehr gut durch Experimente bestätigt. Bild 4.8 zeigt die gemessene effektive Rauschtemperatur einer PIN-Diode als Funktion des Steuerstromes. Innerhalb der Meßgenauigkeit ist die effektive Rauschtemperatur gleich der physikalischen Temperatur T, weil in diesem Fall der Bahnwiderstand und die i-Zone ziemlich genau die gleiche Rauschtemperatur aufweisen und daher in Abhängigkeit vom Vorstrom I_0 sich die Temperaturaufteilung zwischen Bahnwiderstand und PIN-Übergang nicht ändert (anders bei der Schottky-Diode in Bild 4.5).

effektive Rauschtemperatur

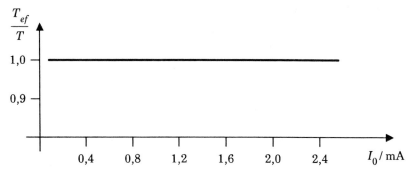

*Bild 4.8: Gemessene effektive Rauschtemperatur einer PIN-Diode,
Typ BA379 als Funktion des Steuerstromes I_0;
Frequenzbereich 20 – 40 MHz.*

4.5 Rauschersatzschaltbilder von bipolaren Transistoren

Es soll hier ein *pnp*-Transistor behandelt werden, dessen Aufbau in Bild 4.9 schematisch skizziert ist.

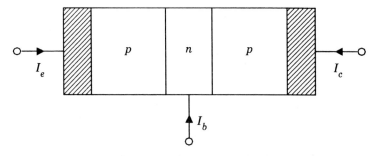

Bild 4.9: Schematischer Aufbau eines pnp-Transistors

Es wird angenommen, daß die Betriebsfrequenz so hoch ist, daß zusätzliche Rauscheffekte wie Funkelrauschen oder Rekombinationsrauschen nicht mehr in Erscheinung treten. Es verbleiben als wesentliche Rauschmechanismen Schrotrauschen und thermisches Rauschen. Die wichtigsten im folgenden verwendeten Symbole sollen zunächst erläutert werden:

I_e, I_b, I_c Emitter-, Basis-, Kollektor-Gleichstrom

I_{ee} Emitter-Sättigungsstrom

I_{cc} Kollektor-Sättigungsstrom

145

W_i^e Rauschspektrum des Emitter-Basis-Übergangs

W_i^c Rauschspektrum des Kollektor-Basis-Übergangs

G_{e0} Kleinsignalleitwert des Emitter-Basis-Übergangs

U_{eb} Emitter-Basis-Gleichspannung

a_0 Gleichstromverstärkungsfaktor

W_i^{ec} Kreuzspektrum zwischen Emitter- und Kollektorrauschströmen

R_b Basisbahnwiderstand

I^e, I^b, I^c Emitter-, Basis-, Kollektorrauschströme in symbolischer Zeiger-darstellung

$\tilde{I}_e, \tilde{I}_b, \tilde{I}_c$ Emitter-, Basis-, Kollektorsignalströme

Die Emitter-Basis-Strecke stellt einen in Flußrichtung betriebenen *pn*-Übergang dar, welcher Schrotrauschen gemäß der Schottky-Beziehung zeigt. Es ist I_e der Emitterstrom und I_{ee} der Emittersättigungsstrom. Es gilt für das Schrotrauschspektrum W_i^e gemäß Gl. (4.27)

(Marginalie: Rauschen des Emitterstromes)

$$W_i^e = 2q(I_e + I_{ee}) + 2q \cdot I_{ee} = 2q(I_e + 2 \cdot I_{ee}) = |I^e|^2 . \qquad (4.40)$$

In gewohnter Weise wird das Rauschspektrum, hier W_i^e, mit dem Betragsquadrat der entsprechenden Zeigergröße, hier $|I^e|^2$, gleichgesetzt. Man beachte, daß aus diesem Grund die Dimension der symbolischen Zeigergröße I^e – oder entsprechender Zeigergrößen – nicht notwendigerweise diejenige eines Stromes ist. In diesem Fall ergibt sich die Dimension von W_i^e zu $A^2 \cdot s$ und damit ist die Dimension von I^e gleich $A \cdot \sqrt{s}$.

(Marginalie: Dimension der symbolischen Zeigergrößen)

Der Index i deutet darauf hin, daß es sich bei $W_i^e = |I^e|^2$ um eine Rausch-**strom**quelle handelt, die im Ersatzschaltbild parallel zu dem Leitwert G_{e0} anzuordnen ist (Bild 4.10). Das Spektrum W_i^e läßt sich auch durch den Kleinsignalleitwert G_{e0} des Emitter-Basis-Übergangs ausdrücken. Mit

(Marginalie: Verwendung einseitiger Spektren)

$$I_e = I_{ee} \cdot \left[exp\left(\frac{q \cdot U_{eb}}{kT} \right) - 1 \right]$$

und

$$G_{e0} = \frac{dI_e}{dU_{eb}} = \frac{q}{kT} \cdot I_{ee} \cdot exp\left(\frac{q \cdot U_{eb}}{kT} \right) = \frac{q}{kT}(I_e + I_{ee}) \qquad (4.41)$$

erhalten wir

$$W_i^e = 2q\,(I_e + 2 \cdot I_{ee}) = 4kT \cdot G_{e0} - 2q \cdot I_e \tag{4.42}$$

$$\approx 2kT \cdot G_{e0} \quad \text{für } I_{ee} \ll I_e . \tag{4.43}$$

Der Vorwärtsstrom im Emitter-Basis-Übergang setzt sich bis auf geringe Rekombinationsverluste in den Basis-Kollektor-Übergang fort. Dies wird durch den Stromverstärkungsfaktor a_0 beschrieben. Die Größe $a_0(I_e + I_{ee})$ bildet daher den Hauptanteil des Kollektorstromes. Hinzu kommt der Kollektorsperrstrom (Sättigungsstrom) I_{cc}. Damit erhält man für den Kollektorstrom

$$-I_c = a_0\,(I_e + I_{ee}) + I_{cc} . \tag{4.44}$$

Das Minuszeichen für I_c folgt aus der Zählrichtung (Bild 4.9). Beide Teilströme des Kollektorstromes werden von Minoritätsträgern (hier Löchern) gebildet. Daher gilt für das Spektrum:

Rauschen des Kollektorstromes

$$W_i^c = 2q\,|I_c| = 2q\,a_0\,(I_e + I_{ee}) + 2q\,I_{cc} = |I^c|^2 . \tag{4.45}$$

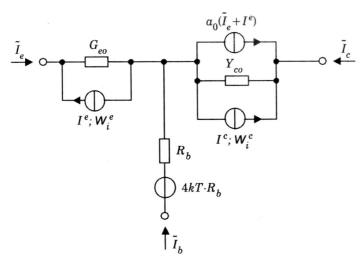

Bild 4.10: *Rauschersatzschaltbild für einen Bipolartransistor mit korrelierten Rauschquellen*

Die Rauschströme I^e und I^c sind weitgehend miteinander korreliert. Wie man sich überlegt, ist das Kreuzspektrum

$$W_i^{ec} = (I^e)^* \cdot I^c \tag{4.46}$$

147

dem Leistungsspektrum des Stromrauschens für den gemeinsamen Vorwärtsstromanteil

$$|I_f^e|^2 = 2q\,(I_e + I_{ee}) \tag{4.47}$$

proportional. Daher erhält man für das Kreuzspektrum W_i^{ec}

$$
\begin{aligned}
W_i^{ec} &= -(I_f^e)^* \cdot a_0 \cdot I_f^e = -a_0\,|I_f^e|^2 \\
&= -a_0\,2q\,(I_e + I_{ee}) = -2k \cdot T \cdot a_0 \cdot G_{e0}\,.
\end{aligned}
\tag{4.48}
$$

Das Minuszeichen folgt aus der Zählrichtung von I_c. In Bild 4.10 ist außerdem das thermische Rauschen des Basis-Bahnwiderstandes R_b durch eine Spannungsquelle berücksichtigt worden. Die Bahnwiderstände der Emitter- und Kollektorzone werden vernachlässigt. Nachteilig in dem Ersatzschaltbild in Bild 4.10 ist die Tatsache, daß die Rauschquellen weitgehend miteinander korreliert sind. In dieser Beziehung günstiger ist die Ersatzschaltung in Bild 4.11, in der zwei Rauschstromquellen mit $a_0 \cdot I^e$ und I^c zusammengefaßt sind, und zwar in I^a. Außerdem ist die Rauschstromquelle I^e in eine Rauschspannungsquelle U^e umgewandelt worden. Man erhält den folgenden Ausdruck für das Spektrum:

Rauschen des Basis-Bahnwiderstandes

$$W_u^e = |U^e|^2 = 2kT \cdot \frac{1}{G_{e0}} = 2kT \cdot R_{e0}\,. \tag{4.49}$$

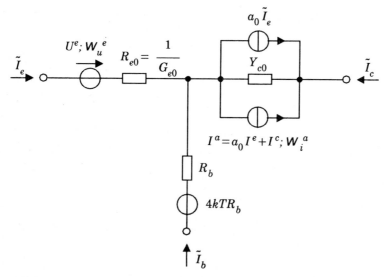

Bild 4.11:   *Rauschersatzschaltbild eines bipolaren Transistors mit unkorrelierten Rauschquellen*

Weiterhin finden wir für das Spektrum W_i^a mit den Gln. (4.42), (4.45) und (4.48):

$$W_i^a = |I^a|^2 = (a_0 I^e + I^c)^* \cdot (a_0 I^e + I^c)$$

$$= a_0^2 |I^e|^2 + |I^c|^2 + 2 \cdot a_0 \cdot Re(I^{e*} \cdot I^c)$$

$$= a_0^2 [4kT \cdot G_{e0} - 2qI_e] + 2q|I_c| - 4a_0^2 \cdot kT \cdot G_{e0}$$

$$= 2q[|I_c| - a_0^2 \cdot I_e] = 2q \cdot a_0 (I_e + I_{ee}) + 2q I_{cc} - 2q \cdot a_0^2 \cdot I_e$$

$$= 2q a_0 \cdot (1 - a_0)(I_e + I_{ee}) + 2q [a_0^2 I_{ee} + I_{cc}]$$

$$= 2kT \cdot G_{e0} \cdot a_0 (1 - a_0) + 2q [a_0^2 \cdot I_{ee} + I_{cc}]. \tag{4.50}$$

Für das Kreuzspektrum W_{ui}^{ea} schließlich finden wir:

$$W_{ui}^{ea} = \left(\frac{1}{G_{e0}} \cdot I^e \right)^* \cdot (a_0 \cdot I^e + I^c)$$

$$= a_0 \cdot \frac{1}{G_{e0}} \cdot W_i^e + \frac{1}{G_{e0}} \cdot W_i^{ec}$$

$$= a_0 \cdot \frac{1}{G_{e0}} [4kT \cdot G_{e0} - 2q \cdot I_e - 2kT \cdot G_{e0}]. \tag{4.51}$$

Mit der Näherung Gl. (4.43) erhalten wir das Ergebnis, daß W_{ui}^{ea} näherungsweise null ist.

$$W_{ui}^{ea} \approx 0 \tag{4.52}$$

Das Ersatzschaltbild in Bild 4.11 hat daher die angenehme Eigenschaft, daß die drei verwendeten Ersatzrauschquellen unkorreliert sind. Mit Hilfe von Rauschersatzschaltungen, z.B. mit derjenigen in Bild 4.11, kann man die Rauschzahl eines Kleinsignalverstärkers berechnen. Bild 4.12 zeigt eine Emitterschaltung. Zur Vereinfachung ist der kleine Leitwert Y_{c0} vernachlässigt worden.

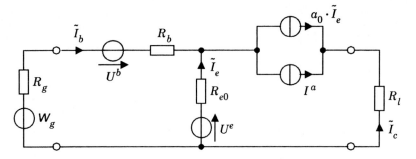

Bild 4.12: Kleinsignalverstärker in Emitterschaltung mit Ersatzrauschquellen

Wie in der Übungsaufgabe 4.3 gezeigt werden soll, erhält man als Ergebnis einer Kleinsignalrauschrechnung den Ausdruck:

Rauschzahl für die Emitterschaltung

$$F = 1 + \frac{R_b}{R_g} + \frac{R_{e0}}{2R_g} + \frac{(R_g + R_b + R_{e0})^2}{2 \cdot R_{e0} \cdot R_g \cdot a_0^2}$$

$$\cdot \left[a_0(1 - a_0) + \frac{a_0^2 I_{ee} + I_{cc}}{I_e + I_{ee}} \right]. \tag{4.53}$$

Übungsaufgabe 4.3

Für die Ersatzschaltung in Bild 4.12 soll die Rauschzahl sowie die optimale Rauschzahl angegeben werden. Mit den Daten $R_{e0} = 15\Omega$, $R_b = 40\Omega$, $a_0 = 0{,}98$ und $(a_0^2 \, I_{ee} + I_{cc})/(I_e + I_{ee}) = 10^{-2}$ soll die minimale Rauschzahl quantitativ angegeben werden.

Übungsaufgabe 4.4

Mit den gleichen Daten wie in der Übungsaufgabe 4.3 und mit dem Rauschersatzschaltbild aus Bild 4.11 soll für einen Kleinsignalverstärker mit Bipolartransistor die Rauschzahl und die optimale Rauschzahl in Basisschaltung berechnet werden.

Bei hohen Frequenzen sind die Laufzeiten der Ladungsträger in den *pn*-Übergängen sowie in der Basiszone zu berücksichtigen. Sämtliche Größen werden im allgemeinen frequenzabhängig und komplex. Für den Leitwert des Emitter-Basis-Übergangs setzen wir daher einen Realteil G_e und einen Imaginärteil B_e an:

$$Y_e(f) = G_e(f) + jB_e(f) = \frac{1}{Z_e(f)}$$

und

$$Y_c = Y_c(f). \qquad (4.54)$$

Gemäß Gl. (4.34) nehmen wir wiederum an, daß der von G_{e0} abweichende Anteil $G_e(f) - G_{e0}$ thermisch rauscht. Für die Spektren des Rauschersatzschaltbildes in Bild 4.10 erhalten wir dann:

Spektren für hohe Frequenzen

$$W_i^e(f) = (I^e)^* \cdot I^e = 4kT \cdot G_e(f) - 2q \cdot I_e$$

$$W_i^c(f) = (I^c)^* \cdot I^c = 2q \cdot |I_c| \qquad (4.55)$$

$$W_i^{ec}(f) = (I^e)^* \cdot I^c = -2kT \cdot a(f) \cdot Y_e(f).$$

Für die Stromverstärkung mit der Grenzfrequenz f_a setzen wir an:

$$a(f) = \frac{a_0}{1 + j\, f/f_a}. \qquad (4.56)$$

Schließlich wollen wir die frequenzabhängigen Spektren für die Rauschersatzschaltung nach Bild 4.11 angeben.

Das Spektrum für die Rauschspannung U^e läßt sich unmittelbar hinschreiben:

$$W_u^e(f) = [4kT \cdot G_e(f) - 2q \cdot I_e] \cdot |Z_e(f)|^2. \qquad (4.57)$$

Das Spektrum von I^a, also W_i^a, erhält man aus der Ersatzschaltung nach Bild 4.12 durch die Parallelschaltung von $a \cdot I^e$ und I^c sowie mit W_i^e, W_i^c und W_i^{ec} aus Gl. (4.55).

$$W_i^a(f) = (a\,I^e + I^c)^* \cdot (a\,I^e + I^c)$$

$$= |a|^2\, W_i^e(f) + W_i^c + a\,[W_i^{ec}(f)]^* + a^*\, W_i^{ec}(f)$$

$$= |a|^2\,[4kT \cdot G_e(f) - 2q \cdot I_e] + 2q \cdot |I_c| - |a|^2\, 2kT \cdot 2 \cdot Re\,(Y_e(f))$$

$$= 2q\,[\,|I_c| - |a|^2 \cdot I_e\,] \qquad (4.58)$$

Setzen wir den Ausdruck für $|I_c|$ aus Gl. (4.44) ein, dann erhalten wir:

$$W_i^a(f) = 2q\,[a_0\,(I_e + I_{ee}) + I_{cc} - |a|^2\, I_e]$$

$$= 2q\,I_e\,[a_0 - |a(f)|^2] + 2q\,[a_0\, I_{ee} + I_{cc}]. \qquad (4.59)$$

151

Als letzter Ausdruck fehlt noch das Kreuzspektrum W^{ea}_{ui} zwischen der Rauschspannung U^e und dem Rauschstrom I^a:

$$W^{ea}_{ui}(f) \;=\; [I^e \cdot Z_e]^* \cdot (a\,I^e + I^c) \;=\; Z^*_e \cdot a \cdot W^e_i + Z^*_e \cdot W^{ec}_i$$

$$\qquad = \; a(f) \cdot Z^*_e\,[4kT \cdot G_e(f) - 2q \cdot I_e - 2kT \cdot G_e(f)$$

$$\qquad\qquad - 2kT \cdot j\,B_e(f)]$$

$$\qquad = \; a(f) \cdot Z^*_e(f) \cdot [2kT \cdot Y^*_e(f) - 2q \cdot I_e] . \qquad (4.60)$$

Damit sind auch frequenzabhängige Spektren für das Rauschersatzschaltbild gemäß Bild 4.11 erstellt worden.

Man beachte jedoch, daß solche Ersatzschaltbilder lediglich Näherungscharakter aufweisen können. Eine Verfeinerung des Modells müßte außerdem parasitäre Schaltungselemente des Transistorgehäuses und der Verbindung des Transistors mit dem Gehäuse berücksichtigen.

Die linearen parasitären Schaltungselemente können allerdings mit der äußeren Beschaltung des Transistors zusammengefaßt werden. Eine weitere Näherung der besprochenen Modelle besteht in der vernachlässigten Rückwirkung des Ausgangs auf den Eingang.

4.6   Rauschen von Feldeffekttransistoren

Feldeffekttransistoren werden in ihren verschiedenen Ausführungsformen in zahlreichen Schaltungen der Hochfrequenztechnik eingesetzt. Verstärker bilden das Hauptanwendungsgebiet dieser Bauelemente, doch eignen sie sich auch zur Realisierung von Oszillatoren, Mischern oder Schaltern. Feldeffekttransistoren aus Galliumarsenid mit einem Metall-Halbleiter-Kontakt als Gate (GaAs-MESFET) können heute bis zu Frequenzen im Millimeterwellenbereich (> 30GHz) verwendet werden.

Die Analyse des Rauschens von Feldeffekttransistoren ist eng verknüpft mit der allgemeinen Funktionsweise des Bauelementes. Daher wird im folgenden zunächst auf das statische Verhalten und die Kleinsignaleigenschaften eingegangen. Aufgrund der größeren Bedeutung für die Hochfrequenztechnik wird dabei nur der Sperrschicht-Feldeffekttransistor behandelt.

4.6.1 Statische Kennlinien und Kleinsignalverhalten

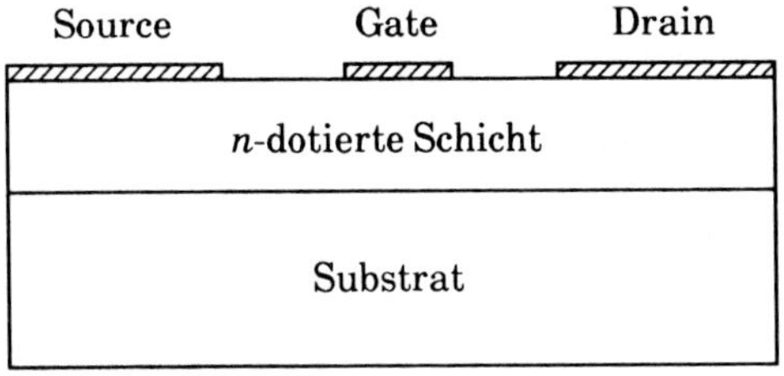

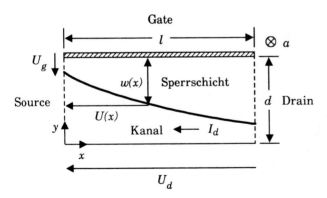

Source   Gate   Drain

n-dotierte Schicht

Substrat

*Bild 4.13: Prinzipieller Aufbau eines n-Kanal-Sperrschicht-
Feldeffekttransistors*

Bild 4.13 zeigt den prinzipiellen Aufbau eines Sperrschicht-Feldeffekt-
transistors. Auf einem Substrat befindet sich die aktive Schicht, die bei
Hochfrequenztransistoren fast immer *n*-dotiert ist. Über diese Schicht
fließt ein Strom vom Drain- zum Sourcekontakt. Der Gateanschluß bildet
mit dem *n*-leitenden Kanal eine Sperrschicht, entweder als *pn*-Übergang
(JFET) oder als Schottky-Kontakt (MESFET). Dadurch kann über das
Potential am Gate der Stromfluß zwischen Drain und Source gesteuert
werden.

Die genaue Analyse wird zweckmäßigerweise auf den Bereich unmittelbar   innerer FET
unter dem Gatekontakt, den sog. inneren FET, beschränkt. Bild 4.14 zeigt
einen Querschnitt des inneren FET, dessen Abmessungen durch Länge *l*
und Breite *a* des Gates sowie die Dicke *d* der aktiven Schicht festgelegt
sind.

Gate

U_g $w(x)$ Sperrschicht $\otimes$ a

Source $U(x)$ d Drain

y Kanal $\leftarrow$ I_d

x

U_d

Bild 4.14: Querschnitt durch den inneren FET

153

Die Berechnung des Drainstromes I_d als Funktion der Gate-Source-Span-   Shockley-Modell
nung U_g und der Drain-Source-Spannung U_d wurde zuerst von SHOCKLEY
1952 durchgeführt. Die Theorie von SHOCKLEY basiert auf zwei Annahmen. Die sog. *gradual channel approximation* geht davon aus, daß sich
die Sperrschicht $w(x)$ längs des Kanals nur allmählich verändert und daher
die elektrische Feldstärke E in der Sperrschicht näherungsweise nur eine
y-Komponente und im Kanal nur eine x-Komponente (siehe Bild 4.14) aufweist. Ferner wird angenommen, daß im leitenden Kanal das Ohmsche
Gesetz gilt, d.h., daß Stromdichte und elektrische Feldstärke zueinander
proportional sind. Für die n-dotierte Halbleiterschicht bedeutet dies, daß
die Beweglichkeit μ der Elektronen konstant sein muß. Insbesondere diese
zweite Voraussetzung für die Gültigkeit der Shockleyschen Theorie ist bei
Galliumarsenid-Feldeffekttransistoren nicht mehr erfüllt. Es wurden daher verschiedene Modelle entwickelt, um die Abhängigkeit der Beweglichkeit von der Feldstärke zu berücksichtigen. Auf diese Modelle wird hier
nicht eingegangen, da eine relativ einfache Rauschtheorie bislang nur für
das Shockley-Modell existiert.

Mit den Annahmen des Shockley-Modells gilt für den Drainstrom I_d der
Ansatz

$$I_d = -q\,\mu\,N_D\,a\,[d - w(x)\,]\,E_x(x)\,, \tag{4.61}$$

mit q als Elementarladung und N_D als Dotierungsdichte. Die Feldstärke E_x
in x-Richtung und die Sperrschichtweite w hängen vom Spannungsabfall
$U(x)$ im Kanal ab:

$$E_x(x) = -\frac{\mathrm{d}U(x)}{\mathrm{d}x}\,, \tag{4.62}$$

$$w(x) = \sqrt{\frac{2\,\varepsilon_0\varepsilon_r}{q\,N_D}\,[U_{Df} - U_g + U(x)\,]}\,, \tag{4.63}$$

mit ε_0 und ε_r als absoluter bzw. relativer Dielektrizitätszahl des Halb-
leitermaterials und U_{Df} als Diffusionsspannung des Gatekontaktes.

Mit den Definitionen für die Pinchoff- oder Abschnürspannung   Pinchoff-Spannung

$$U_p = \frac{q\,N_D\,d^2}{2\,\varepsilon_0\varepsilon_r} \tag{4.64}$$

sowie für die normierte Spannung $V(x)$ gemäß

$$V(x) = \frac{U_{Df} - U_g + U(x)}{U_p} \qquad (4.65)$$

folgt für Sperrschichtweite und Drainstrom:

$$w(x) = d \sqrt{V(x)} \qquad (4.66)$$

$$I_d = q \mu N_D a \, d \, U_p \left(1 - \sqrt{V(x)}\right) \frac{dV(x)}{dx}. \qquad (4.67)$$

Die Lösung der Differentialgleichung (4.67) lautet:

$$I_d = G_0 U_p F_1(V_d). \qquad (4.68)$$

Dabei ist

$$G_0 = q \mu N_D \frac{a\,d}{l} \qquad (4.69)$$

der Leitwert des Kanals bei verschwindender Sperrschicht $(w(x) \equiv 0)$ und F_1 eine Abkürzung für die Funktion

$$F_1(V) = V\left(1 - \frac{2}{3}\sqrt{V}\right) - V_g\left(1 - \frac{2}{3}\sqrt{V_g}\right). \qquad (4.70)$$

Die Größen V_g und V_d sind die normierten Spannungen am Anfang und am Ende des leitenden Kanals:

$$V_g = V(x=0) = \frac{U_{Df} - U_g}{U_p}, \qquad (4.71)$$

$$V_d = V(x=l) = \frac{U_{Df} - U_g + U_d}{U_p}. \qquad (4.72)$$

Bei konstanter Gatespannung U_g nimmt der Drainstrom I_d mit wachsender Drainspannung U_d solange zu, bis U_d den Wert

$$U_{dsat} = U_p - U_{Df} + U_g \qquad (4.73)$$

erreicht. Für $U_d = U_{dsat}$ ist $V(l) = 1$ und damit $w(l) = d$. Am Ende des Kanals erstreckt sich dann die Sperrschicht über die gesamte Dicke d der aktiven Schicht. Beim einfachen Shockley-Modell wird angenommen, daß dadurch eine weitere Zunahme des Drainstroms nicht möglich ist und I_d auch für $U_d > U_{dsat}$ den konstanten Wert

$$I_{dsat} = I_d(U_{dsat}) = G_0 U_p F_1(1) \qquad (4.74)$$

beibehält.

Der Drainstrom I_d läßt sich über die Gatespannung U_g steuern. Er nimmt ab, wenn U_g zu negativeren Werten verändert wird. Für $U_g = U_{Df} - U_p$ wird schließlich $I_d = 0$, unabhängig von der Drainspannung. Der Transistor ist dann vollständig gesperrt. Für $U_g = U_{Df}$ und $U_d = U_p$ erhält man den maximalen Drainstrom $I_d = G_0 U_p / 3$. Es ist dann $w(0) = 0$ und bei weiterer Erhöhung der Gatespannung fließt auch über das Gate ein Strom. Dieser Zustand wird bei Schaltungsanwendungen in der Regel durch geeignete Wahl des Arbeitspunktes vermieden.

Steuerung des Drainstroms

Als Beispiel zeigt Bild 4.15 das theoretische Kennlinienfeld eines Feldeffekttransistors mit $U_{Df} = 0,7V$, $U_p = 3V$ und $G_0 = 50mS$. Der Bereich mit $U_d < U_{dsat}$ wird als linearer oder Ohmscher Bereich bezeichnet; das Kennliniengebiet für $U_d > U_{dsat}$ nennt man Sättigungsbereich. Für Verstärker werden immer Arbeitspunkte im Sättigungsbereich gewählt.

Ohmscher Bereich und Sättigungsbereich

Die mit dem Shockley-Modell berechneten Kennlinien stimmen recht gut mit Meßwerten für Silizium-Feldeffekttransistoren überein. Abweichend vom Modell nimmt allerdings der Drainstrom auch im Sättigungsbereich bei steigender Drainspannung noch geringfügig zu. Die Kennlinien von Galliumarsenid-Transistoren haben zwar qualitativ denselben Verlauf wie in Bild 4.15, doch ist eine quantitativ genaue Berechnung mit dem Shockley-Modell nicht möglich.

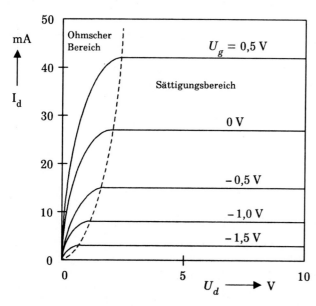

Bild 4.15: *Kennlinienfeld eines Feldeffekttransistors mit $U_{Df} = 0,7V$, $U_p = 3V$, $G_0 = 50mS$.*

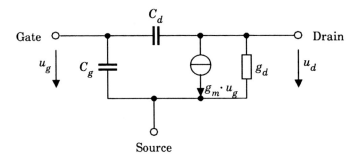

Bild 4.16: Kleinsignalersatzschaltbild des inneren FET

Werden den Gleichspannungen U_g und U_d kleine Wechselspannungen u_g und u_d überlagert, so läßt sich das Verhalten des inneren FET für diese Kleinsignale durch das Ersatzschaltbild in Bild 4.16 beschreiben. Die Steilheit g_m und der Ausgangsleitwert g_d können durch partielle Ableitungen der Gl. (4.68) berechnet werden: **Kleinsignal-Parameter**

$$g_m = \frac{\partial I_d}{\partial U_g} = G_0(\sqrt{V_d} - \sqrt{V_g}), \qquad (4.75)$$

$$g_d = \frac{\partial I_d}{\partial U_d} = G_0(1 - \sqrt{V_d}). \qquad (4.76)$$

In ähnlicher Weise erhält man die Gate-Source-Kapazität C_g und die Drain-Gate-Kapazität C_d aus der Ladung Q_g auf dem Gatekontakt. Diese Ladung ist betragsmäßig gleich der Raumladung in der Sperrschicht:

$$Q_g = -Q_0 \frac{F_2(V_d)}{F_1(V_d)} \qquad (4.77)$$

mit

$$Q_0 = q N_D a \, dl \qquad (4.78)$$

und der Funktion

$$F_2(V) = V\left(\frac{2}{3}\sqrt{V} - \frac{1}{2}V\right) - V_g\left(\frac{2}{3}\sqrt{V_g} - \frac{1}{2}V_g\right). \qquad (4.79)$$

Über die partiellen Ableitungen von Gl. (4.77) nach U_g und U_d findet man für die Kapazitäten:

$$C_g = 2\,C_0\,\frac{1 - \sqrt{V_g}}{F_1(V_d)}\left[\frac{F_2(V_d)}{F_1(V_d)} - \sqrt{V_g}\right],\tag{4.80}$$

$$C_d = 2\,C_0\,\frac{1 - \sqrt{V_d}}{F_1(V_d)}\left[\sqrt{V_d} - \frac{F_2(V_d)}{F_1(V_d)}\right],\tag{4.81}$$

mit

$$C_0 = \varepsilon_0 \varepsilon_r\,\frac{al}{d} = \frac{Q_0}{2\,U_p}.\tag{4.82}$$

Alle Elemente des Kleinsignalersatzschaltbildes sind Funktionen der Spannungen U_g und U_d. Von besonderem Interesse sind die Werte für $U_d = U_{dsat}$, d.h. an der Grenze zum Sättigungsbereich. Wie beim Drainstrom kann auch bei g_m, g_d, C_g und C_d angenommen werden, daß sich die für $U_d = U_{dsat}$ berechneten Werte nicht mehr wesentlich ändern, wenn die Drainspannung weiter erhöht wird. Mit $V_d = 1$ folgt aus den Gln. (4.75), (4.76) und (4.80), (4.81):

$$g_m(U_{dsat}) = G_0(1 - \sqrt{V_g}),\tag{4.83}$$

$$g_d(U_{dsat}) = 0,\tag{4.84}$$

$$C_g(U_{dsat}) = 2\,C_0\,\frac{1 - \sqrt{V_g}}{F_1(1)}\left[\frac{F_2(1)}{F_1(1)} - \sqrt{V_g}\right]$$

$$= 3\,C_0\,\frac{1 + \sqrt{V_g}}{(1 + 2 \cdot \sqrt{V_g})^2},\tag{4.85}$$

$$C_d(U_{dsat}) = 0.\tag{4.86}$$

Bei Betrieb im Sättigungsbereich reduziert sich das Kleinsignalersatzschaltbild des inneren FET also näherungsweise auf die Kapazität C_g am Eingang und die gesteuerte Stromquelle mit der Steilheit g_m. Das Verhältnis beider Werte ist als Transit- oder Grenzfrequenz ω_0 des Transistors definiert:

Transitfrequenz

$$\omega_0 = \frac{g_m}{C_g}.\tag{4.87}$$

Bei der Frequenz $\omega_0/2\pi$ ist die Stromverstärkung des inneren FET auf eins gesunken.

4.6.2 Thermisches Rauschen des inneren FET

Nach dem Modell von Shockley sind Stromdichte und elektrische Feldstärke im leitenden Kanal zueinander proportional, folgen also dem Ohmschen Gesetz. Daher entsteht im Kanal wie in jedem Ohmschen Widerstand thermisches Rauschen. Da aber der Kanal keinen konstanten Querschnitt aufweist und ferner das Verhalten des Feldeffekttransistors als
aktives Bauelement berücksichtigt werden muß, ist der Zusammenhang
zwischen den internen physikalischen Rauschquellen und den dadurch an
den äußeren Klemmen des Transistors hervorgerufenen Rauschspannungen und -strömen relativ kompliziert.

Hinsichtlich seiner Kleinsignaleigenschaften kann der Transistor als ein
lineares Zweitor betrachtet werden. Daher sind die verschiedenen, bei
Zweitoren üblichen Rauschersatzschaltbilder mit jeweils zwei Rauschquellen auch beim Feldeffekttransistor anwendbar. Für einen festen Arbeitspunkt werden die Rauscheigenschaften durch die Leistungsspektren der
beiden Quellen sowie durch ihr Kreuzspektrum vollständig beschrieben.
Beim Feldeffekttransistor verwendet man überwiegend das in Bild 4.17
dargestellte Modell mit zwei Rauschstromquellen.

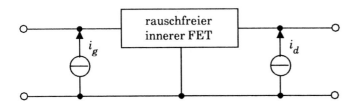

Bild 4.17: Rauschersatzschaltbild für den inneren FET

Nachfolgend soll zunächst ein allgemeiner Weg beschrieben werden, wie
die Kurzschlußrauschströme i_g und i_d mit Hilfe der Beziehungen des
Shockley-Modells berechnet werden können. Grundlage hierfür ist das sog.
Zweitransistormodell. Dazu wird gemäß Bild 4.18a ein infinitesimaler
Kanalabschnitt der Länge dx im Abstand x vom Sourceanschluß betrachtet. Das thermische Rauschen dieses Kanalabschnittes verursacht in den
äußeren Kreisen die Kurzschlußrauschströme di_g und di_d. Zur Berechnung
von di_g und di_d wird der Transistor an der Stelle x in zwei rauschfreie
Transistoren mit den Gatelängen x und $l - x$ aufgeteilt.

Zweitransistor-
modell

159

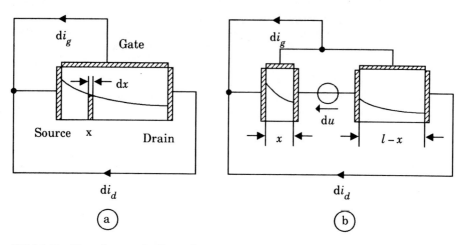

Bild 4.18: *Berechnung des Rauschens beim FET mit dem Zweitransistormodell*

Wie Bild 4.18b zeigt, wird dabei das Rauschen des infinitesimalen Kanalabschnittes durch eine Rauschspannungsquelle du an der Verbindungs-
stelle der beiden Teiltransistoren berücksichtigt. Wird für jeden Teiltran-
sistor ein Ersatzschaltbild wie in Bild 4.16 angenommen, so lassen sich die
Spektren dW_g, dW_d und dW_{gd} der Ströme di_g und di_d aus dem Spektrum
dW_u der Spannungsquelle berechnen. Die Spektren W_g, W_d und das
Kreuzspektrum W_{gd} der vollständigen Rauschströme i_g und i_d erhält man
schließlich, indem man durch Integration die Rauschbeiträge aller
infinitesimalen Kanalabschnitte aufsummiert, wobei zu beachten ist, daß
die Rauschspannungen du für unterschiedliche Positionen x im Kanal
unkorreliert sind.

Die Werte der Ersatzschaltbildelemente der beiden Teiltransistoren
hängen von der Lage x der Trennstelle ab. Zur Berechnung können die Gln.
(4.75), (4.76) und (4.80), (4.81) verwendet werden, wenn die unterschiedlichen Geometrien und Spannungen der Teiltransistoren berücksichtigt
werden. Mit V als normierter Spannung am Ort x erhält man für den
sourceseitigen Teil-FET:

Kleinsignal-
parameter
der Teil-
transistoren

$$g_{m1} = G_0 \frac{l}{x} (\sqrt{V(x)} - \sqrt{V_g}), \qquad (4.88)$$

$$g_{d1} = G_0 \frac{l}{x} (1 - \sqrt{V(x)}), \qquad (4.89)$$

$$C_{g1} = 2\,C_0\,\frac{x}{l}\,\frac{1-\sqrt{V_g}}{F_1[V(x)]}\left[\frac{F_2[V(x)]}{F_1[V(x)]} - \sqrt{V_g}\right], \qquad (4.90)$$

$$C_{d1} = 2\,C_0\,\frac{x}{l}\,\frac{1-\sqrt{V(x)}}{F_1[V(x)]}\left[\sqrt{V(x)} - \frac{F_2[V(x)]}{F_1[V(x)]}\right]. \qquad (4.91)$$

Für den drainseitigen Teil-FET ergibt sich:

$$g_{m2} = G_0\,\frac{l}{l-x}\,(\sqrt{V_d} - \sqrt{V(x)}), \qquad (4.92)$$

$$g_{d2} = G_0\,\frac{l}{l-x}\,(1 - \sqrt{V_d}), \qquad (4.93)$$

$$C_{g2} = 2\,C_0\,\frac{l-x}{l}\,\frac{1-\sqrt{V(x)}}{F_1(V_d)-F_1(V)}\left[\frac{F_2(V_d)-F_2(V)}{F_1(V_d)-F_1(V)} - \sqrt{V(x)}\right], (4.94)$$

$$C_{d2} = 2\,C_0\,\frac{l-x}{l}\,\frac{1-\sqrt{V_d}}{F_1(V_d)-F_1(V)}\left[\sqrt{V_d} - \frac{F_2(V_d)-F_2(V)}{F_1(V_d)-F_1(V)}\right]. (4.95)$$

Da der ungesättigte Kennlinienbereich bei Verstärkern nicht verwendet wird, kann man sich auf den Fall $V_d=1$ beschränken. Daraus folgt:

$$g_{d2} = C_{d2} = 0. \qquad (4.96)$$

Durch den Kurzschluß der Gate-Source-Strecke beim sourceseitigen Teil-FET werden die Elemente C_{g1} und g_{m1} unwirksam. Zur Berechnung der Kurzschlußrauschströme kann daher das Ersatzschaltbild in Bild 4.19 verwendet werden.

Ersatzschaltung für den Sättigungsbereich

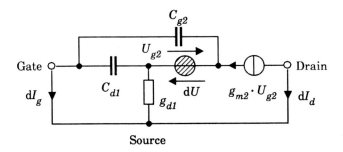

Bild 4.19: FET-Ersatzschaltbild zur Berechnung der Kurzschlußrauschströme

Da die Schaltung linear ist, läßt sich die Rauschanalyse in der üblichen Weise mit komplexen Amplituden dU, dI_g und dI_d durchführen. Das Ergebnis lautet:

$$dI_g = \frac{j\omega(C_{g2}\,g_{d1} - C_{d1}\,g_{m2})}{g_{m2} + g_{d1} + j\omega(C_{d1} + C_{g2})}\,dU, \tag{4.97}$$

$$dI_d = \frac{g_{m2}(g_{d1} + j\omega\,C_{d1})}{g_{m2} + g_{d1} + j\omega(C_{d1} + C_{g2})}\,dU. \tag{4.98}$$

Setzt man in diese Gleichungen die Beziehungen für die Ersatzschaltbildelemente ein, so ergeben sich sehr komplizierte Ausdrücke. Eine geschlossene Lösung für die Kurzschlußrauschströme auf der Basis des allgemeinen Ansatzes (4.97), (4.98) ist daher bis jetzt nicht bekannt. Die Gleichungen lassen sich vereinfachen, wenn die höheren Frequenzen ausgeklammert werden. Für

$$\omega \ll \frac{g_{m2} + g_{d1}}{C_{d1} + C_{g2}} \tag{4.99}$$

und

$$\omega \ll \frac{g_{d1}}{C_{d1}} \tag{4.100}$$

folgt aus den Gln. (4.97) und (4.98)

$$dI_g = \frac{j\omega(C_{g2}\,g_{d1} - C_{d1}\,g_{m2})}{g_{m2} + g_{d1}}\,dU, \tag{4.101}$$

$$dI_d = \frac{g_{m2}\,g_{d1}}{g_{m2} + g_{d1}}\,dU. \tag{4.102}$$

Näherung für tiefe Frequenzen

Die Bedingungen (4.99) und (4.100) sind erfüllt, wenn nur Frequenzen unterhalb der Grenzfrequenz ω_0 nach Gl. (4.87) berücksichtigt werden. Mit den Gln. (4.83), (4.85), (4.89), (4.91), (4.92), (4.94) sowie

$$\frac{x}{l} = \frac{F_1(V)}{F_1(1)} \tag{4.103}$$

erhält man schließlich

$$dI_g = j\omega C_g \frac{1 - \sqrt{V}}{1 - \sqrt{V_g}} \frac{\dfrac{F_2(1)}{F_1(1)} - \sqrt{V}}{\dfrac{F_2(1)}{F_1(1)} - \sqrt{V_g}} \, dU, \tag{4.104}$$

$$dI_d = g_m \frac{1 - \sqrt{V}}{1 - \sqrt{V_g}} \, dU. \tag{4.105}$$

Für die zugehörigen Leistungsspektren dW_g und dW_d sowie das Kreuzspektrum dW_{gd} folgt dann:

$$dW_g = (\omega C_g)^2 \left[\frac{(1 - \sqrt{V})(\gamma - \sqrt{V})}{(1 - \sqrt{V_g})(\gamma - \sqrt{V_g})} \right]^2 dW_u, \tag{4.106}$$

$$dW_d = g_m^2 \left[\frac{1 - \sqrt{V}}{1 - \sqrt{V_g}} \right]^2 dW_u, \tag{4.107}$$

$$dW_{gd} = -j\omega C_g g_m \left[\frac{1 - \sqrt{V}}{1 - \sqrt{V_g}} \right]^2 \frac{\gamma - \sqrt{V}}{\gamma - \sqrt{V_g}} \, dW_u. \tag{4.108}$$

Dabei wurde die Abkürzung

$$\gamma = \frac{F_2(1)}{F_1(1)} = \frac{\dfrac{1}{6} - V_g \left(\dfrac{2}{3} \sqrt{V_g} - \dfrac{1}{2} V_g \right)}{\dfrac{1}{3} - V_g \left(1 - \dfrac{2}{3} \sqrt{V_g} \right)}$$

$$= \frac{1}{2} \frac{1 + 2 \cdot \sqrt{V_g} + 3 V_g}{1 + 2 \cdot \sqrt{V_g}} \tag{4.109}$$

verwendet. Die Größe γ hat eine einfache physikalische Bedeutung. Nach Gl. (4.77) ist sie das Verhältnis der Raumladung $-Q_g$ in der Sperrschicht zur Maximalladung Q_0 oder auch die mittlere relative Sperrschichtweite $\bar{w}/d$ des inneren FET. Das Rauschen dW_u der Spannungsquelle ist das thermische Rauschen des infinitesimalen Kanalabschnittes der Länge dx mit dem Widerstand dR:

Rauschen des
infinitesimalen
Kanalabschnittes

163

$$dW_u = 2kT\,dR\,, \tag{4.110}$$

mit

$$dR = \frac{dx}{q\,\mu\,N_D\,a(d-w)} = \frac{dx}{G_0\,l(1-\sqrt{V}\,)}\,. \tag{4.111}$$

Aus den Gln. (4.67) bis (4.69) folgt für den Zusammenhang zwischen dx und dV:

$$dx = \frac{l}{F_1(1)}\,(1-\sqrt{V}\,)\,dV\,. \tag{4.112}$$

Damit ergibt sich für den Widerstand des Kanalabschnittes

$$dR = \frac{dV}{G_0 F_1(1)}\,. \tag{4.113}$$

Von den drei Spektren W_g, W_d und W_{gd} ist das Leistungsspektrum des Rauschstromes i_d am einfachsten zu berechnen. Durch Einsetzen der Gln. (4.110) und (4.113) in Gl. (4.107) erhält man

$$dW_d = 2kT g_m \frac{(1-\sqrt{V}\,)^2}{F_1(1)(1-\sqrt{V_g}\,)}\,dV\,. \tag{4.114}$$

Die Integration ergibt

$$W_d = \int dW_d$$

$$= 2kT g_m \frac{1}{F_1(1)(1-\sqrt{V_g}\,)} \int_{V_g}^{1} (1-2\sqrt{V}+V)\,dV$$

$$= 2kT g_m \frac{1}{F_1(1)(1-\sqrt{V_g}\,)} \left[\frac{1}{6} - V_g\left(1 - \frac{4}{3}\sqrt{V_g} + \frac{1}{2}V_g\right)\right]. \tag{4.115}$$

Nach einigen Umformungen läßt sich das Ergebnis darstellen als

Spektren der Kurzschluß-rauschströme

$$W_d = 2kT g_m P(V_g) \tag{4.116}$$

mit der Funktion

$$P(V_g) = \frac{(1+3\sqrt{V_g}\,)(1-\sqrt{V_g}\,)^2}{2[1-V_g(3-2\sqrt{V_g}\,)]} = \frac{1}{2}\frac{1+3\cdot\sqrt{V_g}}{1+2\cdot\sqrt{V_g}}\,. \tag{4.117}$$

Auf ähnliche Weise, aber mit größerem Aufwand, können die Spektren W_g und W_{gd} berechnet werden. Man erhält

$$W_g = 2kT \frac{(\omega C_g)^2}{g_m} R(V_g) \tag{4.118}$$

mit

$$R(V_g) = \frac{\gamma^2 (1 - V_g) - \frac{4}{3} \gamma (1 + \gamma)(1 - V_g^{3/2}) + \frac{1}{2}(1 + 4\gamma + \gamma^2)(1 - V_g^2)}{F_1(1)(1 - \sqrt{V_g})(\gamma - \sqrt{V_g})^2}$$

$$+ \frac{-\frac{4}{5}(1 + \gamma)(1 - V_g^{5/2}) + \frac{1}{3}(1 - V_g^3)}{F_1(1)(1 - \sqrt{V_g})(\gamma - \sqrt{V_g})^2}$$

$$= \frac{1}{10} \cdot \frac{1 + 7\sqrt{V_g}}{1 + 2\sqrt{V_g}} \tag{4.119}$$

und

$$W_{gd} = -2kT j\omega C_g Q(V_g) \tag{4.120}$$

mit

$$Q(V_g) = \frac{\gamma(1 - V_g) - \frac{2}{3}(1 + 2\gamma)(1 - V_g^{3/2})}{F_1(1)(1 - \sqrt{V_g})(\gamma - \sqrt{V_g})}$$

$$+ \frac{\frac{1}{2}(2 + \gamma)(1 - V_g^2) - \frac{2}{5}(1 - V_g^{5/2})}{F_1(1)(1 - \sqrt{V_g})(\gamma - \sqrt{V_g})}$$

$$= \frac{1}{10} \cdot \frac{1 + 3\sqrt{V_g}(2 + \sqrt{V_g})}{(1 + \sqrt{V_g})(1 + 2\sqrt{V_g})} . \tag{4.121}$$

Für die Beurteilung der Korrelation zwischen i_g und i_d ist ferner das normierte Kreuzspektrum von Interesse:

$$k_{gd} = \frac{W_{gd}}{\sqrt{W_g W_d}} = -j \frac{Q(V_g)}{\sqrt{P(V_g) R(V_g)}} = -jC(V_g). \tag{4.122}$$

165

Übungsaufgabe 4.5

Berechnen Sie die Funktion $C(V_g)$. Zwischen welchen Grenzen ändert sich das normierte Kreuzspektrum im Bereich $0 \leq V_g \leq 1$?

Bild 4.20 zeigt die Abhängigkeit der in den Gleichungen für die Rauschspektren verwendeten Größen P, Q, R und C von der normierten Spannung V_g. Alle Parameter werden nur geringfügig von der Gatespannung beeinflußt und können in erster Näherung sogar als konstant betrachtet werden. Für rauscharme Verstärker wählt man meist Arbeitspunkte mit kleinen Drainströmen; die zugehörigen V_g-Werte liegen etwa zwischen 0,5 und 1. Eine gute Näherung für die Rauschparameter ist daher

Näherung für Rauschparameter

$$P(V_g) \approx \frac{2}{3}, \tag{4.123}$$

$$R(V_g) \approx \frac{1}{4}, \tag{4.124}$$

$$Q(V_g) \approx \frac{1}{6}, \tag{4.125}$$

$$C(V_g) \approx 0{,}4. \tag{4.126}$$

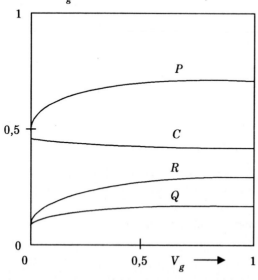

Bild 4.20: *Verlauf der Rauschparameter P, Q, R und C als Funktion der normierten Gatespannung V_g*

Die vorstehende Berechnung der Rauschspektren basiert auf dem Shockley-Modell für den Feldeffekttransistor. Wie bereits erwähnt, ist dieses Modell bei Galliumarsenid-Feldeffekttransistoren nicht mehr anwendbar. Bei diesen Bauelementen treten im Kanal so hohe Feldstärken auf, daß die Elektronenbeweglichkeit nicht mehr als konstant betrachtet werden kann. Bei einem genaueren Transistormodell wird daher angenommen, daß das Ohmsche Gesetz nur in einem Teil des Kanals gilt und daß die Elektronen sich im anderen Teil des Kanals mit einer konstanten Sättigungsdriftgeschwindigkeit bewegen.

Die Berücksichtigung hoher Feldstärken erfordert auch ein aufwendigeres Rauschmodell. So kann in den Beziehungen für das thermische Rauschen, z.B. Gl. (4.110), nicht mehr die physikalische Temperatur des Kristallgitters verwendet werden. Da sich die Elektronen nicht mehr im thermischen Gleichgewicht mit dem Gitter befinden, ist von einer höheren Elektronentemperatur auszugehen. Im Bereich der Driftsättigung lassen sich die statistischen Schwankungen des Stroms generell nicht mehr als thermisches Rauschen behandeln, sondern müssen in allgemeinerer Form als sog. Diffusionsrauschen betrachtet werden.

Rauschen bei Galliumarsenid-Feldeffekttransistoren

Das allgemeine Rauschersatzschaltbild aus Bild 4.17 ist jedoch auch für Galliumarsenid-Feldeffekttransistoren geeignet. Die Gln. (4.116), (4.118) und (4.120) für die Rauschspektren können ebenfalls verwendet werden, wobei sich allerdings für die Funktionen P, Q und R andere Zusammenhänge ergeben als beim Shockley-Modell. Ein wesentlicher Unterschied gegenüber den bisherigen Ergebnissen ist z.B., daß die Rauschströme i_g und i_d fast vollständig korreliert sind. Für die Größe C aus Gl. (4.122) erhält man daher Werte nahe bei 1, gegenüber 0,4 beim einfachen Rauschmodell.

4.6.3 Die Rauschzahl des vollständigen FET

Zum Rauschen des vollständigen FET tragen neben dem inneren FET auch verschiedene parasitäre Widerstände bei. In erster Linie sind der Gatewiderstand R_g und der Sourcewiderstand R_s zu berücksichtigen. Damit ergibt sich für den vollständigen FET das Rauschersatzschaltbild in Bild 4.21.

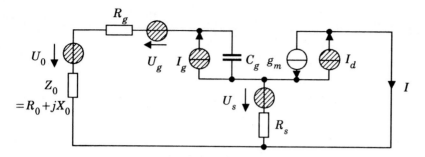

Bild 4.21: Rauschersatzschaltbild des vollständigen FET

Das thermische Rauschen der parasitären Widerstände wird durch Rausch-spannungsquellen mit den komplexen Zeigern U_g und U_s beschrieben. Die komplexe Impedanz $Z_0 = R_0 + j X_0$ ist der Innenwiderstand der Signal-quelle. Das Rauschen der Signalquelle wird durch die Spannung U_0 berücksichtigt. parasitäre Widerstände

Die verschiedenen Rauschquellen verursachen am Ausgang einen Kurz-schlußrauschstrom, dessen komplexe Amplitude I leicht aus Bild 4.21 berechnet werden kann:

$$I = \frac{-U_0 - U_g + U_s - I_g(Z_0 + R_g + R_s)}{R_s + \dfrac{1}{g_m}[1 + j\omega C_g(Z_0 + R_g + R_s)]}$$

$$+ \frac{\dfrac{I_d}{g_m}[1 + j\omega C_g(Z_0 + R_g + R_s)]}{R_s + \dfrac{1}{g_m}[1 + j\omega C_g(Z_0 + R_g + R_s)]}. \qquad (4.127)$$

Durch Bildung des Betragsquadrates erhält man aus Gl. (4.127) eine äqui-valente Beziehung für das Spektrum von I. Dabei ist eine Korrelation nur zwischen den Strömen I_g und I_d zu berücksichtigen. Dividiert man das Spektrum durch den Anteil, der vom Rauschen der Quelle verursacht wird, so ergibt sich schließlich die Rauschzahl F des Transistors. Mit den Gln. (4.116), (4.118) und (4.120) sowie den bekannten Beziehungen für die thermischen Rauschspektren der Widerstände lautet das Ergebnis:

$$F = 1 + \frac{R_g + R_s}{R_0} + \frac{P}{g_m R_0} - \frac{2\omega C_g X_0}{g_m R_0}(P - Q)$$

$$+ \frac{(\omega C_g)^2 [(R_0 + R_g + R_s)^2 + X_0^2]}{g_m R_0}(P + R - 2Q). \qquad (4.128)$$

Neben den Transistoreigenschaften hängt die Rauschzahl auch von der Impedanz $Z_0 = R_0 + jX_0$ der Quelle ab. Durch Wahl der optimalen Quellenimpedanz $Z_{opt} = R_{opt} + jX_{opt}$ erhält man die minimale Rauschzahl F_{min}. R_{opt} und X_{opt} können durch partielle Differentation von Gl. (4.128) berechnet werden:

$$R_{opt} = \sqrt{(R_g + R_s)^2 + \frac{PR(1 - C^2) + g_m(R_g + R_s)(P + R - 2Q)}{[(\omega C_g)(P + R - 2Q)]^2}}, \qquad (4.129)$$

$$X_{opt} = \frac{1}{\omega C_g} \frac{P - Q}{P + R - 2Q}. \qquad (4.130)$$

Für die minimale Rauschzahl ergibt sich:

$$F_{min} = 1 + 2 \frac{(\omega C_g)^2}{g_m}(R_{opt} + R_g + R_s)(P + R - 2Q) \qquad (4.131)$$

oder

$$F_{min} = 1 + 2(P + R - 2Q) \frac{(\omega C_g)^2}{g_m}(R_g + R_s)$$

$$\cdot \left[1 + \sqrt{1 + \frac{PR(1 - C^2) + g_m(R_g + R_s)(P + R - 2Q)}{[\omega C_g(R_g + R_s)(P + R - 2Q)]^2}}\right]. \qquad (4.132)$$

Übungsaufgabe 4.6

Leiten Sie die Beziehungen für die minimale Rauschzahl und die optimale Quellenimpedanz (Gln. (4.129) bis (4.132)) ab.

Beschränkt man sich auf Frequenzen, die klein gegenüber der Transit-frequenz des Transistors sind, so gilt $\omega C_g \ll g_m$ und der Bruch unter der Wurzel in Gl. (4.132) ist sehr viel größer als eins. Damit vereinfacht sich die Beziehung für die minimale Rauschzahl:

$$F_{min} = 1 + 2 \, \frac{\omega C_g}{g_m} \, \sqrt{PR(1-C^2) + g_m(R_g + R_s)(P + R - 2Q)}$$

$$+ 2 \, \frac{(\omega C_g)^2}{g_m} \, (R_g + R_s)(P + R - 2Q) \, . \tag{4.133}$$

Aus Gl. (4.133) folgt, daß die minimale Rauschzahl weit unterhalb der Transitfrequenz zunächst linear mit der Frequenz ansteigt; bei Annähe-rung an die Transitfrequenz wird der Anstieg von F_{min} durch den quadra-tischen Term in Gl. (4.133) stärker. Dabei spielen die parasitären Wider-stände R_g und R_s eine entscheidende Rolle. Betrachtet man nur den inneren FET, d.h. $R_g = R_s = 0$, so ergibt sich die einfache Beziehung

$$F_{min} = 1 + 2 \, \sqrt{PR(1 - C^2)} \, \frac{\omega C_g}{g_m} \, . \tag{4.134}$$

Rauschzahl
des inneren FET

Wie bereits erwähnt, sind bei Galliumarsenid-Feldeffekttransistoren die beiden Rauschströme des inneren FET sehr stark korreliert. Mit $C \approx 1$ kann dann der Ausdruck $PR(1 - C^2)$ unter der Wurzel von Gl. (4.133) gegenüber dem zweiten Term vernachlässigt werden. Vernachlässigt man außerdem den quadratisch frequenzabhängigen Term, so folgt für die minimale Rauschzahl:

$$F_{min} = 1 + K \, \omega C_g \, \sqrt{\frac{R_g + R_s}{g_m}} \tag{4.135}$$

Fukui-Gleichung

mit

$$K = 2 \, \sqrt{P + R - 2Q} \, . \tag{4.136}$$

Die Beziehung (4.135) wurde auch auf empirischem Weg von FUKUI[1] gefunden. Allerdings ist für K ein größerer Wert einzusetzen als sich mit dem einfachen Rauschmodell und Gl. (4.136) ergibt. Die beste Überein-stimmung mit experimentellen Ergebnissen erhält man nach FUKUI für

---

[1]   H. FUKUI: Optimal Noise Figure of Microwave GaAs MESFET's. IEEE Transactions on Electron Devices, Vol. ED – 26 (1979), 1032 – 1037

$K = 2,5$, wenn für C_g und g_m die Werte für $U_g = 0$ eingesetzt werden. Die minimale Rauschzahl wird allerdings bei einer negativen Gate-Source-Spannung, also bei einem kleineren Drainstrom erreicht. Die prinzipielle Abhängigkeit der Rauschzahl vom Arbeitspunkt läßt sich aus Gl. (4.135) ableiten. Wird U_g negativer, so nehmen sowohl C_g als auch g_m ab; auch das Verhältnis $\omega C_g / \sqrt{g_m}$ und damit die Rauschzahl werden zunächst kleiner. Erst wenn die Steilheit stärker abfällt, nimmt die Rauschzahl wieder zu. Für die Rauschzahl ergibt sich damit bei einem bestimmten Drainstrom ein Optimum.

Arbeitspunkt für minimales Rauschen

Übungsaufgabe 4.7

Bei welchem Wert der normierten Spannung V_g erhält man die minimale Rauschzahl, wenn für g_m und C_g die Beziehungen des Shockley-Modells verwendet werden?

Bei Galliumarsenid-Feldeffekttransistoren liegt die optimale Gatespannung in der Nähe der Pinchoffspannung. Nach einer üblichen Dimensionierungsregel stellt man den Drainstrom auf etwa 15% des Wertes für $U_g = 0$ ein, um die Rauschzahl zu minimieren.

Bild 4.22 zeigt die zur Zeit mit Galliumarsenid-Feldeffekttransistoren bei verschiedenen Frequenzen möglichen Rauschzahlen.

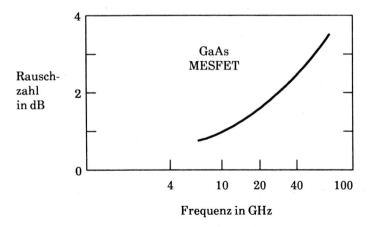

Bild 4.22: *Minimale Rauschzahl* $F_{\min}$ *von Galliumarsenid-Feldeffekttransistoren*

Vorbemerkung zur Kurseinheit 5

Nichtlineare Bauelemente haben in der Hochfrequenztechnik eine große Bedeutung, weil man mit ihrer Hilfe eine Frequenzversetzung vornehmen kann. Beispielsweise läßt sich dadurch eine niederfrequente Information in den Hochfrequenzbereich verschieben, und nach Abstrahlung durch eine Antenne und Ausbreitung im Raum durch eine weitere Antenne empfangen und erneut in den Niederfrequenzbereich umsetzen. Zum Zweck der Frequenzumsetzung wird das nichtlineare Bauelement periodisch mit einem Großsignal, dem sog. Pumpsignal, angesteuert. Die Frequenz des Pumpsignals legt im wesentlichen den auftretenden Frequenzversatz fest. Sind die Signale, welche man in der Frequenz umsetzen möchte, in ihrer Amplitude klein gegenüber der Amplitude des Pumpsignals, dann kann man davon ausgehen, daß der momentane Arbeitspunkt auf der nichtlinearen Kennlinie des Bauelementes durch die Kleinsignale nicht beeinflußt werden kann und nur durch das Pumpsignal festgelegt wird. Dieser sog. **parametrische Ansatz** hat zur Folge, daß Signale oder auch Zeigergrößen bei verschiedenen Frequenzen linear oder **quasilinear** miteinander verknüpft sind. Diese Verknüpfung von z.B. Strömen und Spannungen oder auch Wellengrößen kann daher wie bei gewöhnlichen linearen Mehrtoren mit Hilfe von Matrizen erfolgen, etwa der Leitwertmatrix oder der Streumatrix. Der Unterschied in der Beschreibung solcher **parametrischer Schaltungen** mit Hilfe von Mehrtoren im Vergleich zu gewöhnlichen linearen Mehrtoren besteht darin, daß den verschiedenen Toren verschiedene Frequenzen zugeordnet sind.

Für solche quasilinearen Schaltungen kann man in gewohnter Weise eine Rauschzahl definieren und entweder messen oder aus einer gegebenen Ersatzschaltung berechnen. Bei der Erstellung einer gültigen Ersatzschaltung für eine parametrisch betriebene Schaltung, z.B. eine Mischerschaltung mit Schottky-Dioden oder Feldeffekttransistoren, tritt eine Schwierigkeit auf, die bisher nicht diskutiert werden mußte. Angenommen, das nichtlineare Bauelement zeigt Schrotrauschen über einen weiten Frequenzbereich. Dann benötigen wir für die Ersatzschaltung eine Kenntnis des Rauschspektrums bei verschiedenen Frequenzen und darüber hinaus eine Information über die Korrelation der Rauschsignale bei verschiedenen Frequenzen. Bei ungepumptem Schrotrauschen kann man davon ausgehen, daß Rauschsignale verschiedener Frequenzbänder unkorreliert sind, und zwar auch dann, wenn man mit Hilfe eines idealen Frequenzversetzers die Frequenzbänder übereinander schieben würde. Durch ein Pumpsignal wird der Strom, welcher für das Schrotrauschen verantwortlich ist, periodisch verändert. Dann kann eine Korrelation zwischen verschiedenen Frequenzbändern auftreten, wenn der Abstand der Frequenzbänder mit der Pumpfrequenz korrespondiert. Diese Korrelation muß unbedingt berücksichtigt werden, wenn man zu einem richtigen Ergebnis bei der Berechnung der Rauschzahl kommen will. Es ist daher ein wichtiges Ziel dieser Kurseinheit, ein quantitatives Modell für die Korrelation in periodisch gepumpten Schottky-Dioden, welche zeitlich periodisch veränderliches Schrotrauschen aufweisen, herzuleiten und für die Berechnung einer Rauschzahl einzusetzen. Diese Ergebnisse lassen sich auf gepumptes thermisches Rauschen übertragen.

Bei sog. **parametrischen Verstärkern** mit **Varaktor-Dioden** nimmt man an, daß als wesentliche Rauschquelle nur das thermische Rauschen des Bahnwiderstandes berücksichtigt werden muß, welches zeitlich als unveränderlich angenommen wird. In diesem Fall tritt keine Korrelation bei Rauschsignalen verschiedener Frequenz auf, und die Berechnung einer Rauschzahl bereitet keine besonderen Schwierigkeiten. Parametrische Verstärker werden zwar nur noch selten eingesetzt, sie verdienen aber ein grundsätzliches Interesse, weil sie instabil werden können und weil ähnliche Instabilitäten auch in anderen Schaltungen wie etwa varaktorabstimmbaren Oszillatoren auftreten können, wo sie durchaus unerwünscht sind.

Studienziele zur Kurseinheit 5

Nach dem Durcharbeiten dieser Kurseinheit sollten Sie

▶ die vielfältigen Anwendungsmöglichkeiten des parametrischen Ansatzes in der Hochfrequenztechnik erkannt haben;

▶ eingesehen haben, daß für kleine Rauschsignale und große periodische Trägersignale fast immer ein parametrischer Ansatz erfolgreich ist;

▶ behalten haben, daß Signale oder Rauschen verschiedener Frequenz der Definition gemäß immer unkorreliert ist;

▶ sich erinnern, daß weißes Rauschen ebenso wie gefiltertes weißes Rauschen auch dann keine Korrelation zeigt, wenn man zwei Frequenzbereiche durch Frequenzversetzung aufeinander schiebt;

▶ wissen, daß moduliertes weißes Rauschen von korrespondierenden Frequenzbereichen eine Korrelation aufweisen kann;

▶ dazugelernt haben, daß die Korrelationsmatrix einer periodisch gepumpten Schottky-Diode der Leitwertmatrix proportional ist und daher durch ein Zwei- oder Mehrtor homogener Temperatur beschrieben werden kann;

▶ eingesehen haben, daß bei einem passiv betriebenen thermisch rauschenden Feldeffekttransistor-Mischer die Rauschzahl gleich den Konversionsverlusten ist;

▶ erfahren haben, daß ein parametrischer Verstärker zwar selten eingesetzt wird, aber als ein Modell für ein mögliches instabiles Verhalten von Bedeutung ist.

5 Rauschen in parametrischen Schaltungen

Bei einer in der Hochfrequenztechnik sehr wichtigen Klasse von nichtlinearen Schaltungen erfolgt die Aussteuerung des nichtlinearen Bauelementes (oder mehrerer nichtlinearer Bauelemente) durch ein zeitperio-
disches Pumpsignal $u_p(t)$ der Grundfrequenz f_p mit großer Steueramplitude.   Pumpsignal
tude. Außerdem können an dem nichtlinearen Bauelement eine Reihe von
Signalen, $\Delta u(t)$, mit bedeutend kleinerer Amplitude anliegen, welche im
allgemeinen von f_p verschiedene Frequenzen aufweisen. Bei dem sog. parametrischen Ansatz geht man davon aus, daß der momentane Arbeitspunkt
auf der Kennlinie des nichtlinearen Bauelementes, der zeitperiodisch verändert wird, ausschließlich durch das große Pumpsignal festgelegt wird.
Von den Kleinsignalen nimmt man an, daß sie den momentanen Arbeitspunkt, wie er durch das Pumpsignal bestimmt wird, vorfinden und nicht
verändern. Als Beispiel soll im folgenden zunächst die nichtlineare eindeutige Stromspannungskennlinie einer Schottky-Diode behandelt werden,
allerdings können die Überlegungen ebenso gut auf andere nichtlineare
Bauelemente übertragen werden. Als weiteres Beispiel sollen nichtlineare
Kapazitäts-Spannungs-Kennlinien betrachtet werden.

5.1 Parametrische Rechnung

Am nichtlinearen Bauelement mögen der Strom I und die Spannung U nichtlineare
Strom-Spannungs-
Kennlinie
durch die eindeutige Strom-Spannungs-Kennlinie $I = I(U)$ verknüpft sein.
Die Kennlinie wird durch ein periodisches Signal mit großer Amplitude
$u_p(t)$ ausgesteuert. Dem großen Signal ist ein kleines Signal $\Delta u(t)$
zusätzlich überlagert. Wenn die Amplituden von $\Delta u(t)$ sehr klein
gegenüber der Amplitude von $u_p(t)$ sind, dann gilt in guter Näherung der
sog. parametrische Ansatz:

$$I[u_p(t) + \Delta u(t)] = I(u_p(t)) + \left.\frac{dI}{dU}\right|_{u_p(t)} \cdot \Delta u(t)$$

$$= I(u_p(t)) + \Delta i(t). \tag{5.1}$$

Die Kleinsignalspannung $\Delta u(t)$ verursacht einen Kleinsignalstrom $\Delta i(t)$
und beide sind über den zeitabhängigen Leitwert $g(u_p(t))$ miteinander
verknüpft:

$$\Delta i(t) = g(u_p(t)) \cdot \Delta u(t)$$

$$g(t) = \frac{dI}{dU}(u_p(t)). \tag{5.2}$$

Der Momentanleitwert $g(u_p(t))$ hängt nur von dem Großsignal $u_p(t)$ ab und ist der **Parameter**, der durch das Großsignal verändert wird. Von Bedeutung ist die Tatsache, daß die Kleinsignalströme und -spannungen Δi und Δu linear miteinander verknüpft sind, weil sie den Verlauf von $g(t)$ selbst nicht beeinflussen. Es gilt daher für die Kleinsignalgrößen das Superpositionsprinzip. Weil der differentielle Leitwert $g(t)$ jedoch zeitabhängig ist, treten neue Frequenzkomponenten auf. Den Zusammenhang zwischen den einzelnen Frequenzkomponenten erkennt man besser, wenn man zu einer Zeigerdarstellung übergeht. Nimmt man außerdem an, daß das Pumpsignal periodisch mit der Kreisfrequenz $\omega_p = 2\pi f_p$ ist, dann ist auch der zeitabhängige differentielle Leitwert $g(t)$ mit ω_p periodisch und läßt sich daher als Fourierreihe anschreiben:

$$g(u_p(t)) = \sum_{n=-\infty}^{+\infty} G_n \cdot exp\,(jn\omega_p t)$$

$$G_n = \frac{1}{2\pi} \int_{-\pi}^{+\pi} g(u_p(t))\,exp\,(-jn\omega_p t)\,d(\omega_p t). \tag{5.3}$$

Weil $g(t)$ eine reelle Funktion ist, gilt

$$G_{-n} = G_n^* \tag{5.4}$$

und G_0 ist reell.

Nehmen wir $\Delta u(t)$ monofrequent mit der Kreisfrequenz $\omega_s = 2\pi f_s$ an, dann erkennen wir aus Gl. (5.2), daß $\Delta i(t)$ bei allen Kombinationsfrequenzen $|f_s \pm n \cdot f_p|$, $n = 0,1,2,3$ usw. vorkommt. Die Kleinsignalnäherung hat zur Folge, daß Oberschwingungen von f_s nicht auftreten können. Die Ströme bei den verschiedenen Frequenzen bewirken aufgrund der äußeren Beschaltung, daß auch Spannungen bei weiteren Kombinationsfrequenzen auftreten.

Kombinationsfrequenzen

Wir wollen vereinfachend annehmen, daß neben dem Strom bei der Signalfrequenz f_s nur noch ein Strom bei der Zwischenfrequenz $f_i = f_s - f_p$ durch das nichtlineare Bauelement fließt. Bei allen anderen Kombinationsfrequenzen soll die äußere Beschaltung eine so große Impedanz aufweisen, daß ein Stromfluß praktisch verhindert wird. In Zeigerschreibweise mit den komplexen Zeigern I_s, I_i setzen wir daher für den Kleinsignalstrom an:

$$\Delta i(t) = \frac{1}{2} \left\{ I_s e^{j\omega_s t} + I_s^* e^{-j\omega_s t} + I_i e^{j\omega_i t} + I_i^* e^{-j\omega_i t} \right\}. \tag{5.5}$$

Nur Spannungszeiger bei f_s und f_i verursachen mit den zugehörigen Stromzeigern Wirkleistung am nichtlinearen Element. Daher setzen wir auch für $\Delta u(t)$ nur Komponenten für f_s und f_i an.

$$\Delta u(t) = \frac{1}{2} \left\{ U_s e^{j\omega_s t} + U_s^* e^{-j\omega_s t} + U_i e^{j\omega_i t} + U_i^* e^{-j\omega_i t} \right\} \tag{5.6}$$

Setzt man die Gln. (5.3), (5.5) und (5.6) in die Gl. (5.2) ein und notiert nach Frequenzkomponenten, dann erhält man die folgenden beiden Gleichungen, welche in Matrixform lauten:

$$\begin{bmatrix} I_s \\ I_i \end{bmatrix} = \begin{bmatrix} G_0 & G_1 \\ G_1^* & G_0 \end{bmatrix} \cdot \begin{bmatrix} U_s \\ U_i \end{bmatrix} = [G] \cdot \begin{bmatrix} U_s \\ U_i \end{bmatrix} \tag{5.7}$$

für $f_s > f_p$.

Wir sehen, daß wie bei einem linearen Zweitor die im allgemeinen komplexen Strom- und Spannungszeiger linear über eine Leitwertmatrix miteinander verknüpft sind. Im Unterschied zu zeitinvarianten linearen Zweitoren gehören aber die Zeiger mit verschiedenen Indizes s und i auch zu verschiedenen Frequenzen f_s und f_i. Gleichlage-
umsetzung

Die Amplitude der Pumpschwingung tritt nicht explizit in Erscheinung. Sie bestimmt jedoch die Größe der Matrixelemente G_n.

Anders als bei der bisher diskutierten Gleichlageumsetzung (Bild 5.1a) gilt bei der Kehrlageumsetzung $f_i = f_p - f_s$ (Bild 5.1b).

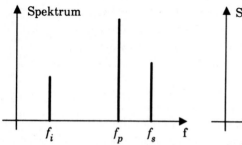 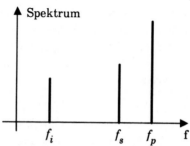

Bild 5.1: a) Gleichlageumsetzung   b) Kehrlageumsetzung

Im Fall der Kehrlageumsetzung erhält man als Matrixbeziehung für die Strom- und Spannungszeiger:

$$
\begin{bmatrix} I_s \\ I_i^* \end{bmatrix} = \begin{bmatrix} G_0 & G_1 \\ G_1^* & G_0 \end{bmatrix} \cdot \begin{bmatrix} U_s \\ U_i^* \end{bmatrix} = [G] \cdot \begin{bmatrix} U_s \\ U_i^* \end{bmatrix} \tag{5.8}
$$

für $f_s < f_p$.

Wenn die Großsignalzeitfunktion $u_p(t)$ bei geeigneter Wahl des Zeitnullpunktes eine gerade Funktion um $t = 0$ ist, was z.B. für eine Cosinusfunktion erfüllt ist, dann sind die Fourierkoeffizienten G_n in Gl. (5.3) reell. In diesem Fall ist die Leitwertmatrix symmetrisch und das entsprechende Zweitor ist reziprok. Auf- und Abwärtsmischung führen dann zu gleichen Einfügungsverlusten.

Die Leitwertmatrix wächst im Umfang an, wenn weitere Kombinationsfrequenzen zugelassen werden. Man erhält beispielsweise eine 3×3-Matrix, wenn zusätzlich die Spiegelfrequenz bei $f_{sp} = f_p \pm f_i$ berücksichtigt wird.

5.2 Abwärtsmischer mit Schottky-Dioden

Für den Überlagerungsempfang bei hohen Frequenzen sind Schottky-Dioden besonders gut geeignet, weil sie hohe Grenzfrequenzen aufweisen. Da es sich bei Schottky-Dioden um passive Bauelemente handelt, ist die Stabilität einer Mischerschaltung praktisch immer gewährleistet. Wie wir noch sehen werden, weisen Frequenzkonverter mit Schottky-Dioden auch niedrige Rauschzahlen auf.

Prinzipiell haben realisierte Schaltungen von Abwärtsmischern eine Struktur wie in Bild 5.2. Von den eingezeichneten Bandpässen wird angenommen, daß sie die angegebene Frequenz durchlassen, und alle anderen Frequenzen sperren und außerdem einen hochohmigen Eingangswiderstand bei diesen anderen Frequenzen aufweisen. Insbesondere wird zunächst auch angenommen, daß bei der Spiegelfrequenz f_{sp} alle Bandpässe hochohmig sind und daher kein Strom bei der Spiegelfrequenz durch die Schottky-Diode fließen kann.

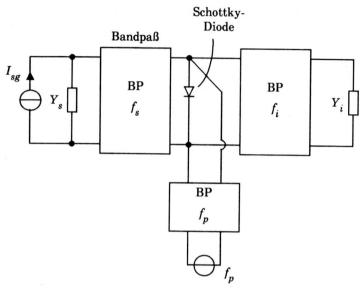

Bild 5.2: Prinzipschaltung eines Abwärtsmischers

Wäre die Schottky-Diode in Bild 5.2 seriell angeordnet worden, dann
müßten die Bandpässe in dualer Weise bei allen übrigen Frequenzen
außerhalb des Durchlaßbereiches einen Kurzschluß als Eingangsimpedanz
aufweisen. Aus diesen Annahmen folgt, daß nur Ströme und Spannungen
bei der Signalfrequenz f_s und der Zwischenfrequenz f_i berücksichtigt werden müssen und daher die Matrixbeziehung Gl. (5.7) angewendet werden
kann. Führt man außerdem eine äußere Beschaltung mit den Abschlußleitwerten Y_s und Y_i sowie eine Generatorstromquelle I_{sg} ein, dann
ergeben sich die Gleichungen:

$$\begin{bmatrix} I_s \\ I_i \end{bmatrix} = \begin{bmatrix} G_0 & G_1 \\ G_1^* & G_0 \end{bmatrix} \cdot \begin{bmatrix} U_s \\ U_i \end{bmatrix} \quad \text{für } f_s > f_p$$

$$I_{sg} = U_s \cdot Y_s + I_s$$

$$0 = U_i Y_i + I_i. \tag{5.9}$$

Eine Vierpolersatzschaltung in Leitwertdarstellung mit Strom- und Span-
nungszeigern und Abschlußleitwerten zeigt Bild 5.3.

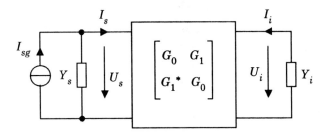

Bild 5.3: Vierpolersatzschaltbild eines Abwärtsmischers

Die Elemente der Leitwertmatrix G_0, G_1 ergeben sich als Fourierkoeffi- **Spannungs-**
zienten des zeitlich periodischen Verlaufs $g(t)$ der Schottky-Diode gemäß **steuerung**
Gl. (5.3). Wir wollen annehmen, daß eine Spannungssteuerung der Diode
durch den Mischoszillator bei der Frequenz f_p erfolgt und daß zusätzlich
eine Vorspannung U_0 an der Schottky-Diode anliegt. Dann gilt:

$$u_p(t) = U_0 + \hat{U}_p \cdot \cos \omega_p t. \qquad (5.10)$$

Weil $u_p(t)$ eine gerade Zeitfunktion ist, sind alle Fourierkoeffizienten G_n
reell. Mit einer exponentiellen Strom-Spannungs-Charakteristik gemäß

$$I = I_{ss} \cdot \left[exp \left(\frac{U}{U_T} \right) - 1 \right]$$

und mit

$$U_T = nkT / q \qquad (5.11)$$

erhält man für die Fourierkoeffizienten den Ausdruck

$$G_n = \frac{I_{ss}}{U_T} exp\, (U_0 / U_T)$$

$$\cdot \left\{ \frac{1}{2\pi} \int_{-\pi}^{+\pi} exp \left[\frac{\hat{U}_p}{U_T} \cdot \cos (\omega_p t) \right] \cos (n \omega_p t)\, d(\omega_p t) \right\}. \qquad (5.12)$$

Das bestimmte Integral Gl. (5.12) stellt die modifizierten Besselfunktionen
n-ter Ordnung $\tilde{I}_n(\hat{U}_p / U_T)$ dar. Damit ergeben sich die Fourierkoeffizienten
zu:

$$G_n = \frac{I_{ss}}{U_T} \cdot exp\, (U_0 / U_T) \cdot I_n(\hat{U}_p / U_T). \qquad (5.13)$$

Nach diesem Modell hängen die Fourierkoeffizienten nur von dem Scheitel-
wert des Pumpsignals $\hat{U}_p$ ab. Im Bild 5.4 ist ein typischer zeitlicher Leit-
wertverlauf $g(t)$ skizziert.

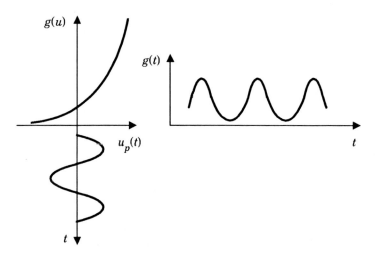

Bild 5.4: Zeitverlauf des Leitwertes $g(t)$

Für die folgenden Überlegungen werden wir annehmen, daß G_0, G_1 und
evtl. G_2 positiv, reell und bekannt sind und daß üblicherweise $G_0 > G_1 > G_2$
gilt. Mit bekannten reellen G_0 und G_1 sowie bekannten im allgemeinen
komplexen Abschlußleitwerten Y_s und Y_i können wir z.B. den Gewinn G_p,
den verfügbaren Gewinn G_{av} oder den maximal verfügbaren Gewinn G_m
aus der Schaltung in Bild 5.3 berechnen. Der Gewinn des Abwärtsmischers
ist das Verhältnis von Ausgangsleistung $|U_i|^2 \cdot Re\,(Y_i)\,/\,2$ zu verfügbarer
Generatorleistung $|I_{sg}|^2 / (8 \cdot Re\,(Y_s))$. Das Verhältnis U_i / I_{sg} kann man
besonders bequem aus der erweiterten Matrix $[\tilde{G}]$ bestimmen, in welcher
die Gln. (5.9) zusammengefaßt sind:

$$\begin{bmatrix} I_{sg} \\ 0 \end{bmatrix} = [\tilde{G}] \cdot \begin{bmatrix} U_s \\ U_i \end{bmatrix} = \begin{bmatrix} G_0 + Y_s & G_1 \\ G_1 & G_0 + Y_i \end{bmatrix} \begin{bmatrix} U_s \\ U_i \end{bmatrix}$$

oder

$$\begin{bmatrix} U_s \\ U_i \end{bmatrix} = [\tilde{G}]^{-1} \cdot \begin{bmatrix} I_{sg} \\ 0 \end{bmatrix} . \tag{5.14}$$

182

Aus Gl. (5.14) folgt

$$\frac{U_i}{I_{sg}} = -\frac{G_1}{(G_0 + Y_s)(G_0 + Y_i) - G_1^2} \qquad (5.15)$$

und für den Gewinn G_p erhält man damit:

$$G_p = \left| \frac{U_i}{I_{sg}} \right|^2 \cdot 4 \cdot Re(Y_s) \cdot Re(Y_i)$$

$$= \frac{4 \cdot Re(Y_s) \cdot Re(Y_i) \cdot G_1^2}{\left| (G_0 + Y_s)(G_0 + Y_i) - G_1^2 \right|^2} . \qquad (5.16)$$

Den gleichen Ausdruck erhält man auch für ein komplexes G_1, wobei $G_1{}^2$ durch $|G_1|^2$ zu ersetzen ist. Bei Mischern wird häufig der verfügbare Gewinn G_{av} benötigt, welcher das Verhältnis von verfügbarer Ausgangsleistung zu verfügbarer Generatorleistung angibt. Die verfügbare Ausgangsleistung erhält man, wenn man den Lastleitwert Y_i gleich dem konjugiert komplexen Eingangsleitwert Y_{ei} der Schaltung, wie man ihn von der Zwischenfrequenzseite sieht, wählt, d.h.: *verfügbarer Gewinn*

$$Y_i = Y_{ei}^* . \qquad (5.17)$$

Den Eingangsleitwert Y_{ei} berechnet man am bequemsten aus der nur um den Generatorleitwert erweiterten Matrix $[G_e]$:

$$\begin{bmatrix} 0 \\ I_i \end{bmatrix} = [G_e] \cdot \begin{bmatrix} U_s \\ U_i \end{bmatrix} = \begin{bmatrix} G_0 + Y_s & G_1 \\ G_1 & G_0 \end{bmatrix} \cdot \begin{bmatrix} U_s \\ U_i \end{bmatrix}$$

oder

$$\begin{bmatrix} U_s \\ U_i \end{bmatrix} = [G_e]^{-1} \cdot \begin{bmatrix} 0 \\ I_i \end{bmatrix} . \qquad (5.18)$$

Aus Gl. (5.18) ergibt sich der Eingangsleitwert Y_{ei} auf der Zwischenfrequenz- oder Lastseite zu:

$$Y_{ei} = \frac{I_i}{U_i} = \frac{(G_0 + Y_s)G_0 - G_1^2}{G_0 + Y_s} = G_0 - \frac{G_1^2}{G_0 + Y_s} . \qquad (5.19)$$

Mit Y_{ei} aus Gl. (5.19) und $Y_i = Y^*_{ei}$ errechnet sich der verfügbare Gewinn ebenso wie in Gl. (5.16), wobei lediglich Y_i durch Y^*_{ei} zu ersetzen ist.

$$G_{av} = \frac{4 \cdot Re(Y_s) \cdot Re(Y_{ei}) \cdot G_1^2}{|(G_0 + Y_s)(G_0 + Y^*_{ei}) - G_1^2|^2} \tag{5.20}$$

Der verfügbare Gewinn hängt nicht mehr vom Lastleitwert Y_i ab. Der reziproke Wert des verfügbaren Gewinns G_{av} soll auch als Konversionsverlust L bezeichnet werden:

$$L = \frac{1}{G_{av}} . \tag{5.21}$$

Den maximal verfügbaren Gewinn $G_m = 1/L_{\min}$ erhält man, wenn sowohl eingangs- als auch ausgangsseitig Leistungsanpassung eingestellt wird. Weil der Gewinn symmetrisch in den Größen Y_s und Y_i ist, muß für den maximal verfügbaren Gewinn $Y_s = Y_i$ gelten. Außerdem sind Y_s und Y_i reell, weil G_0 und G_1 reell sind. Für den Eingangsleitwert auf der Signalseite, Y_{es}, ergibt sich, ähnlich wie Gl. (5.19),

maximal verfügbarer Gewinn

$$Y_{es} = G_0 - \frac{G_1^2}{G_0 + Y_i} . \tag{5.22}$$

Mit Leistungsanpassung auf der Signalseite, also $Y_s = Y^*_{es}$, erhält man

$$Y_s = Y_i = Y^*_{es} = G_0 - \frac{G_1^2}{G_0 + Y_s}$$

oder

$$Y_s = Y_i = \sqrt{G_0^2 - G_1^2} . \tag{5.23}$$

Setzt man diese Werte für Y_s und Y_i in die Beziehung für den Gewinn Gl. (5.16) ein, dann folgt nach einigen Umformungen für den maximal verfügbaren Gewinn G_m:

$$G_m = \left(\frac{G_1}{G_0}\right)^2 \left\{\frac{1}{1 + \sqrt{1 - G_1^2/G_0^2}}\right\}^2 . \tag{5.24}$$

Für ein komplexes G_1 ist wiederum G_1^2 durch $|G_1|^2$ zu ersetzen. Der maximal verfügbare bzw. maximale Gewinn hängt nur von dem Verhältnis $G_1/G_0 < 1$ ab. Daher ist der maximale Gewinn kleiner als 1.

Im Grenzfall eines Dirac-Impuls-gesteuerten Mischers kann $G_1 \approx G_0$ und damit $G_m \approx 1$ werden. Allerdings geht dann auch der Eingangsleitwert Y_{es} gegen null und eine Anpassung ist nicht mehr möglich. Praktische Mischer mit Schottky-Dioden weisen Konversionsverluste im Bereich 5 dB bis 10 dB auf. Maßgeblich verantwortlich für erhöhte Konversionsverluste ist der Bahnwiderstand R_b, den wir bisher vernachlässigt haben. Bild 5.5 zeigt ein durch den Bahnwiderstand vervollständigtes Ersatzschaltbild des Abwärtsmischers.

Bahnwiderstand

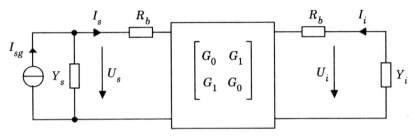

Bild 5.5: Ersatzschaltbild des Abwärtsmischers mit Bahnwiderstand R_b

---

Übungsaufgabe 5.1

Für die Mischerschaltung in Bild 5.5 sollen Gewinn, verfügbarer Gewinn und maximal verfügbarer Gewinn unter Berücksichtigung des Bahnwiderstandes R_b bestimmt werden.

Für den bisher betrachteten Gleichlageabwärtsmischer hatten wir indirekt angenommen, daß bei der Spiegelfrequenz $f_{sp} = f_p - f_i$ ein Kurzschluß vorliegt, weil wir U_{sp} zu null angenommen hatten. Häufig weisen Mischer jedoch keinen Kurzschluß bei der Spiegelfrequenz auf, vor allem wenn die Zwischenfrequenz f_i niedrig ist. Dann liegen die Spiegelfrequenz f_{sp} und die Signalfrequenz f_s so dicht beieinander, daß es praktische Schwierigkeiten bereitet, bei der Signalfrequenz Anpassung und bei der Spiegelfrequenz einen Kurzschluß vorzusehen. Diese praktischen Schwierigkeiten vergrössern sich beträchtlich, wenn die Pumpfrequenz über einen weiten Frequenzbereich durchgestimmt werden soll. Bei diesem sog. Breitbandmischer wird man daher die gleiche Abschlußimpedanz bei der Signalfrequenz und der Spiegelfrequenz wirksam werden lassen und dafür etwas höhere Konversionsverluste in Kauf nehmen.

Mischer mit Spiegelfrequenz-Impedanzabschluß

185

Bild 5.6 zeigt ein Ersatzschaltbild für einen Abwärtsmischer, bei welchem die Beschaltung der Spiegelfrequenz mit dem im allgemeinen komplexen Leitwert $Y_{sp} = Y_s$ erfolgt, also dem gleichen Leitwert wie bei der Signalfrequenz.

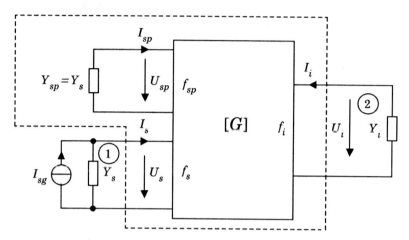

Bild 5.6: 3-Tor-Ersatzschaltung eines Abwärtsmischers mit Spiegelfrequenz

Für $f_s > f_p$ lautet die Verknüpfung zwischen Strömen und Spannungen über die 3-Tor-Leitwertmatrix $[G]$:

$$\begin{bmatrix} I_s \\ I_i \\ I^*_{sp} \end{bmatrix} = \begin{bmatrix} G_0 & G_1 & G_2 \\ G^*_1 & G_0 & G_1 \\ G^*_2 & G^*_1 & G_0 \end{bmatrix} \begin{bmatrix} U_s \\ U_i \\ U^*_{sp} \end{bmatrix} \quad \text{für } f_s > f_p \quad . \tag{5.25}$$

Für reelle G_0, G_1, G_2 ist die Matrix reziprok und man erhält den gleichen Gewinn für Abwärts- wie Aufwärtsmischung. Speist man von der Zwischenfrequenzseite ein, dann erkennt man, daß aus Symmetriegründen die Leistung zwischen dem Spiegel- und dem Signaltor zu gleichen Teilen aufgeteilt wird. Weil die Leistung an Y_{sp} jedoch als Verlustleistung zu werten ist, folgt daraus, daß die Konversionsverluste bei Abwärtsmischung mindestens 3 dB betragen. Praktisch sind die Verluste des Breitbandmischers daher größer als die Verluste eines Mischers, welcher bei der Spiegelfrequenz verlustfrei abgeschlossen wird, z.B. durch einen Kurzschluß.

Übungsaufgabe 5.2

Der Gewinn und der verfügbare Gewinn sollen für den Fall angegeben werden, daß die Spiegelfrequenz mit dem komplexen Leitwert $Y_{sp} = Y_s$ abgeschlossen ist.

5.3 Rauschersatzschaltungen von gepumpten Schottky-Dioden

Die Empfindlichkeit eines Abwärtsmischers beim Empfang schwacher, hochfrequenter Signale wird wesentlich durch die Konversionsverluste bestimmt, letztendlich entscheidend ist jedoch die Rauschzahl als Maß für die Verschlechterung des Signal-Rauschverhältnisses am Zwischenfrequenzausgang des Mischers. Um die Rauschzahl des Mischers berechnen zu können, benötigen wir zunächst eine Rauschersatzschaltung des Mischers. Es soll eine Ersatzschaltung mit einer parallelliegenden Rauschstromquelle $I_{rs} = I_{r1}$ am Signaleingang bei der Frequenz f_s und einer weiteren Stromquelle $I_{ri} = I_{r2}$ am Zwischenfrequenzausgang bei der Frequenz f_i gewählt werden (Bild 5.7). Der betrachtete Gleichlageabwärtsmischer weise bei der Spiegelfrequenz und anderen relevanten Kombinationsfrequenzen Kurzschlüsse auf. Der Vierpol mit der Leitwertmatrix $[G]$ wird als rauschfrei angenommen, G_1 als reell.

Gleichlageabwärtsmischer mit Kurzschluß bei der Spiegelfrequenz

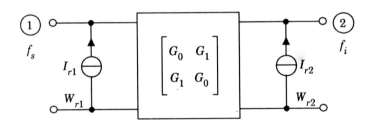

Bild 5.7: Rauschersatzschaltbild des Gleichlageabwärtsmischers ohne Bahnwiderstand

Der Unterschied zu Ersatzschaltbildern, wie wir sie früher verwendet hatten, besteht darin, daß die Tore ① und ② verschiedenen Frequenzen zugeordnet sind. Um die folgende Diskussion zu vereinfachen, wird der Beitrag des Sättigungsstromes I_{ss} zum Rauschen vernachlässigt. Außerdem wird zunächst der Bahnwiderstand vernachlässigt.

187

Wenn man den Beitrag des Sättigungsstromes vernachlässigt, dann sind die Fourierkoeffizienten des Stromes, I_n, und des Leitwertes, G_n, einander proportional, weil die entsprechenden periodischen Zeitverläufe einander proportional sind. Es gilt

$$i(t) = \sum_{n=-\infty}^{+\infty} I_n \cdot exp\,(jn\omega_p t) \approx U_T \cdot g(t)$$

und

$$I_n = U_T \cdot G_n . \tag{5.26}$$

Das Leistungsspektrum der Rauschstromquellen in Bild 5.7 läßt sich einfach angeben. Mit Kurzschluß an Tor ② ist der Eingangsleitwert an Tor ① gerade G_0, und die Stromquelle zeigt Schrotrauschen gemäß dem mittleren Strom I_0 bzw. dem Leitwert G_0. Mit dem Idealitätsfaktor n für die Schottky-Diode erhält man für die zweiseitigen Spektren W_{r1} und W_{r2}

$$W_{r1} = |I_{r1}|^2 = q \cdot I_0 = 2k \cdot \left(\frac{1}{2}\, nT \right) \cdot G_0 = W_{r2} = |I_{r2}|^2 . \tag{5.27}$$

Etwas schwieriger sind die Überlegungen zum Kreuzspektrum. Wenn die Pumpamplitude gleich null ist, dann ist auch G_1 gleich null, und die Tore ① und ② in Bild 5.7 sind in diesem Fall entkoppelt. In diesem Fall ist auch das Kreuzspektrum $I^*_{r1} \cdot I_{r2}$ gleich null, weil Rauschsignale verschiedener Frequenzen betrachtet werden. Mit Korrelation ist hier jedoch gemeint, daß eines der Signale mit Hilfe einer idealen Frequenzversetzung derart in der Frequenz verschoben wird, daß beide Frequenzbänder zusammenfallen.Für das unmodulierte Schrotrauschen, also $G_1 = 0$, ist auch nach dieser Frequenztranslation auf Frequenzgleichlage keine Korrelation vorhanden, wie in der Übungsaufgabe 5.3 gezeigt werden soll.

Erweiterung des Korrelations-begriffs

Übungsaufgabe 5.3

Es soll gezeigt werden, daß für weißes, unmoduliertes Rauschen die Rauschsignale am Ausgang von zwei Bandpaßfiltern unkorreliert sind, sofern die Bandpaßfilter nicht überlappen. Zur Berechnung der Korrelation soll zuvor eine Frequenztranslation auf Frequenzgleichlage erfolgen.

Eine Korrelation tritt hingegen auf, wenn das Schrotrauschen durch das Pumpsignal periodisch moduliert wird, weil durch die Modulation Rauschseitenbänder bei korrespondierenden Frequenzen entstehen. Nach der Frequenztranslation auf Frequenzgleichlage gibt es Anteile gleicher

Herkunft, welche zu einer Korrelation führen. Dazu sei $s(t)$ das Zeitsignal des unmodulierten weißen Schrotrauschens. Die Autokorrelationsfunktion von $s(t)$, $\rho_s(\tau)$, ist voraussetzungsgemäß eine Dirac-Funktion:

$$\rho_s(\tau) = \langle s(t) \cdot s(t+\tau) \rangle = \rho_0 \cdot \delta(\tau). \tag{5.28}$$

Für die folgenden Betrachtungen wird die grundlegende Modellannahme getroffen, daß die Momentanleistung $s^2_m(t)$ des modulierten Rauschens durch den zeitlichen Momentanwert des Stromes $i(t)$ bzw. des Leitwertes $g(t)$ bestimmt wird:

Momentanleistung

$$s^2_m(t) = s^2(t) \frac{i(t)}{I_0}$$

$$= s^2(t) \cdot \left[1 + \frac{2I_1}{I_0} \cos(\omega_p t) + \frac{2I_2}{I_0} \cos(2\omega_p t) + \dots \right]$$

$$= s^2(t) \cdot \left[1 + \frac{2G_1}{G_0} \cos(\omega_p t) + \frac{2G_2}{G_0} \cos(2\omega_p t) + \dots \right]$$

oder

$$s_m(t) = s(t) \cdot \sqrt{1 + \frac{2G_1}{G_0} \cos(\omega_p t) + \dots}. \tag{5.29}$$

Wie in Bild 5.8 gezeigt, soll beispielhaft die Korrelation zwischen den rechteckförmig bandpaßgefilterten Rauschsignalen $X_i(t)$ bei der Frequenz f_i und $X_s(t)$ bei der Frequenz f_s betrachtet werden, mit $f_s - f_i = f_p$. Die Bandbreite Δf sei klein.

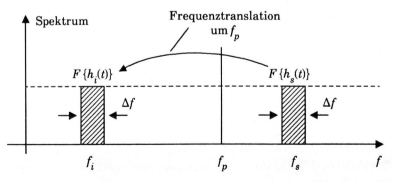

Bild 5.8: *Zur Erläuterung der Korrelation zwischen den Frequenzbereichen um f_i und f_s*

189

Im folgenden wird bei $s_m(t)$ nur der Term mit G_1 berücksichtigt, da sich zeigen läßt, daß weitere Terme nicht zur Korrelation beitragen können. Es seien $h_i(t)$, $h_s(t)$ die Impulsantworten der idealen Bandpässe mit den Mittenfrequenzen f_i und f_s. Dann ergeben sich die bandpaßgefilterten Signale $X_i(t)$ und $X_s(t)$ aus $s_m(t)$ durch Faltung mit den Impulsantworten $h_i(t)$ und $h_s(t)$.

bandpaßgefilterte Rauschsignale

$$X_i(t) = \int_{-\infty}^{+\infty} h_i(t') \cdot s_m(t - t') \, dt'$$

$$= \int_{-\infty}^{+\infty} h_i(t') \cdot s(t - t') \cdot \sqrt{1 + \frac{2G_1}{G_0} \cos[\omega_p(t - t')]} \, dt'$$

$$X_s(t) = \int_{-\infty}^{+\infty} h_s(t'') s_m(t - t'') \, dt''$$

$$= \int_{-\infty}^{+\infty} h_s(t'') \cdot s(t - t'') \cdot \sqrt{1 + \frac{2G_1}{G_0} \cos[\omega_p(t - t'')]} \, dt'' \quad (5.30)$$

Das Signal $X_s(t)$ enthält spektrale Frequenzanteile in der Umgebung von f_s. Um die Korrelation zu bestimmen, muß eine Frequenztranslation um die Distanz f_p aus dem Bereich um f_s in den Bereich um f_i erfolgen. Eine solche Translation kann, wie in Bild 5.9 skizziert, mit Hilfe eines idealen Multiplizierers und eines Bandpasses erfolgen (Frequenzversetzer). Das Signal $\tilde{X}_s(t)$ erhalten wir nach der Translation des Signals $X_s(t)$ um f_p.

Frequenztranslation

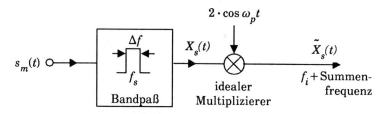

Bild 5.9: Idealer Frequenzversetzer

Mit Hilfe des gepumpten Multiplizierers werden die Summen- und die Differenzfrequenz erzeugt. Die Differenzfrequenz fällt wie gewünscht auf f_i, die Summenfrequenz ergibt $f_p + f_s$ und trägt nicht zur Korrelation bei. $\tilde{X}_s$ und X_i enthalten spektrale Frequenzanteile in der Umgebung von f_i und können damit als Eingangsgrößen eines Korrelators wie in Bild 3.2 aufgefaßt werden. Die gesuchte Korrelation $\langle X_i(t) \cdot \tilde{X}_s(t) \rangle$ ergibt sich damit aus der folgenden Beziehung, in der Integration und zeitliche Mittelung bereits vertauscht sind.

$$\langle X_i(t) \cdot \tilde{X}_s(t) \rangle = \int \int_{-\infty}^{+\infty} h_i(t') \cdot h_s(t'')$$

$$\cdot \langle 2 \cdot \cos \omega_p t \cdot s(t - t') \cdot \sqrt{1 + \frac{2G_1}{G_0} \cos[\omega_p(t - t')]}$$

$$\cdot s(t - t'') \cdot \sqrt{1 + \frac{2G_1}{G_0} \cos[\omega_p(t - t'')]} \rangle dt'dt'' \qquad (5.31)$$

Man erkennt, daß der Ausdruck in den Winkelklammern, A – aus ähnlichen Gründen wie $\rho_s(\tau)$ in Gl. (5.28) mit $\tau \neq 0$ – für $t' \neq t''$ identisch null ist. Daher betrachten wir diesen Ausdruck weiter für $t' = t''$.

$$A = \langle 2 \cdot \cos \omega_p t \cdot s^2(t - t') \cdot \left(1 + \frac{2G_1}{G_0} \cos[\omega_p(t - t')]\right) \rangle \Big|_{t' = t''}$$

$$= \langle 2 \cos \omega_p t \cdot s^2(t - t') \rangle$$

$$+ \langle \frac{4G_1}{G_0} \cos \omega_p t \cdot \cos[\omega_p(t - t')] \cdot s^2(t - t') \rangle \Big|_{t' = t''}$$

$$= \langle 2 \cos \omega_p t \cdot s^2(t - t') \rangle + \langle \frac{2G_1}{G_0} \cos \omega_p t' \cdot s^2(t - t') \rangle$$

$$+ \langle \frac{2G_1}{G_0} \cdot \cos[2\omega_p t - \omega_p t'] \cdot s^2(t - t') \rangle \Big|_{t' = t''} \qquad (5.32)$$

$$A = 0 \qquad \text{für } t' \neq t''.$$

Der erste und dritte Ausdruck auf der rechten Seite von Gl. (5.32) wird null, weil vor $s^2(t - t')$ eine im Vorzeichen alternierende und begrenzte Gewichtsfunktion steht. Daher erhält man:

$$A = \langle \frac{2G_1}{G_0} \cos \omega_p t' \cdot s^2(t - t') \rangle = \frac{2G_1}{G_0} \cos \omega_p t' \cdot \langle s^2(t - t') \rangle \Big|_{t' = t''}$$

$$A = 0 \qquad \text{für } t' \neq t''$$

oder mit Gl. (5.28)

$$A = \frac{2G_1}{G_0} \cos \omega_p t' \cdot \rho_0 \cdot \delta(t' - t'').$$ (5.33)

Für die Gl. (5.31) können wir deshalb schreiben:

$$\langle X_i(t) \cdot \tilde{X}_s(t) \rangle = \int \int_{-\infty}^{+\infty} h_i(t') \cdot h_s(t'')$$

$$\cdot \frac{2G_1}{G_0} \cos \omega_p t' \cdot \rho_0 \cdot \delta(t' - t'') \, dt' dt''$$

$$= \rho_0 \cdot \frac{2G_1}{G_0} \int_{-\infty}^{+\infty} h_i(t') h_s(t') \cos \omega_p t' \cdot dt'.$$ (5.34)

Im folgenden wollen wir den bezogenen Korrelationskoeffizienten berechnen, d.h. bezogen auf die Autokorrelation $\langle X_i(t) \cdot X_i(t) \rangle$ im Kanal mit der Mittenfrequenz f_i. Dieses Verhältnis ist auch gleich dem Verhältnis von Kreuzspektrum zu Autospektrum, $(I^*_{r1} \cdot I_{r2})/|I_{r1}|^2$, weil das Kreuzspektrum der Stromquellen aufgrund der reellen [G]-Matrix reell ist, der Imaginärteil von $I^*_{r1} I_{r2}$ also verschwindet (siehe Übungsaufgabe 5.4).

Korrelationskoeffizient

$$\frac{\langle X_i(t) \cdot \tilde{X}_s(t) \rangle}{\langle X_i^2(t) \rangle} = \frac{Re\{I^*_{r1} I_{r2}\}}{|I_{r1}|^2} = \frac{I^*_{r1} \cdot I_{r2}}{|I_{r1}|^2}$$

$$= \frac{\rho_0 \dfrac{2G_1}{G_0} \cdot \displaystyle\int_{-\infty}^{+\infty} h_i(t') h_s(t') \cdot \cos \omega_p t' dt'}{\rho_0 \displaystyle\int_{-\infty}^{+\infty} h_i^2(t') \, dt'}$$ (5.35)

Zur weiteren Auswertung von Gl. (5.35) benutzen wir den expliziten Ausdruck für die Impulsantwort $h_i(t)$ bzw. $h_s(t)$ bei rechteckigem Bandpaßfilter, wie er uns aus einer ähnlichen Rechnung bereits von der Übungsaufgabe 1.7 bekannt ist:

$$h_{i,s} = 2\Delta f \cdot \cos(2\pi f_{i,s} \cdot t) \cdot si(\pi \Delta f \cdot t).$$ (5.36)

Die Integrale in Gl. (5.35) liefern bei kleinem Δf nur einen verschwindend kleinen Beitrag, wenn die Produkte der Cosinusfunktionen, die als Faktor vor $si^2(\pi \Delta f \cdot t')$ stehen, schnell alternierende Gewichtsfunktionen darstellen. Einen Beitrag gilt es nur dann zu berücksichtigen, wenn die Produkte der Cosinusfunktionen einen konstanten Term erzeugen (siehe Übungsaufgabe 5.4). Mit dieser Erkenntnis erhält man aus Gl. (5.35):

$$\frac{\langle X_i(t) \cdot \tilde{X}_s(t) \rangle}{\langle X_i^2(t) \rangle} = \frac{I_{r1}^* \cdot I_{r2}}{|I_{r1}|^2}$$

$$= \frac{2G_1}{G_0} \cdot \frac{\dfrac{1}{4} \cdot \displaystyle\int_{-\infty}^{+\infty} si^2(\pi \Delta f \cdot t') \, dt'}{\dfrac{1}{2} \cdot \displaystyle\int_{-\infty}^{+\infty} si^2(\pi \Delta f \cdot t') \, dt'} = \frac{G_1}{G_0}. \qquad (5.37)$$

Aus den Gln. (5.27) und (5.37) erhalten wir das gesuchte Kreuzspektrum $I^*{}_{r1} \cdot I_{r2} \equiv I^*{}_{ri} \cdot I_{rs}$:

$$I_{r1}^* \cdot I_{r2} = 2k \left(\frac{1}{2} nT \right) \cdot G_1. \qquad (5.38)$$

Wir erkennen, daß das Kreuzspektrum für zwei mit f_p verknüpfte Frequenzbereiche dem Fourierkoeffizienten G_1 proportional ist. Dies gilt beispielsweise für die Frequenzbereiche f_i und f_s und f_i und f_{sp}. Entsprechend ist das Kreuzspektrum für zwei mit $2f_p$ verknüpfte Frequenzbereiche, wie z.B. f_s und f_{sp}, dem Fourierkoeffizienten G_2 proportional:

Kreuzspektrum

$$I_{rs}^* I_{rsp}^* = 2k \left(\frac{1}{2} nT \right) \cdot G_2. \qquad (5.39)$$

Die sog. Korrelationsmatrix für die Rauschersatzströme einer gepumpten idealen Schottky-Diode hat damit die gleiche Gestalt wie die eines thermisch rauschenden Vierpols in Leitwertdarstellung und mit Rauschstromquellen (siehe dazu Gl. (2.35) bzw. (2.36)). Dabei entspricht G_0 dem Element Y_{11} und G_1 dem Element $Y_{21} = Y_{12}$. Als Temperatur ist jedoch $nT/2$ einzusetzen, also die bereits von der nicht gepumpten Schottky-Diode ohne Bahnwiderstand bekannte effektive Temperatur. Die zu Gl. (5.25) korrespondierende Korrelationsmatrix lautet:

Korrelationsmatrix

$$\begin{bmatrix} I_{rs}^* \cdot I_{rs} & I_{rs}^* \cdot I_{ri} & I_{rs}^* \cdot I_{rsp}^* \\ I_{ri}^* \cdot I_{rs} & I_{ri}^* \cdot I_{ri} & I_{ri}^* \cdot I_{rsp}^* \\ I_{rsp} \cdot I_{rs} & I_{rsp} \cdot I_{ri} & I_{rsp} \cdot I_{rsp}^* \end{bmatrix} = 2k(nT/2) \cdot \begin{bmatrix} G_0 & G_1 & G_2 \\ G_1 & G_0 & G_1 \\ G_2 & G_1 & G_0 \end{bmatrix}. \qquad (5.40)$$

Die Aussage, daß die Mischer-Korrelationsmatrix zu der Korrelationsmatrix eines passiven, zeitinvarianten thermisch rauschenden Mehrtores
homogener Temperatur bei gleicher Leitwertmatrix proportional ist und
daß der Proportionalitätsfaktor $nT/2$ beträgt, bleibt auch gültig, wenn
einige Elemente der [G]-Matrix aufgrund einer gemischt geraden-
ungeraden Aussteuerung komplex sind, wie in der Übungsaufgabe 5.4
gezeigt werden soll.

Übungsaufgabe 5.4

Die Kreuzspektren der gepumpten idealen Schottky-Diode sollen für den
Fall bestimmt werden, daß die Elemente G_1 bzw. G_2 der [G]-Matrix aufgrund einer geraden-ungeraden Pumpansteuerung komplex sind.

Auch für zeitlich periodisch veränderliche Widerstände oder Leitwerte, die
thermisch rauschen, ließe sich eine Korrelationsmatrix angeben, die der
Widerstands- oder Leitwertmatrix proportional ist. Der Proportionalitätsfaktor würde sich in diesem Fall durch die physikalische Temperatur ergeben.

Selbstverständlich läßt sich der Temperaturbegriff auch auf andere
Darstellungsarten übertragen, beispielsweise auf eine Darstellung mit
Streuparametern. Das Rauschmodell in Bild 5.7 kann derart erweitert wer-
den, daß es das thermische Rauschen des Bahnwiderstandes R_b einschließt
(Bild 5.10).

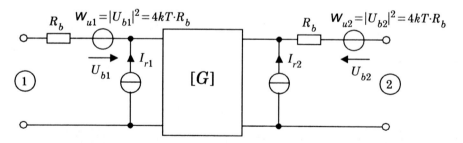

Bild 5.10: *Rauschersatzschaltbild der gepumpten Schottky-Diode*
            mit thermisch rauschendem Bahnwiderstand

Weil der Bahnwiderstand zeitlich unveränderlich ist, sind die Rauschquellen W_{u1} und W_{u2} unkorreliert. Für die Rauschstromquellen I_{r1} und I_{r2}
bleiben die Beziehungen Gl. (5.27) und Gl. (5.38) bestehen. Die Rauschquellen I_{r1} und I_{r2} sind mit den Rauschquellen U_{b1} und U_{b2} nicht korreliert.

5.4 Die Rauschzahl von Abwärtsmischern mit Schottky-Dioden

Der Bahnwiderstand sei zunächst vernachlässigt. Dann ist die Berechnung der Rauschzahl eines Mischers mit Schottky-Dioden sehr übersichtlich. Weil das Rauschersatzschaltbild mit Stromquellen und Leitwertmatrix die gleiche Struktur und die gleiche Form der Korrelationsmatrix aufweist wie ein thermisch rauschender Vierpol homogener Temperatur T, können die Ergebnisse für thermisch rauschende Vierpole übernommen werden. Der Unterschied besteht darin, daß als Temperatur nicht die physikalische Temperatur T des Halbleiterbauelementes einzusetzen ist, sondern eine effektive Temperatur $T_{ef} = nT/2$, wobei n der Idealitätsfaktor ist. Mit Gl. (2.74) aus Kapitel 2.3.3 und $T_1 = T_{ef} = nT/2$, mit dem verfügbaren Gewinn $G_{av} = 1/L$ und der Bezugstemperatur T_0 erhält man für die Rauschzahl F

$$F = 1 + \frac{n}{2} \cdot \frac{T}{T_0} \cdot \frac{1 - G_{av}}{G_{av}} = 1 + \frac{n}{2} \frac{T}{T_0} (L - 1). \qquad (5.41)$$

Den verfügbaren Gewinn erhält man aus Gl. (5.20). Die Beziehung für die Rauschzahl (5.41) ist gültig, wenn die Spiegelfrequenz und weitere Kombinationsfrequenzen mit Kurzschluß oder Leerlauf oder allgemein mit verlustfreien Blindwiderständen abgeschlossen sind. Die Beziehung für die Rauschzahl gilt in gleicher Weise für einen Aufwärtsmischer mit Schottky-Diode. Außerdem ist die Beziehung für Gleichlage- und Kehrlage-Abwärts- und Aufwärtsmischer richtig. Von der Gültigkeit der Gl. (5.41) kann man sich auch durch direkte Rechnung überzeugen, indem man das Ersatzschaltbild 5.7 und die Gln. (5.27) und (5.38) verwendet und dann den Ausdruck für die Rauschzahl durch den verfügbaren Gewinn auszudrücken versucht (Übungsaufgabe 5.5).

Schmalband-mischer

Übungsaufgabe 5.5
Berechnen Sie die Rauschzahl eines Abwärtsmischers mit Kurzschluß bei der Spiegelfrequenz mit Hilfe des Ersatzschaltbildes in Bild 5.7 und versuchen Sie, auf die Form Gl. (5.41) zu gelangen.

Für den maximalen Gewinn G_m nimmt die Rauschzahl ihren minimalen Wert F_{min} an. Dieser kann theoretisch für einen Schmalbandmischer und den Grenzfall impulsförmiger Pumpansteuerung den Wert 0 dB erreichen.

minimale Rauschzahl

Die Rauschzahl wird bei Berücksichtigung des Bahnwiderstandes erhöht, wie der Übungsaufgabe 5.6 zu entnehmen ist.

Übungsaufgabe 5.6

Berechnen Sie die Rauschzahl eines Abwärtsmischers mit Bahnwiderstand und Schottky-Diode mit Hilfe des Ersatzschaltbildes aus Bild 5.10.

Der Mischer mit Schottky-Diode und Bahnwiderstand kann auch durch ein Zweitemperaturmodell beschrieben werden, und zwar mit der Temperatur $nT/2$ der idealen Sperrschicht und der Temperatur T des Bahnwiderstandes R_b.

Allgemein kann man für die Rauschzahl schreiben:

$$F \;=\; 1 + \frac{\beta_b T + \beta_j \, n T / 2}{T_0 \cdot 1 / L} \,. \qquad (5.42)$$

Dabei sind β_b und β_j die relativen Leistungsanteile im Bahnwiderstand bzw. der idealen Schottky-Diode, wenn man von der Lastseite aus einspeist und Reziprozität voraussetzt. Die Koeffizienten β_b und β_j können z.B. mit Hilfe des Dissipationstheorems berechnet werden.

Übungsaufgabe 5.7

Die Rauschzahl eines Abwärtsmischers mit Bahnverlusten wie in der Übungsaufgabe 5.6 soll über die Beziehung Gl. (5.42) mit Hilfe des Dissipationstheorems berechnet werden.

Als Zweitemperaturproblem kann auch der Breitbandmischer gemäß Bild 5.6 behandelt werden, bei dem die Spiegelfrequenz f_{sp} mit dem gleichen Leitwert Y_s abgeschlossen ist wie die Signalfrequenz f_s. Der Bahnwiderstand soll zunächst vernachlässigt werden. Der in Bild 5.6 gestrichelt eingerahmte Teil der Schaltung stellt den rauschenden Vierpol mit den Toren ① und ② dar. Dieser Vierpol besteht aus zwei Temperaturgebieten, nämlich dem Abschlußleitwert $Y_{sp} = Y_s$ bei der Spiegelfrequenz mit der Temperatur T_0 und der idealen Schottky-Diode mit der Temperatur $nT/2$. Ähnlich wie Gl. (5.42) können wir für die Rauschzahl schreiben:

Breitbandmischer

$$F = 1 + \frac{\beta_{sp} \cdot T_0 + \beta_j \cdot \frac{n}{2} T}{T_0 \cdot 1/L} . \tag{5.43}$$

Dabei ist β_{sp} der relative Leistungsanteil, der im Leitwert Y_{sp} verbleibt, wenn man von der Lastseite, d.h. der Zwischenfrequenz aus, einspeist. Wenn $L = 1/G_{av}$ die Konversionsverluste von Tor ① nach Tor ② bzw. Tor ② nach Tor ① bezeichnet, dann gilt aus Symmetriegründen:

$$\beta_{sp} = \frac{1}{L} . \tag{5.44}$$

In der idealen Schottky-Diode verbleibt als Verlustleistung derjenige Anteil, der nicht in den Spiegelabschlußleitwert Y_{sp} oder den Generatorleitwert gelangt. Die Einspeisung gemäß dem Dissipationstheorem erfolgt dabei von dem Zwischenfrequenztor aus. Daraus folgt

$$\beta_j = 1 - \frac{1}{L} - \frac{1}{L} = 1 - \frac{2}{L} \tag{5.45}$$

und für die Rauschzahl des breitbandigen Abwärtsmischers ergibt sich mit Gln. (5.43), (5.44) und (5.45):

$$F = 1 + \frac{\frac{1}{L} T_0 + \left(1 - \frac{2}{L}\right) \cdot \frac{n}{2} T}{T_0 \cdot 1/L} = 2 + (L-2) \cdot \frac{n}{2} \frac{T}{T_0} . \tag{5.46}$$

Die minimale Rauschzahl des breitbandigen Mischers kann wegen $L \geq 2$ 3dB nicht unterschreiten.

Übungsaufgabe 5.8

Es soll die Rauschzahl des Breitbandmischers unter Berücksichtigung des Bahnwiderstandes R_b hergeleitet werden.

5.4.1 Der balancierte Mischer

Der Mischoszillator, welcher die Großsignalaussteuerung der Schottky-Diode bewirkt, zeigt im allgemeinen regellose Amplitudenschwankungen, die man auch Amplitudenrauschen nennt. In der 6. und 7. Kurseinheit wird die Herkunft dieses Amplitudenrauschens ausführlich behandelt.

Amplitudenrauschen des Mischoszillators

Diese Amplitudenschwankungen beinhalten ein ganzes Frequenzspektrum, das im allgemeinen auch Spektralanteile im Bereich der Zwischenfrequenz aufweisen wird. Im Normalfall nimmt das Amplitudenrauschen mit wachsender Frequenz ab, so daß es bei hohen Zwischenfrequenzen möglicherweise nicht mehr ins Gewicht fällt. Durch die Schottky-Diode im Mischer wird unter anderem das Misch-Oszillatorsignal gleichgerichtet. Dies hat zur Folge, daß an der Schottky-Diode eine Gleichspannung auftritt, die zeitlich unregelmäßig geringfügig schwankt, ebenso wie die Amplitude des Mischoszillators. Von diesem Schwankungsvorgang können Spektralanteile in den Zwischenfrequenzbereich fallen und dazu führen, daß die gemessene Rauschzahl ganz erheblich höher ist, als sich aufgrund des Schrot- und thermischen Rauschens der Schottky-Diode ergeben würde. Durch die Verwendung eines Mischers mit mindestens zwei möglichst identischen Schottky-Dioden mit entgegengesetzter Polung und Abgriff über beiden Schottky-Dioden kann erreicht werden, daß die gleichgerichteten Amplitudenschwankungen sich aufheben, und zwar zu jedem Zeitpunkt. An der zweiten Diode entsteht wegen der Umpolung eine Gleichspannung mit einem zeitidentischen unregelmäßigen Zeitverlauf, aber umgekehrter Polarität. Aufsummiert heben sich infolgedessen die Amplitudenrauschanteile des Mischoszillators auf und zwar für jede Zeit und damit für jeden Spektralbereich. Allerdings muß die Mischerschaltung so aufgebaut sein, daß sich die beiden Zwischenfrequenznutzsignale nicht ebenfalls auslöschen, sondern aufsummieren. Dies leistet z.B. die balancierte Mischerschaltung in Bild 5.11, die als Blockschaltbild skizziert ist und als wesentliche Komponente einen 90°- oder 180°- Richtkoppler enthält.

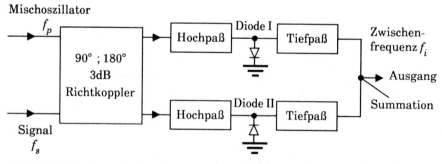

Bild 5.11: Blockschaltbild eines balancierten Mischers

Von der Diodenseite aus sollten die Hochpässe einen hochohmigen Eingangswiderstand bei der Zwischenfrequenz aufweisen. Wichtig ist, daß die Mischerschaltung zuläßt, daß ein geeigneter Gleichstrom als Vorstrom durch die Dioden fließen kann. In der Schaltung in Bild 5.11 fließt der Vorstrom der Diode I weiter in die Diode II, so daß der Zwischenfrequenzausgang Hochpaßcharakter aufweisen kann, d.h. keinen Gleichstrom aufnehmen muß. Es ist wichtig, daß durch die Schottky-Dioden der richtige Vorstrom fließen kann. Läßt die Beschaltung einen Gleichstrom nicht zu, dann wandert der Spannungsarbeitspunkt in den Sperrbereich, die Diode wird hochohmig und die Konversionsverluste und die Rauschzahl steigen stark an.

Arbeitspunkt mit Vorstrom

Der Balanciereffekt liegt bei praktischen Mischerschaltungen im Bereich 20 bis 40 dB. Dies reicht im allgemeinen aus, um einen Einfluß des Amplitudenrauschens auf den Wert der Rauschzahl zu beseitigen. Mit einem balancierten Mischer kann man in der Tat Rauschzahlen messen, die in Einklang mit der Theorie stehen. Ein Ein-Diodenmischer ist naturgemäß nicht balanciert. Ein sog. doppelt balancierter Mischer oder Ringmodulator mit vier ringförmig angeordneten Dioden zeigt einen vergleichbaren Balanciereffekt wie ein Mischer mit zwei Dioden.

doppelt balancierter Mischer

Auch wenn man einen Mischer mit anderen Bauelementen als Schottky-Dioden aufbaut, z.B. mit Feldeffekttransistoren, wird man danach streben, eine balancierende Schaltung zu realisieren.

5.5 Die Rauschzahl von Abwärtsmischern mit Feldeffekttransistoren

Betreibt man einen Feldeffekttransistor im ohmschen Bereich und ohne eine eingeprägte Drain-Source-Vorspannung, dann läßt sich der Drain-Source-Kanalwiderstand mit Hilfe der Gate-Source-Spannung steuern. Diese Steuerung kann weitgehend leistungslos erfolgen, sofern man dafür sorgt, daß kein Strom über das Gate fließt. Bei einem Abwärtsmischer wird man das Pumpsignal mit der Frequenz f_p auf den Gate-Source-Kontakt geben. Das Eingangssignal mit der Frequenz f_s gelangt auf die Drain-Source-Strecke, deren Widerstand durch die Pumpspannung zeitperiodisch geändert wird. Ebenfalls über der Drain-Source-Strecke wird das Zwischenfrequenzsignal mit der Frequenz f_i abgenommen. Bild 5.12 zeigt eine Prinzipschaltung eines Abwärtsmischers mit einem Feldeffekttransistor in Anlehnung an Bild 5.2.

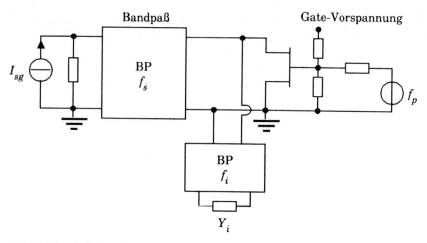

Bild 5.12: Prinzipschaltung eines Abwärtsmischers mit Feldeffekttransistor

Weil die Drain-Source-Strecke ohne Betriebsspannung, also quasi - passiv, betrieben wird, kann davon ausgegangen werden, daß der Kanalwider-stand gemäß seiner physikalischen Temperatur T thermisch rauscht. Da es sich um einen Widerstand handelt, der im Takt des Pumpsignals zeitlich periodisch verändert wird, kann für hinreichend kleine Signale am Kanal-widerstand die parametrische Theorie des Schottky-Dioden-Mischers über-nommen werden. Insbesondere gilt wiederum, daß die Korrelationsmatrix der Leitwertmatrix proportional ist. Der Proportionalitätsfaktor ist in diesem Fall durch die physikalische Temperatur T gegeben. Damit erhält man für die Rauschzahl F_{tr} die gleichen Ausdrücke wie für den Schottky-Dioden-Mischer. Es muß lediglich die Temperatur $nT/2$ für die Schottky-Diode durch die Temperatur T des Feldeffekttransistorkanals ersetzt wer-den. Mit der Generatortemperatur T_0, den Mischerkonversionsverlusten $L = 1/G_{av}$, wobei G_{av} der verfügbare Gewinn ist, gilt für die Rauschzahl

$$F_{tr} = 1 + \frac{T}{T_0} (L - 1) \quad \text{Filter bei der Spiegelfrequenz;} \quad (5.47a)$$
$$\text{Schmalbandmischer}$$

$$F_{tr} = 2 + \frac{T}{T_0} (L - 2) . \quad \text{Breitbandmischer} \quad (5.47b)$$

Für Kanaltemperatur gleich Generatortemperatur, also $T = T_0$, verein-facht sich die Beziehung für die Rauschzahl zu

$$F_{tr} = L = \frac{1}{G_{av}} \quad (5.48)$$

200

und zwar sowohl für den Fall eines Filters bei der Spiegelfrequenz (Schmalbandmischer) als auch für den Breitbandmischer. Diese Beziehung bleibt
auch dann noch gültig, wenn zusätzlich Bahn- oder Schaltungsverluste
auftreten, sofern diese ebenfalls mit der Temperatur $T = T_0$ verknüpft sind.
Die Beziehung in Gl. (5.48) ist daher in guter Übereinstimmung mit dem
Experiment recht allgemein gültig. Die quasi-passive Betriebsart eines
Feldeffekttransistors in einem Mischer, also ein Betrieb des Mischers ohne
einen Drain-Source-Vorstrom, hat den großen Vorteil, daß $1/f$-Rauschen so
gut wie nicht angeregt wird. Funkel- oder $1/f$-Rauschen ist im allgemeinen
in GaAs-Feldeffekttransistoren sehr ausgeprägt, sobald ein Vorstrom in
den Drain-Source-Kanal fließt. Mit wachsendem Vorstrom nimmt das
$1/f$-Rauschen typischerweise zu.

Ein weiterer Vorteil der quasi-passiven Betriebsart besteht darin, daß ein
solcher Mischer stets stabil ist. Geringere Konversionsverluste oder sogar
Verstärkung kann man bei einem Mischer mit Feldeffekttransistor erzielen, wenn man eine Vorspannung an die Drain-Source-Strecke legt und den
Feldeffekttransistor im Sättigungsbereich betreibt. Als gewichtige Nach-
teile für diese Betriebsart sind die Neigung zu Instabilitäten und das, insbesondere für GaAs-Transistoren, ausgeprägte $1/f$-Rauschen anzusehen.

Eine Schaltung wie in Bild 5.12 mit einem Feldeffekttransistor ist bereits
unempfindlich gegen Amplitudenrauschen des Mischoszillators, weil das
Pumpsignal nicht gleichgerichtet wird, solange das Gate nicht in den leitenden Zustand ausgesteuert wird. Bei hohen Frequenzen kann jedoch über
die Gate-Drain-Kapazität ein Teil des Pumpsignals in den Drain-Source-
Kreis gelangen. In diesem Fall kann es zu einer gesteuerten Gleichrich-
tung des Pumpsignals kommen. Um eine hinreichende Unterdrückung des
Amplitudenrauschens vom Mischoszillator auch unter diesen Bedingungen
zu erreichen, empfiehlt sich ein balancierter Aufbau des Mischers mit vier
oder mindestens zwei Feldeffekttransistoren. Mischer mit Galliumarsenid-
Feldeffekttransistoren weisen im quasi-passiven Betrieb Konversionsverluste auf, die denjenigen mit Schottky-Dioden vergleichbar sind. Typische
Werte sind 5 dB bis 10 dB für Breitbandmischer. Die Berechnung der Konversionsverluste kann wie beim Schottky-Dioden-Mischer mit Hilfe des
parametrischen Ansatzes erfolgen. Ein Modell für die Abhängigkeit des
Drain-Source-Kanalleitwertes von der Gate-Source-Steuerspannung wurde in Kapitel 4.6 besprochen.

5.6   Rauschzahlmessungen an Abwärtsmischern

Einfluß des
Zwischenfrequenz-
verstärkers

Weil ein Abwärtsmischer mit z.B. Schottky-Dioden Konversionsverluste und keine Verstärkung aufweist, geht der erste Zwischenfrequenzverstärker gemäß der Kaskadenformel stark in die Gesamtrauschzahl ein. Man wird daher anstreben, daß der erste Zwischenfrequenzverstärker eine möglichst niedrige Rauschzahl aufweist. Fast immer gibt man daher die Mischerrauschzahl einschließlich des ersten Zwischenfrequenzverstärkers an. Will man die Rauschzahl oder effektive Rauschtemperatur des Mischers allein messen, dann empfiehlt es sich, Radiometerschaltungen für die Messung zu verwenden, weil in diesem Fall der Rauschbeitrag des ersten Vorverstärkers nicht eingeht, wie wir gesehen hatten.

Einfluß der
Spiegelfrequenz

Bei der Rauschzahlmessung eines Breitbandmischers gibt es eine Besonderheit zu beachten. Weil die verwendeten Rauschquellen praktisch immer breitbandig rauschen, wird bei einem Breitbandmischer die Generatorrauschleistung auch bei der Spiegelfrequenz empfangen. Dadurch hat sich die Generatorrauschleistung scheinbar verdoppelt. Der abgelesene Rauschzahlwert in dB muß daher um 3dB erhöht werden. Im übrigen kann man eine Rauschzahlmessung eines Mischers mit nachfolgendem ersten Vorverstärker ähnlich wie mit einem gewöhnlichen linearen Vierpol durchführen. Der Unterschied besteht darin, daß Eingangs- und Ausgangsfrequenz nicht zusammenfallen. Die effektive Bandbreite wird im allgemeinen durch den Frequenzgang des Zwischenfrequenzverstärkers beziehungsweise durch einen nachgeschalteten Bandpaß im Zwischenfrequenzbereich festgelegt. Bei einem Breitbandmischer werden dann zwei Frequenzbereiche mit dem Frequenzgang des Zwischenfrequenzfilters aus dem breitbandigen Rauschen der Generatorrauschquelle sowie des Mischereigenrauschens herausgeblendet und in den Zwischenfrequenzbereich umgesetzt. Die beiden Frequenzbereiche liegen oberhalb und unterhalb der Pumpfrequenz f_p (Bild 5.13).

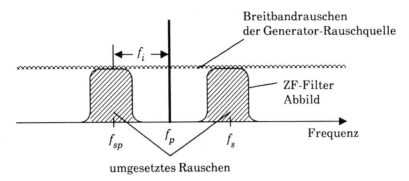

Bild 5.13: *Erläuterung zum Ausblenden zweier Rauschseitenbänder*

Außerdem muß Beachtung finden, daß der verwendete Mischoszillator spektralrein ist. Weist er beispielsweise Nebenwellen auf, die in den Zwischenfrequenzbereich umgesetzt werden können, wie es oftmals bei modernen Synthesegeneratoren der Fall ist, dann kann die gemessene Rauschzahl recht groß werden.

5.7 Rauschzahl eines parametrischen Verstärkers

In Sperrichtung vorgespannte *pn*-Dioden weisen eine Kapazität auf, die nicht konstant ist, sondern von der angelegten Sperrspannung U_v abhängt. Solche sogenannten Varaktoren werden in der Hochfrequenztechnik für eine Vielzahl von Aufgaben eingesetzt, unter anderem für Frequenzvervielfacher für hohe Frequenzen und relativ hohe Leistungen, für Frequenzumsetzer insbesondere für Aufwärtsmischer und schließlich für parametrische Verstärker mit besonders niedriger Rauschzahl. Auch wenn parametrische Verstärker wegen des verhältnismäßig hohen Aufwandes nur noch selten eingesetzt werden, ist ihre Funktionsweise von prinzipiellem Interesse.

5.7.1 Kennlinie und Kenngrößen von Sperrschichtvaraktoren

Die Aussteuerung des Varaktors soll nur im Sperrbereich erfolgen. Der *pn*-Übergang bildet dann eine Kapazität, die von der anliegenden Spannung in Sperrichtung abhängt. Wir beschränken uns hier auf den einfachen Fall eines abrupten *pn*-Übergangs mit konstanten Dotierungen der *p*- und *n*- Bereiche. Für den Fall bereichsweise konstanter Donator- und

abrupter
pn-Übergang

203

Akzeptordotierungen, N_D und N_A, ist der Raumladungs-, Feld- und Potentialverlauf, $\rho(x)$, $E(x)$ und $\phi(x)$ in Bild 5.14 skizziert. Dabei steht U_D für die Diffusionsspannung, x für eine Raumkoordinate in dem zweidimensionalen Modell und ε für die Dielektrizitätskonstante im Halbleiter.

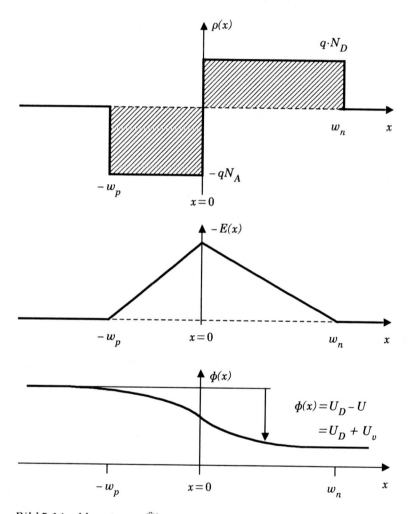

Bild 5.14: *Abrupter pn-Übergang*

Zweimalige Integration der Poissongleichung, stetiger Feld- und Potentialverlauf bei $x=0$ und verschwindendes elektrisches Feld in den angrenzenden Bahngebieten liefert mit $U_v = -U$ einen Zusammenhang zwischen

Sperrspannung U_v, den Dotierungen N_D und N_A und den Sperrschicht-weiten w_n und w_p:

$$U_v + U_D = \frac{q}{2\varepsilon}\left(N_D \cdot w_n^2 + N_A \cdot w_p^2\right) = w_n^2 \cdot \frac{q}{2\varepsilon}\left(N_D + \frac{N_D^2}{N_A}\right)$$

$$w_n = \sqrt{\frac{2\varepsilon}{q}(U_v + U_D)\frac{N_A}{N_D(N_A + N_D)}}$$

$$w_p = \sqrt{\frac{2\varepsilon}{q}(U_v + U_D)\frac{N_D}{N_A(N_A + N_D)}} . \tag{5.49}$$

Für die gesamte Sperrschichtweite $w = w_n + w_p$ erhält man daraus:

$$w = w_n + w_p = \sqrt{\frac{2\varepsilon}{q}(U_v + U_D)\left(\frac{1}{N_A} + \frac{1}{N_D}\right)} . \tag{5.50}$$

Um die differentielle Sperrschichtkapazität $C(U_v)$ zu bestimmen, wird die in der Sperrschicht enthaltene Ladung Q_n eines Vorzeichens, z.B. die des n-Gebietes, ermittelt:

$$Q_n = q \cdot A \cdot w_n \cdot N_D . \tag{5.51}$$

Dabei ist A die Fläche des Halbleiterbauelementes. Die differentielle Kapazität $C(U_v)$ ergibt sich als Ableitung der Ladung Q_n nach der Spannung U_v.

$$C(U_v) = \frac{dQ_n}{dU_v} = q \cdot A \cdot N_D \cdot \frac{dw_n}{dU_v}$$

$$= A \cdot \sqrt{\frac{q \cdot \varepsilon \cdot N_A \cdot N_D}{2(N_A + N_D)(U_v + U_D)}} = \frac{A \cdot \varepsilon}{w} \tag{5.52}$$

Es sei $Q_D = Q_n(U_v = 0)$ die Ladung ohne anliegende Sperrspannung.

$$Q_D = q \cdot A \cdot N_D \cdot \sqrt{\frac{2\varepsilon}{q} U_D \frac{N_A}{N_D(N_A + N_D)}} \tag{5.53}$$

Außerdem sei Q_v die bei Auftreten einer Sperrspannung U_v zusätzliche Ladung $Q_n - Q_D$ mit $Q_v \geq 0$ und $U_v \geq 0$.

Dann gilt für die Zusatzladung Q_v:

$$Q_v = Q_n - Q_D = Q_D \left\{ \sqrt{1 + \frac{U_v}{U_D}} - 1 \right\}. \tag{5.54}$$

Umgeschrieben lautet diese Gleichung:

$$\frac{U_v + U_D}{U_D} = \left(\frac{Q_v + Q_D}{Q_D} \right)^2. \tag{5.55}$$

Diese letzte Beziehung begründet bis auf additive Konstanten einen quadratischen Zusammenhang zwischen der Ladung Q_v und der Spannung U_v. Für die differentielle Kapazität $C(U_v)$ folgt aus Gl. (5.54):

$$C(U_v) = \frac{dQ_v}{dU_v} = \frac{Q_D}{2U_D} \cdot \frac{1}{\sqrt{1 + U_v/U_D}}. \tag{5.56}$$

Statt mit der differentiellen Kapazität $C(U_v)$ ist es hier zweckmäßig, mit der differentiellen Elastanz $S(U_v)$ bzw. $S(Q_v)$ zu rechnen, weil sich dann ein linearer Zusammenhang zwischen der Elastanz S und der Ladung Q_v ergibt. Die differentielle Elastanz $S(U_v)$ ist als Kehrwert der differentiellen Kapazität $C(U_v)$ definiert:

differentielle Elastanz

$$S(U_v) = \frac{1}{C(U_v)} = 2 \cdot \left(\frac{U_D}{Q_D} \right) \cdot \left(\frac{Q_v + Q_D}{Q_D} \right) = S(Q_v). \tag{5.57}$$

Im Sperrbereich folgt die Kapazität der Sperrschicht den Spannungsänderungen fast beliebig schnell, weil es sich beim Auf- und Abbau der Raumladungszone um einen Majoritätsträgereffekt handelt. Die Aussteuerung im Sperrbereich ist durch die hier positiv angenommene Durchbruchspannung U_B begrenzt. Die zu U_B gehörende Ladung sei Q_B. Die Abbildung 5.15 zeigt den Kapazitäts- und Elastanzverlauf bei einem abrupten pn-Übergang als Funktion der Sperrspannung U_v bzw. Ladung Q_v.

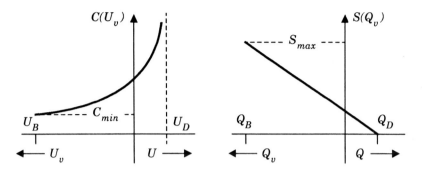

Bild 5.15: Kapazitäts- und Elastanzverlauf bei einem abrupten pn-Übergang

Verluste werden durch den als konstant d.h. spannungsunabhängig angenommenen Bahnwiderstand R_b verursacht. Mit der Grenzfrequenz f_c ist diejenige Frequenz gemeint, bei der der maximale kapazitive Blindwiderstand und der Bahnwiderstand gleich groß sind.

Grenzfrequenz

$$f_c = \frac{1}{2\pi} \frac{1}{C_{min} \cdot R_b} = \frac{S_{max}}{2\pi R_b} \tag{5.58}$$

5.7.2 Parametrischer Betrieb eines Varaktors

Ein Varaktor wird häufig parametrisch betrieben, d.h. ein starkes Pumpsignal bei der Frequenz f_p bestimmt den momentanen Arbeitspunkt für verschiedene Kleinsignale. Wenn das Pumpsignal durch den Ladungsverlauf $Q_p(t)$ gegeben ist und periodisch über der Zeit ist, dann ist auch die Elastanz $S(t)$ eine periodische Funktion der Zeit und kann daher in eine Fourierreihe entwickelt werden. Für den abrupten *pn*-Übergang hängt $S(t)$ linear mit $Q_p(t)$ gemäß Gl. (5.57) zusammen. Wenn $Q_p(t)$ eine gerade Funktion der Zeit ist, was im folgenden ausschließlich angenommen werden soll, dann kann man es einrichten, daß die Fourierreihe $S(t)$ nur Cosinusterme enthält:

periodische
Elastanzfunktion

$$S(t) = S_0 + 2S_1 \cos \omega_p t + 2S_2 \cos 2\omega_p t + \dots . \tag{5.59}$$

Für drei verschiedene Frequenzen werden im folgenden Kleinsignalzeiger für die Spannung U und die Ladung Q eingeführt: Für das obere Seitenband mit der Frequenz f_u (engl. *upper*) die Zeiger U_u und Q_u, für ein unteres Seitenband mit der Frequenz f_l (engl. *lower*) die Zeiger U_l und

Q_l, und für die Zwischenfrequenz f_i (engl. *intermediate frequency*) die Zeiger U_i und Q_i. Es soll gelten

$$f_u = f_p + f_i$$

$$f_l = f_p - f_i. \qquad (5.60)$$

Die Kleinsignalzeiger sind wie beim Mischer über ein lineares Gleichungssystem mit den reellen Koeffizienten S_0, S_1, S_2 miteinander verknüpft:

$$\begin{bmatrix} U_u \\ U_i \\ U_l^* \end{bmatrix} = \begin{bmatrix} S_0 & S_1 & S_2 \\ S_1 & S_0 & S_1 \\ S_2 & S_1 & S_0 \end{bmatrix} \begin{bmatrix} Q_u \\ Q_i \\ Q_l^* \end{bmatrix}. \qquad (5.61)$$

Für die Verknüpfung von Strom- und Ladungszeigern gilt

$$I_u = j\omega_u \cdot Q_u; \quad I_i = j\omega_i Q_i; \quad I_l^* = -j\omega_l \cdot Q_l^*. \qquad (5.62)$$

Damit folgt für die Verknüpfung von Spannungs- und Stromzeigern:

$$\begin{bmatrix} U_u \\ U_i \\ U_l^* \end{bmatrix} = \begin{bmatrix} S_0/j\omega_u & S_1/j\omega_i & -S_2/j\omega_l \\ S_1/j\omega_u & S_0/j\omega_i & -S_1/j\omega_l \\ S_2/j\omega_u & S_1/j\omega_i & -S_0/j\omega_l \end{bmatrix} \begin{bmatrix} I_u \\ I_i \\ I_l^* \end{bmatrix}. \qquad (5.63)$$

Die Verknüpfung von Strömen und Spannungen am Varaktor ist nicht mehr reziprok. Dies hat z.B. zur Folge, daß Aufwärts- und Abwärtsmischung nicht mit dem gleichen Wirkungsgrad erfolgen.

nichtreziproke Verknüpfung von Strömen und Spannungen

Übungsaufgabe 5.9

Wie lautet Gl. (5.61), wenn die Pumpaussteuerung eine gemischt gerade / ungerade Zeitfunktion ist?

5.7.3 Der parametrische Verstärker

Für den parametrischen Verstärker ist ein Frequenzschema wie für einen Kehrlageaufwärtsmischer erforderlich (Bild 5.16).

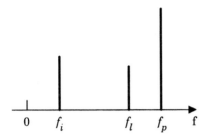

Bild 5.16: *Frequenzschema des parametrischen Verstärkers*

Die Verstärkung soll bei der Frequenz f_i erfolgen, bei der Frequenz f_l wird ein Hilfskreis vorgesehen, der von außen nicht zugänglich sein muß. Die Frequenz f_u soll hochohmig abgeschlossen sein, so daß der Kleinsignalstrom bei dieser Frequenz vernachlässigbar gering ist. Die Strom- und Spannungszeiger U_i, U_l und I_i, I_l sind über eine Impedanzmatrix [Z] gemäß Gl. (5.63) mit $I_u = 0$ miteinander verknüpft.

$$\begin{bmatrix} U_i \\ U_l^* \end{bmatrix} = \begin{bmatrix} S_0/j\omega_i & -S_1/j\omega_l \\ S_1/j\omega_i & -S_0/j\omega_l \end{bmatrix} \cdot \begin{bmatrix} I_i \\ I_l^* \end{bmatrix} = [Z] \cdot \begin{bmatrix} I_i \\ I_l^* \end{bmatrix} \tag{5.64}$$

Eine Ersatzschaltung des parametrischen Verstärkers zeigt Bild 5.17.

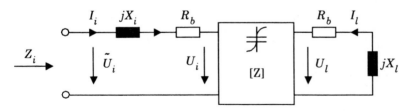

Bild 5.17: *Ersatzschaltung des parametrischen Verstärkers*

Die Großsignalaussteuerung der Elastanz möge cosinusförmig bei f_p sein,   Hilfskreis
d.h. $S_2 = 0$. Das untere Seitenband mit der Frequenz f_l dient als Hilfskreis und wird mit dem induktiven Blindwiderstand jX_l abgeschlossen. Außerdem ist der Eingangskreis mit der Frequenz f_i um den induktiven Blindwiderstand jX_i erweitert worden. Die beiden induktiven Blindwiderstände

jX_i und jX_l werden so gewählt, daß die kapazitiven Blindwiderstände $S_0/j\omega_i$ durch jX_i und $S_0/j\omega_l$ durch jX_l in der Form einer Serienresonanz herausgestimmt bzw. kompensiert werden. Dies erweist sich als zweckmäßig. Die um jX_i, jX_l und zweimal R_b erweiterte $[\tilde{Z}]$-Matrix lautet:

$$
\begin{bmatrix} \tilde{U}_i \\ 0 \end{bmatrix} = \begin{bmatrix} R_b + S_0/j\omega_i + jX_i & -S_1/j\omega_l \\ S_1/j\omega_i & R_b - S_0/j\omega_l - jX_l \end{bmatrix} \cdot \begin{bmatrix} I_i \\ I_l^* \end{bmatrix}
$$

$$
= \begin{bmatrix} R_b & -S_1/j\omega_l \\ S_1/j\omega_i & R_b \end{bmatrix} \begin{bmatrix} I_i \\ I_l^* \end{bmatrix}. \tag{5.65}
$$

Für die Eingangsimpedanz Z_i bei der Zwischenfrequenz erhält man damit:

$$
Z_i = \frac{\tilde{U}_i}{I_i} = R_b \left[1 - \frac{S_1^2}{\omega_i \omega_l R_b^2} \right]. \tag{5.66}
$$

Der Eingangswiderstand Z_i ist reell und wird für ein genügend großes S_1 negativ. Die mögliche Verstärkung an einem negativen Widerstand Z_i kann aus dem Reflexionsfaktor ρ berechnet werden:

Verstärkung durch negativen Eingangswiderstand

$$
\rho = \frac{Z_i - Z_0}{Z_i + Z_0}. \tag{5.67}
$$

Dabei ist Z_0 der Wellenwiderstand der Zuleitung. Für $Re(Z_i) < 0$ wird $|\rho| > 1$, d.h. die reflektierte Welle ist größer als die einfallende Welle. Man kann zusätzlich einen Impedanztransformator verwenden, um den negativen Widerstand zu vergrößern. Dies kann aber zu einer Reduktion der Bandbreite führen. Die Verstärkung wächst über alle Grenzen, d.h. der Verstärker schwingt, wenn $Z_i = -Z_0$ wird. In der Praxis stellt man typisch eine Verstärkung von 15 dB bis 20 dB ein. Die Pumpamplitude muß im allgemeinen geregelt werden, um S_1 und damit die Verstärkung konstant zu halten. Die Trennung der hin- und rücklaufenden Wellen erfolgt üblicherweise mit Hilfe eines Zirkulators, wie in Bild 5.18 skizziert.

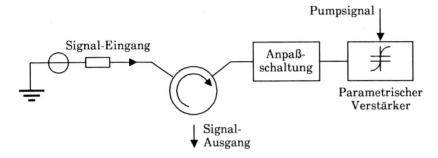

Bild 5.18: Parametrischer Verstärker mit Zirkulator

Man kann abschätzen, welche Grenzfrequenz des Varaktors mindestens benötigt wird, um Entdämpfung zu erreichen. Dazu muß der Ausdruck in der Klammer in Gl. (5.66) negativ werden, d.h. es muß

$$S_1^2 > \omega_i \omega_l \cdot R_b^2 \qquad (5.68)$$

gelten.

Für eine cosinusförmige Ladungsansteuerung durch das Pumpsignal bei der Frequenz f_p, d.h. eine sinusförmige Stromsteuerung bei f_p, ist auch der Elastanzverlauf $S(t)$ cosinusförmig und S_2, S_3, etc. sind null. Der Fourierkoeffizient S_1 wird maximal bei Vollaussteuerung, d.h. wenn $S(t)$ die Werte null und S_{max} annimmt. Dann ergibt sich für das maximale S_1:

$$S_{1max} = \frac{1}{4} S_{max} = \frac{1}{4 C_{min}} . \qquad (5.69)$$

Die Ungleichung (5.68) kann durch die Grenzfrequenz f_c ausgedrückt werden:

erforderliche Grenzfrequenz des Varaktors

$$f_c > 4 \sqrt{f_l \cdot f_i} . \qquad (5.70)$$

Für eine endliche Verstärkung und wegen zusätzlicher Schaltungsverluste muß f_c noch größer gewählt werden als durch die Gl. (5.70) festgelegt ist.

5.7.4 Die Rauschzahl des parametrischen Verstärkers

Die Ersatzschaltung für einen parametrischen Verstärker wie in Bild 5.17 wird um einen thermisch rauschenden Generator mit dem reellen Innenwiderstand R_g erweitert. In diesem Ersatzschaltbild 5.19 ist der reelle Lastwiderstand R_l identisch mit dem Generatorinnenwiderstand R_g, d.h. $R_l = R_g$. In einer praktischen Schaltung erfolgt die Trennung der Signale an R_g und R_l durch einen Zirkulator wie in Bild 5.18.

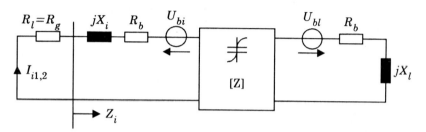

Bild 5.19: Zur Rauschzahl des parametrischen Verstärkers

Als einziges Rauschen im parametrischen Verstärker wird das thermische Rauschen des Bahnwiderstandes berücksichtigt, und zwar bei der Hilfsfrequenz f_l und bei der Zwischen- und Generatorfrequenz f_i. Die Rauschbeiträge des thermisch rauschenden Bahnwiderstandes U_{bi} und U_{bl} bei diesen beiden Frequenzen sind unkorreliert, weil der Bahnwiderstand als zeitlich unveränderlich, also nicht durch das Großsignal gepumpt, angenommen wird. Die nichtlineare Kapazität ist ein reiner Blindwiderstand und rauscht daher nicht. Mit diesen Annahmen bereitet die Berechnung der Rauschzahl des parametrischen Verstärkers keine größeren Schwierigkeiten als eine gewöhnliche lineare Schaltung mit zwei Maschen. Es soll wiederum angenommen werden, daß die induktiven Blindwiderstände jX_i und jX_l die kapazitiven Blindwiderstände kompensieren, so daß die Eingangsimpedanz Z_i reell wird. Mit Z_i aus Gl. (5.66) erhält man als Betragsquadrat des Stromes I_{i1}, der durch die Rauschspannung U_{bi} hervorgerufen wird,

thermisches Rauschen des Bahn- widerstandes

$$|I_{i1}|^2 = \frac{|U_{bi}|^2}{(R_l + Z_i)^2} .$$

(5.71)

Der Rauschstrom I_{i2}, welcher durch die Rauschspannung U_{bl} hervorgerufen wird, berechnet sich am einfachsten über die folgende erweiterte Matrix:

$$
\begin{bmatrix} 0 \\ U_{bl}^* \end{bmatrix} = \begin{bmatrix} R_l + R_b & -S_1/j\omega_l \\ S_1/j\omega_i & R_b \end{bmatrix} \cdot \begin{bmatrix} I_{i2} \\ I_l^* \end{bmatrix}.
\tag{5.72}
$$

Man erhält

$$
I_{i2} = \frac{S_1/j\omega_l}{(R_l + R_b)R_b - \dfrac{S_1^2}{\omega_i\omega_l}} \cdot U_{bl}^*,
\tag{5.73}
$$

$$
|I_{i2}|^2 = \frac{S_1^2/\omega_l^2}{\left[(R_l + R_b)R_b - \dfrac{S_1^2}{\omega_i\omega_l}\right]^2} \cdot |U_{bl}|^2
$$

$$
= \frac{S_1^2/\omega_l^2}{R_b^2 \cdot (R_l + Z_i)^2} \cdot |U_{bl}|^2.
\tag{5.74}
$$

Damit erhält man für das Spektrum ΔW_2 des rauschenden Vierpols am Lastwiderstand R_l mit den Beiträgen des rauschenden Bahnwiderstandes R_b auf der Temperatur T:

$$
\Delta W_2 = R_l \cdot |I_{i1}|^2 + R_l \cdot |I_{i2}|^2
$$

$$
= 4kT \cdot R_b \cdot R_l \, \frac{1 + S_1^2 \cdot \omega_l^{-2} \cdot R_b^{-2}}{(R_l + Z_i)^2}.
\tag{5.75}
$$

Das Spektrum W_{20} ist das gemäß Gl. (5.67) verstärkte und über den Zirkulator ausgekoppelte verfügbare Generatorspektrum am Lastwiderstand R_l. Dabei wird der parametrische Verstärker als rauschfrei angenommen. Betrachtet man R_g als Bezugswiderstand Z_0, so gilt:

$$
W_{20} = k \cdot T_0 \cdot \left(\frac{Z_i - R_g}{R_g + Z_i}\right)^2.
\tag{5.76}
$$

Mit $R_l = R_g$ folgt aus den Gln. (5.75) und (5.76) für die Rauschzahl F:

$$
F = 1 + \frac{\Delta W_2}{W_{20}} = 1 + 4\,\frac{T}{T_0} \cdot R_b R_g \left[1 + \frac{S_1^2}{\omega_l^2 \cdot R_b^2}\right] \cdot \frac{1}{(Z_i - R_g)^2}.
\tag{5.77}
$$

213

Ersichtlich ist es für eine niedrige Rauschzahl günstig, die Hilfsfrequenz f_l möglichst hoch zu legen.

Übungsaufgabe 5.10

Es soll gezeigt werden, daß der Gewinn und die Rauschzahl optimal werden, wenn die induktiven Blindwiderstände jX_i und jX_l die kapazitiven Blindwiderstände $S_0/j\omega_i$ und $S_0/j\omega_l$ kompensieren.

Ein parametrischer Verstärker weist bei richtigem Betrieb nur das verhältnismäßig geringe thermische Rauschen des Bahnwiderstandes R_b mit der Temperatur T auf. Durch eine Abkühlung des Verstärkers kann die Temperatur T und damit die Rauschtemperatur abgesenkt werden. Ungekühlte parametrische Verstärker weisen Systemrauschtemperaturen $T_s = (F-1)T_0$ von z.B. 150–200 K bei einigen GHz auf. Parametrische Verstärker in Satellitenbodenstationen werden durch flüssiges Helium bis auf 4,2 K abgekühlt. Man erreicht dadurch bei z.B. 4 GHz Systemrauschtemperaturen von 5–10 K. Solche tiefgekühlten Varaktoren müssen aus GaAs hergestellt sein, weil Silizium bei diesen Temperaturen kaum noch Elektronen im Leitungsband aufweist. In ausgeführten parametrischen Verstärkern können Schaltungsverluste die Rauschzahl erhöhen. Man wird daher Schaltungstechniken mit besonders niedrigen Verlusten einsetzen. Außerdem wird man versuchen, auch die Schaltungsverluste durch Kühlung zu reduzieren.

Bei einem Oszillator, dessen Schwingfrequenz mit Hilfe eines Varaktors abgestimmt werden kann, ist es möglich, daß man unfreiwillig einen parametrischen Verstärker realisiert. Dies muß jedoch vermieden werden, weil dadurch unerwünschte Nebenoszillationen oder auch starke Rauschseitenbänder entstehen können. Für einen großen Abstimmbereich muß man den Varaktor verhältnismäßig fest an den Oszillator ankoppeln, so daß dadurch eine merkliche Aussteuerung des Varaktors auftreten kann. Es wirkt sich für die Stabilität günstig aus, wenn bei der Frequenz $f_u = f_p + f_i$ eine ähnliche Abschlußimpedanz vorliegt wie bei der Frequenz $f_l = f_p - f_i$.

5.8 Gleichlageaufwärtsmischer mit Varaktoren

Das Frequenzschema des Gleichlageaufwärtsmischers ist das gleiche wie in Bild 5.1a. Es wird bei der Zwischenfrequenz f_i eingespeist und aus Stabilitätsgründen wird nur bei dem oberen Seitenband mit der Frequenz f_u ausgekoppelt. Es sollen bei f_i und f_u Kleinsignale anliegen und bei der Pumpfrequenz f_p eine Großsignalaussteuerung erfolgen. Eine Ersatzschaltung für den Gleichlageaufwärtsmischer zeigt Bild 5.20.

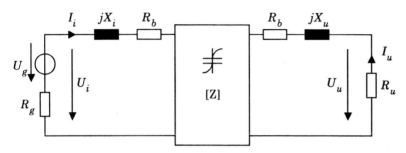

Bild 5.20: Ersatzschaltbild für einen Gleichlageaufwärtsmischer

Es erweist sich auch bei dieser Schaltung als günstig, die induktiven Blindwiderstände jX_i und jX_u gerade so zu wählen, daß die kapazitiven Blindwiderstände $S_0/j\omega_i$ und $S_0/j\omega_u$ kompensiert werden. Aus der erweiterten Matrix mit den reellen Last- und Generatorwiderständen R_u und R_g

$$\begin{bmatrix} U_g \\ 0 \end{bmatrix} = \begin{bmatrix} R_g + R_b & S_1/j\omega_u \\ S_1/j\omega_i & R_u + R_b \end{bmatrix} \begin{bmatrix} I_i \\ I_u \end{bmatrix} \tag{5.78}$$

läßt sich der Gewinn G_p berechnen. Man erhält:

$$G_p = \frac{\left(\dfrac{S_1}{\omega_i}\right)^2 \cdot 4\,R_g \cdot R_u}{[(R_g + R_b)(R_u + R_b) + S_1^2/(\omega_i \omega_u)]^2} . \tag{5.79}$$

Aufwärtsmischer mit Varaktoren weisen gute Wirkungsgrade und sogar Verstärkung auf und können verhältnismäßig große Leistungen verarbeiten. Sie werden eingesetzt, wenn eine Nachverstärkung nicht genügend einfach möglich ist. Auch die Rauschzahl ist niedrig. Man wird Schottky-Dioden-Aufwärtsumsetzer vorziehen, wenn eine Nachverstärkung einfach möglich ist.

Wirkungsgrad

Übungsaufgabe 5.11

Wie groß ist der maximale Gewinn G_m und die Rauschzahl F für den obigen Gleichlageaufwärtsmischer mit einer Varaktordiode?

Vorbemerkung zur Kurseinheit 6

Mit den in den Kurseinheiten 1 bis 5 behandelten Methoden und Modellen ist eine für praktische Anwendungen hinreichend genaue Beschreibung des Rauschens von allen linearen Systemen der Hochfrequenztechnik möglich. Dazu zählen Schaltungen, die nur aus passiven linearen Bauelementen bestehen, aber auch aktive Netzwerke, sofern die Aussteuerung so klein bleibt, daß zwischen allen Signalen lineare Zusammenhänge bestehen. Die in der Kurseinheit 5 beschriebenen parametrischen Systeme stellen einen Grenzfall dar. Obwohl diese Schaltungen nichtlineare Widerstände oder Kapazitäten enthalten, sind die Amplituden der relevanten Signale durch lineare Beziehungen verknüpft und auch das Rauschen läßt sich durch dieselben Größen charakterisieren wie bei rein linearen Systemen. Allerdings kann der Aufwand bei der Berechnung dieser Größen schon erheblich sein, wie beispielsweise die Herleitung der Beziehung für die äquivalente Rauschtemperatur eines Schottky-Dioden-Mischers gezeigt hat.

In dieser Kurseinheit sollen Schaltungen behandelt werden, bei denen kein linearer Zusammenhang mehr zwischen Eingangs- und Ausgangssignal besteht. Ein Beispiel für ein derartiges System ist ein Verstärker bei Großsignalaussteuerung, die bei allen Leistungsverstärkern erforderlich ist, um einen hohen Wirkungsgrad zu erzielen. Bei nichtlinearen Systemen sind die zur Beschreibung des Rauschens linearer Schaltungen eingeführten Größen, wie z.B. die Rauschzahl, nicht mehr zweckmäßig. Statt dessen wird das Rauschverhalten durch Angabe des sog. Amplituden- und Phasenrauschens des Ausgangssignals charakterisiert. Diese Größen werden im folgenden eingeführt und es wird auch der Zusammenhang mit den linearen Rauschparametern angegeben. Als praktisches Beispiel dient vorwiegend der Großsignalverstärker, doch wird auch auf Frequenzvervielfacher und -teiler kurz eingegangen.

Die Ergebnisse dieser Kurseinheit bilden ferner eine wichtige Grundlage für die Kurseinheit 7, in der das Rauschen von Oszillatoren behandelt werden wird.

Studienziele zur Kurseinheit 6

Nach dem Durcharbeiten dieser Kurseinheit sollten Sie

▸ erkannt haben, warum die bei linearen Systemen üblichen Parameter zur Beschreibung des Rauschens von nichtlinearen Schaltungen ungeeignet sind;

▸ den Begriff '1/f-Rauschen' kennen und wissen, wo dieser Rauschprozeß störend in Erscheinung tritt;

▸ wissen, was man unter dem Amplituden- und Phasenrauschen eines Signals oder Systems versteht;

▸ bei Verstärkern die prinzipiellen Zusammenhänge zwischen Amplituden- und Phasenrauschen, Rauschzahl und Aussteuerung kennen;

▸ wissen, wie sich das Amplituden- und Phasenrauschen eines Signals bei der Übertragung durch nichtlineare Systeme ändert;

▸ Meßverfahren für das Phasenrauschen nichtlinearer Systeme kennen.

6   Rauschen in nichtlinearen Zweitoren

6.1   Einführung

Die in den bisherigen Kapiteln behandelten Zweitore waren bezüglich der Eingangs- und Ausgangssignale ausnahmslos linear. Bei den in der Kurseinheit 5 untersuchten parametrischen Systemen wie Mischern oder parametrischen Verstärkern basiert die Funktionsweise zwar auf nichtlinearen Vorgängen, doch besteht zwischen den komplexen Amplituden, auch wenn diese zu unterschiedlichen Frequenzen gehören, ebenfalls eine lineare Beziehung.

Bei allen linearen Zweitoren ist die Rauschzahl die am häufigsten verwendete Größe zur Charakterisierung der Rauscheigenschaften. Die Rauschzahl kann aus den Signal- und Rauschleistungen am Eingang und Ausgang des Zweitores berechnet werden. Die Verhältnisse sind in Bild 6.1 illustriert.

Rauschen bei linearen Zweitoren

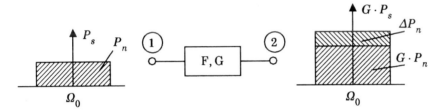

Bild 6.1: Signal- und Rauschleistungen bei linearen Zweitoren

Dem Eingang des Zweitores werde ein Nutzsignal der Kreisfrequenz Ω_0 mit der Leistung P_s zugeführt. Ferner wird von der Signalquelle eine Rauschleistung P_n abgegeben. Die betrachtete Bandbreite soll dabei so klein sein, daß sich die Eigenschaften des Zweitores innerhalb dieser Bandbreite nicht ändern. Bei einem rauschfreien Zweitor mit dem Gewinn G tritt am Ausgang die Signalleistung $G \cdot P_s$ und die Rauschleistung $G \cdot P_n$ auf, d.h. das Verhältnis von Signal- zu Rauschleistung hat sich beim Durchgang durch das Zweitor nicht geändert. Bei einem rauschenden Zweitor wird die Rauschleistung am Ausgang um den zusätzlichen Beitrag ΔP_n erhöht, der aus den internen Rauschquellen des Zweitores stammt. Die Rauschzahl ist definiert durch

$$F = \frac{GP_n + \Delta P_n}{G P_n} = 1 + \frac{\Delta P_n}{G P_n} . \tag{6.1}$$

Dabei ist als Rauschtemperatur der Signalquelle der feste Wert $T_0 = 290$ K zu verwenden.

Nach Gl. (6.1) hängt die Rauschzahl nicht von der Signalleistung ab. Dazu muß allerdings vorausgesetzt werden, daß auch die Größen ΔP_n und G unabhängig von der Signalleistung sind. Diese Bedingung ist bei linearen Zweitoren erfüllt, nicht dagegen bei nichtlinearen Zweitoren. Zusammen mit weiteren Effekten führt dies dazu, daß die bei linearen Netzwerken üblichen Größen zur Beschreibung des Rauschens bei nichtlinearen Verhältnissen unzweckmäßig sind, wie im folgenden Abschnitt näher erläutert werden soll.

6.2   Probleme der Rauschcharakterisierung nichtlinearer Zweitore

Das für praktische Anwendungen wichtigste Beispiel eines nichtlinearen Zweitores ist ein Verstärker bei Großsignalaussteuerung. Wird die Eingangsleistung, ausgehend von kleinen Werten, immer weiter erhöht, so kann die Ausgangsleistung nicht beliebig im gleichen Verhältnis anwachsen. Sie erreicht irgendwann einen Sättigungswert, der hauptsächlich von den im Verstärker eingesetzten aktiven Bauelementen abhängt. Das bedeutet, daß die Leistungsverstärkung abnimmt, sobald die Eingangsleistung eine bestimmte Grenze überschreitet, und schließlich sogar gegen null konvergiert. Daraus folgt, daß wegen Gl. (6.1) auch die Rauschzahl von der Signalleistung abhängt.

Verstärkungs-kompression

Im allgemeinen ändert sich allerdings nicht nur die Verstärkung bei Großsignalaussteuerung, sondern auch die im Zweitor erzeugte Rauschleistung ΔP_n. Hierfür gibt es zwei Gründe. Zum einen können sich durch die Großsignalaussteuerung Parameter ändern, die direkt die physikalischen Rauschursachen beeinflussen, z.B. Temperaturen (thermisches Rauschen) oder Gleichströme (Schrotrauschen). Zum anderen erfolgen bei nichtlinearem Betrieb Frequenzumsetzungen, ähnlich wie bei Mischern. Allgemein können bei Großsignalaussteuerung mit einem Signal der Frequenz Ω_0 Frequenzumsetzungen des Rauschens um $\pm N\Omega_0$ mit $N = 1,2,3,\ldots$ auftreten. Theoretisch wäre es daher möglich, daß am Ausgang eines nichtlinearen Zweitores Rauschen bei der Signalfrequenz Ω_0 abgegeben wird, selbst wenn keine physikalischen Rauschquellen direkt bei dieser Frequenz existieren.

Frequenz-umsetzungen

Die vorstehende Diskussion zeigt, daß die Beziehungen zwischen Nutz- und Rauschsignalen bei nichtlinearen Zweitoren wesentlich komplizierter sind als im linearen Fall. Trotzdem wäre es denkbar, die Rauschzahl zur Charakterisierung des Rauschverhaltens zu verwenden, wenn zusätzlich jeweils auch der Signalpegel mit angegeben würde. Das Rauschsignal am Ausgang eines nichtlinearen Zweitores weist jedoch zwei Besonderheiten auf, die durch Angabe der Rauschleistung ΔP_n allein nicht erfaßt werden und somit auch nicht in die Rauschzahl eingehen.

Durch die Frequenzumsetzungen sind Spektralkomponenten bei unterschiedlichen Frequenzen nicht mehr zwangsläufig unkorreliert, wie dies bei linearen Schaltungen der Fall ist. Insbesondere gilt dies für Komponenten, die symmetrisch zur Signalfrequenz Ω_0 liegen. So kann beispielsweise ein niederfrequentes Rauschsignal bei einer Frequenz ω mit $\omega \ll \Omega_0$ durch Mischung mit dem Nutzsignal zu Rauschkomponenten bei den Frequenzen $\Omega_0 - \omega$ und $\Omega_0 + \omega$ am Ausgang des Zweitores führen. Diese Komponenten sind vollständig korreliert, da sie derselben physikalischen Quelle entstammen. Die genaue Kenntnis dieser Korrelation ist sehr wichtig für die Beurteilung des störenden Einflusses des Rauschens in einem System.

Korrelation zwischen Rauschsignalen unterschiedlicher Frequenz

Die zweite Besonderheit betrifft die Frequenzabhängigkeit der spektralen Rauschleistungsdichte. Die bisher behandelten physikalischen Rauschprozesse sind durch weiße Spektren, d.h. durch annähernd frequenzunabhängige Leistungsdichten charakterisiert. Dies gilt bei linearen Zweitoren auch für das Ausgangsrauschen, wenn die betrachtete Bandbreite so klein ist, daß die Frequenzabhängigkeit des Zweitores vernachlässigt werden kann. Bei nichtlinearen Zweitoren beobachtet man dagegen sehr häufig Rauschspektren wie in Bild 6.2, bei denen sich die Leistungsdichte nahe beim Nutzsignal stark ändert. Bei vielen Systemen hängt die störende Wirkung des Rauschens auch von der Frequenzdifferenz zum Nutzsignal ab, so daß die pauschale Angabe der gesamten Rauschleistung für eine genaue Charakterisierung wiederum nicht ausreicht.

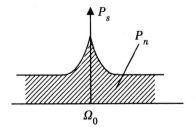

Bild 6.2:
Typisches Spektrum von Nutz-
und Rauschsignal am Ausgang
eines nichtlinearen Zweitores

Zusammenfassend kann festgestellt werden, daß die Rauschzahl nur bei linearen Zweitoren eine sinnvolle Größe zur Beschreibung des Rauschverhaltens ist. Bei nichtlinearen Zweitoren sind beim Rauschen zusätzliche Eigenschaften zu berücksichtigen, die eine andere Art der Charakterisierung erfordern. Bevor die dafür benötigten Größen eingeführt werden, soll auf die Ursachen für das frequenzabhängige Rauschspektrum nach Bild 6.2 eingegangen werden.

6.3   1/f-Rauschen

Die bisher behandelten physikalischen Rauschprozesse können im Frequenzbereich durch weiße, d.h. frequenzunabhängige Spektren beschrieben werden. Zusätzlich beobachtet man bei sehr vielen stromdurchflossenen Materialien, insbesondere auch bei allen elektronischen Bauelementen, Rauschmechanismen, deren spektrale Leistungsdichte umgekehrt proportional zur Frequenz abnimmt. Man faßt diese Prozesse daher unter dem Begriff **1/f-Rauschen** oder **Funkelrauschen** zusammen. Die Kombination von 1/f-Rauschen und weißem Rauschen führt zu einem Spektrum wie in Bild 6.3.

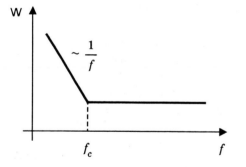

Bild 6.3:
Rauschspektrum
mit 1/f-Komponente
(logarithmische Darstellung)

Bei tiefen Frequenzen dominiert die 1/f-Komponente, bei hohen Frequenzen ist nur das weiße Rauschen wirksam. Die Grenze zwischen den beiden Bereichen, bei der beide Anteile gleich groß sind, wird als Rauscheckfrequenz f_c (englisch: *noise corner frequency*) bezeichnet. Die Eckfrequenzen von Halbleiterbauelementen reichen von unter 1kHz bis zu 100 MHz. Besonders starkes 1/f-Rauschen tritt bei Bauelementen aus Galliumarsenid auf. Dieses Halbleitermaterial hat große Bedeutung für die Mikrowellentechnik, da sich z.B. mit GaAs-Feldeffekttransistoren Verstärker bis in den Millimeterwellenbereich realisieren lassen.

Rauscheckfrequenz

222

Bei allen linearen Anwendungen von elektronischen Bauelementen, z.B. bei Kleinsignalverstärkern, spielt das 1/f-Rauschen keine Rolle, wenn der Frequenzbereich oberhalb der Eckfrequenz liegt. Die Situation ändert sich, wenn nichtlineare Effekte zu berücksichtigen sind, wie bei Leistungs-verstärkern, Mischern und Oszillatoren. Durch die nichtlineare Wechsel-wirkung zwischen dem niederfrequenten Rauschen und dem hochfrequen-ten Großsignal wird das Rauschen hochgemischt und erscheint im Spek-trum in Form von Rauschseitenbändern neben dem Nutzsignal. Man kann auch sagen, daß das Nutzsignal durch das 1/f-Rauschen moduliert wird. Auf diese Weise entstehen Spektren wie in Bild 6.2.

Die physikalischen Ursachen des 1/f-Rauschens sind noch nicht vollständig bekannt. Nur in Einzelfällen ist es gelungen, für elektronische Bau-elemente zufriedenstellende Modelle für das 1/f-Rauschen zu entwickeln. Das 1/f-Rauschen scheint keine einheitliche Ursache zu haben; es gibt offenbar eine Vielzahl von Schwankungsprozessen, die zu einem 1/f-Spek-trum führen. Insbesondere diese Frequenzabhängigkeit ist schwierig zu modellieren. Dagegen führen Analysen physikalischer Schwankungs-vorgänge häufig auf Spektren der Form

$$W(f) \sim \frac{1}{1 + (f/f_g)^2} \,.$$

$$(6.2)$$

Man kann jedoch zeigen, daß sich innerhalb eines begrenzten Frequenz-bereiches ein 1/f-Spektrum ergibt, wenn eine Vielzahl von Spektren nach Gl. (6.2) mit unterschiedlichen Grenzfrequenzen f_g überlagert werden. Wo die untere Grenze für das 1/f-Rauschen liegt, ist nicht bekannt. Bei experi-mentellen Untersuchungen konnte das 1/f-Spektrum noch bei 10^{-6} Hz nachgewiesen werden.

Neben Modellen für bestimmte Bauelemente gibt es auch Ansätze, das 1/f-Rauschen als eine universelle Erscheinung zu beschreiben. So findet man für das Leistungsspektrum $W_i(f)$ der niederfrequenten Schwankun-gen eines Stromes I durch eine homogene Metall- oder Halbleiterprobe die Gesetzmäßigkeit

Hooge-Beziehung

$$W_i(f) = \frac{a_H I^2}{Nf} \,.$$

$$(6.3)$$

Hierbei ist N die Anzahl der freien Ladungsträger in der Probe und a_H ein Proportionalitätsfaktor (Hooge-Konstante), der für eine Vielzahl von Mate-rialien den Wert $2 \cdot 10^{-3}$ hat. Es scheint aber nicht möglich zu sein, die für homogene Proben gültige Beziehung (6.3) auch auf kompliziertere Strukturen wie Halbleiterbauelemente zu übertragen.

6.4 Amplituden- und Phasenrauschen

Da die bei linearen Zweitoren üblichen Größen zur Charakterisierung des Rauschverhaltens für nichtlineare Zweitore ungeeignet sind, sollen alternative Größen eingeführt werden, die eine allgemeine Beschreibung des Rauschens von Zweitoren erlauben.

6.4.1 Rauschmodulation

Die typische Form des Spektrums von Nutz- und Rauschsignal am Ausgang eines nichtlinearen Zweitores wurde bereits in Bild 6.2 dargestellt. Dieses Spektrum läßt sich auch so interpretieren, daß ein sinusförmiges Trägersignal der Frequenz Ω_0 beim Durchlaufen des Zweitores durch **niederfrequente** Rauschprozesse moduliert wird. Die Art der Modulation kann aus dem Betrag des Spektrums nicht entnommen werden. Möglich sind Amplitudenmodulation, Phasenmodulation oder auch eine Kombination dieser beiden Modulationsarten.

Für ein Signal $x(t)$, welches sich additiv aus einem sinusförmigen Anteil $X_0 \, cos(\Omega_0 t + \phi_0)$ und einem Rauschanteil $n(t)$ zusammensetzt, kann man allgemein ansetzen

Überlagerung von einem Sinussignal und Rauschen

$$
\begin{aligned}
x(t) &= X_0 \, cos(\Omega_0 t + \phi_0) + n(t) \\
&= [X_0 + \Delta x(t)] \cdot cos[\Omega_0 t + \phi_0 + \Delta\phi(t)].
\end{aligned}
\tag{6.4}
$$

Die Auswirkungen des Rauschsignals $n(t)$ auf das Nutzsignal werden hier durch die Signale $\Delta x(t)$ und $\Delta\phi(t)$ erfaßt, welche statistische Schwankungen von Amplitude und Phase des Sinussignals beschreiben. Man spricht daher vom Amplituden- und Phasenrauschen des Signals $x(t)$. Die linearen Mittelwerte der Schwankungsgrößen sind ansatzgemäß null:

$$
\overline{\Delta x(t)} = \overline{\Delta\phi(t)} = 0.
\tag{6.5}
$$

In komplexer Form lautet Gl. (6.4):

$$
x(t) = Re\left\{ X_0 \left[1 + \frac{\Delta x(t)}{X_0} \right] e^{j[\Omega_0 t + \phi_0 + \Delta\phi(t)]} \right\}.
\tag{6.6}
$$

Die Amplituden- und Phasenschwankungen sind normalerweise sehr klein, d.h. es gilt $\Delta x(t)/X_0 \ll 1$ und $\Delta\phi(t) \ll 1$. Daraus folgt $\Delta x(t) \cdot \Delta\phi(t)/X_0 \approx 0$, weil dieses Produkt von höherer Ordnung klein ist, und $e^{j\Delta\phi(t)} \approx 1 + j\Delta\phi(t)$. Mit diesen Näherungen vereinfacht sich Gl. (6.6) zu:

$$x(t) = Re\left\{ X\left[1 + \frac{\Delta x(t)}{X_0} + j\Delta\phi(t)\right] e^{j\Omega_0 t}\right\}, \tag{6.7}$$

wobei

$$X = X_0\, e^{j\Phi_0} \tag{6.8}$$

der komplexe Zeiger des Trägers ist.

Um den Zusammenhang zwischen dem hochfrequenten Rauschsignal $n(t)$ und den Amplituden- und Phasenschwankungen $\Delta x(t)$ und $\Delta\phi(t)$ zu bestimmen, soll zunächst der Fall betrachtet werden, daß auch die Schwankungen einen sinusförmigen Zeitverlauf aufweisen.

6.4.2 Sinusförmige Amplituden- und Phasenmodulation

Sinusförmige Amplituden- und Phasenschwankungen der Frequenz $\omega \ll \Omega_0$ können durch komplexe Zeiger ΔX und $\Delta\phi$ beschrieben werden:

$$\Delta x(t) = Re\{\Delta X\, e^{j\omega t}\} = \frac{1}{2}(\Delta X\, e^{j\omega t} + \Delta X^*\, e^{-j\omega t}), \tag{6.9}$$

$$\Delta\phi(t) = Re\{\Delta\Phi\, e^{j\omega t}\} = \frac{1}{2}(\Delta\Phi\, e^{j\omega t} + \Delta\Phi^*\, e^{-j\omega t}). \tag{6.10}$$

Durch Einsetzen der Gln. (6.9) und (6.10) in Gl. (6.7) erhält man

$$\begin{aligned} x(t) = Re\Bigg\{ & X\, e^{j\Omega_0 t} + \frac{1}{2} X\left(\frac{\Delta X^*}{X_0} + j\Delta\Phi^*\right) e^{j(\Omega_0 - \omega)t} \\ & + \frac{1}{2} X\left(\frac{\Delta X}{X_0} + j\Delta\Phi\right) e^{j(\Omega_0 + \omega)t} \Bigg\}. \end{aligned} \tag{6.11}$$

Im hochfrequenten Spektrum führt die Amplituden- und Phasenmodulation somit zu zwei Seitenbandsignalen im Abstand ω vom Träger. Für deren komplexe Zeiger X_l (' l '$= lower =$ unteres Seitenband) und X_u (' u '$= upper =$ oberes Seitenband) gilt

Seitenbänder

$$X_l = \frac{X}{2}\left(\frac{\Delta X^*}{X_0} + j\Delta\Phi^*\right), \quad X_u = \frac{X}{2}\left(\frac{\Delta X}{X_0} + j\Delta\Phi\right),$$

bzw. in Matrixschreibweise

$$
\begin{bmatrix} X_l^* \\ X_u \end{bmatrix} = \frac{X_0}{2} \begin{bmatrix} e^{-j\Phi_0} & -je^{-j\Phi_0} \\ e^{j\Phi_0} & je^{j\Phi_0} \end{bmatrix} \begin{bmatrix} \dfrac{\Delta X}{X_0} \\ \Delta\Phi \end{bmatrix} . \tag{6.12}
$$

Durch Invertierung der Matrix Gl. (6.12) lassen sich die Amplituden- und Phasenschwankungen auch durch die Seitenbandzeiger ausdrücken:

$$
\begin{bmatrix} \dfrac{\Delta X}{X_0} \\ \Delta\Phi \end{bmatrix} = \frac{1}{X_0} \begin{bmatrix} e^{j\Phi_0} & e^{-j\Phi_0} \\ je^{j\Phi_0} & -je^{j\Phi_0} \end{bmatrix} \begin{bmatrix} X_l^* \\ X_u \end{bmatrix} . \tag{6.13}
$$

Die für sinusförmige Schwankungen abgeleiteten Beziehungen (6.12) und (6.13) können nicht ohne weiteres durch Bildung der Betragsquadrate in entsprechende Gleichungen für die Rauschspektren transformiert werden, da im Gegensatz zu linearen Netzwerken hier Zeiger mit verschiedenen Frequenzen auftreten. Diese Schwierigkeit läßt sich umgehen, wenn den beiden Seitenbandzeigern der Frequenzen $\Omega_0 \pm \omega$ jeweils äquivalente Basisbandzeiger der Frequenz ω zugeordnet werden. Schaltungsmäßig können Seitenbänder und Basisbandsignale durch Einseitenbandversetzer ineinander umgewandelt werden.

äquivalente Basisbandzeiger

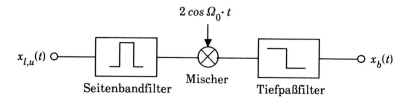

Bild 6.4: Idealer Einseitenbandversetzer

Bild 6.4 zeigt eine mögliche Realisierungsform für einen Einseitenbandversetzer. Die Schaltung kann in beiden Richtungen betrieben werden. Bei Verwendung als Einseitenbandempfänger wird ein hochfrequentes Signal $x_{l,u}(t)$ eingespeist, welches zunächst beide Seitenbänder enthält:

$$
x_{l,u}(t) = Re\left\{ X_l\, e^{j(\Omega_0-\omega)t} + X_u\, e^{j(\Omega_0+\omega)t} \right\} . \tag{6.14}
$$

Das Seitenbandfilter unterdrückt entweder das obere oder das untere Seitenband. Durch Mischung mit $2\cos\Omega_0 t$ und anschließende Tiefpaßfilterung erhält man als Ausgangssignal im Basisband entweder

$$x_{lb}(t) = Re\{X_l^* e^{j\omega t}\}, \tag{6.15}$$

oder

$$x_{ub}(t) = Re\{X_u e^{j\omega t}\}, \tag{6.16}$$

je nachdem, welches Seitenband vom Filter durchgelassen wird. In komplexer Schreibweise gilt also

$$X_{lb} = X_l^*, \tag{6.17}$$

bzw.

$$X_{ub} = X_u. \tag{6.18}$$

Bei Betrieb als Einseitenbandmodulator ist das niederfrequente Basisbandsignal $x_b(t)$ das Eingangssignal. Als Ausgangssignal erhält man ein sinusförmiges Signal bei der Frequenz $\Omega_0 - \omega$ oder $\Omega_0 + \omega$; das jeweils andere Seitenband wird durch das Filter unterdrückt. Der Zusammenhang zwischen den komplexen Zeigern der Signale ist durch die Gln. (6.17) und (6.18) gegeben.

Übungsaufgabe 6.1

Es sollen die Beziehungen (6.15) bis (6.18) hergeleitet werden.

Ersetzt man in den Gln. (6.12) und (6.13) die Seitenbandzeiger X_l, X_u durch die äquivalenten Basisbandzeiger X_{lb}, X_{ub} nach den Gln. (6.17) und (6.18), so treten nur noch Zeiger derselben Frequenz ω auf, zwischen denen ein linearer Zusammenhang besteht. Somit sind wieder die für lineare Netzwerke gültigen Verfahren anwendbar und es ist eine Transformation in entsprechende Beziehungen für die Rauschspektren möglich.

6.4.3 Spektren des Amplituden- und Phasenrauschens

Mit W_{lb} und W_{ub} als Spektren der äquivalenten Basisbandsignale, W_ϕ und W_a als Spektren der Phasenschwankungen $\Delta\Phi$ und der normierten Amplitudenschwankungen $\Delta X / X_0$ sowie mit den zugehörigen Kreuzspektren W_{lub} und $W_{a\phi}$ erhält man aus den Gln. (6.12) und (6.13):

$$X_{lb}^* \cdot X_{lb} \;\rightarrow\; W_{lb} \;=\; \frac{X_0^2}{4}\left[W_a + W_\phi + 2\,Im\{W_{a\phi}\}\right], \tag{6.19}$$

$$X_{ub}^* \cdot X_{ub} \;\rightarrow\; W_{ub} \;=\; \frac{X_0^2}{4}\left[W_a + W_\phi - 2\,Im\{W_{a\phi}\}\right], \tag{6.20}$$

$$\frac{\Delta X^* \Delta X}{X_0^2} \;\rightarrow\; W_a \;=\; \frac{1}{X_0^2}\left[W_{lb} + W_{ub} + 2\,Re\left\{e^{-2j\phi_0}W_{lub}\right\}\right], \tag{6.21}$$

$$\Delta\Phi^* \cdot \Delta\Phi \;\rightarrow\; W_\phi \;=\; \frac{1}{X_0^2}\left[W_{lb} + W_{ub} - 2\,Re\left\{e^{-2j\phi_0}W_{lub}\right\}\right]. \tag{6.22}$$

Anmerkung: Obwohl in den Gln. (6.19) bis (6.22) die zweiseitigen Spektren verwendet werden, sind die Beziehungen nur für positive Frequenzen gültig. Für negative Frequenzen müßten einige Vorzeichen geändert werden. Dies liegt daran, daß in den Gln. (6.12) und (6.13) bei negativen Frequenzen die konjugiert komplexen Matrixelemente eingesetzt werden müßten. Um die Schreibweise der Gleichungen zu vereinfachen, wird auch im folgenden nur die für positive Frequenzen gültige Form angegeben.

Beschränkung auf positive Frequenzen

Übungsaufgabe 6.2

Rechnen Sie die Beziehungen (6.19) bis (6.22) nach!

Es ist noch der Zusammenhang zwischen den Basisbandspektren W_{lb}, W_{ub} und dem Spektrum W_n des hochfrequenten Rauschsignals $n(t)$ zu bestimmen. Analog zur Betrachtung mit sinusförmigen Signalen ist es zweckmäßig, auch das Rauschsignal $n(t)$ als Summe eines unteren und eines oberen Rauschseitenbandes darzustellen:

$$n(t) \;=\; n_l(t) + n_u(t), \tag{6.23}$$

wobei für die zugehörigen Spektren $W_l(\Omega)$ und $W_u(\Omega)$ gilt:

$$W_l(\Omega) \;=\; \begin{cases} W_n(\Omega) & \text{für } \Omega < \Omega_0 \\ 0 & \text{sonst} \end{cases}, \tag{6.24}$$

$$W_u(\Omega) \;=\; \begin{cases} W_n(\Omega) & \text{für } \Omega > \Omega_0 \\ 0 & \text{sonst} \end{cases}. \tag{6.25}$$

Der Zusammenhang zwischen den Hochfrequenzspektren W_l, W_u und den zugehörigen äquivalenten Basisbandspektren W_{lb}, W_{ub} kann mit Hilfe des idealen Einseitenbandversetzers aus Bild 6.4 berechnet werden.

Zusammenhang zwischen Hochfrequenz-spektren und Basisbandspektren

Anstelle einer exakten Herleitung soll hier nur eine anschauliche Erklärung des Ergebnisses gegeben werden. Durch den Einseitenband-versetzer werden Basisbandkomponenten der Frequenz ω mit Seitenbän-dern der Frequenzen $\Omega_0 - \omega$ oder $\Omega_0 + \omega$ in quasilinearer Weise verknüpft. Für die Spektren der Rauschsignale ist daher ein Zusammenhang gemäß

$$W_l(\Omega_0 - \omega) = W_{lb}(\omega) \qquad (6.26)$$

bzw.

$$W_u(\Omega_0 + \omega) = W_{ub}(\omega) \qquad (6.27)$$

zu erwarten. Dies wird durch eine genauere Rechnung bestätigt. Die Zusammenhänge zwischen den Spektren sind in Bild 6.5 schematisch zusammengefaßt.

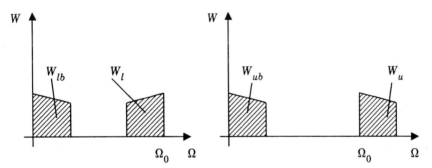

Bild 6.5: *Hochfrequente Rauschspektren W_l, W_u und zugehörige Basis-bandspektren W_{lb}, W_{ub}*

Durch Einsetzen der Gln. (6.24) bis (6.27) in (6.19) bis (6.22) erhält man den gesuchten Zusammenhang zwischen dem hochfrequenten Rauschen und dem Amplituden- und Phasenrauschen:

$$W_n(\Omega_0 - \omega) = \frac{X_0^2}{4}\left[W_a(\omega) + W_\phi(\omega) + 2\,Im\{W_{a\phi}(\omega)\}\right], \qquad (6.28)$$

$$W_n(\Omega_0 + \omega) = \frac{X_0^2}{4}\left[W_a(\omega) + W_\phi(\omega) - 2\,Im\{W_{a\phi}(\omega)\}\right], \qquad (6.29)$$

$$W_a(\omega) = \frac{1}{X_0^2}\left[W_n(\Omega_0 - \omega) + W_n(\Omega_0 + \omega)\right.$$

$$\left. + 2\,Re\left\{e^{-j2\Phi_0}W_{lub}(\omega)\right\}\right] \tag{6.30}$$

$$W_\phi(\omega) = \frac{1}{X_0^2}\left[W_n(\Omega_0 - \omega) + W_n(\Omega_0 + \omega)\right.$$

$$\left. - 2\,Re\left\{e^{-j2\Phi_0}W_{lub}(\omega)\right\}\right]. \tag{6.31}$$

Lediglich für das Kreuzspektrum W_{lub} existiert keine entsprechende hochfrequente Größe, da Signale unterschiedlicher Frequenz, in diesem Fall also die beiden hochfrequenten Rauschseitenbänder, nach der exakten Definition der Korrelation immer unkorreliert sind.

Wie der Vergleich der Beziehungen (6.28) bis (6.31) mit den Gleichungen (6.12) und (6.13) zeigt, kann man auch bei der Beschreibung des Rauschens nichtlinearer Zweitore durch Amplituden- und Phasenschwankungen bzw. durch Rauschseitenbänder zunächst wieder mit komplexen Zeigern rechnen und dann durch Bildung der Betragsquadrate eine äquivalente Beziehung für die Rauschspektren erhalten. Dabei ist zu beachten, daß im Gegensatz zu linearen Systemen jetzt Spektren bei unterschiedlichen Frequenzen verknüpft werden. Ferner entspricht nun das Zeigerprodukt $X_l X_u$ und nicht $X_l^* X_u$ dem Kreuzspektrum W_{lub}. *Unterschiede zur komplexen Rechnung bei linearen Systemen*

Mit den Leistungsspektren $W_a(\omega)$ und $W_\phi(\omega)$ der Amplituden- und Phasenschwankungen sowie deren Kreuzspektrum $W_{a\phi}(\omega)$ werden die Rauscheigenschaften des nichtlinearen Zweitores vollständig und damit wesentlich detaillierter als durch die Rauschzahl beschrieben. Die Frequenz ω wird als Basisband- oder Offsetfrequenz bezeichnet. Im allgemeinen ändern sich alle Spektren, wenn irgendein Parameter des Eingangssignals geändert wird, also Frequenz, Amplitude oder auch die Signalform. *Offsetfrequenz*

6.5 Die normierte Einseitenbandrauschleistung

Wie im vorangegangenen Abschnitt gezeigt wurde, läßt sich das Rauschverhalten eines nichtlinearen Zweitores für ein genau spezifiziertes periodisches Eingangssignal durch Angabe der Spektren W_a, W_ϕ und $W_{a\phi}$ vollständig charakterisieren. Diese Größen sind allerdings weniger anschaulich als etwa das hochfrequente Rauschspektrum nach Bild 6.2, welches z.B. mit einem empfindlichen Spektrumanalysator direkt beobachtet werden kann. Nach den Gln. (6.28) und (6.29) hängen die Rauschseitenbänder aber in relativ komplizierter Weise vom Amplituden- und Phasenrauschen ab. Die Verhältnisse werden wesentlich einfacher, wenn eine der beiden Schwankungsarten verschwindet. Weist das Signal beispielsweise nur Phasenrauschen auf, so folgt aus den Gln. (6.28) und (6.29)

$$W_n(\Omega_0 - \omega) = W_n(\Omega_0 + \omega) = \frac{X_0^2}{4} W_\phi(\omega) \qquad (6.32)$$

bzw. für die einseitigen Rauschspektren

$$W_n(\Omega_0 \pm \omega) = \frac{X_0^2}{4} W_\phi(\omega) . \qquad (6.33)$$

Die Größe $X_0^2/2$ ist ein Maß für die Leistung P_c des Trägers ('c' $\hat{=}$ engl. *carrier*), $W_n(\Omega_0 \pm \omega)$ für die Rauschleistung P_{ssb} ('ssb' $\hat{=}$ engl. *single sideband*) eines Seitenbandes in 1Hz Bandbreite im Abstand ω vom Träger.

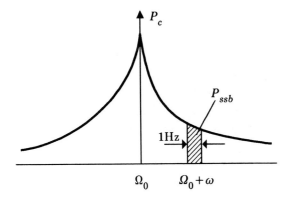

Bild 6.6:
Zur Definition
der normierten Einseiten-
bandrauschleistung

Bild 6.6 zeigt schematisch die Leistungen P_c und P_{ssb} im Spektrum eines rauschenden Großsignals. Das Verhältnis P_{ssb}/P_c ist die normierte Einseitenbandrauschleistung. Mit Gl. (6.33) gilt für einen Träger mit Phasenrauschen

Verhältnis von Einseitenbandrauschleistung zur Trägerleistung

$$\left(\frac{P_{ssb}}{P_c}\right)_\phi = \frac{1}{2}\,W_\phi(\omega) = W_\phi(\omega). \tag{6.34}$$

Eine analoge Beziehung läßt sich angeben, wenn die Rauschseitenbänder ausschließlich durch Amplitudenschwankungen verursacht werden:

$$\left(\frac{P_{ssb}}{P_c}\right)_a = \frac{1}{2}\,W_a(\omega) = W_a(\omega). \tag{6.35}$$

Die Gleichungen (6.34) und (6.35) können auch als Definitionen für normierte Einseitenbandrauschleistungen des Amplituden- und Phasenrauschens aufgefaßt werden, wenn beide Schwankungsarten gleichzeitig auftreten. Die Rauschleistungen P_{ssb} sind dann nicht mehr identisch mit den tatsächlichen hochfrequenten Rauschseitenbändern. Die Verhältnisse $(P_{ssb}/P_c)_a$ und $(P_{ssb}/P_c)_\phi$ können aber anstelle der Spektren W_a und W_ϕ zur Beschreibung des Rauschens nichtlinearer Zweitore verwendet werden. Von dieser Möglichkeit, die anschaulichen normierten Einseitenbandrauschleistungen zu benutzen, wird in der Praxis meist Gebrauch gemacht. Die Leistungsverhältnisse werden üblicherweise logarithmisch in dBc / Hz als Funktion der Offsetfrequenz angegeben.

Auf die Angabe der Korrelation zwischen Amplituden- und Phasenrauschen wird meist verzichtet. Das Kreuzspektrum $W_{a\phi}$ hat in der Praxis keine große Bedeutung und würde bei der Messung einen relativ hohen Aufwand erfordern.

6.6 Amplituden- und Phasenrauschen von Verstärkern

Im folgenden soll das Amplituden- und Phasenrauschen von Verstärkern bei verschiedenen Aussteuerungen diskutiert werden. Wenn das rauschfreie sinusförmige Eingangssignal der Kreisfrequenz Ω_0 und der Amplitude X_0 so klein ist, daß keine nichtlinearen Effekte im Verstärker auftreten, dann wird diesem Nutzsignal durch das Verstärkereigenrauschen ein weißes Rauschsignal mit dem Spektrum W_0 linear überlagert. Da keine Wechselwirkung zwischen Nutz- und Rauschsignal auftritt, bleibt das Rauschspektrum unverändert und es gilt für die Rauschseitenbänder

Kleinsignalaussteuerung

$$W_n(\Omega_0-\omega) = W_n(\Omega_0+\omega) = W_0 = \text{const}. \tag{6.36}$$

Ferner sind beide Seitenbänder völlig unabhängig voneinander, da keine Verkopplung über das Trägersignal auftritt. Aus diesem Grund sind die äqivalenten Basisbandsignale unkorreliert:

$$W_{lub}(\omega) = 0 .\tag{6.37}$$

Mit den Gln. (6.30), (6.31) und (6.36), (6.37) erhält man für die Spektren der Amplituden- und Phasenschwankungen das einfache Ergebnis

$$W_a(\omega) = W_\phi(\omega) = \frac{2}{X_0^2} W_0 .\tag{6.38}$$

Die Addition von weißem Rauschen zu einem Sinussignal führt also zu Amplituden- und Phasenschwankungen mit gleich großen und ebenfalls weißen Spektren.

Ausgehend von Gl. (6.13) kann man auch die Korrelation von Amplituden- und Phasenrauschen berechnen. Es gilt

Korrelation bei linearer Aussteuerung

$$\left(\frac{\Delta X}{X_0}\right)^* \Delta\Phi = \frac{1}{X_0^2}\left[j|X_l|^2 - j|X_u|^2 - je^{-2j\phi_0}X_lX_u + je^{2j\phi_0}X_l^*X_u^*\right].\tag{6.39}$$

Mit den Gln. (6.36) und (6.37) folgt aus Gl. (6.39) für das Kreuzspektrum

$$W_{a\phi}(\omega) = \frac{1}{X_0^2}\left[jW_n(\Omega_0 - \omega) - jW_n(\Omega_0 + \omega)\right] = 0 .\tag{6.40}$$

Die Amplituden- und Phasenschwankungen sind demnach vollständig unkorreliert.

Im linearen Verstärkungsbereich lassen sich Amplituden- und Phasenrauschen auch durch die Rauschzahl ausdrücken. Bezieht man Nutz- und Rauschsignal auf den Verstärkereingang, dann entspricht $X_0^2/2$ der Eingangsleistung P_{in} und mit der Rauschzahl F ist FkT_0 die auf den Eingang bezogene einseitige spektrale Leistungsdichte des weißen Rauschens, welches dem Eingangssignal überlagert wird. Daraus folgt

$$W_a(\omega) = W_\phi(\omega) = \frac{1}{2}\frac{FkT_0}{P_{in}}\tag{6.41}$$

oder mit Gln. (6.34), (6.35) auch

$$\left(\frac{P_{ssb}}{P_c}\right)_a = \left(\frac{P_{ssb}}{P_c}\right)_\phi = \frac{1}{2}\frac{FkT_0}{P_{in}} .\tag{6.42}$$

233

Beispielsweise erhält man für $F = 2 \triangleq 3\,\text{dB}$ und $P_{in} = 1\mu W \triangleq -30\,\text{dBm}$ aus Gl. (6.42) den Zahlenwert $-144\,\text{dBc/Hz}$, unabhängig von der Offsetfrequenz. Ersichtlich lassen sich Amplituden- und Phasenrauschen dadurch reduzieren, daß die Eingangsleistung erhöht wird. Eine Grenze wird erreicht, wenn der Verstärker übersteuert und damit der lineare Bereich verlassen wird.

Im stark nichtlinearen Betrieb läßt sich der Verstärker näherungsweise so behandeln, als ob das Nutzsignal durch einen einzelnen niederfrequenten Rauschprozeß sowohl amplituden- als auch phasenmoduliert wird. In komplexer Form kann man daher für die Schwankungen ansetzen:

Rauschmodulation bei nichtlinearer Aussteuerung

$$\frac{\Delta X}{X_0} = m_a M, \tag{6.43}$$

$$\Delta \Phi = m_\phi M. \tag{6.44}$$

Der Zeiger M beschreibt hier den niederfrequenten Rauschprozeß, die Verknüpfung mit den Amplituden- und Phasenschwankungen erfolgt über die komplexen frequenzunabhängigen Modulationsfaktoren m_a und m_ϕ. Für die Spektren gilt dann mit $|M|^2 \triangleq W_m$:

$$W_a(\omega) = |m_a|^2 W_m(\omega), \tag{6.45}$$

$$W_\phi(\omega) = |m_\phi|^2 W_m(\omega). \tag{6.46}$$

Da beide Schwankungsarten durch dieselbe Rauschquelle verursacht werden, müssen Amplituden- und Phasenrauschen vollständig korreliert sein. Dies ergibt sich auch rechnerisch aus den Gln. (6.43) und (6.44). Aus $(\Delta X / X_0)^* \, \Delta \Phi$ folgt nämlich

$$W_{a\phi}(\omega) = m_a^* m_\phi W_m(\omega) \tag{6.47}$$

und das normierte Kreuzspektrum

$$\frac{W_{a\phi}(\omega)}{\sqrt{W_a(\omega)\, W_\phi(\omega)}} = \frac{m_a^* m_\phi}{|m_a| \cdot |m_\phi|} \tag{6.48}$$

hat den Betrag eins.

Mit Gln. (6.28) und (6.29) erhält man die Spektren der hochfrequenten Rauschseitenbänder:

$$W_n(\Omega_0 - \omega) = \frac{X_0^2}{4} \left[|m_a|^2 + |m_\phi|^2 + 2\,Im\{m_a^* m_\phi\} \right] W_m(\omega), \quad (6.49)$$

$$W_n(\Omega_0 + \omega) = \frac{X_0^2}{4} \left[|m_a|^2 + |m_\phi|^2 - 2\,Im\{m_a^* m_\phi\} \right] W_m(\omega). \quad (6.50)$$

Wenn Amplituden- und Phasenmodulation gleichphasig erfolgen, verschwindet der Imaginärteil des Produkts $m_a^* m_\phi$. Das hochfrequente Rauschspektrum ist dann symmetrisch zur Trägerfrequenz Ω_0. Wenn eine der beiden Modulationsarten dominiert, ergibt sich ebenfalls ein symmetrisches Spektrum. Allgemein können die Rauschseitenbänder aber auch unterschiedlich groß sein.

Mit Gl. (6.12) läßt sich die Korrelation zwischen den Seitenbändern, genauer das Kreuzspektrum der äquivalenten Basisbandsignale, berechnen. Aus

Korrelation
der Seitenbänder

$$X_l X_u = \frac{X_0^2}{4} \left[e^{2j\phi_0} \left| \frac{\Delta X}{X_0} \right|^2 - e^{2j\phi_0} |\Delta\Phi|^2 \right.$$

$$\left. + je^{2j\phi_0} \left(\frac{\Delta X}{X_0} \right)^* \Delta\Phi + je^{2j\phi_0} \frac{\Delta X}{X_0} \Delta\Phi^* \right] \quad (6.51)$$

folgt mit den Gln. (6.45) bis (6.47) für das Kreuzspektrum

$$W_{lub}(\omega) = \frac{X_0^2}{4} e^{2j\phi_0} \left[|m_a|^2 - |m_\phi|^2 + 2j\,Re\{m_a^* m_\phi\} \right] W_m(\omega). \quad (6.52)$$

Aus den Gln. (6.49), (6.50) und (6.52) erhält man das normierte Kreuzspektrum:

$$\frac{W_{lub}(\omega)}{\sqrt{W_n(\Omega_0 - \omega)\,W_n(\Omega_0 + \omega)}}$$

$$= e^{2j\phi_0} \frac{|m_a|^2 - |m_\phi|^2 + 2j\,Re\{m_a^* m_\phi\}}{\sqrt{(|m_a|^2 + |m_\phi|^2)^2 - 4\,Im^2\{m_a^* m_\phi\}}}. \quad (6.53)$$

Wie eine weitere Analyse von Gl. (6.53) zeigt, ist auch das normierte Kreuzspektrum der Rauschseitenbänder betragsmäßig gleich eins, wie in Analogie zum Spektrum $W_{a\phi}$ zu erwarten war.

Übungsaufgabe 6.3

Zeigen Sie, daß das normierte Kreuzspektrum in Gl. (6.53) betragsmäßig gleich eins ist.

Schließlich folgt aus den Gln. (6.34), (6.35) und (6.45), (6.46) für die normierten Einseitenbandrauschleistungen:

$$\left(\frac{P_{ssb}}{P_c}\right)_a = |m_a|^2 W_m(\omega), \qquad (6.54)$$

$$\left(\frac{P_{ssb}}{P_c}\right)_\phi = |m_\phi|^2 W_m(\omega). \qquad (6.55)$$

Das Spektrum $W_m(\omega)$ entspricht physikalisch häufig dem $1/f$-Rauschen der Halbleiterbauelemente innerhalb des Verstärkers. Dann weisen auch die Amplituden- und Phasenschwankungen ein $1/f$-Spektrum auf. Bei stark nichtlinearem Betrieb hat die Eingangsleistung nur noch einen geringen Einfluß auf das Rauschen des Ausgangssignals.

Bei realen Großsignalverstärkern befindet man sich bezüglich Aussteuerung und Rauschen meist irgendwo zwischen den hier untersuchten Extremfällen. Amplituden- und Phasenrauschen sind daher im allgemeinen teilweise korreliert und die Spektren zeigen sowohl einen $1/f$-Bereich als auch einen frequenzunabhängigen Teil.

6.7 Übertragung von Amplituden- und Phasenschwankungen über nichtlineare Zweitore

6.7.1 Die Konversionsmatrix

Bislang wurde angenommen, daß die am Ausgang des nichtlinearen Zweitores auftretenden Amplituden- und Phasenschwankungen ausschließlich durch Rauschprozesse im Zweitor selbst verursacht werden, daß also das Eingangssignal rauschfrei ist. Dieser Fall kommt in der Praxis nicht vor. Dem Eingangssignal ist zumindest ein bestimmter Rauschpegel linear überlagert, z.B. das thermische Rauschen der Signalquelle. Die Amplituden- und Phasenschwankungen des Ausgangssignals setzen sich

Rauschen des Eingangssignals

daher aus einem Beitrag vom Zweitor selbst und einem Anteil vom Eingangssignal zusammen. Beim Durchlaufen des nichtlinearen Zweitores bleiben die Schwankungen aber nicht konstant, sondern werden, abhängig von den Eigenschaften des Zweitores, in bestimmter Weise verändert, wobei auch Amplitudenschwankungen teilweise in Phasenschwankungen umgewandelt werden können und umgekehrt.

Bezeichnet man die Schwankungen des Eingangssignals mit $\Delta X/X_0$ und $\Delta\Phi$, diejenigen des Ausgangssignals mit $\Delta Y/Y_0$ und $\Delta\psi$, so läßt sich der Zusammenhang zwischen diesen Größen durch die folgende Matrixgleichung ausdrücken:

$$\begin{bmatrix} \dfrac{\Delta Y}{Y_0} \\[2mm] \Delta\psi \end{bmatrix} = \begin{bmatrix} K_{aa} & K_{a\phi} \\[2mm] K_{\phi a} & K_{\phi\phi} \end{bmatrix} \begin{bmatrix} \dfrac{\Delta X}{X_0} \\[2mm] \Delta\Phi \end{bmatrix} + \begin{bmatrix} \dfrac{\Delta Y_n}{Y_0} \\[2mm] \Delta\psi_n \end{bmatrix}. \tag{6.56}$$

Die Elemente der Konversionsmatrix $[K]$ geben an, wie die Schwankungen des Eingangssignals durch das nichtlineare Netzwerk verändert werden, während die Größen $\Delta Y_n/Y_0$ und $\Delta\psi_n$ den Beitrag durch das Rauschen des Zweitores erfassen. Diese Anteile wurden in den vorangegangenen Abschnitten behandelt. Im folgenden sollen einige Eigenschaften der Konversionsmatrix bestimmt werden. Die Überlegungen sind nicht nur für Rauschsignale gültig, sondern schließen auch den Fall ein, daß die Schwankungen durch eine beabsichtigte Modulation entstanden sind. Bedingung ist allerdings, daß die Schwankungen klein sind, d.h., daß $|\Delta X/X_0| \ll 1$ und $|\Delta\Phi| \ll 1$ gilt.

Ähnlich wie lineare Zweitore durch die komplexe Übertragungsfunktion beschrieben werden können, lassen sich nichtlineare Zweitore durch die sog. **Beschreibungsfunktion** charakterisieren. Dabei wird von einem sinusförmigen Eingangssignal der Frequenz Ω_0 mit der komplexen Amplitude $\underline{X}$ ausgegangen. Durch die nichtlinearen Eigenschaften des Zweitores ist das Ausgangssignal im allgemeinen nicht mehr sinusförmig, aber periodisch mit der Frequenz Ω_0. Das Ausgangssignal läßt sich daher als Fourierreihe darstellen mit einer komplexen Amplitude $\underline{Y}$ für die Grundschwingung. *Beschreibungsfunktion*

Das Verhältnis der Amplituden $\underline{X}$ und $\underline{Y}$ definiert die Beschreibungsfunktion $\underline{B}$ des nichtlinearen Zweitores:

$$\underline{B} = \frac{\underline{Y}}{\underline{X}}. \tag{6.57}$$

Im Gegensatz zur Übertragungsfunktion linearer Zweitore hängt die Beschreibungsfunktion nicht nur von der Frequenz, sondern auch von der Amplitude des Eingangssignals ab. Mit $X = |\underline{X}|$ gilt bei der Zerlegung von $\underline{B}$ in Betrag und Phase:

$$\underline{B} = B(X, \Omega_0) \, e^{j\beta(X, \Omega_0)} . \tag{6.58}$$

Übungsaufgabe 6.4

Zwischen Eingangsspannung $u_e(t)$ und Ausgangsspannung $u_a(t)$ eines Verstärkers bestehe der im nebenstehenden Bild wiedergegebene bereichsweise lineare Zusammenhang. Berechnen Sie die Beschreibungsfunktion in Abhängigkeit von der Amplitude des Eingangssignals.

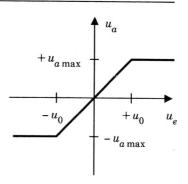

Beim Amplituden- und Phasenrauschen werden in der Regel nur Offsetfrequenzen betrachtet, die klein gegenüber der Trägerfrequenz Ω_0 sind. Wegen $\omega \ll \Omega_0$ kann die Frequenzabhängigkeit des nichtlinearen Zweitores hier vernachlässigt werden. Mit $\underline{X}_0 = X_0 \, e^{j\phi_0}$ und $\underline{Y}_0 = Y_0 \, e^{j\psi_0}$ sind Amplitude und Phase des Eingangssignals und der Grundwelle des Ausgangssignals durch

(Randnotiz: frequenzunabhängiges Zweitor)

$$Y_0 = B(X_0) \cdot X_0 , \tag{6.59}$$

$$\psi_0 = \phi_0 + \beta(X_0) \tag{6.60}$$

verknüpft. Ändern sich Amplitude und Phase des Eingangssignals um kleine Werte Δx und $\Delta \phi$, so können die daraus resultierenden Änderungen Δy und $\Delta \psi$ des Ausgangssignals über eine lineare Taylor-Approximation der Beschreibungsfunktion berechnet werden:

$$Y_0 + \Delta y = \left[B(X_0) + \frac{dB}{dX} \Big|_{X=X_0} \cdot \Delta x \right] (X_0 + \Delta x) , \tag{6.61}$$

$$\psi_0 + \Delta \psi = \phi_0 + \Delta \phi + \beta(X_0) + \frac{d\beta}{dX} \Big|_{X=X_0} \cdot \Delta x . \tag{6.62}$$

Mit den Gln. (6.59), (6.60) und bei Vernachlässigung von $(\Delta x)^2$ in Gl. (6.61) erhält man

$$\Delta y = B(X_0) \left[1 + \frac{X_0}{B(X_0)} \frac{dB}{dX} \bigg|_{X=X_0} \right] \Delta x, \tag{6.63}$$

$$\Delta \psi = \Delta \phi + \frac{d\beta}{dX} \bigg|_{X=X_0} \Delta x. \tag{6.64}$$

Nimmt man an, daß die für statische Amplituden- und Phasenänderungen abgeleiteten Beziehungen (6.63) und (6.64) auch bei niederfrequenten zeitabhängigen Schwankungen anwendbar sind, dann folgen daraus direkt die Elemente der Konversionsmatrix:

$$K_{aa} = 1 + \frac{X_0}{B(X_0)} \frac{dB}{dX} \bigg|_{X=X_0}, \tag{6.65}$$

$$K_{a\phi} = 0, \tag{6.66}$$

$$K_{\phi a} = X_0 \frac{d\beta}{dX} \bigg|_{X=X_0}, \tag{6.67}$$

$$K_{\phi\phi} = 1. \tag{6.68}$$

Mit den Ableitungen von Betrag und Phase der Beschreibungsfunktion lassen sich ein Amplitudenkompressionsfaktor k_a und ein AM-PM-Konversionsfaktor k_ϕ definieren:

$$k_a = - \frac{X_0}{B(X_0)} \frac{dB}{dX} \bigg|_{X=X_0}, \tag{6.69}$$

Amplituden-
kompressions-
faktor

$$k_\phi = X_0 \frac{d\beta}{dX} \bigg|_{X=X_0}. \tag{6.70}$$

AM-PM-
Konversions-
faktor

Damit kann man die Konversionsmatrix in folgender Form darstellen:

$$[K] = \begin{bmatrix} 1 - k_a & 0 \\ k_\phi & 1 \end{bmatrix}. \tag{6.71}$$

Im linearen Fall gilt $k_a = k_\phi = 0$; Amplituden- und Phasenschwankungen werden dann vom Zweitor nicht verändert. Voraussetzung ist allerdings, daß die Frequenzabhängigkeit des Zweitores vernachlässigt werden kann.

Übungsaufgabe 6.5

Berechnen Sie den Amplitudenkompressionsfaktor k_a für das Verstärker-beispiel aus Übungsaufgabe 6.4. Wie groß ist k_ϕ?

6.7.2 Großsignalverstärker

Bei einem Verstärker im Großsignalbetrieb ist die Amplitudenkompression die Hauptauswirkung der nichtlinearen Aussteuerung. Die *AM-PM-*Konversion kann von Bedeutung sein, wenn beim Nutzsignal eine kombinierte Amplituden- und Winkelmodulation vorliegt, und dann z.B. zu Nebensprechen führen. Für Rauschbetrachtungen ist der Konversions-faktor k_ϕ jedoch meist unwesentlich. Bei praktischen Systemen dominiert in der Regel das Phasenrauschen. Es spielt dann keine Rolle, wenn ein Teil des viel schwächeren Amplitudenrauschens in Phasenschwankungen umgesetzt wird. Aus diesem Grund wird k_ϕ im folgenden nicht weiter berücksichtigt.

Die Abhängigkeit der Leistungsverstärkung G von der Signalleistung P_s am Eingang wird bei einer Vielzahl von Verstärkern in guter Näherung durch die folgende empirische Gleichung beschrieben:

Leistungs-verstärkung als Funktion der Eingangsleistung

$$G(P_s) = \frac{P_{sat}}{P_s} \left[1 - e^{-G_0 P_s / P_{sat}} \right]. \tag{6.72}$$

Dabei ist G die Kleinsignalverstärkung und P_{sat} der Sättigungswert der Ausgangsleistung. Für $P_s \ll P_{sat}/G_0$ folgt $G = G_0$.

Mit Gl. (6.72) ist auch eine näherungsweise Bestimmung der Amplituden-kompression möglich. Bezeichnet man den reellen Eingangswiderstand des Verstärkers mit Z, die Spannungsamplitude des Eingangssignals mit X, dann gilt $P_s = X^2/(2Z)$. Damit folgt aus Gl. (6.72) eine äquivalente Beschreibungsfunktion des Verstärkers:

$$B(X) = \sqrt{\frac{2Z P_{sat}}{X^2} \left[1 - e^{-G_0 X^2/(2Z P_{sat})} \right]}. \tag{6.73}$$

Mit den Gln. (6.69) und (6.73) ergibt sich für den Amplitudenkompres-sionsfaktor

$$k_a = \frac{\dfrac{2Z\,P_{sat}}{X^2}\left[1 - e^{-G_0 X^2/(2Z\,P_{sat})}\right] - G_0\, e^{-G_0 X^2/(2Z\,P_{sat})}}{\dfrac{2Z\,P_{sat}}{X^2}\left[1 - e^{-G_0 X^2/(2Z\,P_{sat})}\right]}$$

bzw.

$$k_a = 1 - \frac{G_0}{G(P_s)}\, e^{-G_0 P_s/P_{sat}}. \tag{6.74}$$

Bei kleinen Eingangsleistungen, d.h. für $P_s \ll P_{sat}/G_0$ ist $k_a \approx 0$; eine Amplitudenkompression tritt also nicht auf. Mit wachsender Eingangsleistung konvergiert die Exponentialfunktion in Gl. (6.74) gegen null und k_a nähert sich dem Grenzwert 1. Bei $k_a = 1$ werden alle Amplitudenschwankungen des Eingangssignals vollständig unterdrückt, die Amplitude des Ausgangssignals ist konstant.

Um abschätzen zu können, welche Werte von k_a zwischen den Grenzen 0 und 1 für einen Großsignalverstärker typisch sind, muß geklärt werden, mit welcher Eingangsleistung der Verstärker am günstigsten betrieben wird. Bei einem Leistungsverstärker versucht man in der Regel, die Differenz zwischen Ausgangsleistung $G P_s$ und Eingangsleistung P_s, also den Zugewinn an Nutzleistung, zu optimieren. Mit Gl. (6.72) gilt für die Leistungsdifferenz

optimale Aussteuerung

$$\Delta P = G P_s - P_s = P_{sat}[1 - e^{-G_0 P_s/P_{sat}}] - P_s. \tag{6.75}$$

Differenziert nach P_s ergibt sich

$$\frac{d(\Delta P)}{dP_s} = G_0 e^{-G_0 P_s/P_{sat}} - 1. \tag{6.76}$$

Damit folgt für die optimale Eingangsleistung

$$P_{s,\,opt} = \frac{P_{sat}}{G_0}\, ln\, G_0. \tag{6.77}$$

Die Leistungsverstärkung bei diesem Betriebspunkt beträgt

$$G(P_{s,\,opt}) = \frac{G_0}{ln\, G_0}\left(1 - \frac{1}{G_0}\right) = \frac{G_0 - 1}{ln\, G_0}. \tag{6.78}$$

241

Für den zugehörigen Amplitudenkompressionsfaktor erhält man schließlich

$$k_a = 1 - \frac{1}{G(P_{s,\,opt})} = 1 - \frac{\ln G_0}{G_0 - 1}.$$ (6.79)

Bild 6.7 zeigt diesen Zusammenhang in graphischer Form.

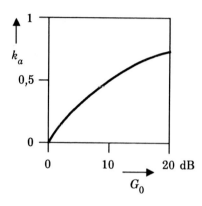

Bild 6.7:
Amplitudenkompressionsfaktor bei optimaler Aussteuerung

Für übliche Werte der Kleinsignalverstärkung, die etwa zwischen 10 dB und 20 dB liegen, tritt eine starke Amplitudenkompression auf, wenn der Verstärker als Leistungsverstärker mit optimaler Aussteuerung eingesetzt wird. Da diese Kompression zum Teil auch Amplitudenschwankungen unterdrückt, die erst durch Rauschen im Verstärker selbst entstehen, ist das Amplitudenrauschen meist schwächer als das Phasenrauschen, das wegen $K_{\phi\phi} = 1$ von nichtlinearen Effekten weitgehend unbeeinflußt bleibt.

6.7.3 Frequenzvervielfacher und -teiler

Für die bislang betrachteten nichtlinearen Zweitore hatten Eingangs- und Ausgangssignal dieselbe Frequenz. Wegen $K_{\phi\phi} = 1$ werden Phasenschwankungen des Eingangssignals unverändert zum Ausgang übertragen, zuzüglich eventueller Beiträge durch *AM-PM*-Konversion und Rauschen.

Dies gilt nicht mehr, wenn eine Frequenzänderung durch Vervielfachung oder Teilung stattfindet.

Beschreibt man das Eingangssignal eines Frequenzvervielfachers durch

$$x(t) = X_0 \cos[\Omega t + \Delta\phi(t)],$$
(6.80)

so folgt für das Ausgangssignal

$$y(t) = Y_0 \cos[n\Omega t + n\Delta\phi(t)],$$
(6.81)

mit n als Vervielfachungsfaktor. Das Verhältnis der Amplituden Y_0 und X_0 hängt vom Konversionsverlust bzw. -gewinn des Vervielfachers ab. Als Folge der Frequenzvervielfachung werden auch alle Phasenschwankungen um den Faktor n verstärkt. Bezeichnet man die Phasenschwankungen des Ausgangssignals mit $\Delta\psi(t)$, dann folgt aus Gl. (6.81)

Änderung der Phasen-schwankungen bei Frequenz-vervielfachung

$$\Delta\psi(t) = n \cdot \Delta\phi(t),$$
(6.82)

oder auch

$$K_{\phi\phi} = n.$$
(6.83)

Dieser lineare Zusammenhang läßt sich direkt in eine Beziehung für die zugehörigen Spektren umsetzen:

$$W_\psi(\omega) = n^2 W_\phi(\omega).$$
(6.84)

Der Faktor n^2 gilt wegen Gl. (6.34) auch für die normierten Einseitenband-rauschleistungen. Damit verschlechtert sich beispielsweise bei einer Ver-zehnfachung der Frequenz das Verhältnis der Einseitenbandrauschlei-stung zur Trägerleistung um 20 dB. Dieser Effekt bestimmt meist ent-scheidend das Phasenrauschen des Ausgangssignals. Der Beitrag durch das Eigenrauschen des Vervielfachers kann demgegenüber häufig ver-nachlässigt werden.

Zur Erzeugung von Mikrowellensignalen hoher Langzeitstabilität wird mitunter das Signal eines Quarzoszillators durch eine Kette von Verviel-fachern auf die gewünschte Frequenz umgesetzt. Auf diese Weise können sehr große Gesamtvervielfachungsfaktoren entstehen und damit ein star-kes Phasenrauschen des Ausgangssignals. Hat beispielsweise das Signal des Quarzoszillators eine Frequenz von 10 MHz und eine Leistung von 10 dBm und nimmt man an, daß dem Träger lediglich der normale thermische Rauschpegel von -174 dBm/Hz linear überlagert ist, so gilt für das Phasenrauschen $(P_{ssb}/P_c)_\phi = -187$ dBc/Hz. Dieser Zahlenwert folgt aus Gl. (6.42) mit $F=1$ und $P_{in}=10$ dBm. Bei einer Vervielfachung der Frequenz auf 10 GHz verschlechtert sich die normierte Einseitenband-rauschleistung um 60 dB auf $(P_{ssb}/P_c)_\psi = -127$ dBc/Hz. Um die starken

Rauschseitenbänder wieder abzuschwächen, werden Frequenzvervielfachern häufig Bandpaßfilter nachgeschaltet.

Bei Frequenzteilern ergeben sich bzgl. des Phasenrauschens die umge-
kehrten Verhältnisse gegenüber den Vervielfachern. Die Gln. (6.80) bis
(6.84) gelten unverändert, wenn $y(t)$ jetzt als Eingangs- und $x(t)$ als
Ausgangssignal betrachtet wird. Die Größe n ist dann der Teilungsfaktor.

Phasenrauschen bei Frequenzteilern

Da das Phasenrauschen des Eingangssignals in diesem Fall abgeschwächt
am Ausgang auftritt, kann das Eigenrauschen des Teilers einen größeren
Beitrag zum Ausgangsrauschen liefern. Bei Frequenzteilern hat die
Angabe des Eigenrauschens daher eine größere Bedeutung als bei Frequenzvervielfachern.

Übungsaufgabe 6.6

Das Eingangssignal eines Frequenzteilers
bestehe gemäß nebenstehendem Bild aus
zwei Komponenten mit der kleinen Frequenzdifferenz $\Delta f = f_2 - f_1$ und dem großen
Amplitudenverhältnis $A_1 / A_2 \gg 1$. Wie
sieht das Spektrum des Ausgangssignals
aus? Dieselben Überlegungen sind für einen Frequenzvervielfacher anzustellen.

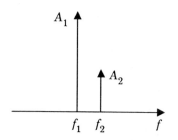

6.8 Messung des Phasenrauschens

Das Amplitudenrauschen nichtlinearer Zweitore wird seltener gemessen,
da es nicht die Bedeutung des Phasenrauschens hat und auch mehr Aufwand bei der Messung erfordert. Das Phasenrauschen kann dagegen
relativ einfach bestimmt werden. Das Meßprinzip ist in Bild 6.8 dargestellt.

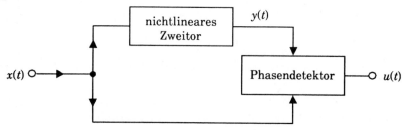

Bild 6.8: Messung des Phasenrauschens nichtlinearer Zweitore

Das Eingangssignal $x(t)$ und das Ausgangssignal $y(t)$ des nichtlinearen Zweitores werden einem Phasendetektor zugeführt. Mit $x(t) = X_0 \cos [\Omega_0 t + \Delta\phi(t)]$ und $y(t) = Y_0 \cos [\Omega_0 t + \Delta\psi(t)]$ entsteht am Ausgang des Phasendetektors eine Spannung $u(t)$, die der Differenz der Phasenschwankungen von $x(t)$ und $y(t)$ proportional ist:

Meßprinzip

$$u(t) = K_{PD} [\Delta\psi(t) - \Delta\phi(t)] . \tag{6.85}$$

Die Phasenschwankungen $\Delta\psi(t)$ des Ausgangssignals setzen sich aus den Schwankungen $\Delta\phi(t)$ des Eingangssignals und dem Rauschbeitrag $\Delta\psi_n(t)$ des Zweitores zusammen:

$$\Delta\psi(t) = \Delta\phi(t) + \Delta\psi_n(t) . \tag{6.86}$$

Damit gilt für das Spektrum von $u(t)$:

$$W_u(\omega) = K_{PD}^2 \cdot W_{\psi n}(\omega) . \tag{6.87}$$

Das Spektrum W_u ist somit ein Abbild des Spektrums $W_{\psi n}$ der durch das Eigenrauschen des Zweitores hervorgerufenen Phasenschwankungen. Es läßt sich nach ausreichender Verstärkung z.B. mit einem Spektrumanalysator darstellen.

Für eine quantitative Messung muß das Produkt aus der Phasendetektorkonstante K_{PD} und der Verstärkung der zwischen Phasendetektor und Anzeigesystem eingefügten Verstärkerkette bekannt sein. Es läßt sich z.B. durch eine Eichmessung bestimmen, bei der dem Phasendetektor zwei Signale gleicher Frequenz zugeführt werden, von denen eines in definierter Weise phasenmoduliert wird. Wichtig ist, daß dabei Frequenz und Amplitude der Eichsignale mit denen der Meßsignale übereinstimmen, da sich sonst Abweichungen bei der Detektorkonstanten K_{PD} ergeben können.

Eichung

Als Phasendetektoren stehen bei niedrigen Frequenzen digitale integrierte Schaltungen zur Verfügung. Im Hochfrequenzbereich kann man einen balancierten Mischer für diesen Zweck einsetzen. Die Empfindlichkeit hängt dann in Form einer Sinuskurve von der Phasendifferenz der beiden Eingangssignale ab. Zur Abstimmung auf maximale Empfindlichkeit muß die Schaltung in Bild 6.8 noch durch einen variablen Phasenschieber vor einem der Eingänge des Phasendetektors ergänzt werden.

Mischer als Phasendetektor

Übungsaufgabe 6.7

Für einen balancierten Mischer, der wie ein idealer Multiplizierer behandelt werden soll, ist die Phasendetektorkonstante K_{PD} zu bestimmen.

Die Schaltung in Bild 6.8 ist nur anwendbar, wenn im nichtlinearen Zweitor keine Frequenzumsetzung stattfindet. Um auch Messungen an Frequenzvervielfachern und -teilern durchführen zu können, muß die Schaltung gemäß Bild 6.9 erweitert werden.

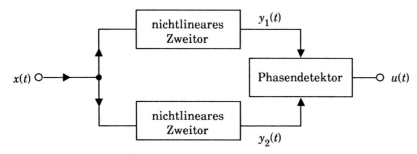

Bild 6.9: *Meßschaltung für Phasenrauschen mit zwei gleichen nicht-lineraren Zweitoren*

Anstelle des einzelnen Zweitores benötigt man zwei Exemplare des Meßobjektes mit möglichst gleichen Eigenschaften. Die Phasenschwankungen $\Delta\psi_1(t)$ und $\Delta\psi_2(t)$ der beiden Ausgangssignale enthalten jeweils einen Anteil vom Eingangssignal und Rauschbeiträge:

Messungen an Frequenz-vervielfachern und -teilern

$$\Delta\psi_1(t) = n \cdot \Delta\phi(t) + \Delta\psi_{n1}(t), \qquad (6.88)$$

$$\Delta\psi_2(t) = n \cdot \Delta\phi(t) + \Delta\psi_{n2}(t). \qquad (6.89)$$

Bei Frequenzvervielfachern und -teilern ist $n \neq 1$. Für das Spektrum W_u folgt aus den Gln. (6.85), (6.88) und (6.89):

$$W_u(\omega) = K_{PD}^2 [W_{\psi n1}(\omega) + W_{\psi n2}(\omega)], \qquad (6.90)$$

weil die Rauschbeiträge der beiden Zweitore unkorreliert sind und weil sich die Phasenschwankungen $\Delta\phi(t)$ des Eingangssignals herausheben. Die Messung liefert also als Ergebnis die Summe des Phasenrauschens beider Zweitore. Stimmen die Rauscheigenschaften gut überein, so erhält man einfach durch Korrektur des Ergebnisses um 3 dB das Rauschspektrum des einzelnen nichtlinearen Zweitores. Andernfalls kann lediglich der Mittel-wert der Rauschspektren angegeben werden.

Das zweite Exemplar des Meßobjektes kann auch durch einen sehr rausch-armen Referenzvervielfacher bzw. - teiler ersetzt werden. In diesem Fall ist die Ausgangsspannung der Meßschaltung direkt ein Maß für das Phasen-rauschen des Meßobjektes.

Übungsaufgabe 6.8

Es liegen drei Exemplare eines Frequenzteilers (Frequenzvervielfachers) mit unterschiedlichen Rauscheigenschaften vor. Wie kann man durch paarweise Vermessung und zyklische Vertauschung das Rauschen jedes einzelnen Teilers (Vervielfachers) bestimmen?

Bild 6.10 zeigt als Beispiele Meßkurven für das Phasenrauschen eines Verstärkers bei 250 MHz (a) und eines Frequenzteilers (b) mit 500 MHz Eingangsfrequenz und 125 MHz Ausgangsfrequenz (Teilung durch 4).

a)

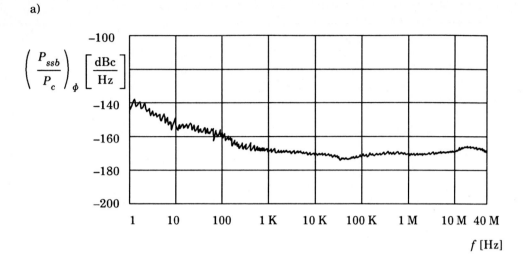

b)

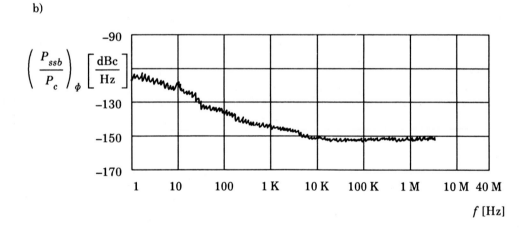

Bild 6.10: *Phasenrauschen eines Verstärkers (a) und eines Frequenzteilers (b)*
(Hewlett Packard)

Vorbemerkung zur Kurseinheit 7

Die in der Kurseinheit 6 eingeführten Begriffe Amplituden- und Phasenrauschen werden auch verwendet, um die Rauscheigenschaften von Oszillatoren zu beschreiben. Aufbauend auf den Ergebnissen der vorangegangenen Kurseinheit werden im folgenden zunächst in allgemeiner Form Beziehungen abgeleitet, die eine Berechnung des Amplituden- und Phasenrauschens von Oszillatoren aus den Eigenschaften der linearen und nichtlinearen Schaltungsteile ermöglichen. Die Anwendung der Resultate bei praktischen Schaltungen wird anschließend mit zwei Beispielen demonstriert.

Mit den großen Fortschritten, die im Laufe der Zeit bei der Reduzierung des Rauschens von Verstärkern erzielt worden sind, ist der Einfluß des Oszillatorrauschens auf wichtige Kenngrößen hochfrequenztechnischer Systeme ständig gestiegen. Mit mehreren Beispielen aus der Meß- und Nachrichtentechnik wird gezeigt, welche störenden Auswirkungen das Oszillatorrauschen in Systemen haben kann.

Das Rauschen eines Oszillators kann mit verschiedenen Maßnahmen reduziert werden, sofern ein rauschärmerer Hilfs- oder Referenzoszillator zur Verfügung steht, welcher selbst aber nicht alle Anforderungen bezüglich Schwingfrequenz, Ausgangsleistung oder Abstimmbarkeit erfüllen muß. Zu diesen Verfahren zählen die Phasensynchronisation und der Einsatz von Phasenregelkreisen. Für beide Methoden werden grundlegende Beziehungen abgeleitet. Die Phasensynchronisation hat zwar als Verfahren zur Oszillatorstabilisierung nicht mehr die frühere Bedeutung, sie kann aber in Systemen mit mehreren Oszillatoren auch ungewollt auftreten und so die Systemeigenschaften beeinflussen. Phasenregelkreise werden dagegen häufig in modernen Signalquellen eingesetzt.

Am Schluß dieser Kurseinheit werden Verfahren zur Messung des Amplituden- und Phasenrauschens von Oszillatoren beschrieben.

Im folgenden werden komplexe Größen unterstrichen, wenn es der besseren Unterscheidbarkeit dient.

Studienziele zur Kurseinheit 7

Nach dem Durcharbeiten dieser Kurseinheit sollten Sie

▸ den Unterschied zwischen Eintor- und Zweitoroszillatoren kennen;

▸ die Schwingbedingung für Oszillatoren angeben können;

▸ wissen, wie die Eigenschaften der linearen und nichtlinearen Schaltungsteile das Oszillatorrauschen beeinflussen;

▸ die Abhängigkeit des Amplituden- und Phasenrauschens von der Offsetfrequenz kennen;

▸ die Auswirkungen des Oszillatorrauschens in Hochfrequenzsystemen abschätzen können;

▸ die nützlichen und die störenden Aspekte der Phasensynchronisation kennen;

▸ wissen, wie man mit einem Phasenregelkreis eine rauscharme Signalquelle realisieren kann;

▸ Meßverfahren für das Amplituden- und Phasenrauschen angeben können.

7   Rauschen von Oszillatoren

Das Ausgangssignal eines idealen Oszillators hat einen exakt periodischen, bei Hochfrequenzoszillatoren in der Regel sinusförmigen, Zeitverlauf. Frequenz und Amplitude des Signals sind zeitlich konstant, abgesehen von eventuellen langsamen Drifteffekten, z.B. durch Temperaturänderungen oder Alterung der Bauelemente. Bei einem realen Oszillator verursachen die Rauschprozesse innerhalb der Schaltung kleine Störungen von Frequenz bzw. Phase sowie der Amplitude des Ausgangssignals. Wie bei den in der Kurseinheit 6 behandelten nichtlinearen Zweitoren beschreibt man auch bei Oszillatoren die störenden Auswirkungen des Rauschens auf das Ausgangssignal durch das Amplituden- und Phasenrauschen des Signals. Die bei den Zweitoren eingeführten Begriffe, wie z.B. die normierten Einseitenbandrauschleistungen, können daher unverändert übernommen werden.

Amplituden- und Phasenrauschen

In dieser Kurseinheit werden Modelle beschrieben, aus denen die Abhängigkeit des Oszillatorrauschens von verschiedenen Schaltungsparametern hervorgeht. Es werden ferner Methoden zur Realisierung rauscharmer Signalquellen angegeben. Abschließend wird auf die zugehörige Meßtechnik eingegangen.

7.1   Eintor- und Zweitoroszillatoren

Jeder Oszillator besteht aus einem aktiven verstärkenden Element und einem passiven Netzwerk, welches durch frequenzselektive Rückkopplung die Schwingfrequenz bestimmt und zur Auskopplung des erzeugten Hochfrequenzsignals dient. Je nach Art des aktiven Teils unterscheidet man zwei verschiedene Klassen von Oszillatoren. Schaltungen, bei denen ein aktives Zweipolbauelement verwendet wird, nennt man Eintoroszillatoren. Wie Bild 7.1a zeigt, ist der passive Teil in diesem Fall allgemein ein Zweitornetzwerk.

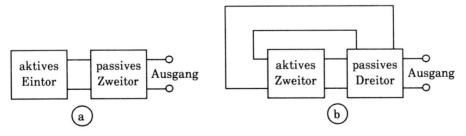

Bild 7.1: Eintor- (a) und Zweitoroszillator (b)

251

Bei den Zweitoroszillatoren (Bild 7.1b) wird ein aktives Zweitor (Drei- oder Vierpol) verwendet; das passive Netzwerk läßt sich dann allgemein als Dreitor beschreiben.

Eintoroszillatoren werden heute fast nur noch zur Erzeugung sehr hoher Frequenzen oberhalb von etwa 30 GHz, d.h. im Millimeterwellenbereich, verwendet. Als aktive Elemente dienen Gunn-Dioden oder Lawinenlaufzeitdioden, z.B. Impatt-Dioden. Diese Bauelemente weisen bei entsprechender Betriebsweise eine Impedanz mit negativem Realteil auf und sind dadurch in der Lage, Signale zu verstärken und Schwingungen zu erzeugen.

Bei Frequenzen, bei denen aktive Dreipolbauelemente in Form von Bipolar- oder Feldeffekttransistoren zur Verfügung stehen, werden dagegen überwiegend Zweitoroszillatoren eingesetzt. Als aktives Zweitor bildet der Transistor einen Verstärker, der durch die Rückkopplung über das passive Netzwerk zu Schwingungen angeregt wird.

7.2   Schwingbedingung

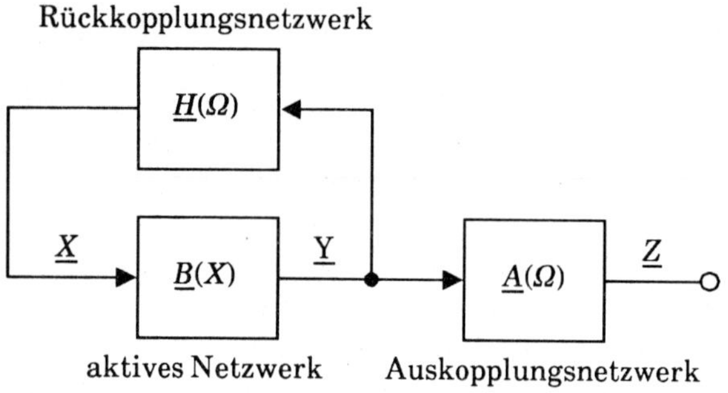

Rückkopplungsnetzwerk

aktives Netzwerk   Auskopplungsnetzwerk

Bild 7.2: Allgemeines Signalflußdiagramm für Oszillatoren

Beide Arten von Oszillatoren lassen sich durch das in Bild 7.2 dargestellte Signalflußdiagramm beschreiben. Das aktive Element wird bei Großsignalaussteuerung betrieben und muß daher als nichtlineares Netzwerk behandelt werden. Der Zusammenhang zwischen den komplexen Grundwellenamplituden von Eingangs- und Ausgangssignal ist durch die Beschreibungsfunktion

$$\underline{Y} = \underline{B}(X)\,\underline{X} \qquad\qquad (7.1)$$

frequenz-
unabhängige
Beschreibungs-
funktion

252

mit $X = |\underline{X}|$ gegeben. Es wird hier angenommen, daß die Beschreibungs-funktion lediglich von der Amplitude des Eingangssignals abhängt, nicht dagegen von der Frequenz. Diese Annahme ist bei Oszillatoren meist ge-rechtfertigt, da die Frequenzabhängigkeit des aktiven Schaltungsteils gegenüber derjenigen des passiven Netzwerks vernachlässigbar ist.

Beim Zweitoroszillator entsprechen $\underline{X}$ und $\underline{Y}$ direkt den Eingangs- und Ausgangssignalen des aktiven Zweitores, d.h. konkret den Signalen am Ein- und Ausgang des Bipolar- oder Feldeffekttransistors. Dimensions-mäßig kann es sich bei den Signalen um Spannungen, Ströme oder auch Wellengrößen handeln. Da in der Regel gleichartige Größen für das Eingangs- und das Ausgangssignal gewählt werden, ist die Beschreibungs-funktion selbst dimensionslos.

Beim Eintoroszillator ist die Beschreibungsfunktion für das aktive Element meist dimensionsbehaftet. Wählt man als Eingangssignal den Strom, als Ausgangssignal die Spannung an den Klemmen des aktiven Eintores, dann hat die Beschreibungsfunktion die Dimension einer Impedanz. Eine dimensionslose Beschreibungsfunktion ergibt sich, wenn die hin- und rücklaufenden Wellen an der Schnittstelle zwischen aktivem und passivem Schaltungsteil als Eingangs- und Ausgangssignal aufgefaßt werden. Die Beschreibungsfunktion entspricht dann dem Reflexionsfaktor des aktiven Eintores.

Die Eigenschaften des passiven Netzwerkes beim Eintor- oder Zwei-toroszillator werden im Signalflußdiagramm durch zwei frequenzabhängi-ge Übertragungsfunktionen beschrieben. Die Funktion $\underline{H}(\Omega)$ gibt an, welcher Teil des Ausgangssignals $\underline{Y}$ des aktiven Elementes diesem wieder als Eingangssignal $\underline{X}$ zugeführt wird, um die ungedämpfte Schwingung aufrecht zu erhalten. Die Übertragungsfunktion $\underline{A}(\Omega)$ beschreibt den Zusammenhang zwischen $\underline{Y}$ und dem Signal $\underline{Z}$ am äußeren Lastwiderstand des Oszillators. Bezüglich der Dimensionen der Übertragungsfunktionen gelten dieselben Überlegungen wie bei der Beschreibungsfunktion.

frequenz-
abhängige
Übertragungs-
funktion

Aus Bild 7.2 folgt

$$\underline{X} = \underline{H}(\Omega)\,\underline{Y} \tag{7.2}$$

und

$$\underline{Z} = \underline{A}(\Omega)\,\underline{Y}. \tag{7.3}$$

Durch Kombination der Gln. (7.1) und (7.2) erhält man

$$\underline{B}(X)\,\underline{H}(\Omega) = 1. \tag{7.4}$$

Diese Gleichung bezeichnet man als **Schwingbedingung**. Sie besagt, daß ein Oszillator nicht mit beliebigen Amplituden und Frequenzen schwingen kann, sondern daß nur solche Kombinationen X_i, Ω_i zulässig sind, für die die Bedingung (7.4) erfüllt ist. Für eine gegebene Oszillatorschaltung, bei der die Funktionen $\underline{B}(X)$ und $\underline{H}(\Omega)$ bekannt sind, können durch Lösung von Gl. (7.4) alle möglichen Schwingungsmoden bestimmt werden. Umgekehrt kann die Schwingbedingung als Grundlage eines systematischen Schaltungsentwurfs dienen. Dabei legt man beispielsweise zunächst die Amplitude X des Eingangssignals am aktiven Element fest. Zweckmäßig ist der Wert, bei dem die Differenz zwischen Ausgangs- und Eingangsleistung maximal wird (vgl. Abschnitt 6.7.2). Aus dem zugehörigen Wert der Beschreibungsfunktion erhält man über Gl. (7.4) die erforderliche Rückkopplungs-Übertragungsfunktion bei der gewünschten Schwingfrequenz. Damit läßt sich ein entsprechendes passives Netzwerk dimensionieren. Abschließend kann die Schaltung nochmals mit Gl. (7.4) analysiert werden, um zu überprüfen, ob die Schwingbedingung noch bei weiteren Frequenzen und Amplituden erfüllt ist. Dies würde bedeuten, daß unerwünschte parasitäre Schwingungen auftreten können. Gegebenenfalls muß die Schaltung so lange modifiziert werden, bis der Oszillator nur noch bei der gewünschten Frequenz schwingen kann.

Anwendung der Schwingbedingung

Der schwierigste Punkt bei der praktischen Durchführung des beschriebenen systematischen Entwurfsverfahrens ist die genaue Charakterisierung des aktiven Elementes durch die Beschreibungsfunktion. Daher wird oft auch für den aktiven Teil mit einer Kleinsignalübertragungsfunktion gerechnet, die einfacher zu ermitteln ist als die Beschreibungsfunktion. Ein derartiger Kleinsignal-Oszillatorentwurf führt aber immer zu Schaltungen mit nicht optimaler Ausgangsleistung, so daß meist auf experimentellem Weg versucht werden muß, die Eigenschaften des Oszillators zu verbessern.

Die Schwingbedingung (7.4) ist eine notwendige, aber keine hinreichende Bedingung für eine stationäre Schwingung. Es muß zusätzlich gewährleistet sein, daß die Schwingung stabil ist, d.h. daß die Amplitude nach einer Störung des Oszillators selbständig wieder den alten Wert annimmt. Diese Stabilitätsbedingung wird später unter Verwendung von Ergebnissen der Rauschanalyse genauer behandelt.

Stabilitätsbedingung

7.3 Rauschen

Das Ziel der folgenden Rauschanalyse ist die allgemeine Berechnung des Amplituden- und Phasenrauschens von Oszillatoren. Die im Signalflußdiagramm auftretenden Signale $\underline{X}$, $\underline{Y}$ und $\underline{Z}$ sind sowohl durch lineare als auch durch nichtlineare Netzwerke miteinander verknüpft. Die Zusammenhänge zwischen den zugehörigen Amplituden- und Phasenschwankungen werden daher zunächst getrennt für lineare und nichtlineare Systeme behandelt, bevor die komplette Oszillatorschaltung analysiert wird.

7.3.1 Amplituden- und Phasenschwankungen in nichtlinearen Netzwerken

Für das Amplituden- und Phasenrauschen des nichtlinearen aktiven Netzwerkes können direkt die Ergebnisse aus den Abschnitten 6.6 und 6.7 der vorangegangenen Kurseinheit übernommen werden. Die wichtigsten Resultate sollen hier noch einmal kurz zusammengestellt werden.

Bezeichnet man die Amplituden von Eingangs- und Ausgangssignal des nichtlinearen Netzwerkes mit X_0 und Y_0, die zugehörigen Amplituden- und Phasenschwankungen mit $\Delta \underline{X} / X_0$ und $\Delta \underline{Y} / Y_0$ bzw. $\Delta \underline{\Phi}$ und $\Delta \underline{\Psi}$, so gilt allgemein:

$$
\begin{bmatrix} \dfrac{\Delta \underline{Y}}{Y_0} \\[2ex] \Delta \underline{\Psi} \end{bmatrix} = \begin{bmatrix} \underline{K}_{aa} & \underline{K}_{a\phi} \\[2ex] \underline{K}_{\phi a} & \underline{K}_{\phi\phi} \end{bmatrix} \begin{bmatrix} \dfrac{\Delta \underline{X}}{X_0} \\[2ex] \Delta \underline{\Phi} \end{bmatrix} + \begin{bmatrix} \dfrac{\Delta \underline{Y}_n}{Y_0} \\[2ex] \Delta \underline{\Psi}_n \end{bmatrix} . \tag{7.5}
$$

Die Größen $\Delta \underline{Y}_n / Y_0$ und $\Delta \underline{\Psi}_n$ beschreiben den Beitrag des Eigenrauschens des aktiven Netzwerkes zum Amplituden- und Phasenrauschen des Ausgangssignals, während die Matrixelemente angeben, in welcher Weise die Schwankungen des Eingangssignals beim Durchlaufen des nichtlinearen Netzwerkes verändert werden. Für die Berechnung des Oszillatorrauschens genügt es in der Regel, lediglich die Amplitudenkompression zu berücksichtigen. Mit dem Kompressionsfaktor k_a (vgl. Abschnitt 6.7.1) wird dann aus Gl. (7.5)

Beschränkung auf Amplitudenkompression

$$
\begin{bmatrix} \dfrac{\Delta \underline{Y}}{Y_0} \\[2ex] \Delta \underline{\Psi} \end{bmatrix} = \begin{bmatrix} 1 - k_a & 0 \\[1ex] 0 & 1 \end{bmatrix} \begin{bmatrix} \dfrac{\Delta \underline{X}}{X_0} \\[2ex] \Delta \underline{\Phi} \end{bmatrix} + \begin{bmatrix} \dfrac{\Delta \underline{Y}_n}{Y_0} \\[2ex] \Delta \underline{\Psi}_n \end{bmatrix} . \tag{7.6}
$$

Wie bereits in Abschnitt 6.6 diskutiert wurde, hängen die Beiträge des Eigenrauschens vom Aussteuerungsgrad des verstärkenden Elementes ab. Bei schwacher quasilinearer Aussteuerung lassen sich die Spektren des Amplituden- und Phasenrauschens gemäß

$$
W_{an} = W_{\phi n} = \frac{F k T_0}{2 P_{in}} \tag{7.7}
$$

aus der Rauschzahl F und der Eingangsleistung P_{in} des Netzwerkes berechnen. Die Spektren sind frequenzunabhängig (weiß), ferner sind die Amplituden- und Phasenschwankungen unkorreliert.

Bei stark nichtlinearer Aussteuerung kann das Eigenrauschen näherungsweise durch einen niederfrequenten Rauschprozeß beschrieben werden, welcher Amplitude und Phase des Ausgangssignals moduliert. Es gilt dann

$$
W_{an} = |\underline{m}_a|^2 W_m \tag{7.8}
$$

und

$$
W_{\phi n} = |\underline{m}_\phi|^2 W_m \tag{7.9}
$$

mit den Modulationsfaktoren $\underline{m}_a$ und $\underline{m}_\phi$. Das Spektrum W_m hat je nach aktivem Bauelement eine mehr oder weniger ausgeprägte $1/f$-Komponente. Amplituden- und Phasenrauschen sind bei diesem Modell vollständig korreliert.

Die quantitative Berechnung der Spektren W_{an} und $W_{\phi n}$ für ein nichtlineares Netzwerk ist sehr kompliziert und erfordert genaue Modelle für die aktiven Bauelemente. Sofern man die Spektren nicht durch Messung bestimmt, beschränkt man sich daher meist auf den folgenden phänomenologischen Ansatz, der eine Modifikation der quasilinearen Beziehungen darstellt:

phänomeno-
logischer Ansatz
für Rauschspektren

$$
W_{an} = \left(1 + \frac{f_c}{f}\right) \cdot \begin{cases} W_0 \\[1ex] (1 - k_a)^2 W_0 \end{cases} \tag{7.10}
$$

$$W_{\phi n} = \left(1 + \frac{f_c}{f}\right) W_0 , \qquad (7.11)$$

mit

$$W_0 = \frac{F_{eff} \, k \, T_0}{2 \, P_{in}} . \qquad (7.12)$$

Das Spektrum W_0 entspricht dem Rauschen bei linearem Betrieb, allerdings mit einer effektiven Großsignalrauschzahl F_{eff}, die größer ist als die Kleinsignalrauschzahl F. Typisch sind Werte zwischen etwa 10 dB und 20 dB. Der Faktor $1 + f_c/f$ berücksichtigt das $1/f$-Rauschen des aktiven Bauelementes. Die Rauscheckfrequenz f_c wurde bereits im Abschnitt 6.3 eingeführt und liegt im Bereich 1 kHz bis 100 MHz. Das Spektrum W_{an} kann wahlweise mit dem Faktor $(1 - k_a)^2$ multipliziert werden, wenn angenommen werden muß, daß das Amplitudenrauschen vorwiegend am Eingang des Netzwerkes entsteht und daher wie die bereits vorhandenen Schwankungen des Eingangssignals noch durch die Amplitudenkompression verändert wird.

Eine eventuelle Korrelation zwischen Amplituden- und Phasenrauschen wird meist vernachlässigt.

7.3.2 Übertragung von Amplituden- und Phasenschwankungen durch lineare Netzwerke

Im Signalflußdiagramm in Bild 7.2 wird das Ausgangssignal des aktiven Netzwerkes über das lineare Rückkopplungsnetzwerk mit der Übertragungsfunktion $\underline{H}(\Omega)$ wieder dem Eingang des nichtlinearen Schaltungsteils zugeführt. Durch das Rückkopplungsnetzwerk und allgemein durch jedes lineare System werden auch die Amplituden- und Phasenschwankungen verändert. Zur Berechnung einer Konversionsmatrix wie in Gl. (7.5) kann auf Ergebnisse aus Abschnitt 6.4.2 zurückgegriffen werden.

Mit dem Nullphasenwinkel ϕ_0 des Trägers $\underline{X}$ lassen sich die Amplituden- und Phasenschwankungen $\Delta\underline{X}/X_0$ und $\Delta\underline{\Phi}$ in die komplexen Seitenbandamplituden $\underline{X}_l$ und $\underline{X}_u$ umrechnen:

$$\begin{bmatrix} \underline{X}_l^* \\ \underline{X}_u \end{bmatrix} = \frac{X_0}{2} \begin{bmatrix} e^{-j\phi_0} & -je^{-j\phi_0} \\ e^{j\phi_0} & je^{j\phi_0} \end{bmatrix} \begin{bmatrix} \dfrac{\Delta\underline{X}}{X_0} \\ \\ \Delta\underline{\Phi} \end{bmatrix} . \qquad (7.13)$$

Eine analoge Beziehung gilt für das Eingangssignal $\underline{Y}$ des Rückkopplungs-netzwerkes:

$$\begin{bmatrix} \underline{Y}^*_l \\ \underline{Y}_u \end{bmatrix} = \frac{Y_0}{2} \begin{bmatrix} e^{-j\Psi_0} & -je^{-j\Psi_0} \\ e^{j\Psi_0} & je^{j\Psi_0} \end{bmatrix} \begin{bmatrix} \frac{\Delta \underline{Y}}{Y_0} \\ \Delta \underline{\Psi} \end{bmatrix} . \tag{7.14}$$

Da das Rückkopplungsnetzwerk linear ist, sind die Seitenbänder gleicher Frequenz und die Trägeramplituden direkt durch die Übertragungs-funktion $\underline{H}(\Omega)$ miteinander verknüpft:

$$\underline{X}_l = \underline{H}(\Omega_0 - \omega)\underline{Y}_l = \underline{H}_l \underline{Y}_l , \tag{7.15}$$

$$\underline{X}_u = \underline{H}(\Omega_0 + \omega)\underline{Y}_u = \underline{H}_u \underline{Y}_u , \tag{7.16}$$

$$X_0 e^{j\Phi_0} = \underline{H}(\Omega_0) Y_0 e^{j\Psi_0} = \underline{H}_0 Y_0 e^{j\Psi_0} . \tag{7.17}$$

Aus den Gln. (7.13) bis (7.16) folgt

$$\begin{bmatrix} \dfrac{\Delta \underline{X}}{X_0} \\ \Delta \underline{\Phi} \end{bmatrix} = \frac{1}{2} \frac{Y_0}{X_0} \begin{bmatrix} e^{j\Phi_0} & e^{-j\Phi_0} \\ je^{j\Phi_0} & -je^{-j\Phi_0} \end{bmatrix} \begin{bmatrix} \underline{H}^*_l \left(e^{-j\Psi_0} \dfrac{\Delta \underline{Y}}{Y_0} -je^{-j\Psi_0}\Delta \underline{\Psi} \right) \\ \underline{H}_u \left(e^{j\Psi_0} \dfrac{\Delta \underline{Y}}{Y_0} +je^{j\Psi_0}\Delta \underline{\Psi} \right) \end{bmatrix}$$

und mit Gl. (7.17)

$$\begin{bmatrix} \dfrac{\Delta \underline{X}}{X_0} \\ \Delta \underline{\Phi} \end{bmatrix} = \frac{e^{j(\Phi_0 - \Psi_0)}}{2\underline{H}_0} \left[\begin{array}{l} (\underline{H}^*_l e^{j(\Phi_0 - \Psi_0)} + \underline{H}_u e^{-j(\Phi_0 - \Psi_0)}) \dfrac{\Delta \underline{Y}}{Y_0} \\[2mm] j(\underline{H}^*_l e^{j(\Phi_0 - \Psi_0)} - \underline{H}_u e^{-j(\Phi_0 - \Psi_0)}) \dfrac{\Delta \underline{Y}}{Y_0} \end{array} \right.$$

$$+ j(-\underline{H}^*_l e^{j(\Phi_0 - \Psi_0)} + \underline{H}_u e^{-j(\Phi_0 - \Psi_0)})\Delta \underline{\Psi}$$

$$\left. + (\underline{H}^*_l e^{j(\Phi_0 - \Psi_0)} + \underline{H}_u e^{-j(\Phi_0 - \Psi_0)})\Delta \underline{\Psi} \right] .$$

Mit $e^{2j(\Phi_0 - \Psi_0)} = (\underline{H}_0 / |\underline{H}_0|)^2 = \underline{H}_0^2 / (\underline{H}_0 \underline{H}^*_0) = \underline{H}_0 / \underline{H}^*_0$ erhält man schließ-lich:

$$
\begin{bmatrix} \dfrac{\Delta \underline{X}}{X_0} \\[3mm] \Delta \underline{\Phi} \end{bmatrix} = \frac{1}{2} \begin{bmatrix} \dfrac{\underline{H}_u}{\underline{H}_0} + \dfrac{\underline{H}^*{}_l}{\underline{H}^*{}_0} & j\left(\dfrac{\underline{H}_u}{\underline{H}_0} - \dfrac{\underline{H}^*{}_l}{\underline{H}^*{}_0} \right) \\[5mm] -j\left(\dfrac{\underline{H}_u}{\underline{H}_0} - \dfrac{\underline{H}^*{}_l}{\underline{H}^*{}_0} \right) & \dfrac{\underline{H}_u}{\underline{H}_0} + \dfrac{\underline{H}^*{}_l}{\underline{H}^*{}_0} \end{bmatrix} \begin{bmatrix} \dfrac{\Delta \underline{Y}}{Y_0} \\[3mm] \Delta \underline{\Psi} \end{bmatrix} . \quad (7.18)
$$

Konversions- matrix für lineare Netzwerke

Damit lassen sich alle Elemente der Konversionsmatrix aus der Über- tragungsfunktion berechnen. Man erkennt aus Gl. (7.18), daß die Ampli- tuden- und Phasenschwankungen des Eingangssignals jeweils mit dem- selben Faktor zum Ausgang übertragen werden. Die beiden Faktoren für die AM-PM- und PM-AM-Konversion unterscheiden sich nur durch das Vorzeichen. Bei einer bzgl. der Trägerfrequenz symmetrischen Übertra- gungsfunktion, d.h. wenn $\underline{H}_u / \underline{H}_0 = (\underline{H}_l / \underline{H}_0)^*$ gilt, tritt keine wechselseitige Umwandlung der beiden Schwankungsarten auf.

Analog zu Gl. (7.18) kann die Konversionsmatrix des linearen Auskopp- lungsnetzwerkes in Bild 7.2 mit der Übertragungsfunktion $\underline{A}(\Omega)$ bestimmt werden. Für die Amplituden- und Phasenschwankungen $\Delta \underline{Z} / Z_0$ und $\Delta \underline{\theta}$ des Ausgangssignals $\underline{Z}$ des Oszillators gilt:

$$
\begin{bmatrix} \dfrac{\Delta \underline{Z}}{Z_0} \\[3mm] \Delta \underline{\theta} \end{bmatrix} = \frac{1}{2} \begin{bmatrix} \dfrac{\underline{A}_u}{\underline{A}_0} + \dfrac{\underline{A}^*{}_l}{\underline{A}^*{}_0} & j\left(\dfrac{\underline{A}_u}{\underline{A}_0} - \dfrac{\underline{A}^*{}_l}{\underline{A}^*{}_0} \right) \\[5mm] -j\left(\dfrac{\underline{A}_u}{\underline{A}_0} - \dfrac{\underline{A}^*{}_l}{\underline{A}^*{}_0} \right) & \dfrac{\underline{A}_u}{\underline{A}_0} + \dfrac{\underline{A}^*{}_l}{\underline{A}^*{}_0} \end{bmatrix} \begin{bmatrix} \dfrac{\Delta \underline{Y}}{Y_0} \\[3mm] \Delta \underline{\Psi} \end{bmatrix} , \quad (7.19)
$$

mit den Abkürzungen $\underline{A}_0 = \underline{A}(\Omega_0)$, $\underline{A}_l = \underline{A}(\Omega_0 - \omega)$ und $\underline{A}_u = \underline{A}(\Omega_0 + \omega)$.

7.3.3 Oszillatorrauschen

Mit den Ergebnissen der Abschnitte 7.3.1 und 7.3.2 kann das Amplituden- und Phasenrauschen des vollständigen Oszillators in allgemeiner Form berechnet werden.

Die Kombination der Gln. (7.6) und (7.18) ergibt

$$
\begin{bmatrix} \dfrac{\Delta \underline{Y}}{Y_0} \\[2ex] \Delta \underline{\Psi} \end{bmatrix} = \frac{1}{2} \left[\begin{array}{c|c} (1-k_a)\left(\dfrac{\underline{H}_u}{\underline{H}_0} + \dfrac{\underline{H}^*{}_l}{\underline{H}^*{}_0} \right) & j\,(1-k_a)\left(\dfrac{\underline{H}_u}{\underline{H}_0} - \dfrac{\underline{H}^*{}_l}{\underline{H}^*{}_0} \right) \\[4ex] -j\left(\dfrac{\underline{H}_u}{\underline{H}_0} - \dfrac{\underline{H}^*{}_l}{\underline{H}^*{}_0} \right) & \left(\dfrac{\underline{H}_u}{\underline{H}_0} + \dfrac{\underline{H}^*{}_l}{\underline{H}^*{}_0} \right) \end{array} \right] \cdot \begin{bmatrix} \dfrac{\Delta \underline{Y}}{Y_0} \\[2ex] \Delta \underline{\Psi} \end{bmatrix} + \begin{bmatrix} \dfrac{\Delta \underline{Y}_n}{Y_0} \\[2ex] \Delta \underline{\Psi}_n \end{bmatrix} \cdot
$$

$$(7.20)$$

Mit den Abkürzungen

$$
\underline{H}_\Sigma = \frac{1}{2}\left(\frac{\underline{H}_u}{\underline{H}_0} + \frac{\underline{H}^*{}_l}{\underline{H}^*{}_0} \right)
$$

und

$$
\underline{H}_\Delta = \frac{1}{2}\left(\frac{\underline{H}_u}{\underline{H}_0} - \frac{\underline{H}^*{}_l}{\underline{H}^*{}_0} \right) \tag{7.21}
$$

folgt

$$
\begin{bmatrix} 1-(1-k_a)\underline{H}_\Sigma & -j\,(1-k_a)\underline{H}_\Delta \\[2ex] j\,\underline{H}_\Delta & 1-\underline{H}_\Sigma \end{bmatrix} \begin{bmatrix} \dfrac{\Delta \underline{Y}}{Y_0} \\[2ex] \Delta \underline{\Psi} \end{bmatrix} = \begin{bmatrix} \dfrac{\Delta \underline{Y}_n}{Y_0} \\[2ex] \Delta \underline{\Psi}_n \end{bmatrix} \cdot \tag{7.22}
$$

Aufgelöst nach $\Delta \underline{Y} / Y_0$ und $\Delta \underline{\Psi}$ erhält man

$$
\frac{\Delta \underline{Y}}{Y_0} = \frac{(1-\underline{H}_\Sigma)\,(\Delta \underline{Y}_n / Y_0) + j\,(1-k_a)\,\underline{H}_\Delta\,\Delta \underline{\Psi}_n}{(1-\underline{H}_\Sigma)\,[1-(1-k_a)\,\underline{H}_\Sigma] - (1-k_a)\,\underline{H}_\Delta{}^2} , \tag{7.23}
$$

Allgemeine Gleichungen für Amplituden- und Phasenrauschen

$$
\Delta \underline{\Psi} = \frac{[1-(1-k_a)\,\underline{H}_\Sigma]\,\Delta \underline{\Psi}_n - j\,\underline{H}_\Delta\,(\Delta \underline{Y}_n / Y_0)}{(1-\underline{H}_\Sigma)\,[1-(1-k_a)\underline{H}_\Sigma] - (1-k_a)\,\underline{H}_\Delta{}^2} . \tag{7.24}
$$

Die Amplituden- und Phasenschwankungen hängen jeweils von beiden Rauschbeiträgen $\Delta\underline{Y}_n / Y_0$ und $\Delta\underline{\Psi}_n$ des aktiven Netzwerkes ab, da im linearen Schaltungsteil eine wechselseitige Umwandlung der Schwankungsarten auftreten kann. Wie bereits erwähnt, verschwindet diese Konversion, wenn die Symmetriebedingung $\underline{H}_u / \underline{H}_0 = (\underline{H}_l / \underline{H}_0)^*$ erfüllt ist. Mit $\underline{H}_\Sigma = \underline{H}_u / \underline{H}_0$ und $\underline{H}_\Delta = 0$ vereinfachen sich dann die Gln. (7.23) und (7.24):

$$\frac{\Delta\underline{Y}}{Y_0} = \frac{1}{1 - (1 - k_a)\,\underline{H}_u / \underline{H}_0}\,\frac{\Delta\underline{Y}_n}{Y_0}\,, \qquad (7.25)$$

$$\Delta\underline{\Psi} = \frac{1}{1 - \underline{H}_u / \underline{H}_0}\,\Delta\underline{\Psi}_n\,. \qquad (7.26)$$

Mit Hilfe der Gln. (7.18) und (7.19) lassen sich aus $\Delta\underline{Y} / Y_0$ und $\Delta\underline{\Psi}$ auch die Amplituden- und Phasenschwankungen am Eingang des aktiven Netzwerkes und am Ausgang des Oszillators berechnen.

Alle Gleichungen können durch Bildung der Betragsquadrate in äquivalente Beziehungen für die Spektren umgewandelt werden. Neben den Spektren W_a und W_ϕ für das Amplituden- und Phasenrauschen wird bei Oszillatoren gelegentlich auch das Spektrum W_f des Frequenzrauschens angegeben. Die Frequenzschwankungen, d.h. die Abweichungen der Momentanfrequenz vom Mittelwert $\Omega_0 / 2\pi$, ergeben sich durch zeitliche Differentiation der Phasenschwankungen und Division durch 2π. In komplexer Schreibweise gilt

Frequenzrauschen

$$\Delta\underline{F} = \frac{j\omega}{2\pi}\,\Delta\underline{\Phi}\,. \qquad (7.27)$$

Der Zusammenhang zwischen den Spektren ist daher durch

$$W_f = \left(\frac{\omega}{2\pi}\right)^2 \cdot W_\phi = f^2\,W_\phi \qquad (7.28)$$

gegeben.

261

7.4 Die Stabilitätsbedingung

Im Abschnitt 7.2 wurde bereits erwähnt, daß die Schwingbedingung (7.4) noch keine hinreichende Bedingung dafür ist, daß der Oszillator bei der betreffenden Frequenz stabil schwingt. Die Stabilität ist erst dann gewährleistet, wenn die Schwingamplitude unempfindlich gegenüber Störungen ist, d.h. sie muß, wenn sie sich als Folge einer Störung verändert hat, wieder zum ursprünglichen Wert zurückkehren. Dieses Verhalten entspricht einem stabilen Gleichgewicht. Bleibt die Amplitudenveränderung dauerhaft bestehen oder nimmt sie sogar noch zu, hätte man eine Situation wie bei einem indifferenten bzw. labilen Gleichgewicht.

Die Stabilität der Schwingamplitude kann mit Hilfe von Gl. (7.23) überprüft werden. Diese Beziehung ist nicht auf Rauschsignale beschränkt, sondern verknüpft allgemein Störungen der Amplitude und Phase im aktiven Netzwerk mit den resultierenden Amplitudenschwankungen des Oszillators. Der Zusammenhang ist linear und Gl.(7.23) kann als Übertragungsfunktion eines linearen Systems aufgefaßt werden. Damit sind auch bekannte Methoden anwendbar, um die Stabilität eines linearen Systems zu prüfen.

Bezeichnet man den Nenner von Gl. (7.23) mit N, so ist N eine komplexe Funktion der Offsetfrequenz ω, genauer $N = N(j\omega)$. Für die Stabilitätsprüfung ist zunächst in der Nennerfunktion der Ausdruck $j\omega$ durch die komplexe Frequenz $p = \sigma + j\omega$ zu ersetzen. Anschließend bestimmt man die Lösungen p_i der Gleichung

Stabilitätsprüfung mit komplexer Frequenz

$$N(p) = 0 .\qquad (7.29)$$

Die Übertragungsfunktion (7.23) gehört zu einem stabilen System, wenn für alle Lösungen p_i von Gl. (7.29) gilt:

$$Re\{p_i\} < 0 .\qquad (7.30)$$

In diesem Fall ist die Schwingamplitude des Oszillators stabil.

262

7.5 Beispiele

7.5.1 Eintoroszillator mit Serienschwingkreis

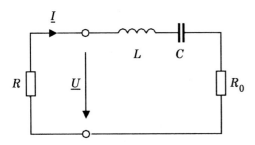

Bild 7.3: Eintoroszillator mit Serienschwingkreis

Als erstes Beispiel soll die Schaltung in Bild 7.3 untersucht werden. Das aktive Element ist ein Zweipol, der im Schaltbild durch den reellen Widerstand R beschrieben wird. Zwischen den Amplituden von Strom und Spannung besteht ein nichtlinearer Zusammenhang, so daß der Widerstandswert keine Konstante ist.

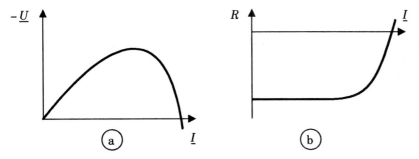

Bild 7.4: Spannung (a) und Widerstand (b) des aktiven Zweipols als Funktion des Stromes

Bild 7.4 zeigt typische Kurven für die Abhängigkeit von Spannungsamplitude und Widerstand von der Stromamplitude. Bei kleinen Amplituden hat der aktive Zweipol einen nahezu konstanten negativen Widerstand. Dadurch kann Leistung an das angeschlossene Netzwerk abgegeben werden. Mit wachsender Amplitude wird der Betrag des negativen Widerstandes kleiner, analog zur Abnahme der Verstärkung bei einem übersteuerten Verstärker. Es gibt allerdings auch Unterschiede zwischen Zweipol und Verstärker. Während das Ausgangssignal des Verstärkers mit wachsendem Eingangssignal monoton zunimmt, tritt bei nichtlinearen

aktiver Zweipol mit negativem Widerstand

263

Zweipolen auch eine Abnahme z.B. der Spannungsamplitude bei steigender Stromamplitude auf. Dadurch erreicht der Widerstand schließlich bei endlicher Stromamplitude den Wert null, während beim Verstärker lediglich eine asymptotische Annäherung der Verstärkung an null auftritt.

Mit den Zählpfeilrichtungen aus Bild 7.3 gilt

$$\underline{U} = -R\,\underline{I}.\tag{7.31}$$

Betrachtet man den Strom $\underline{I}$ als Eingangs- und die Spannung $\underline{U}$ als Ausgangssignal des nichtlinearen Schaltungsteils, dann entspricht hier der negative Widerstand $-R$ der Beschreibungsfunktion $\underline{B}$ aus Bild 7.2. Mit Gl. (6.69) kann aus der Stromabhängigkeit von R gemäß Bild 7.4b auch der Amplitudenkompressionsfaktor k_a berechnet werden:

$$k_a = -\frac{I}{R(I)} \cdot \frac{\mathrm{d}R}{\mathrm{d}I}\tag{7.32}$$

mit $I = |\underline{I}|$. Wegen $\mathrm{d}R/\mathrm{d}I > 0$ gilt für $R < 0$ immer $k_a > 0$. Bei Verstärkern ist k_a außerdem kleiner als eins (vgl. Abschnitt 6.7.2). Diese Beschränkung entfällt bei Zweipolen. Wegen Gl. (7.32) kann k_a in der Nähe der Nullstelle von R sogar beliebig groß werden. Auch ohne genaue Kenntnis der Funktion $R(I)$ läßt sich der Wert des Amplitudenkompressionsfaktors für den Fall maximaler Ausgangsleistung abschätzen, wie in der folgenden Übungsaufgabe gezeigt wird.

Übungsaufgabe 7.1

Bei einem aktiven nichtlinearen Zweipol sollen die Amplituden von Strom und Spannung so gewählt sein, daß die vom Zweipol abgegebene Leistung maximal wird. Wie groß ist dann der Kompressionsfaktor k_a?

Das lineare Netzwerk des Oszillators besteht aus einem Serienresonanzkreis mit der Induktivität L und der Kapazität C sowie dem Lastwiderstand R_0. Für das lineare Netzwerk ist die Spannung $\underline{U}$ als Eingangs- und der Strom $\underline{I}$ als Ausgangssignal zu betrachten. Die Funktion $\underline{H}(\Omega)$ aus Bild 7.2 ist daher identisch mit der Admittanz der Reihenschaltung:

$$\underline{H}(\Omega) = \frac{1}{R_0 + j\Omega L + 1/j\Omega C}.\tag{7.33}$$

Betrachtet man die Spannung an R_0 als Ausgangssignal, dann gilt für die Übertragungsfunktion $\underline{A}(\Omega)$ des Auskopplungsnetzwerkes:

$$\underline{A}(\Omega) = \frac{R_0}{R_0 + j\Omega L + 1/j\Omega C}. \tag{7.34}$$

Die Schwingbedingung (7.4) lautet für dieses Beispiel: Schwingbedingung

$$\frac{-R(I)}{R_0 + j\left(\Omega L - \dfrac{1}{\Omega C}\right)} = 1. \tag{7.35}$$

Aus dem Realteil von Gl. (7.35) folgt für die Schwingamplitude I_0:

$$-R(I_0) = R_0. \tag{7.36}$$

Es stellt sich also eine Schwingamplitude I_0 ein, bei der der negative Widerstand des aktiven Elementes gleich dem Lastwiderstand ist. Aus dem Imaginärteil von Gl. (7.35) erhält man als Schwingfrequenz Ω_0 des Oszillators die Resonanzfrequenz des Serienschwingkreises:

$$\Omega_0 = \frac{1}{\sqrt{LC}}. \tag{7.37}$$

Mit Gl. (7.37) folgt aus Gl. (7.33)

$$\underline{H}(\Omega) = \frac{1}{R_0 + j\Omega_0 L\left(\dfrac{\Omega}{\Omega_0} - \dfrac{\Omega_0}{\Omega}\right)}$$

und mit $\Omega = \Omega_0 + \omega$ und $\omega \ll \Omega_0$

$$\underline{H}(\Omega) = \frac{1}{R_0 + 2j\omega L}. \tag{7.38}$$

Für die Größen $\underline{H}_\Sigma$ und $\underline{H}_\Delta$ aus der Gl. (7.21) ergibt sich dann

$$\underline{H}_\Sigma = \frac{\underline{H}_u}{\underline{H}_0} = \frac{R_0}{R_0 + 2j\omega L}, \tag{7.39}$$

$$\underline{H}_\Delta = 0. \tag{7.40}$$

Eine ähnliche Betrachtung mit den Gln. (7.19) und (7.34) zeigt, daß dies gleichzeitig die Elemente der Konversionsmatrix des Auskopplungsnetzwerkes sind.

Durch Einsetzen von Gln. (7.39) und (7.40) in die Gln. (7.25) und (7.26) erhält man die Amplituden- und Phasenschwankungen der Spannung $\underline{U}$:

$$\frac{\Delta \underline{U}}{U_0} = \frac{1}{1-(1-k_a)\,\dfrac{R_0}{R_0+2j\omega L}} \cdot \frac{\Delta \underline{U}_n}{U_0} \quad , \tag{7.41}$$

$$\Delta \underline{\Psi} = \frac{1}{1-\dfrac{R_0}{R_0+2j\omega L}}\; \Delta \underline{\Psi}_n \; . \tag{7.42}$$

Umgerechnet auf die Schwankungen $\Delta \underline{U}_R / U_{R0}$ und $\Delta \underline{\theta}$ der Spannung $\underline{U}_R$ am Lastwiderstand ergibt sich

$$\frac{\Delta \underline{U}_R}{U_{R0}} = \frac{R_0}{k_a R_0 + 2j\omega L} \cdot \frac{\Delta \underline{U}_n}{U_0} \quad , \tag{7.43}$$

$$\Delta \underline{\theta} = \frac{R_0}{2j\omega L}\; \Delta \underline{\Psi}_n \; . \tag{7.44}$$

Für die Spektren der Amplituden- und Phasenstörungen des aktiven Zweipols können Ansätze wie in den Gln. (7.10) bis (7.12) verwendet werden. Setzt man bei Vernachlässigung des $1/f$-Anteils $(f_c = 0)$ $W_{an} = W_{\phi n} = W_0$, so folgt als Endergebnis für das Amplituden- und Phasenrauschen des Oszillators: **Rauschspektren**

$$W_a(\omega) = \frac{R_0^2}{(k_a R_0)^2 + (2\omega L)^2}\; W_0 \; , \tag{7.45}$$

$$W_\phi(\omega) = \frac{R_0^2}{(2\omega L)^2}\; W_0 \; . \tag{7.46}$$

Amplituden- und Phasenrauschen zeigen somit unterschiedliche Abhängigkeiten von der Offsetfrequenz ω. Das Phasenrauschen fällt mit wachsendem Abstand vom Träger mit konstant 20 dB / Dekade ab. In der Praxis wird dieser Abfall irgendwann durch das hier nicht berücksichtigte

Eigenrauschen des Lastwiderstandes begrenzt. Beim Amplitudenrauschen läßt sich aus Gl. (7.43) eine Grenzfrequenz ω_g berechnen:

$$\omega_g = \frac{k_a R_0}{2L}.$$

(7.47) Grenzfrequenz des Amplituden-rauschens

Für $\omega \ll \omega_g$ wird aus Gl. (7.45):

$$W_a(\omega) = \frac{1}{k_a^2} W_0, \quad \omega \ll \omega_g.$$

(7.48)

Unterhalb der Grenzfrequenz ω_g ist das Amplitudenrauschen konstant. Weit oberhalb der Grenzfrequenz dominiert der zweite Term im Nenner von Gl. (7.45):

$$W_a(\omega) = \frac{R_0^2}{(2\omega L)^2} W_0, \quad \omega \gg \omega_g.$$

(7.49)

Bei hohen Offsetfrequenzen fällt das Amplitudenrauschen ebenfalls mit 20 dB / Dekade ab und hat dieselbe spektrale Leistungsdichte wie das Phasenrauschen. Zusammengefaßt ergeben sich also Spektren wie in Bild 7.5.

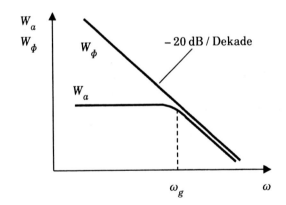

Bild 7.5: *Spektren des Amplituden- und Phasenrauschens (logarithmische Darstellung)*

Übungsaufgabe 7.2

Für den Oszillator aus Bild 7.3 sind mit den Zahlenwerten $L = 1\,\mu H$, $C = 0.1\,pF$, $R_0 = 50\,\Omega$, $k_a = 2$, $P_{in} = 1\,mW$, $F_{eff} = 20\,dB$ die Schwingfrequenz und die Spektren des Amplituden- und Phasenrauschens zu berechnen.

Die Form der Spektren ändert sich, wenn mit $f_c \neq 0$ auch ein Beitrag des $1/f$- Rauschens berücksichtigt wird.

Übungsaufgabe 7.3

Wie sehen die Rauschspektren aus Bild 7.5 aus, wenn das $1/f$- Rauschen des aktiven Zweipols berücksichtigt wird? Dabei sind die beiden Fälle $f_c < f_g$ und $f_c > f_g$ zu unterscheiden ($f_g = \omega_g / 2\pi$).

Abschließend soll noch die Stabilität der Schaltung untersucht werden. Stabilitätsprüfung
Nach Einführung der komplexen Frequenz p lautet der Nenner von Gl. (7.43)

$$N(p) = k_a R_0 + 2pL \ . \tag{7.50}$$

Aus $N(p) = 0$ folgt

$$p = -\frac{k_a R_0}{2L} = -\omega_g < 0 \ . \tag{7.51}$$

Die Nullstelle des Nenners ist negativ reell. Damit entsprechen die Lösungen der Schwingbedingung (7.35) stabilen stationären Schwingungsmoden des Oszillators.

Übungsaufgabe 7.4

Bei der Oszillatorschaltung aus Bild 7.3 wird der Serienschwingkreis durch einen Parallelschwingkreis ersetzt. Zeigen Sie, daß diese Schaltung instabil ist. Wie müssen die Kennlinien des aktiven Zweipols aus Bild 7.4 modifiziert werden, damit stabile stationäre Schwingungen möglich sind?

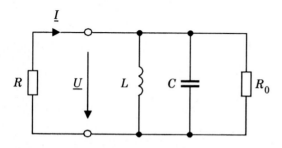

7.5.2 Zweitoroszillator mit Transmissionsresonator

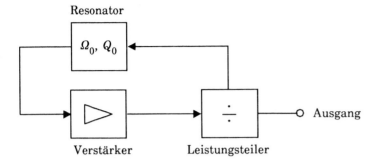

Bild 7.6: Zweitoroszillator mit Transmissionsresonator

Als Beispiel für einen Zweitoroszillator soll die Schaltung in Bild 7.6 analysiert werden. Das Ausgangssignal eines Großsignalverstärkers wird über einen Leistungsteiler dem Oszillatorausgang und dem Eingang eines Transmissionsresonators zugeführt. Das vom Resonator gefilterte Signal gelangt wieder auf den Verstärkereingang, wodurch der Rückkopplungsweg geschlossen wird.

Zweckmäßigerweise wird die Schaltung durch Wellengrößen beschrieben. Dabei soll vereinfachend angenommen werden, daß bei der Schwingfrequenz alle Komponenten angepaßt sind, so daß keine Reflexionen berücksichtigt werden müssen. Ebenso werden Signalverzögerungen und -dämpfungen durch die Verbindungsleitungen vernachlässigt.

Analyse mit
Wellengrößen

Die nichtlinearen Eigenschaften von Großsignalverstärkern sind bereits im Abschnitt 6.7.2 behandelt worden. Die Leistungsverstärkung G nimmt mit zunehmender Eingangsleistung P_s monoton ab und konvergiert gegen null. Quantitativ läßt sich diese Abhängigkeit der Verstärkung bei vielen Verstärkern durch die Näherung

$$G(P_s) \; = \; \frac{P_{sat}}{P_s} \left[1 - exp\left(- \frac{G_0 P_s}{P_{sat}} \right) \right] \qquad (7.52)$$

beschreiben. Dabei ist G_0 die Kleinsignalverstärkung und P_{sat} der Sättigungswert der Ausgangsleistung des Verstärkers. Für die Beschreibungsfunktion des nichtlinearen Teils der allgemeinen Oszillatorschaltung aus Bild 7.2 kann man daher ansetzen:

269

$$\underline{B}(X) = \sqrt{\frac{P_{sat}}{X^2}\left[1 - exp\left(-\frac{G_0 X^2}{P_{sat}}\right)\right]} . \tag{7.53}$$

Die Streuparameter $\underline{S}_{12}$ und $\underline{S}_{21}$ eines Transmissionsresonators lassen sich allgemein in folgender Form angeben:

$$\underline{S}_{12} = \underline{S}_{21} = \frac{2\sqrt{\beta_1 \beta_2}}{1 + \beta_1 + \beta_2 + jQ_0\left(\dfrac{\Omega}{\Omega_0} - \dfrac{\Omega_0}{\Omega}\right)} \tag{7.54}$$

mit Q_0 als Leerlaufgüte und Ω_0 als Resonanzfrequenz des Resonators. Für $\Omega = \Omega_0$ sind $\underline{S}_{12}$ und $\underline{S}_{21}$ reell und betragsmäßig maximal. Die positiv reellen Größen β_1 und β_2 sind die eingangs- und ausgangsseitigen Koppelfaktoren. Im folgenden soll eine symmetrische Ankopplung angenommen werden, d.h. es ist $\beta_1 = \beta_2 = \beta$. Ferner gilt wie beim Schwingkreis im Abschnitt 7.5.1 näherungsweise $(\Omega/\Omega_0 - \Omega_0/\Omega) = 2\omega/\Omega_0$. Damit vereinfacht sich Gl. (7.54) zu

$$\underline{S}_{12} = \underline{S}_{21} = \frac{2\beta}{1 + 2\beta + 2jQ_0\,\omega/\Omega_0} . \tag{7.55}$$

Der Leistungsteiler habe für beide Ausgänge die frequenzunabhängige Übertragungsfunktion $1/\sqrt{2}$. Für die Funktionen $\underline{H}(\Omega)$ und $\underline{A}(\Omega)$ aus Bild 7.2 gilt somit

$$\underline{H}(\Omega) = \frac{\sqrt{2}\,\beta}{1 + 2\beta + 2jQ_0\omega/\Omega_0} , \tag{7.56}$$

$$\underline{A}(\Omega) = \frac{1}{\sqrt{2}} . \tag{7.57}$$

Die Schwingbedingung (7.4) lautet mit den Gln. (7.53) und (7.56):   Schwingbedingung

$$\sqrt{\frac{P_{sat}}{X^2}\left[1 - exp\left(-\frac{G_0 X^2}{P_{sat}}\right)\right]} \cdot \frac{\sqrt{2}\,\beta}{1 + 2\beta + 2jQ_0\,\omega/\Omega_0} = 1. \tag{7.58}$$

Aus dem Imaginärteil der Schwingbedingung folgt wiederum, daß die Schwingfrequenz des Oszillators gleich der Resonanzfrequenz Ω_0 des Resonators ist. Durch Quadrieren des Realteils erhält man:

$$\frac{P_{sat}}{P_s} \left[1 - exp\left(- \frac{G_0 P_s}{P_{sat}} \right) \right] \cdot \frac{2 \beta^2}{(1 + 2 \beta)^2} = 1 . \tag{7.59}$$

Bei vorgegebenen Schaltungsparametern läßt sich aus dieser Gleichung die Leistung P_s und damit die Schwingamplitude X ermitteln. Hat man dagegen den Eingangspegel des Verstärkers festgelegt, so kann man mit Gl. (7.59) den zugehörigen Koppelfaktor β des Resonators berechnen.

Übungsaufgabe 7.5

Ein Verstärker habe die Sättigungsausgangsleistung $P_{sat} = 20$ dBm und die Kleinsignalverstärkung $G_0 = 15$ dB. Bei welcher Signalleistung P_{sopt} wird die Differenz von Ausgangs- und Eingangsleistung maximal? Welchen Wert muß der Koppelfaktor β haben, um für diese optimale Aussteuerung die Schwingbedingung (7.59) zu erfüllen? Welche Ausgangsleistung ergibt sich für den Oszillator?

Für die Verstärkungscharakteristik nach Gl. (7.52) war der Amplituden-kompressionsfaktor k_a bereits in Abschnitt 6.7.2 berechnet worden:

$$k_a = 1 - \frac{G_0}{G(P_s)} exp\left(- \frac{G_0 P_s}{P_{sat}} \right) . \tag{7.60}$$

Zur Berechnung des Rauschens werden ferner noch die Größen $\underline{H}_\Sigma$ und $\underline{H}_\Delta$ aus der Gl. (7.21) benötigt. Mit Gl. (7.56) erhält man:

$$\underline{H}_\Sigma = \frac{1 + 2 \beta}{1 + 2 \beta + 2 j Q_0 \omega / \Omega_0} , \tag{7.61}$$

$$\underline{H}_\Delta = 0 . \tag{7.62}$$

Mit den Gln. (7.25) und (7.26) folgt für die Amplituden- und Phasen-schwankungen am Ausgang des Verstärkers:

$$\frac{\Delta \underline{Y}}{Y_0} = \frac{1 + 2 \beta + 2 j Q_0 \omega / \Omega_0}{k_a (1 + 2 \beta) + 2 j Q_0 \omega / \Omega_0} \cdot \frac{\Delta \underline{Y}_n}{Y_0} , \tag{7.63}$$

$$\Delta \underline{\Psi} = \frac{1 + 2 \beta + 2 j Q_0 \omega / \Omega_0}{2 j Q_0 \omega / \Omega_0} \cdot \Delta \underline{\Psi}_n . \tag{7.64}$$

271

Da die Übertragungsfunktion des Leistungsteilers frequenzunabhängig ist, tritt durch die Auskopplung keine Veränderung des Rauschens auf. Die Amplituden- und Phasenschwankungen des Oszillatorausgangssignals sind daher identisch mit denen am Ausgang des Verstärkers. Mit den Ansätzen $W_{an} = (1 - k_a)^2 W_0$ und $W_{\phi n} = W_0$ für das Eigenrauschen des Verstärkers erhält man für die Spektren des Oszillatorrauschens:

Rauschspektren

$$W_a(\omega) = (1 - k_a)^2 \frac{(1 + 2\beta)^2 + (2 Q_0 \omega / \Omega_0)^2}{k_a^2 (1 + 2\beta)^2 + (2 Q_0 \omega / \Omega_0)^2} W_0, \qquad (7.65)$$

$$W_\phi(\omega) - \left[1 + \left(\frac{1 + 2\beta}{2 Q_0 \omega / \Omega_0}\right)^2\right] W_0. \qquad (7.66)$$

Aus den Gln. (7.65) und (7.66) lassen sich zwei Grenzfrequenzen ableiten:

$$\omega_{g1} = k_a (1 + 2\beta) \frac{\Omega_0}{2 Q_0}, \qquad (7.67)$$

Grenzfrequenzen

$$\omega_{g2} = (1 + 2\beta) \frac{\Omega_0}{2 Q_0} = \frac{\omega_{g1}}{k_a}. \qquad (7.68)$$

Wegen $k_a < 1$ gilt $\omega_{g1} < \omega_{g2}$. Bei Offsetfrequenzen unterhalb von ω_{g1} ergibt sich ein frequenzunabhängiges Amplitudenrauschen:

$$W_a(\omega) = (\frac{1}{k_a} - 1)^2 W_0, \qquad \omega \ll \omega_{g1}. \qquad (7.69)$$

Zwischen ω_{g1} und ω_{g2} fällt das Amplitudenrauschen mit maximal 20 dB / Dekade ab, bevor sich oberhalb von ω_{g2} wieder ein konstanter Wert einstellt:

$$W_a(\omega) = (1 - k_a)^2 W_0, \qquad \omega \gg \omega_{g2}. \qquad (7.70)$$

Das Phasenrauschen fällt bis zur Grenzfrequenz ω_{g2} mit 20 dB / Dekade ab; bei größeren Offsetfrequenzen nähert sich W_ϕ dem konstanten Wert W_0. Damit ergeben sich für das Rauschen dieses Zweitoroszillators die Kurvenverläufe in Bild 7.7.

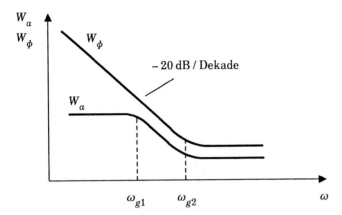

Bild 7.7: Spektren des Amplituden- und Phasenrauschens
(logarithmische Darstellung)

Bei Berücksichtigung eines $1/f$-Anteils in den Spektren W_{an} und $W_{\phi n}$ wird die Form der Spektren komplizierter, da mit der Rauscheckfrequenz f_c eine weitere Grenzfrequenz zu berücksichtigen ist.

Übungsaufgabe 7.6

Für den Zweitorozillator aus Übungsaufgabe 7.5 sind die Rauschspektren W_a und W_ϕ zu berechnen. Der Verstärker habe eine effektive Rauschzahl $F_{eff} = 20$ dB und eine Rauscheckfrequenz $f_c = 1$ MHz. Die Resonanzfrequenz des Resonators soll 10 GHz, die Leerlaufgüte 1000 betragen.

Einen entscheidenden Einfluß auf das Phasenrauschen hat die Resonatorgüte Q_0. Bei kleinen Offsetfrequenzen führt eine Verdopplung der Güte zu einer Reduzierung der Phasenschwankungen um 6 dB. Bei der Realisierung praktischer Oszillatorschaltungen wird daher eine möglichst hohe Resonatorgüte angestrebt. Eine Verbesserung des Phasenrauschens kann auch durch eine Reduzierung von β, d.h. durch eine schwächere Ankopplung des Resonators, erreicht werden. Allerdings ist hier der Spielraum meist gering, da durch die schwächere Ankopplung gemäß Gl. (7.55) auch die Durchgangsdämpfung des Resonators ansteigt.

Das Amplitudenrauschen wird durch die Resonatoreigenschaften nur wenig beeinflußt. Die beiden Grenzwerte nach den Gln. (7.69) und (7.70) hängen nur von den Verstärkereigenschaften ab. Durch Veränderung der

Einfluß der Resonatorgüte

273

Resonatorparameter werden lediglich die beiden Grenzfrequenzen ω_{g1} und ω_{g2} verschoben.

Die Spektren des Amplituden- und Phasenrauschens werden auch durch die Wahl des Auskopplungspunktes für das Ausgangssignal beeinflußt.

Übungsaufgabe 7.7

Die Schaltung des Zweitoroszillators werde so modifiziert, daß die Auskopplung des Ausgangssignals erst hinter dem Resonator erfolgt. Mit denselben Zahlenwerten wie in den Übungsaufgaben 7.5 und 7.6 sind die Spektren W_a und W_ϕ des Amplituden- und Phasenrauschens zu berechnen.

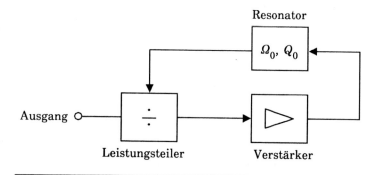

Die Stabilität des Zweitoroszillators kann mit Hilfe des Nenners von Gl. (7.63) untersucht werden. Als Nullstelle erhält man für die komplexe Frequenz

Stabilitätsprüfung

$$p = -k_a(1 + 2\beta)\frac{\Omega_0}{2Q_0}.\tag{7.71}$$

Wegen $k_a>0$ und $\beta>0$ liegt die Nullstelle in der linken Hälfte der komplexen p-Ebene. Die Lösungen der Schwingbedingung (7.58) entsprechen daher stabilen stationären Schwingungsmoden.

7.6 Störende Auswirkungen des Oszillatorrauschens

In diesem Abschnitt soll mit einigen Beispielen gezeigt werden, welche störenden Auswirkungen das Oszillatorrauschen in Hochfrequenzschaltungen haben kann.

7.6.1 Heterodynempfang

Empfänger für Hochfrequenzsignale in Nachrichtenübertragungs- und Meßsystemen werden fast ausschließlich als Heterodyn- bzw. Überlagerungsempfänger realisiert. Dabei wird das Spektrum von Eingangsfrequenzen durch Mischung mit dem Signal eines sog. Lokaloszillators (LO), der meist in der Frequenz abstimmbar ist, auf eine niedrigere Zwischenfrequenz (ZF) umgesetzt. Das gewünschte Nutzsignal wird dann durch ein festes ZF-Filter aus dem umgesetzten Eingangsspektrum herausgefiltert.

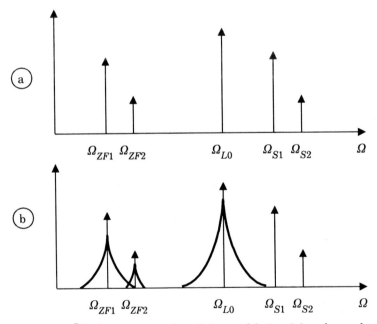

Bild 7.8: *Überlagerungsempfang bei rauschfreiem (a) und rauschendem (b) Lokaloszillator*

Bild 7.8a verdeutlicht diesen Vorgang für zwei unterschiedlich starke Eingangssignale bei den Frequenzen Ω_{S1} und Ω_{S2}. Durch Mischung mit dem LO-Signal mit der Frequenz Ω_{LO} entstehen die Zwischenfrequenzsignale bei den Frequenzen $\Omega_{ZF1} = \Omega_{S1} - \Omega_{LO}$ und $\Omega_{ZF2} = \Omega_{S2} - \Omega_{LO}$. Wenn das LO-Signal in der Frequenz rauscht, ergeben sich Spektren wie im Bild 7.8b. Die Rauschseitenbänder des LO-Signals werden durch die Mischung auch auf die Zwischenfrequenzsignale übertragen. Dabei kann es vorkommen, daß die Seitenbänder des starken Signals das dicht benachbarte schwache Signal überdecken, so daß ein Empfang dieses Signals nicht mehr möglich ist. Das Rauschen des Lokaloszillators führt hier also effektiv zu einer Reduzierung der Empfindlichkeit bzw. des Dynamikbereichs des Empfängers.

Reduzierung der
Empfindlichkeit

Darüber hinaus kann in Heterodynsystemen die Rauschzahl des Mischers durch das Phasen- und Amplitudenrauschen des Lokaloszillators wesentlich erhöht werden. So wurde beispielsweise an breitbandigen Mischern mit GaAs-Feldeffekttransistoren bei bestimmten Frequenzen eine um ca. 10 dB bis 20 dB erhöhte Rauschzahl gemessen. Als Mischoszillator diente dabei ein sogenannter Synthese- oder Schrittgenerator, welcher ein verhältnismäßig hohes Phasen- bzw. Frequenzrauschen zeigte. Als Ursache für die erhöhte Rauschzahl wurde folgendes gefunden: Ein Teil des Mischoszillator-Signals gelangte aufgrund unzureichender Entkopplung in den niederfrequenten Vorverstärker. Dieser Vorverstärker war durch ein Stück Leitung vom Mischer getrennt und wies für das Hochfrequenzsignal ein undefiniertes, zum Teil resonanzartiges Verhalten auf. Diese Anordnung wirkte zusammen mit dem Mischer in einigen Frequenzbereichen wie ein Frequenzdiskriminator für das Mischoszillator-Signal. Durch eine bessere Entkopplung zwischen Mischer und Niederfrequenz-Verstärker ließ sich der Anstieg der Rauschzahl, der in einigen Frequenzbereichen beobachtet worden war, vermeiden.

Für die Klärung des Sachverhaltes erwies es sich als zweckmäßig, das Rauschen am Ausgang des Zwischenfrequenzkanals sowohl mit ein- als auch mit ausgeschalteter Rauschdiode breitbandig aufzuzeichnen. Obwohl die Konversionsverluste des Mischers weitgehend frequenzunabhängig waren, war das Ausgangsrauschen bei ausgeschalteter Rauschdiode in einigen Frequenzbereichen aufgrund der Frequenzdiskriminierung des Mischoszillators deutlich erhöht. Der beschriebene Effekt wird vor allem dann beobachtet werden, wenn die Zwischenfrequenz im Bereich des $1/f$-Rauschens des Mischoszillators liegt. Auch ein starkes Amplitudenrauschen des Lokaloszillators kann die Rauschzahl des Mischers deutlich erhöhen, wenn der Mischer nicht hinreichend balanciert ist.

7.6.2 Entfernungsmessung

Da sich elektromagnetische Wellen mit der bekannten Lichtgeschwindigkeit c ausbreiten, können sie zur Messung der Entfernung l zu einem reflektierenden Objekt verwendet werden. Strahlt man etwa ein Signal

$$x_1(t) = X_1 \cos[\Phi(t)] = X_1 \cos[\Omega_0 t] \qquad (7.72)$$

über die Sendeantenne ab, so gilt für das Empfangssignal:

$$x_2(t) = X_2 \cos[\Phi(t-\tau)] = X_2 \cos[\Omega_0(t-\tau)], \qquad (7.73)$$

wobei

$$\tau = \frac{2l}{c} \qquad (7.74)$$

die Laufzeit des Signals zum Objekt und zurück ist. Die Entfernungsinformation ist in der Phasendifferenz von Sende- und Empfangssignal enthalten:

Entfernungsmessung über Phasendifferenz

$$l = \frac{c}{2\Omega_0}[\Phi(t) - \Phi(t-\tau)], \qquad (7.75)$$

da bei einem rauschfreien Signal

$$\Phi(t) - \Phi(t-\tau) = \Omega_0\tau \qquad (7.76)$$

gilt. Wenn das Sendesignal Phasenschwankungen $\Delta\Phi(t)$ aufweist, ist Gl. (7.76) zu ersetzen durch

$$\Phi(t) - \Phi(t-\tau) = \Omega_0\tau + \Delta\Phi(t) - \Delta\Phi(t-\tau). \qquad (7.77)$$

Daraus folgt, daß für $\Delta\Phi(t)\neq 0$ auch die nach Gl. (7.75) ermittelte Entfernung statistische Schwankungen aufweist. Der Meßfehler kann quantitativ durch die Standardabweichung σ_l erfaßt werden. Wegen Gl. (7.75) gilt

$$\sigma_l = \frac{c}{2\Omega_0}\sigma_\Phi \qquad (7.78)$$

mit σ_Φ als Standardabweichung der Phasendifferenz nach Gl. (7.77). Allgemein kann die Standardabweichung σ_X einer stochastischen Variablen X aus den Mittelwerten berechnet werden:

$$\sigma_X = \sqrt{\overline{(X - \overline{X})^2}} = \sqrt{\overline{X^2} - (\overline{X})^2}. \qquad (7.79)$$

277

Aus den Gln. (7.77) und (7.79) folgt:

$$\sigma_\Phi^2 = \overline{[\Delta\Phi(t)]^2} + \overline{[\Delta\Phi(t-\tau)]^2} - 2\,\overline{\Delta\Phi(t)\,\Delta\Phi(t-\tau)} \ . \qquad (7.80)$$

Ausgedrückt durch die Autokorrelationsfunktion R_Φ der Phasenschwankungen erhält man für die Standardabweichung σ_Φ:

$$\sigma_\Phi^2 = 2\,[R_\Phi(0) - R_\Phi(\tau)] \ . \qquad (7.81)$$

Meßfehler durch
Phasenrauschen

Über das Wiener-Khintchine-Theorem kann die Autokorrelationsfunktion aus dem Spektrum W_Φ der Phasenschwankungen berechnet werden:

$$\sigma_\Phi^2 = 2 \int_{-\infty}^{\infty} W_\Phi(f)\,[1 - exp\,(j2\pi f\tau)]\,df$$

$$= 2 \int_{-\infty}^{\infty} W_\Phi(f)\,[1 - cos\,(2\pi f\tau)]\,df \ . \qquad (7.82)$$

Der Fehler bei der Entfernungsmessung ergibt sich aus einem gewichteten Integral des Spektrums W_Φ. Je stärker die Signalquelle rauscht, desto größer werden die statistischen Fehler der gemessenen Entfernung.

7.6.3 Geschwindigkeitsmessung

Mit dem im vorangegangenen Abschnitt beschriebenen Meßprinzip läßt sich über den Dopplereffekt auch die Geschwindigkeit v des reflektierenden Objektes parallel zur Ausbreitungsrichtung der elektromagnetischen Welle bestimmen. Für ein Sendesignal nach Gl. (7.72) ergibt sich das Empfangssignal

$$x_2(t) = X_2\,cos\left[\Omega_2\cdot(t-\tau)\right] = X_2\,cos\left[\left(1-\frac{v}{c}\right)\Omega_0\cdot(t-\tau)\right] \ . \qquad (7.83)$$

Die Geschwindigkeit v kann somit aus den Frequenzen Ω_1 und Ω_2 von Sende- und Empfangssignal berechnet werden:

Geschwindigkeits-
messung
über Dopplereffekt

$$v = c\left(1 - \frac{\Omega_2}{\Omega_1}\right), \qquad (7.84)$$

wobei im rauschfreien Fall

$$\Omega_1 = \Omega_0 = const. \qquad (7.85)$$

und

$$\Omega_2 = (1 - \frac{v}{c})\Omega_0 \qquad (7.86)$$

gilt. Bei einem Sender mit Phasenrauschen sind die Frequenzen Ω_1 und Ω_2 gegeben durch

$$\Omega_1 = \Omega_0 + \frac{d}{dt}[\Delta\Phi(t)] = \Omega_0 + \Delta\Omega(t), \qquad (7.87)$$

$$\Omega_2 = \left(1 - \frac{v}{c}\right)\left\{\Omega_0 + \frac{d}{dt}[\Delta\Phi(t - \tau)]\right\}$$

$$= \left(1 - \frac{v}{c}\right)[\Omega_0 + \Delta\Omega(t - \tau)]. \qquad (7.88)$$

Die gemessene Geschwindigkeit v_m zeigt daher ebenfalls statistische Schwankungen:

$$v_m = c\left[1 - \frac{\left(1 - \frac{v}{c}\right)[\Omega_0 + \Delta\Omega(t - \tau)]}{\Omega_0 + \Delta\Omega(t)}\right]$$

$$\approx c\,\frac{\Delta\Omega(t) - \Delta\Omega(t - \tau) + \frac{v}{c}[\Omega_0 + \Delta\Omega(t - \tau)]}{\Omega_0}$$

$$\approx \frac{c}{\Omega_0}\left[\Delta\Omega(t) - \Delta\Omega(t - \tau) + \frac{v}{c}\Omega_0\right]. \qquad (7.89)$$

Bei den Näherungen wurden die Relationen $\Delta\Omega \ll \Omega_0$ und $v \ll c$ ausgenutzt. Damit ergibt sich ein Meßfehler, der von den Frequenzschwankungen des Senders abhängt.

$$v_m - v = \frac{c}{\Omega_0}[\Delta\Omega(t) - \Delta\Omega(t - \tau)] \qquad (7.90)$$

Übungsaufgabe 7.8

Analog zu Gl. (7.82) ist die Standardabweichung σ_v der gemessenen Geschwindigkeit v_m als Funktion des Spektrums W_Φ der Phasenschwankungen des Senders zu berechnen.

Bei einem Dopplerradar zur Geschwindigkeitsmessung tritt außer den soeben untersuchten Meßfehlern noch ein weiterer störender Effekt durch das Rauschen des Sendeoszillators auf. Die Gl. (7.90) gilt auch für $v = 0$; das bedeutet, daß auch ein unbewegtes Objekt am Ausgang des Radarempfängers ein Rauschsignal verursachen kann. Dieses Rauschsignal kann die von den bewegten Objekten stammenden Signale erheblich stören oder sie sogar vollständig überlagern, wenn z.B. Bewegungen kleiner Objekte bei gleichzeitiger Anwesenheit großer unbewegter Objekte, z.B. Gebäude, detektiert werden sollen. Das auf diese Weise im Empfänger entstehende Rauschen wird als Clutter-Rauschen bezeichnet.

Clutter-Rauschen

7.6.4 Nachrichtenübertragung durch Frequenz- oder Phasenmodulation

Bei der Frequenz- oder Phasenmodulation wird die Frequenz bzw. Phase eines hochfrequenten Trägersignals durch die zu übertragende Nachricht in definierter Weise verändert. Auf der Empfangsseite kann dann die Nachricht durch einen passenden Demodulator zurückgewonnen werden. Da der Demodulator nicht zwischen den beabsichtigten Änderungen durch die Modulation und unbeabsichtigten Schwankungen unterscheiden kann, führt das Phasenrauschen des Trägersignals zu einem störenden Rauschsignal am Ausgang des Demodulators. Hinzu kommt, daß bei einem praktischen System nicht nur das Rauschen eines einzelnen Oszillators zu berücksichtigen ist, sondern daß durch vielfache Mischvorgänge die Rauschbeiträge mehrerer Oszillatoren aufsummiert werden können.

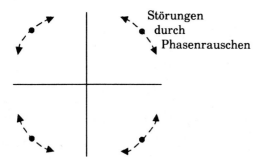

Bild 7.9: Phasenzustände des Trägers bei der QPSK-Modulation

Diese Überlegungen gelten nicht nur für analoge, sondern auch für digitale Übertragungssysteme. Hier wirkt sich das Phasenrauschen in Form einer erhöhten Bitfehlerrate aus. Bild 7.9 zeigt als Beispiel die Modulationszustände eines QPSK-Systems (QPSK = engl.: **Q**uarterny **P**hase **S**hift **K**eying). Bei diesem Modulationsverfahren bleibt die Amplitude des Trägersignals konstant, während die Phase durch das digitale Modulationssignal zwischen vier Zuständen umgeschaltet wird. Die Phasendifferenz zwischen benachbarten Zuständen beträgt 90°.

Durch das Phasenrauschen der Oszillatoren im Übertragungssystem treten statistische Schwankungen der einzelnen Zustände auf, die in der komplexen Ebene Punkte auf einem Kreis bilden. Wenn der durch das Oszillatorrauschen verursachte Phasenfehler größer als 45° ist, kann der Zustand vom Demodulator nicht mehr richtig erkannt werden, was einen Bitfehler zur Folge hat. Je stärker das Phasenrauschen der Oszillatoren ist, desto größer ist die Wahrscheinlichkeit für Bitfehler. Die Anforderungen an die Stabilität der Signalquelle nehmen weiter zu, wenn kompliziertere Modulationsverfahren verwendet werden. So treten z.B. bei der 64 QAM-Modulation (QAM = engl.: **Q**uadrature **A**mplitude **M**odulation) durch Kombination verschiedener Amplituden- und Phasenwerte insgesamt 64 Zustände des Trägers auf. Hier führen schon wesentlich kleinere Phasenstörungen als bei der QPSK-Modulation zu einem Bitfehler.

Bitfehler durch Phasenrauschen

7.6.5 Meßsystem für die Gasspektroskopie

Wir wollen als letztes Beispiel ein Meßsystem für die Mikrowellen-Gasspektroskopie betrachten.

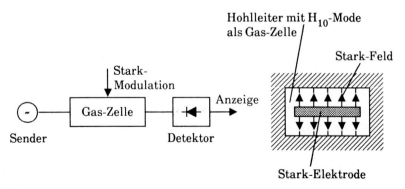

Bild 7.10: Anordnung für die Gasspektroskopie

Wie im Bild 7.10 dargestellt, wird das Mikrowellensignal eines Senders über eine Gaszelle geleitet und mit einem Detektor gleichgerichtet. In der Gaszelle befindet sich ein Gas mit Unterdruck. Die Frequenz des Senders ist so gewählt, daß sie mit einer Resonanzabsorption des Gases zusammenfällt. Mit Hilfe einer periodischen Veränderung eines elektrischen Feldes, der sog. Stark-Modulation, z.B. mit einer Modulationsfrequenz von 30 kHz, wird die Resonanzabsorptionsfrequenz periodisch geringfügig verschoben. Dadurch tritt eine Amplitudenmodulation des Mikrowellensignals auf, die mit dem Detektor gleichgerichtet wird und zur Anzeige gebracht werden kann. Die Anzeigeempfindlichkeit der schwachen Modulationssignale wird mindestens durch das Schrotrauschen des Detektors begrenzt.

Aufgrund von mechanischen Unregelmäßigkeiten in der langen Gaszelle oder durch Überkopplung in andere Moden ist die Übertragungskurve des Systems als Funktion der Frequenz nicht ganz glatt sondern etwas wellig. An den Flanken der welligen Übertragungskurve der Gaszelle kann das Oszillator-Frequenzrauschen diskriminiert werden, d.h. in Amplitudenrauschen konvertiert und vom Detektor gleichgerichtet werden. Wichtig ist in diesem Fall das Phasen- bzw. Frequenzrauschen bei der Starkmodulationsfrequenz, also bei z.B. 30 kHz vom Träger. Bei einem nicht genügend guten Sender kann das diskriminierte Frequenzrauschen das Schrotrauschen des Detektors bei der Modulationsfrequenz um Größenordnungen überwiegen.

PM-AM-Konversion

7.7   Verfahren zur Reduzierung des Phasenrauschens

Die im Abschnitt 7.6 beschriebenen Beispiele zeigen, daß sich das Rauschen von Oszillatoren, insbesondere das Phasenrauschen, bei vielen praktischen Anwendungen sehr störend auswirken kann. In diesen Fällen sollten daher möglichst rauscharme Oszillatoren verwendet werden. Oszillatoren mit niedrigem Phasenrauschen lassen sich mit rauscharmen aktiven Bauelementen und vor allem mit Resonatoren hoher Güte realisieren. Darüber hinaus gibt es Verfahren, um das Phasenrauschen eines Oszillators zu reduzieren, wenn ein zusätzlicher rauscharmer Hilfsoszillator zur Verfügung steht, der aber eine geringere Leistung aufweisen oder sogar auf einer anderen Frequenz schwingen kann. Auf diese Möglichkeiten wird im folgenden eingegangen.

rauscharmer Hilfsoszillator

7.7.1 Phasensynchronisation

Bei der Phasensynchronisation (engl.: *injection locking*) wird das Signal des Hilfsoszillators direkt in den zu stabilisierenden Oszillator eingekoppelt. Häufig wird dabei ein Zirkulator zur Entkopplung von Hilfsoszillator und Ausgang verwendet. Bild 7.11 zeigt eine übliche Schaltung, die sowohl bei Eintor- als auch bei Zweitoroszillatoren anwendbar ist. Insbesondere bei Zweitoroszillatoren kann die Einkopplung aber auch auf andere Weise vorgenommen werden.

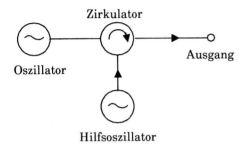

Bild 7.11: Schaltung zur Phasensynchronisation

Wenn die Frequenzen von Hilfsoszillator und frei schwingendem Oszillator, Ω_i und Ω_0, genügend nahe beieinander liegen, schwingt der Oszillator bei Einkopplung des Hilfssignals ebenfalls mit der Frequenz Ω_i, d.h. der Oszillator wird durch den Hilfsoszillator synchronisiert.

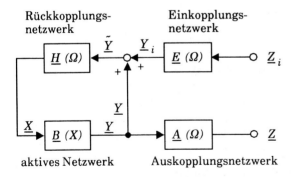

Bild 7.12: Signalflußdiagramm für phasensynchronisierte Oszillatoren

Zur genaueren Untersuchung dieses Effektes muß das Signalflußdiagramm aus Bild 7.2 entsprechend Bild 7.12 erweitert werden. Der Hilfsoszillator wird durch das Signal $\underline{Y}_i$ berücksichtigt, welches über ein

Einkopplungsnetzwerk durch das von außen eingespeiste Signal $\underline{Z}_i$ erzeugt wird. Durch die Modifikation ändert sich die Schwingbedingung. Mit der Definition

$$\frac{\underline{Y}_i}{\underline{Y}} = q_i \, e^{j\theta}$$ (7.91)

erhält man

$$\underline{B}(X) \, \underline{H}(\Omega_i) \, (1 + q_i \, e^{j\theta}) = 1 \, .$$ (7.92)   Schwingbedingung

Trotz der formalen Ähnlichkeit zu Gl. (7.4) besteht zwischen den beiden Schwingbedingungen ein wesentlicher Unterschied. Beim frei schwingenden Oszillator dient die Schwingbedingung dazu, Frequenz und Amplitude der Schwingung zu bestimmen. Beim synchronisierten Oszillator ist die Frequenz gleich der Schwingfrequenz Ω_i des Hilfsoszillators und damit bekannt. Dafür tritt als unbekannte Größe der Winkel θ auf, der die Phasendifferenz zwischen Injektionssignal und Oszillatorschwingung angibt.

Mit Hilfe von Gl. (7.92) lassen sich einige allgemeine Eigenschaften eines synchronisierten Oszillators ableiten. Dabei soll angenommen werden, daß die Gleichung für $q_i = 0$, also für den frei schwingenden Fall, eine Lösung X_0, Ω_0 hat. Für $q_i \neq 0$ ändern sich im allgemeinen Frequenz und Amplitude der Schwingung. Die Änderungen sind allerdings meist nicht sehr groß. Man kann daher annehmen, daß sich für $X \approx X_0$ und $\Omega_i \approx \Omega_0$ bei $\underline{B}(X)$ nur der Betrag und bei $\underline{H}(\Omega)$ nur die Phase ändert.

Unter diesen Voraussetzungen soll zunächst der Fall $\Omega_i = \Omega_0$ betrachtet werden, d.h. der Hilfsoszillator hat dieselbe Frequenz wie der frei schwingende Oszillator. Dann ist $\underline{B}(X) \, \underline{H}(\Omega_i) = \underline{B}(X) \, \underline{H}(\Omega_0)$ reell und wegen Gl. (7.92) muß auch der Faktor $1 + q_i \, exp \, (j\theta)$ reell sein. Somit gibt es für den Winkel θ nur die Lösungen 0 und $\pm \, \pi$. Für $\theta = 0$ ist $1 + q_i \, exp \, (j\theta) > 1$ und die Verstärkung $\underline{B}(X)$ muß gegenüber dem frei schwingenden Fall abnehmen, was bei einem Verstärker mit einer größeren Aussteuerung und damit insgesamt mit einer größeren Schwingamplitude verbunden ist. Für $\theta = \pm \, \pi$ kehren sich diese Verhältnisse um. Dieser Arbeitspunkt ist allerdings instabil, kommt also in der Praxis nicht vor. Wird die Frequenz des Hilfsoszillators geändert, so wird das Produkt $\underline{B}(X) \, \underline{H}(\Omega_i)$ komplex, so daß auch $1 + q_i \, exp \, (j\theta)$ komplex werden muß. Daraus folgt $\theta \neq 0$. Wegen $q_i < 1$ ist der Phasenwinkel des Ausdrucks $1 + q_i \, exp \, (j\theta)$ begrenzt. Der größte Winkel ergibt sich für $\theta = \pm 90°$ mit arctan q_i. Dieser Arbeitspunkt entspricht der größten Phasenänderung der Funktion $\underline{H}(\Omega_i)$ und damit der

größten Abweichung der Frequenz Ω_i von Ω_0. Entfernt sich die Hilfs-
oszillatorfrequenz noch weiter von Ω_0, so hat Gl. (7.92) keine Lösung mehr.
Es gibt also nur einen begrenzten Frequenzbereich $\Omega_0 \pm \Delta\Omega_m$, in dem eine
Phasensynchronisation durch den Hilfsozillator möglich ist. Beim Durchlaufen dieses Bereiches ändert sich der Winkel θ von $-90°$ über $0°$ bei Ω_0 bis
$+90°$.

begrenzter
Synchroni-
sationsbereich

Der Synchronisationsbereich ist proportional zu q_i und damit zu $\sqrt{P_i/P_0}$,
wobei P_i die injizierte Leistung und P_0 die Ausgangsleistung des Oszillators ist. Ferner spielt die Frequenzabhängigkeit von $\underline{H}(\Omega)$ eine Rolle. Je
weniger sich die Phase von $\underline{H}(\Omega)$ als Funktion von Ω ändert, desto größer
wird $\Delta\Omega_m$. Bei einem Resonator ist die Phasensteilheit proportional zur
Güte Q. Zusammengefaßt gilt daher der Zusammenhang

Einfluß
der injizierten
Leistung

$$\Delta\Omega_m \sim \frac{1}{Q}\sqrt{\frac{P_i}{P_0}}\,. \qquad (7.93)$$

Eine genauere Berechnung des Synchronisationsbereiches soll für den
Eintoroszillator mit Serienschwingkreis aus Abschnitt 7.5.1 vorgenommen
werden.

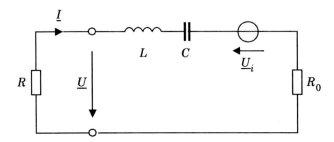

Bild 7.13: Eintoroszillator mit Phasensynchronisation

Bild 7.13 zeigt die Schaltung, welche durch die Spannungsquelle $\underline{U}_i$
ergänzt wurde, die dem Synchronisationssignal $\underline{Y}_i$ aus Bild 7.12 entspricht.
Es gilt also $\underline{U}_i/\underline{U} = q_i\, exp\,(j\theta)$, und die Schwingbedingung (7.92) lautet
nach Real- und Imaginärteil:

$$R_0 + R(I)(1 + q_i\, cos\,\theta) = 0\,, \qquad (7.94)$$

$$2(\Omega_i - \Omega_0)L + R(I)\,q_i\, sin\,\theta = 0\,. \qquad (7.95)$$

An den Grenzen des Synchronisationsbereiches folgt aus $\Omega_i - \Omega_0 = \pm\Delta\Omega_m$
und $\theta = \pm 90°$:

$$R_0 + R(I) = 0 \,, \tag{7.96}$$

$$2\Delta\Omega_m L + R(I) \cdot q_i = 0 \,. \tag{7.97}$$

Die Ausgangsleistung des Oszillators ist gegeben durch

$$P_0 = \frac{1}{2} R_0 I^2 = \frac{1}{2} R_0 \left| \frac{U}{R(I)} \right|^2 \,,$$

und mit Gl. (7.96) ergibt sich

$$P_0 = \frac{|U|^2}{2 R_0} \,. \tag{7.98}$$

Definiert man als Injektionsleistung P_i die verfügbare Leistung der von den Elementen U_i und R_0 gebildeten Spannungsquelle, so gilt:

$$P_i = \frac{|U_i|^2}{8 R_0} \,. \tag{7.99}$$

Daraus folgt

$$q_i = \frac{|U_i|}{|U|} = 2 \sqrt{\frac{P_i}{P_0}} \,, \tag{7.100}$$

und mit den Gln. (7.96) und (7.97):

$$\Delta\Omega_m = \frac{R_0}{L} \sqrt{\frac{P_i}{P_0}} \,. \tag{7.101}$$

Beim Schwingkreis definiert man eine externe Güte Q_{ext} durch

$$Q_{ext} = \frac{\Omega_0 L}{R_0} \,. \tag{7.102} \qquad \text{externe Güte}$$

Eingesetzt in Gl. (7.101) ergibt sich:

$$\Delta\Omega_m = \frac{\Omega_0}{Q_{ext}} \sqrt{\frac{P_i}{P_0}} \,. \tag{7.103}$$

Mit Hilfe dieser Beziehung kann die externe Güte auch über eine Messung des Synchronisationsbereiches bestimmt werden.

Übungsaufgabe 7.9

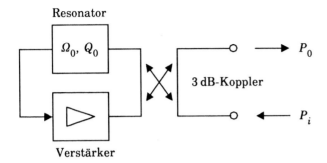

Resonator

Verstärker

In der Schaltung des Zweitoroszillators mit Transmissionsresonator aus Bild 7.6 wird der Leistungsteiler durch einen idealen 3 dB-Koppler ersetzt und über ein Tor des Kopplers ein Injektionssignal mit der verfügbaren Leistung P_i eingespeist (siehe Bild). Analog zu Gl. (7.103) ist für diesen Oszillator der Zusammenhang zwischen $\Delta\Omega_m$, P_i, P_0 und den Resonatoreigenschaften zu berechnen.

Eine allgemeine Berechnung des Amplituden- und Phasenrauschens für das Signalflußdiagramm des phasensynchronisierten Oszillators aus Bild 7.12 ist aufwendig. Daher soll hier nur der Sonderfall $\Omega_i = \Omega_0$ untersucht werden, d.h die Frequenz des Injektionssignals stimmt mit der Frequenz des frei laufenden Oszillators überein. Daraus folgt direkt (siehe oben) $\theta = 0$. Ferner soll das Amplitudenrauschen vernachlässigt und nur das Phasenrauschen berücksichtigt werden.

Werden die Phasenschwankungen des Signals $\tilde{\underline{Y}}$ mit $\Delta\tilde{\Psi}$ bezeichnet (siehe Bild 7.12), so folgt aus den Gln. (7.6), (7.18) und (7.20):

$$\Delta\underline{\Psi} = \underline{H}_\Sigma \Delta\tilde{\underline{\Psi}} + \Delta\underline{\Psi}_n \,. \tag{7.104}$$

Wegen $\theta = 0$ und damit $\tilde{\underline{Y}} = (1 + q_i)\underline{Y}$ können die Phasenschwankungen $\Delta\tilde{\underline{\Psi}}$ als gewichtetes Mittel aus $\Delta\underline{\Psi}$ und den Schwankungen $\Delta\underline{\Psi}_i$ des Injektionssignals berechnet werden. Bild 7.14 verdeutlicht dies für den Fall, daß nur das Injektionssignal $\underline{Y}_i$ eine kleine Phasenstörung $\Delta\underline{\Psi}_i$ aufweist. Da das Summensignal $\tilde{\underline{Y}}$ eine um den Faktor $(1 + q_i)/q_i$ größere Amplitude hat, wird die zugehörige Phasenstörung $\Delta\tilde{\underline{\Psi}}$ näherungsweise um denselben Faktor reduziert.

Phasenschwankungen des Summensignals

287

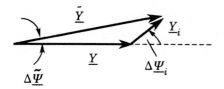

Bild 7.14: Überlagerung eines rauschenden Injektionssignals

Eine entsprechende Überlegung läßt sich für die Phasenstörungen $\Delta\underline{\Psi}$ des Signals $\underline{Y}$ durchführen. Zusammengefaßt erhält man:

$$\Delta\tilde{\underline{\Psi}} = \frac{1}{1+q_i}\,(\Delta\underline{\Psi} + q_i\,\Delta\underline{\Psi}_i)\,. \tag{7.105}$$

Aus den Gln. (7.104) und (7.105) folgt:

$$\Delta\underline{\Psi} = \frac{q_i\,\underline{H}_\Sigma\,\Delta\underline{\Psi}_i + (1+q_i)\,\Delta\underline{\Psi}_n}{1+q_i-\underline{H}_\Sigma}\,. \tag{7.106}$$

Zur besseren Veranschaulichung dieses Resultats soll wieder der Eintoroszillator mit Serienschwingkreis betrachtet werden. Mit Gl. (7.39) und bei Berücksichtigung des Auskopplungsnetzwerkes erhält man für die Phasenschwankungen $\Delta\underline{\theta}$ am Lastwiderstand

$$\Delta\underline{\theta} = R_0\,\frac{\dfrac{R_0}{R_0+2j\omega L}\,\dfrac{q_i}{1+q_i}\,\Delta\underline{\Psi}_i+\Delta\underline{\Psi}_n}{R_0\,\dfrac{q_i}{1+q_i}+2j\omega L}\,. \tag{7.107}$$

Für $q_i \to 0$ geht Gl. (7.107) in Gl. (7.44) über.

Wenn das Phasenrauschen des Injektionssignals vernachlässigt werden kann, vereinfacht sich Gl. (7.107) zu

$$\Delta\underline{\theta} = \frac{R_0}{R_0\,\dfrac{q_i}{1+q_i}+2j\omega L}\,\Delta\underline{\Psi}_n\,. \tag{7.108}$$

Ein Vergleich der Beziehungen (7.44) und (7.108) zeigt die wichtigste Auswirkung der Phasensynchronisation. Im Gegensatz zum frei laufenden Oszillator tritt beim Phasenrauschen des synchronisierten Oszillators eine Grenzfrequenz ω_g auf, die gegeben ist durch

Grenzfrequenz
für Phasenrauschen

$$\omega_g = \frac{R_0}{2L} \frac{q_i}{1+q_i}. \tag{7.109}$$

Oberhalb der Grenzfrequenz ergibt sich dasselbe Phasenrauschen wie im nicht synchronisierten Fall. Für Offsetfrequenzen $\omega < \omega_g$ nimmt das Rauschen dagegen nicht weiter zu, sondern nähert sich dem konstanten Wert $\Delta\underline{\theta} = (1 + 1/q_i)\,\Delta\underline{\Psi}_n$. Dadurch kann das Phasenrauschen gegenüber dem frei laufenden Oszillator wesentlich reduziert werden.

Wenn auch das Injektionssignal rauscht, so ist zu berücksichtigen, daß das Spektrum der Schwankungen $\Delta\underline{\Psi}_i$ in Gl. (7.107) bereits frequenzabhängig ist und in der Regel mit etwa 20 dB / Dekade abfällt. Dagegen ist das Spektrum der Phasenstörungen $\Delta\underline{\Psi}_n$ frequenzunabhängig, abgesehen von einem eventuellen $1/f$-Anteil. Daraus folgt, daß sich das Rauschen des Injektionssignals nur bei niedrigen Offsetfrequenzen auswirkt, zumal in der Praxis meist sehr rauscharme Quellen verwendet werden. Beschränkt man sich auf Offsetfrequenzen $\omega < \omega_g$, so ergibt sich aus Gl. (7.107):

$$\Delta\underline{\theta} = \Delta\underline{\Psi}_i + (1 + \frac{1}{q_i})\,\Delta\underline{\Psi}_n. \tag{7.110}$$

Das Rauschen des Injektionssignals kann also einfach zum Resultat für den rauschfreien Fall addiert werden.

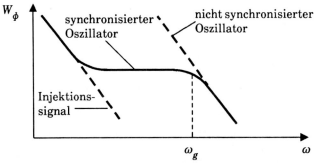

*Bild 7.15: Rauschspektren bei der Phasensynchronisation
(logarithmische Darstellung)*

Zusammengefaßt erhält man die Rauschspektren in Bild 7.15. Das Rauschen des synchronisierten Oszillators entspricht bei kleinen Offsetfrequenzen den Schwankungen des Injektionssignals, bei großen Offsetfrequenzen dem Rauschen des frei laufenden Oszillators. Dazwischen gibt es einen Bereich mit ungefähr konstantem Phasenrauschen.

Als Verfahren zur Verbesserung der Stabilität von Oszillatoren hat die Phasensynchronisation heute keine große Bedeutung mehr. Dagegen kann der Effekt auch unbeabsichtigt auftreten, wenn in einem System zwei oder mehr Oszillatoren auf dicht benachbarten Frequenzen schwingen. Kritisch ist auch der Fall, daß eine gewobbelte Quelle die Schwingfrequenz eines weiteren Oszillators überstreicht. Wenn, z.B. durch unzureichende Abschirmung, eine Verkopplung der Oszillatoren möglich ist, können diese sich zeitweilig gegenseitig synchronisieren. Sie schwingen dann alle mit derselben Frequenz, wodurch das System meist außer Funktion gesetzt wird. Beim Aufbau von Systemen mit mehreren Signalquellen sollte man daher immer die Möglichkeit unerwünschter Synchronisationen berücksichtigen und ggf. die verschiedenen Quellen sorgfältig entkoppeln.

unbeabsichtigte Phasensynchronisation

7.7.2 Phasenregelkreise

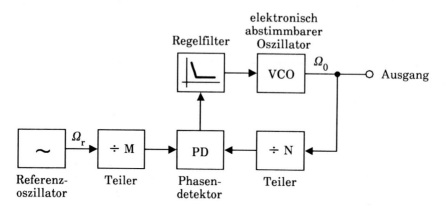

Bild 7.16: Aufbau eines Phasenregelkreises

Bild 7.16 zeigt den Grundaufbau eines Phasenregelkreises (PLL=engl.: *phase locked loop*). Der zu stabilisierende Oszillator muß elektronisch abstimmbar sein, d.h. es muß ein VCO (engl.: *voltage controlled oscillator*) verwendet werden. Das VCO-Signal wird in einem Phasendetektor mit dem Signal des Hilfs- oder Referenzoszillators verglichen. Zwischen dem Phasendetektor und den beiden Oszillatoren können zusätzlich Frequenzteiler eingefügt werden. Im eingerasteten Zustand wird der VCO durch den Regelkreis phasenstarr an das Referenzsignal gekoppelt und für die Schwingfrequenz Ω_0 des VCOs gilt:

$$\Omega_0 = \frac{N}{M}\,\Omega_r,$$

(7.111)

Frequenzrelation im eingerasteten Zustand

mit Ω_r als Frequenz des Referenzoszillators. Für $N \neq M$ schwingen die beiden Oszillatoren auf unterschiedlichen Frequenzen.

Die Frequenzstabilität des Ausgangssignals hängt durch die Regelung nur von der Konstanz des Referenzsignals ab. Diese Eigenschaft ist der wesentliche Grund für die große Bedeutung der Phasenregelkreise bei der Realisierung stabiler Signalquellen. Verwendet man als Referenzoszillator einen Quarzoszillator, so wird dessen hohe Frequenzkonstanz durch die PLL- Schaltung auf das VCO- Signal übertragen. Auf diese Weise lassen sich sehr stabile Signale auch bei Frequenzen erzeugen, bei denen keine Quarzoszillatoren zur Verfügung stehen, etwa im Mikrowellenbereich. Darüber hinaus kann die VCO- Frequenz einfach durch Variation der Teilerfaktoren N und M gemäß Gl. (7.111) verändert werden. Dadurch können mit derselben Schaltung innerhalb eines bestimmten Rasters zahlreiche verschiedene Frequenzen erzeugt werden, von denen jede die gleiche Stabilität wie der Referenzoszillator aufweist.

Langzeitstabilität

Neben der Langzeitstabilität läßt sich mit einem Phasenregelkreis auch das Phasenrauschen von Oszillatoren verbessern. Das der Schaltung aus Bild 7.16 entsprechende Signalflußdiagramm für die Phasenschwankungen ist in Bild 7.17 dargestellt.

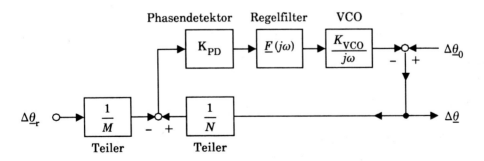

Bild 7.17: Signalflußdiagramm für die Phasenschwankungen bei einem PLL-System

Die Phasenschwankungen des ungeregelten VCOs sind mit $\Delta\underline{\theta}_0$ bezeichnet, diejenigen des Referenzoszillators mit $\Delta\underline{\theta}_r$ und die des stabilisierten Ausgangssignals mit $\Delta\underline{\theta}$. Die Frequenzteiler teilen auch die Phasenschwankungen durch M bzw. N (vgl. Abschnitt 6.7.3). Die Empfindlichkeit des Phasendetektors wird durch die Konstante K_{PD} beschrieben. Das Regelfilter hat die im allgemeinen frequenzabhängige Übertragungsfunktion $\underline{F}(j\omega)$. Der VCO soll die konstante Abstimmsteilheit K_{VCO} aufweisen. Da die Regelspannung die Frequenz des Oszillators verändert, welche die zeitliche Ableitung der Phase ist, ergibt sich für die Phase des VCO-Signals die Übertragungsfunktion $K_{VCO}/j\omega$.

Aus dem Signalflußdiagramm erhält man den folgenden Zusammenhang:

$$\Delta\underline{\theta} = \cfrac{1}{1 + \cfrac{1}{N}\,K_{PD}\underline{F}(j\omega)\,\cfrac{K_{VCO}}{j\omega}}\,\Delta\underline{\theta}_0$$

$$+ \cfrac{\cfrac{1}{M}\,K_{PD}\,\underline{F}(j\omega)\,\cfrac{K_{VCO}}{j\omega}}{1 + \cfrac{1}{N}\,K_{PD}\,\underline{F}(j\omega)\,\cfrac{K_{VCO}}{j\omega}}\,\Delta\underline{\theta}_r\,. \qquad (7.112)$$

Das Regelverhalten hängt entscheidend von der Verstärkung $\underline{V}(j\omega)$ des offenen Regelkreises ab:

$$\underline{V}(j\omega) = K_{PD}\,\underline{F}(j\omega)\frac{K_{VCO}}{j\omega}\,. \qquad (7.113)$$

Für $|\underline{V}(j\omega)| \gg 1$ wird das Rauschen des Ausgangssignals durch die Phasenschwankungen des Referenzsignals bestimmt:

$$\Delta\underline{\theta} = \frac{N}{M}\,\Delta\underline{\theta}_r\,, \quad |\underline{V}(j\omega)| \gg 1\,. \qquad (7.114)$$

Dagegen erhält man definitionsgemäß $\Delta\underline{\theta} = \Delta\underline{\theta}_0$, wenn mit $\underline{V} = 0$ die Regelwirkung verschwindet.

292

Wie sich der Phasenregelkreis zwischen diesen Grenzwerten verhält und wie sich das Regelverhalten als Funktion der Offsetfrequenz ω ändert, hängt ganz wesentlich von der Übertragungsfunktion $\underline{F}(j\omega)$ des Filters ab. Hier soll der einfachste Fall näher betrachtet werden, daß nämlich gemäß $\underline{F}(j\omega) = 1$ das Filter frequenzunabhängig ist. Ein solcher Phasenregelkreis wird als PLL 1.Ordnung bezeichnet. Er wird in der Praxis nur selten verwendet, eignet sich aber gut, um die grundsätzliche Frequenzabhängigkeit der Regelung zu untersuchen. Zur weiteren Vereinfachung wird jetzt $N = M = 1$ gesetzt. Für diesen Phasenregelkreis 1. Ordnung vereinfacht sich Gl. (7.112) zu

Phasenregelkreis 1.Ordnung

$$\Delta\underline{\theta} \;=\; \frac{1}{1 - j\,(\omega_g/\omega)}\,\Delta\underline{\theta}_0 \;+\; \frac{1}{1 + j\,(\omega/\omega_g)}\,\Delta\underline{\theta}_r, \qquad (7.115)$$

mit der Grenzfrequenz

$$\omega_g \;=\; K_{\mathrm{PD}}\,K_{\mathrm{VCO}}. \qquad (7.116)$$

Grenzfrequenz

Man erkennt, daß der Regelkreis für die Schwankungen $\Delta\underline{\theta}_0$ ein Hochpaßverhalten aufweist und für das Rauschen $\Delta\underline{\theta}_r$ des Referenzsignals einen Tiefpaß darstellt. Die gemeinsame Grenzfrequenz ω_g hängt von den Eigenschaften des Phasendetektors und des VCOs ab. Bei Offsetfrequenzen unterhalb von ω_g wird das Rauschen demnach durch das Referenzsignal bestimmt, bei großen Offsetfrequenzen ergibt sich dagegen dasselbe Rauschen wie beim ungeregelten VCO.

Bei den in der Praxis meist verwendeten Filtern, z.B. einem aktiven Tiefpaß 1.Ordnung, ist das Regelverhalten wesentlich komplizierter. Die grundsätzlichen Frequenzabhängigkeiten bezüglich $\Delta\underline{\theta}_0$ und $\Delta\underline{\theta}_r$ sind jedoch ähnlich. Es läßt sich wiederum eine Grenzfrequenz ermitteln, ab der die Regelwirkung nachläßt und das Rauschen des ungeregelten Oszillators dominiert.

Zusammengefaßt bietet ein Phasenregelkreis also die Möglichkeit, das Phasenrauschen eines Oszillators bis auf das Rauschen des Referenzoszillators zu reduzieren, allerdings nur für Offsetfrequenzen, die kleiner sind als die Grenzfrequenz des Regelkreises. Sofern dies unter anderen Gesichtspunkten, z.B. der Stabilität des Regelkreises, vertretbar ist, sollte die Grenzfrequenz daher möglichst hoch gewählt werden.

Es gibt jedoch auch Fälle, bei denen eine andere Festlegung der Grenzfrequenz günstiger ist. Wenn etwa als Referenzoszillator ein Quarzoszillator mit nachfolgendem Frequenzvervielfacher verwendet wird, ergeben
sich häufig Spektren wie in Bild 7.18.

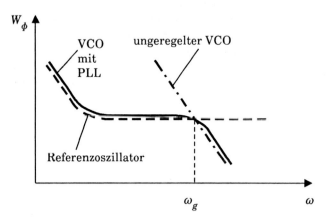

*Bild 7.18: Rauschspektren für einen Phasenregelkreis mit optimaler
Grenzfrequenz (logarithmische Darstellung)*

Der Referenzoszillator ist bei kleinen Offsetfrequenzen rauschärmer als
der ungeregelte VCO. Das Rauschspektrum des Referenzoszillators bleibt
jedoch bei höheren Offsetfrequenzen konstant, während das Rauschen des
VCOs weiter abfällt. Dadurch rauscht der Referenzoszillator oberhalb
einer bestimmten Offsetfrequenz stärker als der ungeregelte VCO. Die
Grenzfrequenz des Phasenregelkreises wird in diesem Fall zweckmäßigerweise so gewählt, daß sie mit dem Kreuzungspunkt der Spektren von VCO
und Referenzoszillator zusammenfällt. Dadurch erhält man für das Ausgangssignal über den gesamten Bereich von Offsetfrequenzen das niedrigste Rauschen.

Optimierung
der Grenzfrequenz

7.8 Messung des Oszillatorrauschens

7.8.1 Amplitudenrauschen

Das Amplitudenrauschen von Oszillatoren kann im einfachsten Fall mit einer Anordnung wie in Bild 7.19 gemessen werden. Der Amplitudendetektor besteht aus einer Gleichrichterdiode mit nachfolgendem Tiefpaßfilter.

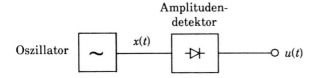

Bild 7.19: *Einfache Schaltung zur Messung des Amplitudenrauschens*

Die Ausgangsspannung ist proportional zur zeitabhängigen Amplitude des Signals $x(t)$. Mit $x(t) = [X_0 + \Delta x(t)] \cos [\Omega_0 t + \Delta\phi(t)]$ gilt:

$$u(t) = K_{AD}[X_0 + \Delta x(t)].$$

$$(7.117)$$

Dabei ist K_{AD} eine die Empfindlichkeit des Amplitudendetektors charakterisierende Proportionalitätskonstante. Die Ausgangsspannung besteht also aus einem Gleichanteil $U = \overline{u(t)} = K_{AD}X_0$ und einem Wechselanteil $\Delta u(t) = K_{AD} \cdot \Delta x(t)$. Das Spektrum $W_a(\omega)$ der normierten Amplitudenschwankungen $\Delta x(t)/X_0$ erhält man aus der Gleichspannung U und dem Spektrum $W_u(\omega)$ der Wechselspannung $\Delta u(t)$:

$$W_a(\omega) = \frac{1}{U^2} W_u(\omega).$$

$$(7.118)$$

In dieser Form ist das Meßverfahren in der Praxis nur eingeschränkt brauchbar. Das Amplitudenrauschen der meisten Oszillatoren ist so schwach, daß es am Ausgang des Detektors nur eine Spannung derselben Größenordnung hervorruft wie dessen Eigenrauschen. Um eine hohe Meßgenauigkeit zu erreichen, muß daher das Eigenrauschen vorab bestimmt und dann vom gemessenen Spektrum W_u abgezogen werden. Da das Eigenrauschen auch von der hochfrequenten Aussteuerung abhängt, müßte dem Detektor dazu ein rauschfreies Signal gleicher Amplitude zugeführt werden, was praktisch nicht möglich ist.

Eigenrauschen
des Detektors

295

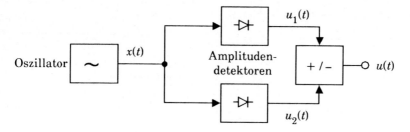

Bild 7.20: Messung des Amplitudenrauschens mit zwei Amplitudendetektoren

Das Problem läßt sich mit der Schaltung in Bild 7.20 lösen. Das Oszillator-signal wird aufgeteilt und zwei Amplitudendetektoren zugeführt, deren Eigenschaften möglichst gut übereinstimmen sollten. Für die Ausgangs-spannungen gilt:

$$u_1(t) = K_{AD}\,[X_0 + \Delta x(t)\,] + u_{n1}(t)\,, \qquad (7.119)$$

$$u_2(t) = K_{AD}\,[X_0 + \Delta x(t)\,] + u_{n2}(t)\,, \qquad (7.120)$$

wobei mit den Spannungen u_{n1} und u_{n2} das Eigenrauschen berücksichtigt wird. Die Ausgangsspannung $u(t)$ kann wahlweise als Summe oder Diffe-renz der Spannungen u_1 und u_2 gebildet werden:

$$u_\Sigma(t) = u_1(t) + u_2(t) = 2K_{AD}\,[X_0 + \Delta x(t)] + u_{n1}(t) + u_{n2}(t), \qquad (7.121)$$

$$u_\Delta(t) = u_1(t) - u_2(t) = u_{n1}(t) - u_{n2}(t)\,. \qquad (7.122)$$

Die Spannung u_Σ hat einen Gleichanteil $U_0 = \overline{u_\Sigma(t)} = 2K_{AD}\,X_0$, während die Spannung u_Δ nur durch das Eigenrauschen der Detektoren gebildet wird. Da die verschiedenen Rauschbeiträge unkorreliert sind, gilt für die Spektren der Wechselanteile:

$$W_{u\Sigma}(\omega) = (2K_{AD}\,X_0)^2\,W_a(\omega) + W_{n1}(\omega) + W_{n2}(\omega)\,, \qquad (7.123)$$

$$W_{u\Delta}(\omega) = W_{n1}(\omega) + W_{n2}(\omega)\,. \qquad (7.124)$$

Das Spektrum $W_a(\omega)$ der normierten Amplitudenschwankungen $\Delta x(t)/X_0$ erhält man dann mit

$$W_a(\omega) = \frac{1}{U_0^2}\,[W_{u\Sigma}(\omega) - W_{u\Delta}(\omega)]\,. \qquad (7.125)$$

Berücksichtigung des Detektor-rauschens

Auf diese Weise läßt sich der Einfluß des Detektorrauschens auf das Meßergebnis weitgehend eliminieren.

Als Beispiel zeigt Bild 7.21 das Amplitudenrauschen eines Gunn-Dioden-oszillators mit einer Schwingfrequenz von etwa 10 GHz.

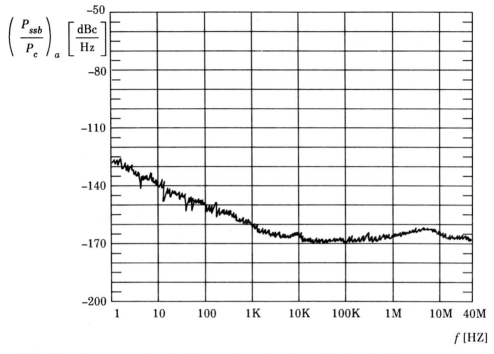

$$\left(\frac{P_{ssb}}{P_c} \right)_a \left[\frac{dBc}{Hz} \right]$$

Bild 7.21: Gemessenes Amplitudenrauschen eines Gunn-Dioden-Oszillators Frequenz ≈ 10 GHz (Hewlett-Packard)

Da das Amplitudenrauschen für praktische Anwendungen nicht die Bedeutung hat wie das Phasenrauschen, wird es nur relativ selten gemessen oder in Datenblättern spezifiziert.

7.8.2 Phasenrauschen

Das Phasenrauschen eines Oszillators kann mit zwei verschiedenen Ver-
fahren gemessen werden. Bei der ersten Methode wird neben dem Meßob-
jekt ein zweiter Oszillator benötigt. Das Meßprinzip hat Ähnlichkeit mit
dem im Abschnitt 6.8 beschriebenen Verfahren zur Messung des Phasen-
rauschens von Zweitoren. Bild 7.22 zeigt die Meßschaltung.

Vergleich mit Referenzoszillator

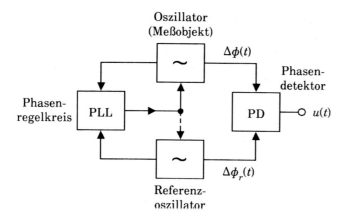

Bild 7.22: *Messung des Phasenrauschens mit einem Referenzoszillator*

Die Ausgangssignale des Meßobjektes und des Referenzoszillators werden durch einen Phasendetektor verglichen. Mit $\Delta\phi(t)$ als Phasenschwankungen des Meßobjektes und $\Delta\phi_r$ als Phasenschwankungen des Referenzoszillators gilt für die Spannung $u(t)$ am Ausgang des Phasendetektors:

$$u(t) = K_{PD}\left[\Delta\phi(t) - \Delta\phi_r(t)\right],\tag{7.126}$$

bzw. für die zugehörigen Spektren:

$$W_u(\omega) = K_{PD}^2\left[W_\phi(\omega) + W_{\phi r}(\omega)\right].\tag{7.127}$$

Die Konstante K_{PD} beschreibt wiederum die Empfindlichkeit des Phasendetektors. Voraussetzung für die Gültigkeit der Gln. (7.126) und (7.127) ist, daß beide Oszillatoren exakt mit derselben Frequenz schwingen und darüber hinaus der Mittelwert der Phasendifferenz konstant ist. Anderenfalls würde am Ausgang des Phasendetektors ein Sinussignal mit der Differenzfrequenz auftreten und die Empfindlichkeit periodisch zwischen null und einem Maximalwert schwanken. Eine Messung wäre unter diesen Bedingungen nicht möglich. Die hohen Anforderungen an die Frequenzkonstanz sind mit frei laufenden Oszillatoren in der Regel nicht zu erfüllen. Deshalb verwendet man einen Phasenregelkreis, um die beiden Oszillatoren zu synchronisieren. Dazu muß entweder das Meßobjekt oder der Referenzoszillator elektronisch abstimmbar sein. Wichtig ist, daß die Grenzfrequenz des Regelkreises kleiner ist als die niedrigste Offsetfrequenz, bei der das Phasenrauschen gemessen werden soll. Ansonsten würden bis zur Grenzfrequenz die Phasenschwankungen der beiden Oszillatoren überein-

Synchronisation durch Phasenregelkreis

298

stimmen und wegen $\Delta\phi(t) = \Delta\phi_r(t)$ würde das Ausgangssignal des Phasendetektors nach Gl. (7.126) verschwinden.

Das Spektrum W_u, welches nach entsprechender Verstärkung mit einem
Spektrumanalysator genauer untersucht werden kann, stellt nach
Gl. (7.127) die Summe der Phasenrauschspektren von Meßobjekt und
Referenzoszillator dar. Nach Möglichkeit verwendet man daher einen sehr
rauscharmen Referenzoszillator, so daß dessen Beitrag zu W_u vernachläs-   Rauschen des
Referenzoszillators
sigt werden kann. Ansonsten lassen sich die im Abschnitt 6.8 beschrie-
benen Methoden auch bei Oszillatormessungen anwenden. Es kann also
der Referenzoszillator durch ein zweites möglichst gleiches Exemplar des
Meßobjektes ersetzt und das Ergebnis um 3 dB korrigiert werden oder (vgl.
Übungsaufgabe 6.8) man bestimmt das Rauschen von drei Oszillatoren
durch paarweise Vermessung und zyklische Vertauschung.

Nachteilig bei dem beschriebenen Meßverfahren ist, daß mit dem
Referenzoszillator und dem Phasenregelkreis ein relativ hoher Aufwand
verbunden ist. Die zweite Meßmethode vermeidet diesen Nachteil, indem
die Phasenschwankungen des Oszillators direkt durch einen auf die
Schwingfrequenz abgestimmten Frequenzdiskriminator in eine niederfrequente Rauschspannung umgesetzt werden.

Das Funktionsprinzip der meisten Frequenzdiskriminatoren beruht auf   Frequenz-
diskriminator
einer Umwandlung der Frequenzschwankungen des Eingangssignals in
Amplitudenschwankungen, welche dann relativ einfach mit einem Amplitudendetektor wie im Bild 7.19 gemessen werden können. Bild 7.23 zeigt
die allgemeine Grundschaltung solcher Diskriminatoren. Das Ausgangssignal des Oszillators wird aufgeteilt und die beiden Teilsignale werden
zwei linearen Netzwerken mit unterschiedlichen komplexen Übertragungsfunktionen $H(j\Omega)$ und $G(j\Omega)$ zugeführt.

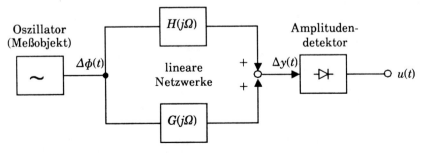

Bild 7.23: *Grundschaltung eines Frequenzdiskriminators zur Messung*
des Phasenrauschens

Die Ausgangssignale der beiden Netzwerke werden zu einem Summen-signal mit der Amplitude Y_0 addiert und deren Schwankungen $\Delta y(t)$ werden durch den Detektor in die Ausgangsspannung $u(t)$ umgesetzt.

Bis zum Amplitudendetektor ist der Diskriminator ein lineares System mit der Übertragungsfunktion $H(j\Omega) + G(j\Omega)$. Die normierten Amplituden-schwankungen $\Delta y(t) / Y_0$ des Summensignals können daher mit Hilfe von Gl. (7.18) in komplexer Form angegeben werden:

$$\frac{\Delta \underline{Y}}{Y_0} = \frac{j}{2} \left[\frac{H(\Omega_0 + \omega) + G(\Omega_0 + \omega)}{H(\Omega_0) + G(\Omega_0)} - \frac{H^*(\Omega_0 - \omega) + G^*(\Omega_0 - \omega)}{H^*(\Omega_0) + G^*(\Omega_0)} \right] \Delta \underline{\Phi}. \quad (7.128)$$

Dabei wurde das Amplitudenrauschen des Oszillators vernachlässigt.

Der Zusammenhang zwischen den Amplitudenschwankungen $\Delta y(t)$ des Summensignals und der Ausgangsspannung $u(t)$ kann durch eine Bezie-hung wie Gl. (7.117) beschrieben werden. Die Ausgangsspannung setzt sich daher wiederum aus einem Gleichanteil $U_0 = \overline{u(t)} = K_{AD} Y_0$ und einem Wechselanteil $\Delta u(t) = K_{AD} \cdot \Delta y(t)$ zusammen. Für das Spektrum $W_u(\omega)$ der Wechselspannung $\Delta u(t)$ gilt:

$$W_u(\omega) = \left(\frac{K_{AD} Y_0}{2} \right)^2$$

$$\cdot \left| \frac{H(\Omega_0 + \omega) + G(\Omega_0 + \omega)}{H(\Omega_0) + G(\Omega_0)} - \frac{H^*(\Omega_0 - \omega) + G^*(\Omega_0 - \omega)}{H^*(\Omega_0) + G^*(\Omega_0)} \right|^2 W_\phi(\omega). \quad (7.129)$$

Als Beispiel für einen Frequenzdiskriminator soll die Schaltung in Bild 7.24 genauer untersucht werden. Eines der beiden linearen Netzwerke besteht aus einem Zirkulator und einem Reflexionsresonator, der auf die Schwingfrequenz Ω_0 des Oszillators abgestimmt sein soll.

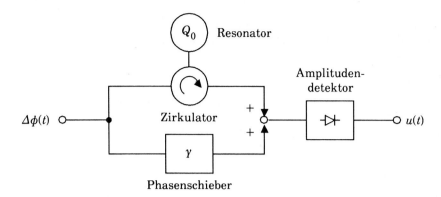

Bild 7.24: Frequenzdiskriminator mit Reflexionsresonator

Wenn die Signale als Wellengrößen aufgefaßt werden, ist die Übertragungsfunktion $H(j\Omega)$ identisch mit dem Reflexionsfaktor des Resonators:

Reflexionsresonator

$$H(j\Omega) = \frac{\beta - 1 - jQ_0\left(\dfrac{\Omega}{\Omega_0} - \dfrac{\Omega_0}{\Omega}\right)}{\beta + 1 + jQ_0\left(\dfrac{\Omega}{\Omega_0} - \dfrac{\Omega_0}{\Omega}\right)}. \qquad (7.130)$$

Dabei ist $\beta > 0$ der Ankoppelfaktor und Q_0 die Leerlaufgüte des Resonators. Mit $\Omega = \Omega_0 + \omega$ und $\omega \ll \Omega_0$ vereinfacht sich Gl. (7.130) zu

$$H(\Omega_0 + \omega) = \frac{\beta - 1 - 2jQ_0\omega/\Omega_0}{\beta + 1 + 2jQ_0\omega/\Omega_0}. \qquad (7.131)$$

Das andere lineare Netzwerk ist ein Phasenschieber mit der frequenzunabhängigen Übertragungsfunktion

$$G(j\Omega) = e^{j\gamma}. \qquad (7.132)$$

Aus den Gln. (7.129), (7.131) und (7.132) folgt

$$W_u(\omega) = \left(\frac{K_{AD} Y_0}{2}\right)^2$$

$$\cdot \left| \frac{\dfrac{\beta-1-2jQ_0\omega/\Omega_0}{\beta+1+2jQ_0\omega/\Omega_0} + e^{j\gamma}}{\dfrac{\beta-1}{\beta+1} + e^{j\gamma}} - \frac{\dfrac{\beta-1-2jQ_0\omega/\Omega_0}{\beta+1+2jQ_0\omega/\Omega_0} + e^{-j\gamma}}{\dfrac{\beta-1}{\beta+1} + e^{-j\gamma}} \right|^2 W_\phi(\omega),$$

bzw. nach einigen Umformungen:

$$W_u(\omega) = (K_{AD} Y_0)^2 \left[\frac{\sin\gamma}{1 + \left(\dfrac{\beta-1}{\beta+1}\right)^2 + 2\,\dfrac{\beta-1}{\beta+1}\cos\gamma} \right]^2$$

$$\cdot \left| \frac{4\beta Q_0\omega/\Omega_0}{(\beta+1)(\beta+1+2jQ_0\omega/\Omega_0)} \right|^2 W_\phi(\omega). \qquad (7.133)$$

Durch Bildung der Ableitung nach γ kann die günstigste Einstellung des Phasenschiebers ermittelt werden. Der Konversionswirkungsgrad des Diskriminators wird maximal für

$$\gamma = \gamma_0 = \arccos\left[-\frac{2\,\dfrac{\beta-1}{\beta+1}}{1 + \left(\dfrac{\beta-1}{\beta+1}\right)^2} \right]. \qquad (7.134)$$

Variiert man den Ankoppelfaktor von 0 bis ∞, so ändert sich γ_0 von $0°$ bis $180°$. Sowohl bei sehr schwacher ($\beta \approx 0$) als auch bei sehr starker ($\beta \gg 1$) Ankopplung verschwindet aber gemäß Gl. (7.130) die Selektionswirkung des Resonators. Diese Koppelfaktoren sind daher beim Frequenzdiskriminator unbrauchbar. Die beste Selektionswirkung erzielt man, wenn der Reflexionsfaktor bei der Resonanzfrequenz gerade null wird. Aus $H(j\Omega_0)=0$ folgt mit Gl. (7.130) $\beta=1$. Dieser Fall wird als kritische Kopplung bezeichnet. Der Phasenschieber muß dann auf $\gamma_0=90°$ eingestellt werden.

kritische Kopplung

Beschränkt man sich auf Offsetfrequenzen, die klein gegenüber der 3 dB-Bandbreite des Resonators sind, dann gilt $2Q_0\omega/\Omega_0 \ll 1$ und für einen konstanten Phasenwinkel $\gamma=90°$ erhält man aus Gl. (7.133):

$$W_u(\omega) = \left(K_{AD} Y_0 \frac{2 \beta Q_0}{1 + \beta^2} \frac{\omega}{\Omega_0} \right)^2 W_\phi(\omega) . \qquad (7.135)$$

Aus Gl. (7.135) folgt, daß sich bei kritisch gekoppeltem Resonator ($\beta = 1$) auch der günstigste Konversionswirkungsgrad des Diskriminators ergibt.

Mit den günstigsten Werten für β und γ wird der Konversionswirkungsgrad des Diskriminators hauptsächlich durch die Resonatorgüte Q_0 bestimmt. Für Messungen an rauscharmen Oszillatoren werden daher vorzugsweise Resonatoren mit hoher Leerlaufgüte, z.B. Hohlraumresonatoren verwendet.

Das Verhältnis von W_u und W_ϕ hängt auch von der Offsetfrequenz ω ab. Daran zeigt sich, daß die Schaltung als Frequenz- und nicht als Phasendiskriminator wirkt. Ersetzt man in Gl. (7.135) das Spektrum W_ϕ durch das Spektrum $W_f = (\omega / 2\pi)^2 W_\phi$ des Frequenzrauschens, so erhält man einen von der Offsetfrequenz unabhängigen Konversionsfaktor.

Übungsaufgabe 7.10

Ein Frequenzdiskriminator läßt sich auch mit einer Verzögerungsleitung realisieren. Für eine Leitung mit der Länge l und dem Dämpfungsfaktor $a = a' \cdot l$ ist der Zusammenhang zwischen den Spektren W_ϕ und W_u zu berechnen. Dabei soll angenommen werden, daß die Leitungslänge l ein ganzzahliges Vielfaches der Wellenlänge bei der Schwingfrequenz des Oszillators ist. Bei welcher Leitungslänge erhält man den maximalen Konversionswirkungsgrad?

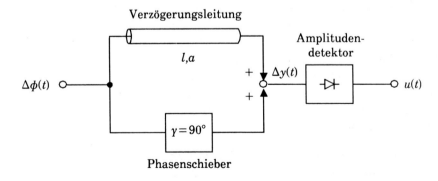

Bisher wurde angenommen, daß das Ausgangssignal des Meßobjektes keine Amplitudenschwankungen aufweist. Ist diese Vereinfachung nicht zulässig, dann kann man die Meßschaltung aus Bild 7.24 modifizieren, indem der Amplitudendetektor durch einen balancierten Mischer ersetzt wird (Bild 7.25). Dadurch läßt sich der Einfluß des Amplitudenrauschens deutlich reduzieren.

Einfluß des Amplitudenrauschens

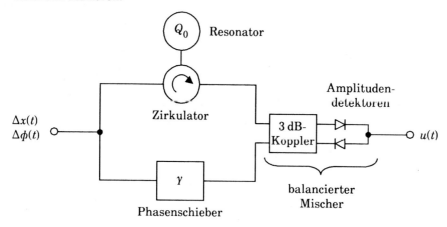

Bild 7.25: Frequenzdiskriminator mit balanciertem Mischer

Übungsaufgabe 7.11

Es ist zu zeigen, daß bei der Diskriminatorschaltung aus Bild 7.25 das Amplitudenrauschen $\Delta x(t)$ des Eingangssignals keinen Beitrag zur Ausgangsspannung $u(t)$ liefert.

Mit einem Frequenzdiskriminator läßt sich das Phasenrauschen von Oszillatoren relativ einfach und ohne großen Aufwand messen. Dagegen hat das zuerst beschriebene Verfahren mit einem Referenzoszillator Vorteile, wenn es auf größtmögliche Empfindlichkeit ankommt, wenn also Messungen an sehr rauscharmen Oszillatoren durchgeführt werden sollen.

Unabhängig vom gewählten Meßverfahren wird die Eichung am besten in der Form durchgeführt, daß das Eingangssignal sinusförmig frequenz- bzw. phasenmoduliert wird. Durch Messung des Frequenzhubes, z.B. über die Seitenbandamplituden an einem Spektrumanalysator, und der Spannung am Ausgang des Detektors läßt sich der Kalibrierfaktor des Meßsystems bestimmen. Wenn der zu vermessende Oszillator selbst nicht moduliert

Kalibrierung

werden kann, benötigt man einen modulierbaren Eichoszillator gleicher Frequenz und Ausgangsleistung. Bei der Schaltung in Bild 7.22 kann allerdings auch der Referenzoszillator moduliert werden.

Als Beispiel einer Meßkurve zeigt Bild 7.26 das Phasenrauschen des Gunn-Dioden-Oszillators, dessen Amplitudenrauschen in Bild 7.21 dargestellt wurde.

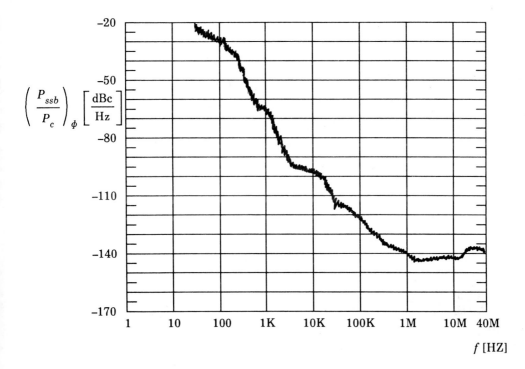

Bild 7.26: Gemessenes Phasenrauschen eines Gunn-Dioden-Oszillators Frequenz ≈ 10 GHz (Hewlett-Packard)

Hochfrequenztechnische Systeme wie z.B. Radarsysteme oder Teile davon haben häufig eine Struktur wie die Schaltung in Bild 7.23. Damit besteht die Möglichkeit, daß sie wie ein Frequenzdiskriminator wirken und es zu einer Umsetzung des Phasenrauschens von Signalquellen in niederfrequente Rauschspannungen kommt. Dieses Rauschen kann erheblich stärker sein als beispielsweise das Eigenrauschen des ersten Vorverstärkers oder Mischers.

Lösungen zu den Übungsaufgaben (Kapitel 1)

Übungsaufgabe 1.1

Die Normierungsbedingung ist durch Gl. (1.1) gegeben. Es muß also gelten:

$$\int_{-\infty}^{+\infty} \frac{1}{\sigma \cdot \sqrt{2\pi}} \exp\left[\frac{-(y-\mu)^2}{2\sigma^2}\right] dy = 1.$$

Dieses Integral kann man mit Hilfe der Substitution

$$z = \frac{y-\mu}{\sigma} \quad \text{bzw.} \quad dy = \sigma \cdot dz$$

umformen. Einsetzen liefert:

$$\int_{-\infty}^{+\infty} p(y)\, dy = \frac{1}{\sqrt{2\pi}} \int_{-\infty}^{+\infty} \exp\left[-\frac{1}{2} z^2\right] dz.$$

Das Integral kann man entweder in einer Integraltafel nachschlagen oder durch Quadrieren und anschließenden Übergang auf Polarkoordinaten lösen. Quadrieren ergibt:

$$\left[\int_{-\infty}^{+\infty} \exp\left(-\frac{1}{2} z^2\right) dz\right]^2$$

$$= \int_{-\infty}^{+\infty} \exp\left(-\frac{1}{2} z^2\right) dz \cdot \int_{-\infty}^{+\infty} \exp\left(-\frac{1}{2} v^2\right) dv$$

$$= \int\int_{-\infty}^{+\infty} \exp\left(-\frac{z^2+v^2}{2}\right) dz\, dv.$$

Mit $z = r \cdot \cos\phi$ und $v = r \cdot \sin\phi$ und $dz \cdot dv = r \cdot dr \cdot d\phi$, also durch Übergang auf Polarkoordinaten folgt:

$$\left[\int_{-\infty}^{+\infty} \exp\left(-\frac{1}{2} z^2\right) dz\right]^2 = \int_0^{2\pi} d\phi \cdot \int_0^{\infty} \exp\left(-\frac{r^2}{2}\right) r\, dr.$$

Das Integral über ϕ liefert 2π und durch die Substitution $r^2/2 = s$ ergibt sich:

$$\left[\int_{-\infty}^{+\infty} \exp\left(-\frac{1}{2} z^2\right) dz\right]^2 = 2\pi \cdot \int_0^{\infty} \exp(-s)\, ds = 2\pi.$$

Damit erhält man für die Normalverteilung:

$$\int_{-\infty}^{+\infty} p(y)\,dy = \frac{\sqrt{2\pi}}{\sqrt{2\pi}} = 1.$$

Die Normierungsbedingung ist daher erfüllt.

Übungsaufgabe 1.2

Die Wahrscheinlichkeitsdichte der Summenvariablen kann unter Anwendung von Gl. (1.40) direkt als Faltung der einzelnen Wahrscheinlichkeitsdichten angegeben werden. Die Auswertung der dabei auftretenden Faltungsintegrale ist jedoch aufwendig. Deshalb soll die Wahrscheinlichkeitsdichte der Summenvariablen mit Hilfe des Faltungssatzes berechnet werden. Für jede der Rechteckverteilungen muß die Normierungsbedingung Gl. (1.1) erfüllt sein, deshalb gilt für die Dichte der Rechteckverteilung $p_1(x)$:

$$p_1(x) = \frac{1}{x_2 - x_1}\left(u(x - x_1) - u(x - x_2)\right)$$

$$\text{mit} \quad u(x) = \begin{cases} 1 & \text{für} \quad x > 0 \\ 0 & \text{für} \quad x \leq 0 \end{cases}.$$

Für die charakteristische Funktion zur Rechteckverteilung $p_1(x)$ erhält man:

$$C_1(u) = \frac{1}{x_2 - x_1}\int_{x_1}^{x_2} e^{jux}\,dx = \frac{1}{x_2 - x_1}\cdot\frac{1}{ju}\left(e^{jux_2} - e^{jux_1}\right).$$

Entsprechende Ausdrücke ergeben sich für die Rechteckverteilungen $p_2(y)$ und $p_3(z)$. Die charakteristische Funktion $C_s(u)$ der Summenvariablen ergibt sich nach Gl. (1.41) als das Produkt der einzelnen charakteristischen Funktionen. Nach Einsetzen der Zahlenwerte erhält man für $C_s(u)$:

$$C_s(u) = \frac{1}{8\cdot(ju)^3}\left(e^{13ju} - e^{12ju} - e^{11ju} + e^{10ju} - e^{9ju} + e^{8ju} + e^{7ju} - e^{6ju}\right).$$

Die Fourier-Rücktransformation liefert für $p_s(s)$:

$$p_s(s) = \frac{1}{16}\Big[(s-6)^2 u(s-6) - (s-7)^2 u(s-7) - (s-8)^2 u(s-8)$$

$$+ (s-9)^2 u(s-9) - (s-10)^2 u(s-10) + (s-11)^2 u(s-11)$$

$$+ (s-12)^2 u(s-12) - (s-13)^2 u(s-13)\Big].$$

Im Bild unten ist der Graph von $p_s(s)$ dargestellt. Zum Vergleich ist der Graph der Normalverteilung mit eingezeichnet. Als Varianz σ^2_s wurde hier die Summe der Einzelvarianzen eingesetzt.

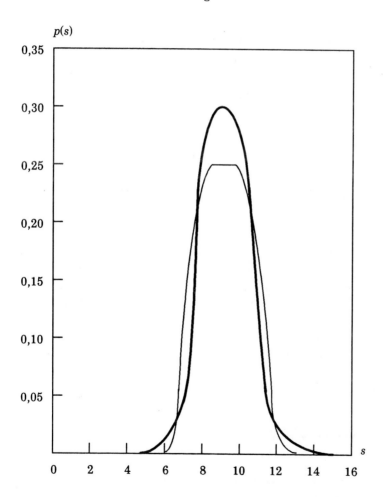

Übungsaufgabe 1.3

Wenn X eine Zufallsvariable mit Gaußverteilung ist, so gilt für die charakteristische Funktion von X:

$$C_x(u) = \exp\left(ju\,\mu_x - \frac{1}{2}\,\sigma_x^2 \cdot u^2\right).$$

Beweis: Setzt man $p(x)$ nach Gl. (1.4) in die Gl. (1.35) der charakteristischen Funktion ein, so steht im Exponenten des Integranden die Größe

$$h(x) = \frac{-1}{2\sigma_x^2}\left[(x - \mu_x)^2 - 2ju\,\sigma_x^2 x\right].$$

Durch quadratische Ergänzung erhält man:

$$h(x) = \frac{-1}{2\sigma_x^2}\left[(x - \mu_x - ju\,\sigma_x^2)^2 - \frac{1}{2\sigma_x^2}(u^2\sigma_x^4 - 2ju\,\sigma_x^2\mu_x)\right].$$

Der zweite, von x unabhängige Summand liefert einen Faktor bei der Integration, den man vor das Integral ziehen kann. Mit der Substitution $z = x - \mu_x - ju\,\sigma_x^2$ und einem Zwischenergebnis aus Übungsaufgabe 1.1 gilt für den ersten Summanden:

$$\int_{-\infty}^{+\infty} \exp\left[\frac{-(x - \mu_x - ju\,\sigma_x^2)^2}{2\sigma_x^2}\right] dx$$

$$= \int_{-\infty}^{+\infty} \exp\left[\frac{-z^2}{2\sigma_x^2}\right] dz = \sigma_x \sqrt{2\pi}\,.$$

Daraus folgt die Behauptung:

$$C_x(u) = \int_{-\infty}^{+\infty} \frac{1}{\sqrt{2\pi}\,\sigma_x} \exp(h(x))\,dx$$

$$= \exp\left(ju\,\mu_x - \frac{\sigma_x^2 \cdot u^2}{2}\right).$$

Für die von X unabhängige Zufallsvariable Y gilt entsprechend:

$$C_y(u) = \exp\left(ju\,\mu_y - \frac{1}{2}\,\sigma_y^2 \cdot u^2\right).$$

310

Für die charakteristische Funktion der Summenzufallsvariablen gilt:

$$C_s(u) = C_x(u) \cdot C_y(u) = \exp\left[ju(\mu_x + \mu_y) - \frac{u^2}{2}(\sigma_x^2 + \sigma_y^2)\right].$$

Mit $\mu_s = \mu_x + \mu_y$ und $\sigma_s^2 = \sigma_x^2 + \sigma_y^2$ erhält man die charakteristische Funktion einer gaußverteilten Zufallsvariablen:

$$C_s(u) = \exp\left[ju\,\mu_s - \frac{\sigma_s^2 \cdot u^2}{2}\right].$$

Die Rücktransformation führt also auf eine Gauß-Verteilung mit der Varianz σ_s^2 und dem Mittelwert μ_s.

Übungsaufgabe 1.4

Zum Beweis von Gl. (1.63) werden zwei Zufallsvariable Y_1 und Y_2 eingeführt. Y_1 und Y_2 sollen statistisch unabhängig voneinander und zudem standard-normalverteilt sein, d.h. $\langle Y \rangle = 0$ und $\sigma^2 = 1$. Für Zufallsvariable mit diesen Eigenschaften wäre (1.63) leicht zu zeigen. Für X_1 und X_2 wurde die statistische Unabhängigkeit jedoch nicht vorausgesetzt. Um trotzdem einen Ausdruck für $C(u_1, u_2)$ zu gewinnen, führt man die Variablen X_1 und X_2 mit

$$X_1 = a_{11} Y_1 + a_{12} Y_2$$
$$X_2 = a_{21} Y_1 + a_{22} Y_2$$

auf die statistisch unabhängigen Variablen Y_1 und Y_2 zurück. Die Zufallsvariablen X_1 und X_2 sind damit wegen

$$\langle X_1 \rangle = a_{11} \langle Y_1 \rangle + a_{12} \langle Y_2 \rangle$$
$$\langle X_2 \rangle = a_{21} \langle Y_1 \rangle + a_{22} \langle Y_2 \rangle$$

weiterhin erwartungswertfrei. Nach einem Satz aus der Wahrscheinlichkeitstheorie ist eine aus der Linearkombination normalverteilter Zufallsvariabler entstandene neue Zufallsvariable wiederum normalverteilt. Die Eigenschaft der statistischen Unabhängigkeit und der Wert der Streuung bleiben jedoch nicht erhalten. Damit gelten für X_1 und X_2 die im Zusammenhang mit Gl. (1.63) gemachten Voraussetzungen. Für das weitere Vorgehen ist es sinnvoll Matrizen einzuführen:

$$\mathbf{A} = \begin{pmatrix} a_{11} & a_{12} \\ a_{21} & a_{22} \end{pmatrix} \quad \mathbf{Y} = \begin{pmatrix} Y_1 \\ Y_2 \end{pmatrix} \quad \mathbf{X} = \begin{pmatrix} X_1 \\ X_2 \end{pmatrix}.$$

Es gilt also:

$$\mathbf{X} = \mathbf{A} \cdot \mathbf{Y}.$$

Unter recht allgemeinen Voraussetzungen läßt sich die inverse Matrix $\mathbf{A}^{-1}$ bilden, so daß man schreiben kann:

$$\mathbf{Y} = \mathbf{A}^{-1} \cdot \mathbf{X}.$$

Mit der transponierten Matrix $\mathbf{Y}^T$ läßt sich die quadratische Matrix

$$\mathbf{Y} \cdot \mathbf{Y}^T = \begin{pmatrix} Y_1 Y_1 & Y_1 Y_2 \\ Y_2 Y_1 & Y_2 Y_2 \end{pmatrix}$$

bilden. Schreibt man statt der Matrixelemente $Y_i Y_k$ die jeweiligen Erwartungswerte $\langle Y_i Y_k \rangle$, so entsteht die Kovarianzmatrix $\boldsymbol{\rho}_y = \langle \mathbf{Y} \mathbf{Y}^T \rangle$, bei der in der Hauptdiagonalen die Varianzen $\langle Y_i Y_k \rangle|_{i=k}$ stehen und die zudem alle Kovarianzen $\langle Y_i Y_k \rangle|_{i=k}$ enthält. Wegen der oben für Y_i gemachten Voraussetzungen ist $\langle \mathbf{Y} \mathbf{Y}^T \rangle = \boldsymbol{\rho}_y$ identisch mit der Einheitsmatrix $\mathbf{E}$. Für die Kovarianzmatrix $\boldsymbol{\rho}_x$ der Variablen X_i findet man:

$$\begin{aligned} \boldsymbol{\rho}_x &= \langle \mathbf{X} \mathbf{X}^T \rangle \\ &= \langle \mathbf{A} \mathbf{Y} (\mathbf{A} \mathbf{Y})^T \rangle = \langle \mathbf{A} \mathbf{Y} \mathbf{Y}^T \mathbf{A}^T \rangle = \mathbf{A} \langle \mathbf{Y} \mathbf{Y}^T \rangle \quad \mathbf{A}^T \\ &= \mathbf{A} \mathbf{E} \mathbf{A}^T = \mathbf{A} \mathbf{A}^T. \end{aligned}$$

Für die statistisch unabhängigen Variablen Y_1 und Y_2 läßt sich die charakteristische Funktion der bivariaten Gauß-Verteilung als Produkt der charakteristischen Funktionen der einzelnen Variablen Y_1 bzw. Y_2 schreiben:

$$\begin{aligned} C(v_1, v_2) &= \int \int_{-\infty}^{+\infty} \exp(jv_1 y_1 + jv_2 y_2) \cdot p(y_1, y_2) \, dy_1 \, dy_2 \\ &= \int \int_{-\infty}^{+\infty} \exp(j \mathbf{v}^T \mathbf{y}) \cdot p(y_1, y_2) \, dy_1 \, dy_2 \\ &= \exp\left(-\frac{1}{2} \mathbf{v}^T \mathbf{v} \right). \end{aligned}$$

Durch Übergang zu den Variablen X_1 und X_2 geht der Ausdruck $\exp(j\,\mathbf{v}^T\mathbf{y})$ über in $\exp(j\,\mathbf{v}^T\mathbf{A}^{-1}\mathbf{x})$. Um wieder auf die Form aus Gl. (1.59) zu kommen, müssen $\mathbf{v}^T\mathbf{A}^{-1}$, $\mathbf{v}^T$ und $\mathbf{v}$ entsprechend

$$\mathbf{v}^T\mathbf{A}^{-1} = \mathbf{u}^T; \qquad \mathbf{v}^T = \mathbf{u}^T\mathbf{A}; \qquad \mathbf{v} = \mathbf{A}^T\mathbf{u}$$

ersetzt werden:

$$C(u_1, u_2) = \int\int_{-\infty}^{+\infty} \exp(j\,\mathbf{u}^T\mathbf{x})\cdot p(x_1, x_2)\,dx_1\,dx_2$$

$$= \exp\left(-\frac{1}{2}\,\mathbf{u}^T\mathbf{A}\mathbf{A}^T\mathbf{u}\right)$$

$$= \exp\left(-\frac{1}{2}\,\mathbf{u}^T\boldsymbol{\rho}_x\mathbf{u}\right).$$

Unter Berücksichtigung der Tatsache, daß die Kovarianzmatrix $\boldsymbol{\rho}_x$ eine symmetrische Matrix ist, ist diese Gleichung identisch mit Gl. (1.63) und leicht auf multivariate Gauß-Verteilungen zu erweitern.

Übungsaufgabe 1.5

Wie bereits in der vorangegangenen Übungsaufgabe erwähnt, kann die Gl. (1.63) leicht auf 4 Variable erweitert werden. Man erhält:

$$C(u_1, u_2, u_3, u_4) = \exp\left(-\frac{1}{2}\sum_{i=1}^{4}\sum_{k=1}^{4}\rho_{ik}\,u_i\,u_k\right).$$

Um daraus das gesuchte Moment zu erhalten muß eine Gl. (1.57) entsprechende Gleichung gelöst werden:

$$\frac{1}{j^4}\,\frac{\partial^4 C(u_1, u_2, u_3, u_4)}{\partial u_1\,\partial u_2\,\partial u_3\,\partial u_4}\Bigg|_{u_1 = \dots = u_4 = 0}$$

$$= \rho_{12}\rho_{34} + \rho_{13}\rho_{24} + \rho_{14}\rho_{23}.$$

Für das Moment 4.Ordnung ergibt sich also:

$$\langle X(t_1)\cdot X(t_2)\cdot X(t_3)\cdot X(t_4)\rangle$$

$$= \rho(t_2 - t_1)\cdot\rho(t_4 - t_3) + \rho(t_3 - t_1)\cdot\rho(t_4 - t_2) + \rho(t_4 - t_1)\cdot\rho(t_3 - t_2).$$

Für den Spezialfall $t_1 = t_2 = t$ und $t_3 = t_4 = t + \theta$ vereinfacht sich diese Beziehung auf:

$$\langle X^2(t) \cdot X^2(t+\theta) \rangle = \rho^2(0) + 2\rho^2(\theta) .$$

Übungsaufgabe 1.6

Die aus beliebigem Rauschen aus zwei Frequenzbändern bei unterschiedlichen Frequenzen herausgefilterten Rauschsignale sind gemäß der Definition der Korrelation vollständig unkorreliert. Die aus weißem Rauschen herausgefilterten Rauschsignale sind selbst dann unkorreliert, wenn sie durch eine Frequenzumsetzung in dasselbe Frequenzband transformiert werden.

Übungsaufgabe 1.7

Rechteckig bandbegrenztes weißes Rauschen hat folgendes Leistungsspektrum:

$$W_b(f) = \left\{ \begin{array}{ll} W_0 & \text{für } f_1 \le f \le f_2 \text{ und } -f_2 \le f \le -f_1 \\ 0 & \text{sonst} \end{array} \right\}$$

$$\text{mit } W_0 > 0, \text{ reell}.$$

Durch Fourier-Rücktransformation erhält man die zugehörige Autokorrelationsfunktion $\rho(\theta)$:

$$\rho(\theta) = \int_{-\infty}^{+\infty} W_b(f) \cdot \exp(j2\pi f\theta)\, df$$

$$= \frac{W_0}{j2\pi\theta} \left(\exp(j2\pi f_2\theta) - \exp(j2\pi f_1\theta) + \exp(-j2\pi f_1\theta) - \exp(-j2\pi f_2\theta) \right)$$

$$= \frac{W_0}{\pi\theta} \left(\sin(2\pi f_2\theta) - \sin(2\pi f_1\theta) \right)$$

$$= W_0 \Delta f \cdot 2 \cdot \cos(2\pi\theta f_0) \cdot \mathrm{si}(\pi\Delta f\theta)$$

$$\text{mit } f_0 = \frac{f_1 + f_2}{2} \text{ und } \Delta f = f_2 - f_1 .$$

Im Bild unten ist die Autokorrelationsfunktion zusammen mit ihren Einhüllenden skizziert.

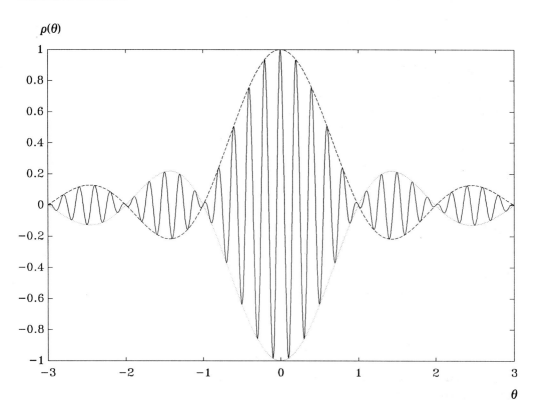

Übungsaufgabe 1.8

Mit Gl. (1.78) erhält man für das Leistungsspektrum des Ausgangsrauschens:

$$W_a(\omega) = \frac{W_0}{1 + \omega^2 R^2 C^2}$$

wobei die Übertragungsfunktion $V(\omega)$ des Tiefpasses

$$V(\omega) = \frac{U_a}{U_e} = \frac{1}{1 + j\omega RC}$$

ist. Um die aus der Fouriertransformation für rechtsseitig exponentiell abklingende Signale abgeleitete Korrespondenz

$$\sigma^2 \frac{2 \cdot k}{k^2 + \omega^2} \quad \bullet\!\!-\!\!\!-\!\!\!-\!\!\circ \quad \sigma^2 \cdot \exp\left(-k \cdot |\theta|\right)$$

verwenden zu können, wird der Ausdruck für $W_a(\omega)$ wie folgt umgeformt:

$$W_a(\omega) \;=\; \frac{W_0}{1 + \omega^2 R^2 C^2} \;=\; \frac{W_0}{2\,RC}\; \frac{\dfrac{2}{R \cdot C}}{\dfrac{1}{R^2 C^2} + \omega^2} \;=\; \sigma^2 \frac{2 \cdot k}{k^2 + \omega^2}\;.$$

Die Autokorrelationsfunktion des Ausgangsrauschens ergibt sich damit zu:

$$\rho_a(\theta) \;=\; \frac{W_0}{2\,RC}\; \exp\left(-\,\frac{|\theta|}{R \cdot C}\right).$$

Lösungen zu den Übungsaufgaben (Kapitel 2)

Übungsaufgabe 2.1

Den Gesamtwiderstand R_i der Schaltung erhält man durch die Berechnung der Parallelschaltung von R_3 mit der Reihenschaltung aus R_1 und R_2 zu

$$R_i = \frac{R_3 (R_1 + R_2)}{R_1 + R_2 + R_3} .$$

Damit läßt sich direkt die resultierende Rauschersatzschaltung angeben:

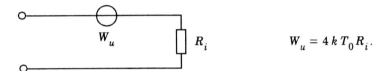

$$W_u = 4\, k\, T_0\, R_i .$$

Will man zunächst die resultierende Ersatzrauschquelle bestimmen, so muß man für jeden Widerstand einzeln die Rauschersatzschaltung angeben:

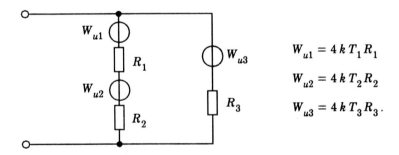

$$W_{u1} = 4\, k\, T_1\, R_1$$

$$W_{u2} = 4\, k\, T_2\, R_2$$

$$W_{u3} = 4\, k\, T_3\, R_3 .$$

Zur Bestimmung der resultierenden Rauschersatzquelle muß jede Quelle an den Eingang transformiert werden. Die transformierten Quellen ergeben sich durch Kurzschließen aller anderen Quellen bis auf die betrachtete. Es ist zu beachten, daß sich die Spektren zueinander wie die Spannungsbetragsquadrate verhalten:

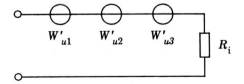

$$W'_{u1} = W_{u1} \left(\frac{R_3}{R_1 + R_2 + R_3} \right)^2$$

$$W'_{u2} = W_{u2} \left(\frac{R_3}{R_1 + R_2 + R_3} \right)^2$$

$$W'_{u3} = W_{u3} \left(\frac{R_1 + R_2}{R_1 + R_2 + R_3} \right)^2 .$$

Durch Addition der transformierten Quellen ergibt sich die resultierende Ersatzquelle:

$$W_u = W'_{u1} + W'_{u2} + W'_{u3}$$

$$= \frac{4k [T_1 R_1 R_3^2 + T_2 R_2 R_3^2 + T_3 R_3 (R_1 + R_2)^2]}{(R_1 + R_2 + R_3)^2} .$$

Bis hierher ist die Rechnung auch für unterschiedliche Temperaturen T_j durchführbar. In unserem speziellen Fall, also für $T_j = T_0$, ergibt sich jedoch das bekannte Ergebnis:

$$W_u = 4 k T_0 \frac{R_3 (R_1 + R_2)}{R_1 + R_2 + R_3} .$$

Übungsaufgabe 2.2

Gesucht ist die in jeder Impedanz verbrauchte Teilwirkleistung P_j bezogen auf die insgesamt verbrauchte Wirkleistung P_t. Für die Wirkleistung gilt allgemein:

$$P = Re \, U \cdot I^* = Re \left(U \cdot \frac{U^*}{Z^*} \right) = Re \left(|U|^2 \cdot \frac{1}{Z^*} \right)$$

$$= Re \left(|U|^2 \cdot Y^* \right) = |U|^2 \cdot Re \, Y .$$

Damit gilt für jeden Koeffizienten β_j:

$$\beta_j = \frac{P_j}{P_t} = \frac{|U_j|^2 \cdot Re \, Y_j}{|U_g|^2 \cdot Re \, Y_i} = \beta'_j \cdot \frac{Re \, Y_j}{Re \, Y_i} .$$

318

Mit Gl. (2.14) läßt sich dann die äquivalente Temperatur T_r berechnen. Für die Schaltung nach Bild 2.7 gilt:

$$\beta_1' = \frac{|U_1|^2}{|U_g|^2} = \left|\frac{Z_1}{Z_i}\right|^2 = \left|\frac{Z_1(Z_2+Z_3)}{Z_1(Z_2+Z_3)+Z_2Z_3}\right|^2$$

$$\beta_2' = \frac{|U_2|^2}{|U_g|^2} = \left|\frac{Z_2 \parallel Z_3}{Z_i}\right|^2 = \left|\frac{Z_2Z_3}{Z_1(Z_2+Z_3)+Z_2Z_3}\right|^2$$

$$\beta_3' = \beta_2'$$

$$T_r = \beta_1 T_1 + \beta_2 T_2 + \beta_3 T_3$$

$$= \beta_1' \frac{Re\,Y_1}{Re\,Y_i} T_1 + \beta_2' \frac{Re\,Y_2}{Re\,Y_i} T_2 + \beta_3' \frac{Re\,Y_3}{Re\,Y_i} T_3.$$

Übungsaufgabe 2.3

Die Eingangstemperatur ist die äquivalente Temperatur der zur Gesamtschaltung gehörenden Ersatzrauschquelle. T_r läßt sich mit Hilfe von Gl. (2.14) berechnen:

$$T_r = \beta_1 T_1 + \beta_2 T_2 + \beta_3 T_3.$$

Nach dem Dissipationstheorem kann man die Koeffizienten β_j über die in den verlustbehafteten Gliedern der Schaltung verbrauchte Wirkleistung berechnen.

Das Dämpfungsglied mit 6 dB fester Dämpfung verbraucht drei Viertel der eingespeisten Leistung. Von der übrig gebliebenen Leistung wird im variablen Dämpfungsglied das $(1-a_2)$-fache absorbiert. Der Rest der Wirkleistung entfällt auf die Impedanz Z_0. Also gilt für die Eingangstemperatur:

$$T_r = \frac{3}{4} \cdot 77K + \frac{1}{4} \cdot (1-a_2) \cdot 300K + \frac{1}{4} \cdot a_2 \cdot 1200K.$$

Übungsaufgabe 2.4

Führt man der Antenne Leistung zu, so wird ein Teil der abgestrahlten Leistung, nämlich das $(1-|\rho|^2)$-fache, in der Absorberwand in Wärme umgesetzt. Der reflektierte Teil der abgestrahlten Leistung wird vom Hintergrund absorbiert. Nach dem Dissipationstheorem gilt damit für die Rauschtemperatur:

$$T_r = (1-|\rho|^2) \cdot T_A + |\rho|^2 \cdot T_{ex}.$$

Der in die Antenne zurückfallende Anteil wird als vernachlässigbar klein angenommen.

Übungsaufgabe 2.5

Für den rauschfreien Vierpol gilt in der Impedanzschreibweise:

$$U_1 = Z_{11}I_1 + Z_{12}I_2$$
$$U_2 = Z_{21}I_1 + Z_{22}I_2.$$

Für den mit der Rauschquelle U_r beschalteten Vierpol gilt also:

$$U_1 = Z_{11}I_1 + Z_{12}I_2$$
$$U_2 - U_r = Z_{21}I_1 + Z_{22}I_2. \tag{1}$$

Die Zählpfeile für die neu zu berechnenden Rauschquellen sollen wie in Bild Ü2.5 gewählt werden.

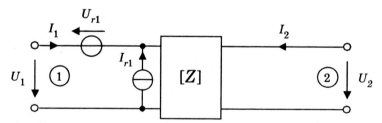

Bild Ü2.5: Rauschersatzschaltung

Damit gilt für diese Schaltung:

$$U_1 + U_{r1} = Z_{11}(I_1 + I_{r1}) + Z_{12}I_2$$
$$U_2 = Z_{21}(I_1 + I_{r1}) + Z_{22}I_2. \tag{2}$$

Auflösen von (1) und (2) nach U_1 bzw. U_2, Gleichsetzen und Umstellen liefert:

$$I_{r1} = \frac{1}{Z_{21}} U_r$$

$$U_{r1} = \frac{Z_{11}}{Z_{21}} U_r .$$

Weiter ist die Korrelation der erhaltenen Quellen gesucht. In der symbolischen Schreibweise gilt für das Kreuzspektrum der neuen Rauschstrom- und Rauschspannungsquelle:

$$W_{21} = U_{r1}^* \cdot I_{r1}$$

$$= \left(\frac{Z_{11}}{Z_{21}} \cdot U_r \right)^* \cdot \left(\frac{1}{Z_{21}} \cdot U_r \right) = \frac{Z_{11}^*}{|Z_{21}|^2} \cdot |U_r|^2$$

$$= \frac{Z_{11}^*}{|Z_{21}|^2} \cdot W_r .$$

Weiterhin erkennt man, daß das bezogene Kreuzspektrum dem Betrage nach eins ist, weil U_{r1} und I_{r1} vollständig korreliert sind:

$$\frac{|W_{21}|}{\sqrt{W_{u1} \cdot W_{i1}}} = \frac{|Z_{11}| \cdot W_r \cdot |Z_{21}|^2}{|Z_{21}|^2 \cdot |Z_{11}| \cdot W_r} = 1 .$$

Übungsaufgabe 2.6

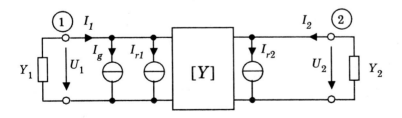

Die am Eingang parallel liegenden Stromquellen I_g und I_{r1} können zu einer Stromquelle $I'_{r1} = I_{r1} + I_g$ zusammengefaßt werden. Für die Vierpolgleichungen in Leitwertform gilt damit:

$$I_1 = Y_{11} U_1 + Y_{12} U_2 + I'_{r1}$$

$$I_2 = Y_{21} U_1 + Y_{22} U_2 + I_{r2}. \tag{1}$$

Für die gegebene Beschaltung besteht ein Zusammenhang zwischen Strömen und Spannungen am Ein- bzw. Ausgang:

$$I_1 = -Y_1 U_1 \quad \text{und} \quad I_2 = -Y_2 U_2.$$

Einsetzen in (1) und Auflösen nach U_2 liefert:

$$U_2 = \frac{Y_{21}}{\det [Y']} \cdot I'_{r1} - \frac{Y'_{11}}{\det [Y']} \cdot I_{r2} \quad \text{mit} \quad Y'_{11} = Y_{11} + Y_1. \tag{2}$$

Dabei ist $\det [Y']$ die Determinante der Matrix

$$[Y'] = \begin{bmatrix} Y_{11} + Y_1 & Y_{12} \\ Y_{21} & Y_{22} + Y_2 \end{bmatrix}.$$

Nach den Regeln der in Kapitel 1.3.4 eingeführten symbolischen Rechnung wird von (2) das Betragsquadrat durch Multiplikation mit dem konjugiert Komplexen gebildet:

$$|U_2|^2 = \frac{1}{|\det [Y']|^2} \left(|Y_{21}|^2 \cdot |I'_{r1}|^2 + |Y'_{11}|^2 \cdot |I_{r2}|^2 - Y'_{11} Y^*_{21} I_{r2} I'^*_{r1} \right.$$

$$\left. - Y'^*_{11} Y_{21} \cdot I^*_{r2} I'_{r1} \right).$$

Damit ist die Rauschleistung am Lastleitwert bestimmt. Durch Übergang auf die Spektren erhält man:

$$W_{u2} = \frac{1}{|\det [Y']|^2} \left(|Y_{21}|^2 \cdot W_{r1'} + |Y'_{11}|^2 \cdot W_{r2} - Y'_{11} Y^*_{21} W_{r1'r2} \right.$$

$$\left. - Y'^*_{11} Y_{21} \cdot W_{r2r1'} \right).$$

Mit Hilfe von Gl. (1.33) kann man außerdem schreiben:

$$W_{u2} = \frac{1}{|\det[Y']|^2}\left(|Y_{21}|^2 \cdot W_{r1'} + |Y'_{11}|^2 \cdot W_{r2} - 2Re\{Y'_{11}\,Y^*_{21}\,W_{r1'r2}\}\right).$$

Über das Rauschspektrum der Quellen am Eingang $W_{r1'}$ wurde bisher noch keine Aussage gemacht. Bildet man in $I'_{r1} = I_{r1} + I_g$ auf beiden Seiten das Betragsquadrat, so erhält man nach dem Übergang auf die Spektren:

$$W'_{r1} = W_{r1} + W_g + W_{gr1} + W_{r1g}.$$

Sind die addierten Quellen I_{r1} und I_g vollständig unkorreliert, so ergeben sich die Kreuzspektren W_{gr1} und W_{r1g} zu null. Im gegebenen Beispiel ist das thermische Rauschen des komplexen Leitwerts Y_1 zudem vollkommen unkorreliert mit der Rauschersatzquelle I_{r2} am Ausgang. Als Ergebnis erhält man in diesem Fall für das Spektrum W_{u2} am Lastleitwert Y_2:

$$W_{u2} = \frac{1}{|\det[Y']|^2}\left(|Y_{21}|^2 \cdot (W_{r1} + 2kT \cdot ReY_1) + |Y'_{11}|^2\, W_{r2}\right.$$

$$\left. - 2Re\{Y'_{11}\,Y^*_{21}\,W_{r1r2}\}\right).$$

Übungsaufgabe 2.7

Es gelten die Gleichungen

$$I^*_{r1}I_{r2}\frac{Y_{12}}{Y_{22}} + I_{r1}I^*_{r2}\left(\frac{Y_{12}}{Y_{22}}\right)^*$$

$$= \left|\frac{Y_{12}}{Y_{22}}\right|^2 2kT\,Re(Y_{22}) + 2kT\,Re\left\{\frac{Y_{12}\,Y_{21}}{Y_{22}}\right\}$$

und

$$I^*_{r1}I_{r2}\left(\frac{Y_{21}}{Y_{11}}\right)^* + I_{r1}I^*_{r2}\frac{Y_{21}}{Y_{11}}$$

$$= \left|\frac{Y_{21}}{Y_{11}}\right|^2 2kT\,Re(Y_{11}) + 2kT\,Re\left\{\frac{Y_{12}\,Y_{21}}{Y_{11}}\right\}.$$

323

Dieses Gleichungssystem soll nach $I^*_{r1} I_{r2}$ aufgelöst werden. Dazu multiplizieren wir die obere Gleichung mit Y_{21}/Y_{11} und die untere mit $(Y_{12}/Y_{22})^*$ und bilden die Differenz:

$$I^*_{r1} I_{r2} \left\{ \frac{Y_{21} Y_{12}}{Y_{11} Y_{22}} - \left(\frac{Y_{12} Y_{21}}{Y_{11} Y_{22}} \right)^* \right\}$$

$$= kT \left\{ \frac{Y_{21}}{Y_{11}} \left[\left| \frac{Y_{12}}{Y_{22}} \right|^2 (Y_{22} + Y^*_{22}) + \frac{Y_{12} Y_{21}}{Y_{22}} + \left(\frac{Y_{12} Y_{21}}{Y_{22}} \right)^* \right] \right.$$

$$\left. - \left(\frac{Y_{12}}{Y_{22}} \right)^* \left[\left| \frac{Y_{21}}{Y_{11}} \right|^2 (Y_{11} + Y^*_{11}) + \frac{Y_{12} Y_{21}}{Y_{11}} + \left(\frac{Y_{12} Y_{21}}{Y_{11}} \right)^* \right] \right\}$$

$$= kT \left\{ \frac{Y_{21} Y_{12}}{Y_{11} Y_{22}} \left[\frac{Y^*_{12}}{Y^*_{22}} (Y_{22} + Y^*_{22}) + Y_{21} \right] + \frac{Y_{21} Y^*_{12} Y^*_{21}}{Y_{11} Y^*_{22}} \right.$$

$$\left. - \frac{Y^*_{12} Y^*_{21}}{Y^*_{22} Y^*_{11}} \left[\frac{Y_{21}}{Y_{11}} (Y_{11} + Y^*_{11}) + Y^*_{12} \right] - \frac{Y^*_{12} Y_{12} Y_{21}}{Y^*_{22} Y_{11}} \right\}$$

$$= kT \left\{ \frac{Y_{21} Y_{12}}{Y_{11} Y_{22}} \left[\frac{Y^*_{12}}{Y^*_{22}} Y_{22} + Y^*_{12} + Y_{21} - \frac{Y^*_{12}}{Y^*_{22}} Y_{22} \right] \right.$$

$$\left. - \frac{Y^*_{12} Y^*_{21}}{Y^*_{22} Y^*_{11}} \left[Y_{21} + \frac{Y_{21}}{Y_{11}} Y^*_{11} + Y^*_{12} - \frac{Y_{21}}{Y_{11}} Y^*_{11} \right] \right\}$$

$$I^*_{r1} I_{r2} \left\{ \frac{Y_{21} Y_{12}}{Y_{11} Y_{22}} - \frac{Y^*_{12} Y^*_{21}}{Y^*_{11} Y^*_{22}} \right\}$$

$$= kT (Y^*_{12} + Y_{21}) \left\{ \frac{Y_{21} Y_{12}}{Y_{11} Y_{22}} - \frac{Y^*_{12} Y^*_{21}}{Y^*_{22} Y^*_{11}} \right\}.$$

Damit erhält man schließlich: $I^*_{r1} I_{r2} = kT (Y^*_{12} + Y_{21})$, das Ergebnis der Gl. (2.35).

Übungsaufgabe 2.8

Man kann diese Aufgabe als Fortsetzung der Übungsaufgabe 2.6 auffassen, wenn man in der Matrix $[Y']$ den Leerlauf am Ausgang durch $Y_2 = 0$ berücksichtigt. Die Wahl der Zählpfeilrichtung von I_g hat in diesem Fall keine Bedeutung, weil die Quellen I_g und I_{r1} unkorreliert sind. Das Ergebnis aus Übungsaufgabe 2.6

$$W_{u2} = \frac{1}{|\det[Y']|^2} \left(|Y_{21}|^2 \cdot (W_{Ir1} + 2kT \cdot Re\, Y_1) + |Y'_{11}|^2\, W_{Ir2} \right.$$
$$\left. - 2Re\{Y'_{11}\, Y^*_{21}\, W_{Ir\,Ur2}\} \right)$$

soll also unter Verwendung der Gln. (2.28) und (2.35) weiter vereinfacht werden. Einsetzen liefert:

$$W_{u2} = \frac{2kT}{|\det[Y']|^2} \left(|Y_{21}|^2 \cdot Re\, Y'_{11} + |Y'_{11}|^2 \cdot Re\, Y_{22} \right.$$
$$\left. - Re\{Y'_{11}\, Y^*_{21}\, (Y^*_{12} + Y_{21})\} \right)$$

$$= \frac{2kT}{|\det[Y']|^2} \left(|Y'_{11}|^2 \cdot Re\, Y_{22} - Re\{Y'_{11}\, Y^*_{21}\, Y^*_{12}\} \right).$$

Mit $Re\{Y'_{11}\, Y^*_{21}\, Y^*_{12}\} = Re\{Y'^*_{11}\, Y_{21}\, Y_{12}\}$ kann man nach einer kurzen Zwischenrechnung zeigen:

$$W_{u2} = \frac{2kT}{|\det[Y']|^2} \cdot Re\{Y'^*_{11} \cdot \det[Y']\}$$

$$= \frac{kT\,(Y'^*_{11} \cdot \det[Y'] + Y'_{11} \cdot \det[Y'^*])}{\det[Y'] \cdot \det[Y'^*]}$$

$$= \frac{kT\, Y'^*_{11}}{\det[Y'^*]} + \frac{kT\, Y'_{11}}{\det[Y']}.$$

Wählt man

$$Y_{in} = Y_{22} - \frac{Y_{12}\, Y_{21}}{Y'_{11}} = \frac{\det[Y']}{Y'_{11}}$$

so erhält man schließlich:

325

$$W_{u2} = \frac{kT}{Y_{in}^*} + \frac{kT}{Y_{in}} = 2kT \cdot Re\left(\frac{1}{Y_{in}}\right).$$

Dieses Ergebnis war auch zu erwarten, denn $1/Y_{in}$ ist der zu Tor 2 gehörende Eingangswiderstand. Der beschaltete Vierpol kann also durch einen thermisch rauschenden Widerstand der Temperatur T beschrieben werden.

Übungsaufgabe 2.9

Zur Vereinfachung der folgenden Rechnung sollen die Vierpolgleichungen (2.24) zunächst in eine normierte Form gebracht werden. Dazu werden die normierten Spannungen und Ströme durch

$$i_i = I_i \sqrt{Z_0} \qquad u_i = \frac{U_i}{\sqrt{Z_0}}$$

$$i = 1, 2$$

$$i_{ri} = I_{ri} \sqrt{Z_0} \qquad u_{ri} = \frac{U_{ri}}{\sqrt{Z_0}}$$

eingeführt.

Ebenso werden die Elemente der Admittanzmatrix auf den reellen Bezugsleitwert $Y_0 = 1/Z_0$ normiert:

$$y_{ik} = Y_{ik} \cdot Z_0 \qquad i = 1,2 \qquad k = 1,2$$

Damit ergibt sich die normierte Darstellung der Vierpolgleichungen (2.24) in Matrixkurzform:

$$[i] = [y][u] + [i_r] \tag{1}$$

Mit Gl. (2.38) kann Gl. (1) auch in folgender Form geschrieben werden:

$$[A] - [B] = [y]([A] + [B]) + [i_r]$$

Diese Gleichung kann in eine Gl. (2.37) entsprechende Form gebracht werden:

$$[A] - [B] = [y]([A] + [B]) + [i_r]$$

$$[B] + [y][B] = [A] - [y][A] - [i_r].$$

Mit der Einheitsmatrix $[E]$ gilt:

$$[B] = ([y]+[E])^{-1}([E]-[y])[A]-([y]+[E])^{-1}[i_r].$$

Ein Vergleich mit Gl. (2.37) zeigt:

$$[S] = ([y]+[E])^{-1}\cdot([E]-[y])$$

$$[X] = -([y]+[E])^{-1}[i_r].$$

Mit Hilfe dieser Umrechnungsformeln können die bekannten Rausch-stromquellen aus Bild 2.12 in Rauschwellen umgerechnet werden.

Übungsaufgabe 2.10

Für die folgende Rechnung werden die im Bild dargestellten Größen benutzt.

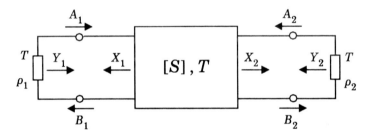

Hierbei sind X_1, X_2 die Rauschwellen des Zweitores und Y_1, Y_2 die Rauschwellen der Abschlußimpedanzen. Die Abschlußimpedanzen haben dieselbe Temperatur wie der Vierpol. Für die Rauschleistungen $|X_1|^2$ und $|X_2|^2$ gilt also die Gl. (2.43). Die Rauschleistungen der Abschlußimpedanzen ergeben sich nach dem Dissipationstheorem zu:

$$|Y_1|^2 = kT(1-|\rho_1|^2) \quad \text{und} \quad |Y_2|^2 = kT(1-|\rho_2|^2).$$

Die Rauschwellen des Vierpols sind mit den Rauschwellen der Abschluß-impedanzen nicht korreliert. Für die Gesamtrauschwellen gilt:

$$B_1 = X_1 + S_{11}A_1 + S_{12}A_2 \qquad B_2 = X_2 + S_{22}A_2 + S_{21}A_1$$

$$A_1 = Y_1 + \rho_1 B_1 \qquad\qquad A_2 = Y_2 + \rho_2 B_2.$$

Zunächst soll Tor 2 mit einem Leerlauf und Tor 1 reflexionsfrei abgeschlossen sein:

$$\rho_1 = 0\,; \quad \rho_2 = 1\,; \quad Y_2 = 0 \;\Rightarrow\; A_1 = Y_1\,.$$

Für B_1 erhält man damit nach kurzer Rechnung:

$$B_1 \;=\; X_1 + S_{11}\,Y_1 + \frac{S_{12}}{1 - S_{22}} \cdot (X_2 + S_{21}\,Y_1)\,.$$

Im thermischen Gleichgewicht gilt für die Gesamtrauschwellen wieder Gl.(2.41). Mit

$$|B_1|^2 \;=\; |Y_1|^2 \;=\; kT$$

erhält man nach Einsetzen von Gl. (2.43) und kurzer Rechnung:

$$\frac{S_{12}}{1 - S_{22}}\,X_1^*X_2 + \frac{S_{12}^*}{1 - S_{22}^*}\,X_1 X_2^*$$

$$= kT\left[\,|S_{12}|^2 - \left|\frac{S_{12}}{1 - S_{22}}\right|^2 (1 - |S_{22}|^2) - \frac{S_{11}^* S_{12} S_{21}}{1 - S_{22}} - \frac{S_{11} S_{12}^* S_{21}^*}{1 - S_{22}^*}\,\right].$$

Nun soll Tor 2 mit einem Kurzschluß und Tor 1 weiterhin reflexionsfrei abgeschlossen sein:

$$\rho_1 = 0\,; \quad \rho_2 = -1\,; \quad Y_2 = 0 \;\Rightarrow\; A_1 = Y_1\,.$$

Eine ähnliche Rechnung wie oben liefert eine zweite Bestimmungsgleichung für $X^*_1 X_2$ und $X_1 X^*_2$:

$$\frac{S_{12}}{1 + S_{22}}\,X_1^*X_2 + \frac{S_{12}^*}{1 + S_{22}^*}\,X_1 X_2^*$$

$$= kT\left[\,-|S_{12}|^2 + \left|\frac{S_{12}}{1 + S_{22}}\right|^2 (1 - |S_{22}|^2) - \frac{S_{11}^* S_{12} S_{21}}{1 + S_{22}} - \frac{S_{11} S_{12}^* S_{21}^*}{1 + S_{22}^*}\,\right].$$

Beide Gleichungen zusammen bilden ein lineares Gleichungssystem für $X^*_1 X_2$ und $X_1 X^*_2$. Auflösen nach $X^*_1 X_2$ liefert nach einiger Rechnung das gesuchte Ergebnis:

$$X^*_1 X_2 \;=\; -kT\,(S^*_{11} S_{21} + S^*_{12} S_{22})\,.$$

Übungsaufgabe 2.11

Das Rauschen der drei Leitwerte soll durch je eine Rauschersatzstromquelle beschrieben werden (Bild Ü2.11a):

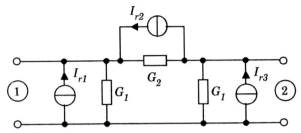

Bild Ü2.11a: Rauschquellen der Leitwerte

Die Quelle I_{r2} kann durch je eine Quelle I_{r2} parallel zu I_{r1} und I_{r3} ersetzt
werden (Bild Ü2.11b):

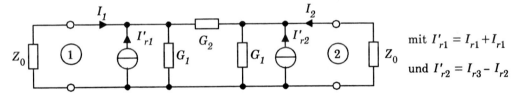

mit $I'_{r1} = I_{r1} + I_{r1}$

und $I'_{r2} = I_{r3} - I_{r2}$

Bild Ü2.11b: Rauschersatzschaltung des Vierpols

In dieser Übungsaufgabe ist nicht die Korrelation $I'^{*}_{r1} I'_{r2}$ der Ersatzquellen gesucht (– diese ließe sich einfach mit Gl. (2.35) zu $I'^{*}_{r1} I'_{r2} = -2kTG_2$
berechnen –), sondern die Korrelation $I^{*}_1 I_2$ der durch die Abschlußimpedanzen Z_0 fließenden Ströme. Es gilt allgemein:

$$I_1 = V_1 I'_{r1} + V_2 I'_{r2}$$
$$I_2 = V_1 I'_{r2} + V_2 I'_{r1} .$$

Dabei sind V_1 und V_2 reelle Übertragungsfaktoren. Bildet man aus diesen
Gleichungen die Korrelation $I^{*}_1 I_2$ und berücksichtigt die Beziehungen

$$I'^{*}_{r1} I'_{r2} = 2kT \cdot Re\, Y_{12} = -2kT \cdot G_2 = I'_{r1} I'^{*}_{r2}$$

$$|I'_{ri}|^2 = 2kT \cdot Re\, Y_{ii} = -2kT \cdot (G_1 + G_2) \qquad\qquad i = 1,2$$

so erhält man nach kurzer Rechnung:

$$I^{*}_1 I_2 = -2kT\left[-2V_1 V_2 G_1 + (V_1 - V_2)^2 G_2 \right]. \qquad (1)$$

329

Das π-Dämpfungsglied soll beidseitig angepaßt sein. Die Eingangsimpedanzen beider Seiten sind also gleich Z_0. Die Ströme I'_{r1} und I'_{r2} teilen sich jeweils in zwei gleiche Teile, von denen einer in das Dämpfungsglied und der andere in die Abschlußimpedanz fließt. Der in das Dämpfungsglied fließende Strom wird mit dem Stromübertragungsfaktor

$$S = \frac{Z_0 G_1 - 1}{Z_0 G_1 + 1}$$

zur anderen Seite übertragen. Also gilt für die Übertragungsfaktoren V_1 und V_2:

$$V_1 = -\frac{1}{2} \qquad V_2 = \frac{1}{2} S.$$

Aus einer Anpassungsüberlegung (siehe auch [13], Übungsaufgabe 1.4) gewinnt man einen Ausdruck für G_2 in Abhängigkeit von G_1:

$$G_2 = \frac{1 - (G_1 Z_0)^2}{2 G_1 Z_0^2}.$$

Mit den so erhaltenen Beziehungen für V_1, V_2 und G_2 ergibt sich für den Klammerausdruck in (1):

$$V_2 G_1 + G_2 (V_1 - V_2)^2$$

$$= \frac{1}{2} G_1 \frac{Z_0 G_1 - 1}{Z_0 G_1 + 1} + \frac{1 - (G_1 Z_0)^2}{2 G_1 Z_0^2} \left(\frac{1}{2} + \frac{1}{2} \frac{Z_0 G_1 - 1}{Z_0 G_1 + 1} \right)^2$$

$$= \frac{1}{2} G_1 \frac{Z_0 G_1 - 1}{Z_0 G_1 + 1} + \frac{1}{2} G_1 \left(\frac{(1 - G_1 Z_0)(1 + G_1 Z_0)}{(G_1 Z_0)^2} \right) \left(\frac{G_1 Z_0}{G_1 Z_0 + 1} \right)^2$$

$$= \frac{1}{2} G_1 \frac{Z_0 G_1 - 1}{Z_0 G_1 + 1} + \frac{1}{2} G_1 \frac{1 - Z_0 G_1}{Z_0 G_1 + 1}$$

$$= 0$$

Damit wird auch die Korrelation $I^*_1 I_2$ zu null.

Übungsaufgabe 2.12

Das Rauschen aus R und aus Z_0 soll getrennt untersucht und anschließend nach dem Überlagerungsprinzip addiert werden. Zunächst soll der Einfluß des Rauschens aus R an Tor 2 und 3 berechnet werden. Dazu wird für R eine Rauschersatzstromquelle eingeführt (Bild Ü2.12a). Bild Ü2.12b zeigt eine äquivalente Schaltung mit zwei identischen Stromquellen. Der Verbindungszweig in der Symmetrieebene führt keinen Strom und kann deshalb auf Massepotential gelegt werden. Die Tore 2 und 3 werden daher im Gegentakt betrieben. Die gesamte Symmetrieebene der nachfolgenden Leitungsstruktur kann demnach auf Massepotential gelegt werden. Der dadurch am Leitungsende entstehende Kurzschluß wird durch die $\lambda/4$-Leitungen in einen Leerlauf am Eingang transformiert, so daß für Tor 2 bzw. 3 die Ersatzschaltung nach Bild Ü2.12c bzw. Bild Ü2.12d gilt.

Ebenso wie R kann auch Z_0 durch eine Ersatzrauschstromquelle, Z_0, I'_{r2}, mit $|I'_{r2}|^2 = 2kT/Z_0$ ersetzt werden. Die Quelle I'_{r2} wird, weil es sich um einen 0-Grad-, 3 dB-Signalteiler handelt, um den Faktor $\sqrt{2}$ gedämpft zu den Toren 2 und 3 übertragen. Ebenso wie das Rauschen aus R kann also auch das Rauschen aus Z_0 durch zwei Ersatzquellen

$$I_{r2} = \frac{1}{\sqrt{2}} I'_{r2}$$

an Tor 2 und 3 berücksichtigt werden (Bild Ü2.12e, f). Wegen $R = 2Z_0$ (Bedingung für Entkopplung), gilt für die Betragsquadrate der Rauschersatzquellen:

$$|I_{r1}|^2 = |I_{r2}|^2 .$$

Zudem sind beide Quellen unkorreliert:

$$I^*_{r1} I_{r2} = I^*_{r2} I_{r1} = 0 .$$

Die durch Überlagerung an den Toren 2 und 3 entstehenden Ersatzquellen sind ebenfalls unkorreliert, denn es gilt:

$$X^*_1 X_2 = (I_{r1} + I_{r2})^* (I_{r2} - I_{r1}) = 0$$

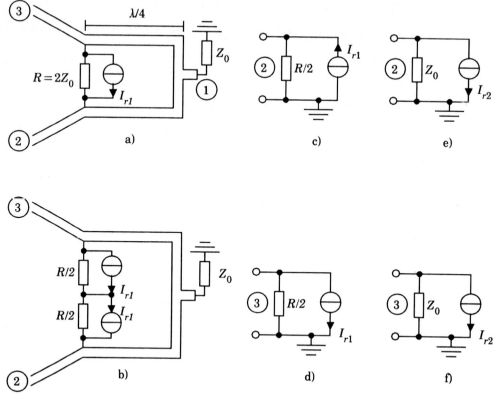

Bild Ü2.12: Ersatzrauschquellen des Signalteilers

Übungsaufgabe 2.13

Ersetzt man die Darstellung des rauschenden Generatorwiderstandes mit einer Rauschersatzspannungsquelle durch die Darstellung mit einer Rauschersatzstromquelle, so erhält man die gleichen Verhältnisse wie in Übungsaufgabe 2.6, wenn man Y_1 durch Y_g ersetzt. Für die Rauschzahl F gilt:

$$F = 1 + \frac{\Delta W_2}{W_{20}}.$$

ΔW_2 ist das durch das Zweitor am Ausgang verursachte Rauschen. Dieses Spektrum erhält man aus dem Ergebnis aus Übungsaufgabe 2.6, indem man Y_g als rauschfrei annimmt und damit $W'_{r1} = W_{r1}$ wird. Man erhält:

$$\Delta W_2 = \frac{1}{|\det[Y']|^2} \left(|Y_{21}|^2 \cdot W_{r1} + |Y_{11} + Y_g|^2 \cdot W_{r2} \right.$$
$$\left. - 2Re[Y_{21}^* \cdot (Y_{11} + Y_g) \cdot W_{r12}] \right).$$

W_{20} ist das allein durch Y_g am Ausgang verursachte Rauschen. Dieses Spektrum erhält man aus dem Ergebnis von Übungsaufgabe 2.6, indem man den Vierpol als rauschfrei annimmt, also W_{r1}, W_{r2} und W_{r12} zu null wählt. Man erhält:

$$W_{20} = \frac{1}{|\det[Y']|^2} \cdot |Y_{21}|^2 \cdot 2kT_0 Re(Y_g).$$

Einsetzen in die Formel für die Rauschzahl liefert Gl. (2.69).

Übungsaufgabe 2.14

Zunächst soll der Gewinn eines Zweitores mit Hilfe der Streuparameter ausgedrückt werden. Zur Bestimmung des Gewinns

$$G_P = \frac{P_2}{P_g}$$

nach Gl. (2.59) wird das Bild Ü2.14 betrachtet. Mit den dort eingeführten Bezeichnungen gilt für die an die Last Z_1 abgegebene Wirkleistung P_2:

$$P_2 = |b_2|^2 - |a_2|^2 = |b_2|^2 \cdot (1 - |r_l|^2)$$

wobei $r_l = a_2 / b_2$ der Reflexionsfaktor der Last ist.

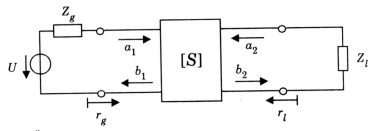

Bild Ü2.14

Zur Berechnung der verfügbaren Generatorleistung P_g wird zunächst die auf den Vierpol zulaufende Welle a_1 betrachtet. Sie ergibt sich durch die Addition eines Anteils a_g, der allein aus dem Generator stammt und einem am Generator reflektierten Anteil $r_g b_1$, wobei r_g der Reflexionsfaktor des Generatorinnenwiderstandes ist:

$$a_1 = a_g + r_g b_1 . \tag{1}$$

Die verfügbare Generatorleistung wird genau dann an den Vierpol abgegeben, wenn eingangsseitig Leistungsanpassung vorliegt, wenn also

$$Z_{in} = Z_g{}^*$$

gilt. Für den Eingangsreflexionsfaktor S_{11} gilt damit bei Leistungsanpassung: $S_{11} = r_g{}^*$. Damit ist bei Leistungsanpassung $b_1 = r_g{}^* a_1$ und die verfügbare Generatorleistung wird:

$$P_g = |a_1|^2 - |b_1|^2 = |a_g|^2 / (1 - |r_g|^2) .$$

Hieraus folgt für den Gewinn:

$$G_{p21} = \frac{|b_2|^2}{|a_g|^2} (1 - |r_l|^2)(1 - |r_g|^2) .$$

Mit (1), der Definition von r_l und mit

$$[b] = [S] \cdot [a]$$

erhält man nach einiger Rechnung eine Gleichung für das Verhältnis b_2 / a_g. Setzt man diese in die erhaltene Beziehung für den Gewinn ein, so erhält man:

$$G_{p21} = |S_{21}|^2 \cdot \frac{(1 - |r_l|^2)(1 - |r_g|^2)}{|(1 - S_{11} r_g)(1 - S_{22} r_l) - S_{12} S_{21} r_g r_l|^2} .$$

Um zu zeigen, daß der Gewinn eines reziproken Zweitores richtungsunabhängig ist, wird im Bild Ü2.14 die Spannungsquelle am Tor 2 angebracht und die Übertragung von Tor 2 nach Tor 1 betrachtet (Z_g und Z_l behalten ihren Ort in der Schaltung bei). Um G_{p12} zu erhalten, muß die gleiche Rechnung durchgeführt werden, wie für G_{p21}. Ein Vergleich mit der Rechnung oben zeigt, daß an allen Stellen der Index 2 durch den Index 1 sowie der Index g durch den Index l ersetzt werden muß und umgekehrt. Man erhält:

$$G_{p12} = |S_{12}|^2 \cdot \frac{(1 - |r_l|^2)(1 - |r_g|^2)}{|(1 - S_{11} r_g)(1 - S_{22} r_l) - S_{12} S_{21} r_g r_l|^2} \, .$$

Für reziproke Zweitore gilt $S_{12} = S_{21}$ und damit die Richtungsunabhängigkeit des Gewinns.

Übungsaufgabe 2.15

Die Hintereinanderschaltung der beiden Dämpfungsglieder kann als ein einziges Zweitor mit zwei Temperaturgebieten aufgefaßt werden. Für die Rauschzahl dieses Zweitores gilt Gl. (2.57). ΔP_2 setzt sich aus dem in Temperaturgebiet 1 entstandenen Anteil ΔP_{T1} und dem entsprechenden Anteil ΔP_{T2} zusammen. Es gilt:

$$\Delta P_2 = \Delta P_{T1} + \Delta P_{T2}$$

mit

$$\Delta P_{T1} = kT_1 \beta_1 \Delta f$$

$$\Delta P_{T2} = kT_2 \beta_2 \Delta f \, .$$

Für den Anteil P_{20} aus dem Generator gilt mit $\kappa_{ges} = \kappa_1 \cdot \kappa_2$:

$$P_{20} = \kappa_1 \kappa_2 kT_0 \Delta f \, .$$

Die Koeffizienten β_i sind gleich den im Temperaturgebiet i relativ absorbierten Leistungen, wenn man von der Lastseite her einspeist:

$$\beta_2 = (1 - \kappa_2)$$

$$\beta_1 = \kappa_2 (1 - \kappa_1) \, .$$

Einsetzen in Gl. (2.57) liefert

$$F = 1 + \frac{T_1 \beta_1 + T_2 \beta_2}{\kappa_1 \kappa_2 T_0}$$

$$= 1 + \frac{T_1 (1 - \kappa_1)}{\kappa_1 T_0} + \frac{T_2 (1 - \kappa_2)}{\kappa_1 \kappa_2 T_0}$$

$$= F_1 + \frac{F_2 - 1}{\kappa_1} \, .$$

Mit den Zahlenwerten $\kappa_1 = 0{,}5$ und $\kappa_2 = 0{,}25$ folgt für die Rauschzahl:

$$F = 1 + \frac{T_1}{T_0} + 6 \frac{T_2}{T_0}.$$

Übungsaufgabe 2.16

Faßt man die gesamte Schaltung (R_1, R_2, Z_g, Z_l) als ein Widerstandsnetzwerk mit zwei Temperaturgebieten auf, so erhält man für das über Z_l allein durch Z_g verursachte Spektrum W_{20}:

$$W_{20} = 4k\, T_0 Z_g \left| \frac{R_2 \| Z_l}{R_1 + Z_g + R_2 \| Z_g} \right|^2$$

Z_l wird als rauschfrei angenommen. Durch die Addition der Rauschanteile aus R_1, R_2 und Z_g erhält man das Spektrum W_2:

$$W_2 = 4k\, T_1 R_1 \left| \frac{R_2 \| Z_l}{R_1 + Z_g + R_2 \| Z_l} \right|^2$$

$$+ 4k\, T_1 R_2 \left| \frac{Z_l \| (Z_g + R_1)}{R_2 + Z_l \| (Z_g + R_1)} \right|^2$$

$$+ 4k T_0 Z_g \left| \frac{R_2 \| Z_l}{R_1 + Z_g + R_2 \| Z_g} \right|^2.$$

Setzt man die erhaltenen Größen ins Verhältnis, so ergibt sich nach einiger Umrechnung für die Rauschzahl F:

$$F = 1 + \frac{T_1}{T_0} \cdot \left(\frac{(R_1 + Z_g)(R_2 + R_1 + Z_g)}{Z_g R_2} - 1 \right).$$

Damit ist bereits gezeigt, daß die Rauschzahl unabhängig vom Wert des Lastwiderstandes ist. Um nun die Gültigkeit von Gl. (2.76) zu zeigen, muß der verfügbare Gewinn direkt ausgerechnet werden. G_{av} ist definiert als das Verhältnis von verfügbarer Ausgangsleistung P_{2av} zu verfügbarer Generatorleistung P_g. Es gilt:

$$P_g = \frac{|U_g|^2}{4 Z_g}$$

und

$$P_{2av} = \frac{|U_{20}|}{4 Z_l} \cdot \frac{|U_g|^2 \left(\dfrac{R_2}{R_1 + R_2 + Z_g} \right)^2}{4 [R_2 \| (R_1 + Z_g)]} .$$

Setzt man beide Größen ins Verhältnis, so erhält man nach kurzer Rechnung

$$\frac{1}{G_{av}} = \frac{P_g}{P_{2av}} = \frac{(R_1 + Z_g)(R_2 + R_1 + Z_g)}{Z_g R_2} = F \Big|_{T_1 = T_0} .$$

und damit Gl. (2.76).

Übungsaufgabe 2.17

Nach Gl. (2.83) ist es günstiger, den ersten Verstärker vor den zweiten zu schalten, wenn die Bedingung

$$F_1 + \frac{F_2 - 1}{G_{1av}} < F_2 + \frac{F_1 - 1}{G_{2av}}$$

erfüllt ist. Nach einer kurzen Umformung erhält man eine für die Praxis günstigere Form:

$$\frac{F_1 - 1}{1 - \dfrac{1}{G_{1av}}} < \frac{F_2 - 1}{1 - \dfrac{1}{G_{2av}}} .$$

Die hier miteinander verglichenen Größen werden als 'Rauschmaß' bezeichnet.

Übungsaufgabe 2.18

Zur Berechnung der Linien konstanter Rauschzahl in der komplexen Generatorimpedanzebene wird Gl. (2.90) in abgewandelter Form geschrieben:

$$F = \text{const} = 1 + \frac{W_u + |Z|^2 W_i + 2 Re(Z \cdot W_{ui})}{2 k T_0 \cdot Re Z} .$$

337

Mit $Z = R + jX$ erhält man:

$$F = 1 + \frac{W_u + (R^2 + X^2)\,W_i + 2\cdot(R\cdot Re\,W_{ui} - X\cdot Im\,W_{ui})}{2kT_0R}\,.$$

Nach einer kurzen Umformung erhält man:

$$-W_u = R^2 W_i + 2R\left[kT_0(1-F) + Re\,W_{ui}\right] + X^2 W_i - 2X\cdot Im\,W_{ui}$$

Umformen und geschicktes Erweitern liefert:

$$-\frac{W_u}{W_i} = R^2 + 2R\cdot\frac{kT_0(1-F) + Re\,W_{ui}}{W_i} + X^2$$

$$-2X\cdot\frac{Im\,W_{ui}}{W_i} + \left(\frac{Im\,W_{ui}}{W_i}\right)^2 - \left(\frac{Im\,W_{ui}}{W_i}\right)^2$$

$$+\left(\frac{kT_0(1-F) + Re\,W_{ui}}{W_i}\right)^2 - \left(\frac{kT_0(1-F) + Re\,W_{ui}}{W_i}\right)^2$$

$$\Rightarrow \left(\frac{kT_0(1-F) + Re\,W_{ui}}{W_i}\right)^2 + \left(\frac{Im\,W_{ui}}{W_i}\right)^2 - \frac{W_u}{W_i}$$

$$= \left(R + \frac{kT_0(1-F) + Re\,W_{ui}}{W_i}\right)^2 + \left(X - \frac{Im\,W_{ui}}{W_i}\right)^2$$

$$\Rightarrow C = (R - R_0)^2 + (X - X_0)^2\,.$$

Eine weitere Rechnung zeigt, daß die Konstante C für alle physikalisch möglichen Fälle größer oder gleich null ist. Damit stellt die erhaltene Lösung eine Kreisgleichung dar. Weil die Kreismittelpunkte $(R_0; X_0)$ von der Rauschzahl F abhängig sind, erhält man keine konzentrischen Kreise um (R_{opt}, X_{opt}).

Lösungen zu den Übungsaufgaben (Kapitel 3)

Übungsaufgabe 3.1

Mit $\quad |V_T|^2 = c_i^2 \cdot \tau^2 \cdot si^2(\pi f \tau)$ und $\quad \lim\limits_{f \to 0} si(\pi f \tau) = 1$ folgt:

$$|V_T(0)|^2 = c_i^2 \cdot \tau^2 .$$

Damit vereinfacht sich Gl. (3.24) zu:

$$\Delta f_T = \frac{\int_0^\infty |V_T|^2 \, df}{c_i^2 \tau^2} = \frac{1}{c_i^2 \tau^2} \int_0^\infty c_i^2 \, \frac{\sin^2(\pi f \tau)}{(\pi f)^2} \, df = \int_0^\infty si^2(\pi f \tau) \, df .$$

Mit der Substitution $f' = \pi f \tau$ erhält man:

$$\Delta f_T = \frac{1}{\pi \tau} \int_0^\infty si^2(f') \, df' = \frac{1}{2\tau} \qquad \text{q.e.d.}$$

Als ein Zahlenbeispiel sei eine Integrationszeit $\tau = 1\text{s}$ vorgegeben. Ein bestimmter Anteil aller Meßwerte soll eine Genauigkeit besser als 0,1 K haben, d.h. die Streuung ΔT_m muß einen bestimmten Wert annehmen. Die Meßwerte sind normalverteilt, also gilt für die Anzahl X der Meßwerte, die in einem $2\Delta T$ breiten Intervall um T_m liegen, allgemein:

$$X = \frac{1}{\sqrt{2\pi}} \cdot \frac{1}{\Delta T_m} \int_{T_m - \Delta T}^{T_m + \Delta T} \exp\left(-\frac{(T - T_m)^2}{2\Delta T_m^2} \right) dT .$$

Mit der Substitution

$$\left(\frac{T - T_m}{\Delta T_m} \right) = T'$$

und unter Ausnutzung der Symmetrie um T' erhält man für X:

$$X = \frac{2}{\sqrt{2\pi}} \cdot \int_0^{\frac{\Delta T}{\Delta T_m}} \exp\left(-\frac{1}{2} T'^2 \right) dT' .$$

Das auftretende Integral ist für verschiedene Integrationsgrenzen als Integral der Standard-Normalverteilung tabelliert. Mit $X = 0,68$ findet man

$$\frac{\Delta T}{\Delta T_m} = 1.$$

Mit $\Delta T = 0{,}1$ K und mit Gl. (3.28) folgt für die gesuchte Bandbreite

$$\Delta f = \frac{1}{\tau}\left(\frac{T_m}{\Delta T_m}\right)^2 = 9\ \text{MHz}.$$

Für $X = 0{,}95$ ergibt sich wegen $\Delta T / \Delta T_m = 2$ und $\Delta T = 0{,}1$ K:

$$\Delta f = 36\ \text{MHz}.$$

Das Ergebnis zeigt deutlich die Abhängigkeit der Meßgenauigkeit von der Bandbreite bei vorgegebener Meßzeit.

Übungsaufgabe 3.2

Mit

$$1 - |\Gamma_l|^2 = \frac{|Z_l + Z_0|^2 - |Z_l - Z_0|^2}{|Z_l + Z_0|^2} = \frac{2Z_0(Z_l + Z_l^*)}{|Z_l + Z_0|^2}$$

und

$$1 - |\Gamma_g|^2 = \frac{2Z_0(Z_g + Z_g^*)}{|Z_g + Z_0|^2}$$

und

$$|1 - \Gamma_g \Gamma_l|^2 = \left| \frac{(Z_g + Z_0)(Z_l + Z_0) - (Z_g - Z_0)(Z_l - Z_0)}{(Z_g + Z_0)(Z_l + Z_0)} \right|^2$$

$$= \frac{|2Z_0(Z_g + Z_l)|^2}{|Z_g + Z_0|^2 \, |Z_l + Z_0|^2}$$

erhält man für den Bruch auf der rechten Seite in Gl. (3.38):

$$\frac{(1 - |\Gamma_g|^2)(1 - |\Gamma_l|^2)}{|1 - \Gamma_g \Gamma_l|^2} = \frac{4Z_0^2(Z_g + Z_g^*)(Z_l + Z_l^*)}{4Z_0^2 \, |Z_g + Z_l|^2}$$

$$= \frac{4Re Z_g \cdot Re Z_l}{|Z_g + Z_l|^2}.$$

Für die rechte Seite von Gl. (3.43) erhält man nach Einsetzen der Definition aus Gl. (3.40):

$$1 - |\bar{\rho}|^2 \quad = \quad \frac{|Z_l + Z_g|^2 - |Z_l - Z_g^*|^2}{|Z_l + Z_g|^2}$$

$$= \quad \frac{Z_l Z_g^* + Z_l^* Z_g + Z_l^* Z_g^* + Z_l Z_g}{|Z_l + Z_g|^2} \quad = \quad \frac{4 Re Z_g \cdot Re Z_l}{|Z_g + Z_l|^2} \quad . \quad (1)$$

Durch Vergleich findet man die gesuchte Identität der Gln. (3.43) und (3.38):

$$1 - |\bar{\rho}|^2 \quad = \quad \frac{(1 - |\Gamma_g|^2)(1 - |\Gamma_l|^2)}{|1 - \Gamma_g \Gamma_l|^2} \quad .$$

Die an Z_l abgegebene Leistung kann über

$$P_l \quad = \quad |I_l|^2 \cdot Re(Z_l) \tag{2}$$

auch aus dem durch Z_l fließenden Strom I_l berechnet werden. Es gilt:

$$|I_l|^2 \quad = \quad 4kT\Delta f \cdot Re(Z_g) \cdot \frac{1}{|Z_g + Z_l|^2} \quad = \quad P_{av} \cdot \frac{4 \cdot Re Z_g}{|Z_g + Z_l|^2} \quad .$$

Einsetzen in (2) liefert:

$$P_l \quad = \quad P_{av} \cdot \frac{4 \cdot Re Z_g \cdot Re Z_l}{|Z_g + Z_l|^2} \quad .$$

Ein Vergleich mit (1) zeigt:

$$P_l \quad = \quad P_{av}(1 - |\bar{\rho}|^2)$$

und damit die Gültigkeit von (3.41).

341

Übungsaufgabe 3.3

Wie beim Kompensationsradiometer nach Bild 3.13 werden auch hier die Schaltzustände I und II getrennt betrachtet. Nach dem Dissipationstheorem setzt sich die Leistung P_I, die im Schaltzustand I zum Verstärker gelangt, wie folgt zusammen:

$$P_I = k\Delta f \cdot \left[T_0(1-\kappa)a + T_{ref}\kappa a + (1-a)T_0 \right].$$

Hierbei stammen die Anteile der Reihe nach aus Z_0, der Referenz und dem Dämpfungsglied. Ebenso gilt für den Schaltzustand II:

$$P_{II} = k\Delta f \cdot \left[T_0\kappa + T_{ref}\kappa(1-\kappa)|\rho|^2 + T_m \cdot (1-|\rho|^2)(1-\kappa) + T_0(1-\kappa)^2|\rho|^2 \right].$$

Hier müssen also die Anteile aus Z_0, der Referenz, dem Meßobjekt und aus dem Isolator addiert werden. Die aus dem Isolator stammende Rauschwelle durchläuft zweimal den Koppler und wird zudem am Meßobjekt reflektiert.

Auch in dieser Schaltung soll mit $P_I = P_{II}$ ein Nullabgleich der gemessenen Leistungen durch die Variation der Temperatur der Referenzrauschquellen eingestellt werden. Berücksichtigt man den Zusammenhang der Leistungsdämpfung des Dämpfungsgliedes mit der Leistungskoppeldämpfung des Kopplers, so erhält man:

$$T_0(1-\kappa)^2 + \kappa T_0 - T_0\kappa = T_m \cdot (1-|\rho|^2)(1-\kappa) + T_{ref}\kappa(1-\kappa)|\rho|^2$$
$$+ T_0(1-\kappa)^2|\rho|^2 - T_{ref}\kappa(1-\kappa).$$

Kürzen durch $(1-\kappa)$ liefert:

$$T_0(1-\kappa) = T_m \cdot (1-|\rho|^2) + T_{ref}\kappa|\rho|^2 + T_0(1-\kappa)|\rho|^2 - T_{ref}\kappa.$$

Der Ausdruck $(1-|\rho|^2)$ kann ausgeklammert und gekürzt werden:

$$T_0(1-\kappa)(1-|\rho|^2) + T_{ref}\kappa(1-|\rho|^2) = T_m \cdot (1-|\rho|^2)$$

und damit:

$$T_m = T_0(1-\kappa) + T_{ref}\kappa.$$

In diesen Ausdruck geht der Reflexionsfaktor ρ des Meßobjektes nicht ein. Bei bekannter Umgebungstemperatur und bekannter Temperatur der Referenz kann also die Temperatur des Meßobjektes bestimmt werden.

342

Übungsaufgabe 3.4

Wenn die Korrelation zwischen Eingangs- und Ausgangsrauschwelle des Vorverstärkers mit Isolator berücksichtigt werden soll, so müssen die Leistungen P'_I und P'_{II} in der Ebene hinter dem Vorverstärker berechnet werden.

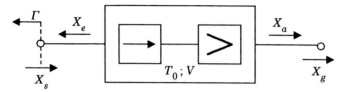

Bild Ü 3.4: Rauschwellen am Verstärker mit Isolator

Für das Betragsquadrat der Gesamtrauschwelle X_g gilt mit den Bezeichnungen aus Bild Ü3.4 ($X_{e/a}$ Eingangs- bzw. Ausgangsersatzrauschwelle des Vorverstärkers mit Isolator; Γ Reflexionsfaktor der Beschaltung; X_s Rauschwelle mit Anteilen aus der Referenzquelle und dem Meßobjekt; V Spannungsverstärkung des Verstärkers):

$$P'_{I/II} = |X_g|^2 = |X_a|^2 + |X_e|^2 |\Gamma|^2 |V|^2 + |X_s|^2 |V|^2$$
$$+ 2 \cdot \mathrm{Re}\left\{ \Gamma^* \cdot X_e^* \cdot X_a \cdot V^* \right\}. \tag{1}$$

Der Term $|X_a|^2$ ist in allen Fällen gleich und bleibt deshalb im folgenden unberücksichtigt. Der letzte Term in Gl. (1) beschreibt den Einfluß der Korrelation $X_e^* X_a$.

Bei der Ableitung der Abgleichbedingung der Schaltung nach Bild 3.13 wurde der schaltbare Zirkulator als verlustlos angenommen, und der Term $|X_e|^2 |\Gamma|^2 |V|^2$ ging deshalb nicht in die Rechnung ein. Für den Fall eines verlustbehafteten Isolators der Temperatur T_0 erhält man als Abgleichbedingung:

$$T_m = T_{ref} - T_0 \cdot \frac{|\rho|^2}{1 - |\rho|^2}. \tag{2}$$

Ist die Zusammenschaltung von Verstärker und Isolator vollständig dekorreliert, so kann mit (2) bei bekannter Temperatur T_0 des Isolators und bei bekanntem Reflexionsfaktor des Meßobjektes, die Meßobjekttemperatur T_m bestimmt werden. Für einen nicht vollständig dekorrelierten Vorverstärker / Isolator ergibt sich als Abgleichbedingung:

$$T_m = T_{ref} - T_0 \cdot \frac{|\rho|^2}{1-|\rho|^2} - \underbrace{\frac{2}{k\Delta f(1-|\rho|^2)} \, \mathrm{Re}\left\{\rho^* \cdot \frac{X_e^* X_a}{V}\right\}}_{\text{Korrelationsterm}}. \tag{3}$$

Der Korrelationsterm in (3) beschreibt den bei endlicher Dekorrelation $(X_e^* X_a \neq 0)$ entstehenden Meßfehler. Für die Schaltung nach Bild 3.17 ergibt sich:

$$T_m = T_0(1-\kappa) + T_{ref}\,\kappa - \underbrace{\frac{2(1-\kappa)}{k\Delta f(1-|\rho|^2)} \, \mathrm{Re}\left\{\rho^* \cdot \frac{X_e^* X_a}{V}\right\}}_{\text{Korrelationsterm}}. \tag{4}$$

Ein Vergleich von (4) mit dem Ergebnis aus Übungsaufgabe 3.3 zeigt, daß auch hier der Korrelationsterm den entstehenden Meßfehler beschreibt.

Haben Vorverstärker und Isolator dieselbe homogene Temperatur T_0, so kann die Abweichung $|\Delta T_m|$ der angezeigten Temperatur von der Meßobjekttemperatur T_m in Abhängigkeit von der Korrelation $X_e^* X_a$ angegeben werden. Mit der über

$$\frac{X_e^* X_a}{V} = kT_0\,\Delta f \cdot Q$$

definierten Dekorrelation Q $(0 \leq |Q| \leq 1)$ und $\kappa \to 0$ in Bild 3.17 gilt:

$$|\Delta T_m|_{\max} = \frac{2T_0}{1-|\rho|^2} \cdot \mathrm{Re}\{\rho \cdot Q\}.$$

Mit $\rho = \frac{1}{2} \hat{=} 6\,\mathrm{dB}$ erhält man für den maximalen Meßfehler:

$$|\Delta T_m|_{\max} = \frac{4}{3} \cdot T_0 \cdot |Q|.$$

Für $|\Delta T_m|_{\max} = 1\,\mathrm{K}$ und $T_0 = 290\,\mathrm{K}$ ergibt sich $|Q| = 0{,}26\%$.

Übungsaufgabe 3.5

Bild Ü3.5 zeigt die erweiterte Meßschaltung.

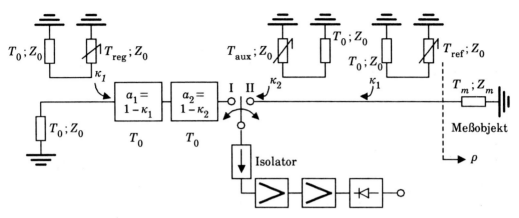

Bild 3.5: Kompensiationsradiometer zur Messung niedriger Rauschtemperaturen

Für die Leistungen P_{I} und P_{II} ergibt sich:

$$\frac{P_{\text{I}}}{k\Delta f} = T_{\text{ref}}\kappa_1(1-\kappa_1)(1-\kappa_2) + T_0\left[(1-\kappa_1)^2(1-\kappa_2) + (1-\kappa_2)\kappa_1 + \kappa_2\right]$$

$$\frac{P_{\text{II}}}{k\Delta f} = T_m(1-|\rho|^2)(1-\kappa_1)(1-\kappa_2) + T_{\text{ref}}|\rho|^2\kappa_1(1-\kappa_1)(1-\kappa_2) + T_{\text{aux}}\kappa_2$$

$$+ T_0\left[|\rho|^2(1-\kappa_1)^2(1-\kappa_2)^2 + \kappa_1(1-\kappa_2) + |\rho|^2\kappa_2(1-\kappa_1)^2(1-\kappa_2)\right].$$

Gleichsetzen und Auflösen nach T_m liefert nach einer ähnlichen Rechnung wie in Übungsaufgabe 3.3:

$$T_m = \kappa_1(T_{\text{ref}}-T_0) + T_0 - (T_{\text{aux}}-T_0)\cdot\frac{\kappa_2}{(1-\kappa_1)(1-\kappa_2)(1-|\rho|^2)}.$$

Mit diesem Ergebnis allein kann T_m noch nicht berechnet werden, weil $|\rho|^2$ unbekannt ist. Um ein Gleichungssystem für T_m und $|\rho|^2$ zu erhalten, kann man wie folgt vorgehen:

In einem **ersten Schritt** wird T_{ref1} auf Umgebungstemperatur eingestellt $(T_{\text{ref1}} = T_0)$. Dann wird T_{aux} so weit erhöht, bis die Abgleichbedingung erfüllt ist. Man erhält eine erste Gleichung für T_m:

345

$$T_m = T_0 - (T_{\text{aux}1} - T_0) \cdot \frac{\kappa_2}{(1 - \kappa_1)(1 - \kappa_2)(1 - |\rho|^2)} . \qquad (1)$$

Im **zweiten Schritt** wird die Übertemperatur der Zusatzrauschquelle definiert um einen Faktor n erhöht ($T_{\text{aux}2} - T_0 = n\,(T_{\text{aux}1} - T_0)$). Die Temperatur der Referenzrauschquelle wird auf den Wert $T_{\text{ref}2}$ erhöht, so daß die Abgleichbedingung erfüllt ist. Man erhält eine zweite Gleichung für T_m:

$$T_m = \kappa_1(T_{\text{ref}2} - T_0) + T_0 - n\,(T_{\text{aux}1} - T_0) \cdot \frac{\kappa_2}{(1 - \kappa_1)(1 - \kappa_2)(1 - |\rho|^2)} . \qquad (2)$$

Multipliziert man (1) mit n und subtrahiert beide Gleichungen, so erhält man als Ergebnis:

$$T_m = T_0 - \frac{\kappa_1}{n - 1}\,(T_{\text{ref}2} - T_0) .$$

Mit der beschriebenen Schaltung können Temperaturen im Bereich $0\,\text{K} < T_m < T_0$ gemessen werden. Wählt man $n = 2$, so kann man im ersten Schritt ein festes 3 dB-Dämpfungsglied vor die Zusatzrauschquelle schalten und im zweiten Schritt das Dämpfungsglied überbrücken. Die Zusatzrauschquelle braucht nicht kalibriert zu sein, sondern muß lediglich variabel und während der Meßzeit stabil sein.

Übungsaufgabe 3.6

Das Ausgangssignal eines nicht-idealen Mischers kann mit Hilfe einer Potenzreihe angegeben werden:

$$z = \sum_{m=0}^{\infty} \sum_{n=0}^{\infty} \beta_{mn}\, u_1^m(t)\, u_2^n(t) .$$

Am Ausgang eines Tiefpasses hinter dem Mischer erhält man den zeitlich gemittelten Wert $\bar{z}$ mit:

$$\bar{z} = \sum_{m=0}^{\infty} \sum_{n=0}^{\infty} \beta_{mn}\, \overline{u_1^m(t)\, u_2^n(t)} .$$

Wie in Übungsaufgabe 3.11 gezeigt wird, gilt für die Momente von gaußverteilten und unkorrelierten Eingangsgrößen u_1 und u_2:

346

$$\overline{u_1^m(t) \cdot u_2^n(t)} = \begin{cases} \overline{u_1^m(t)} \cdot \overline{u_2^n(t)} & \text{für } m \text{ und } n \text{ gerade} \\ 0 & \text{sonst} \,. \end{cases}$$

Im folgenden werden nur Ausgangssignalanteile mit den Koeffizienten $\beta_{20}, \beta_{02}, \beta_{22}$, usw. betrachtet, d.h. m und n gerade. Diese Anteile werden daraufhin untersucht, ob sie einen Beitrag bei $f_i = 10$ kHz liefern.

In der Schaltung nach Bild 3.20 können die $0°/180°$-Phasenmodulatoren durch geeignet gewählte Schaltfunktionen (Bild Ü3.6a) beschrieben werden.

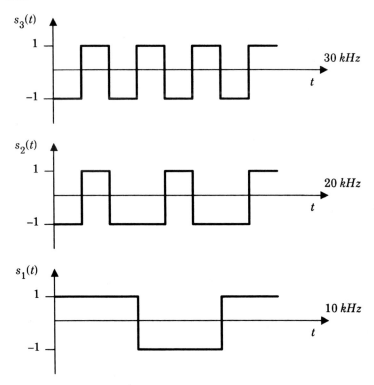

Bild Ü 3.6a: Schaltfunktionen

Es seien $v_1(t)$ bzw. $v_2(t)$ die Eingangsgrößen der Phasenschalter im Zweig 1 bzw. 2. Bei idealen Phasenschaltern ergibt sich damit für die Eingangsgröße des Multiplizierers:

$$u_1(t) = s_2(t) \cdot v_1(t)$$

$$u_2(t) = s_3(t) \cdot v_2(t) \,.$$

Bei Phasenschaltern mit parasitärer Amplitudenmodulation gilt dagegen:

$$u_1(t) = [1 + A_2 \, s_2(t)] \, s_2(t) \cdot v_1(t)$$

$$u_2(t) = [1 + A_3 \, s_3(t)] \, s_3(t) \cdot v_2(t) \, .$$

A_2 und A_3 beschreiben den durch parasitäre Amplitudenmodulation entstehenden Fehler. Im allgemeinen sind A_2 und A_3 klein. Für die ersten drei bei der Detektion relevanten Größen ergibt sich damit:

$$\overline{u_1^2(t)} = \overline{v_1^2(t) \, s_2^2(t) \left[1 + 2A_2 \, s_2(t) + A_2^2 \, s_2^2(t) \right]}$$

$$\overline{u_2^2(t)} = \overline{v_2^2(t) \, s_3^2(t) \left[1 + 2A_3 \, s_3(t) + A_3^2 \, s_3^2(t) \right]}$$

$$\overline{u_1^2(t)} \; \overline{u_2^2(t)} = \overline{v_1^2(t) \, v_2^2(t) \, s_2^2(t) \, s_3^2(t) \left[\left(1 + 2A_2 \, s_2(t) + A_2^2 \, s_2^2(t) \right) \left(1 + 2A_3 \, s_3(t) + A_3^2 \, s_3^2(t) \right) \right]} \, .$$

Mit $\overline{v_1^2(t)} = \rho_1(0)$, $\overline{v_2^2(t)} = \rho_2(0)$ und $s_2^2(t) = s_3^2(t) = 1$ gilt:

$$\overline{u_1^2(t)} = \rho_1(0) \, \overline{\left[1 + A_2^2 + 2A_2 \, s_2(t) \right]}$$

$$\overline{u_2^2(t)} = \rho_2(0) \, \overline{\left[1 + A_3^2 + 2A_3 \, s_3(t) \right]}$$

$$\beta_{22} \cdot \overline{u_1^2(t)} \cdot \overline{u_2^2(t)} = \beta_{22} \, \rho_1(0) \cdot \rho_2(0)$$

$$\cdot \overline{\left[(1 + A_2^2)(1 + A_3^2) + (1 + A_3^2) 2A_2 \, s_2(t) + (1 + A_2^2) 2A_3 \, s_3(t) + 4A_2 A_3 \, s_2(t) \, s_3(t) \right]} \, .$$

Wegen $s_2(t) \cdot s_3(t) = s_1(t)$ liefert nur der letzte mit β_{22} verknüpfte Ausdruck einen Anteil bei $f_i = 10$ kHz. Dieser Anteil ist für die Schaltung nach Bild 3.20 mit $A_2 A_3$ verknüpft und damit von höherer Ordnung klein.

Bei einer einfachen Phasenmodulation nach Bild 3.19 entsteht bereits durch

$$\beta_{20} \cdot \overline{u_1^2(t)} = \beta_{20} \cdot \rho_1(0) \left[1 + A_1^2 + 2A_1 \, s_1(t) \right]$$

ein Anteil bei f_i. Der durch parasitäre Amplitudenmodulation verursachte Fehler ist dann nur von erster Ordnung klein.

Eine weitere Möglichkeit, eine Doppelphasenmodulation zu erreichen, besteht darin, zwei Phasenschalter in einem Zweig hintereinander zu schalten (Bild Ü3.12b).

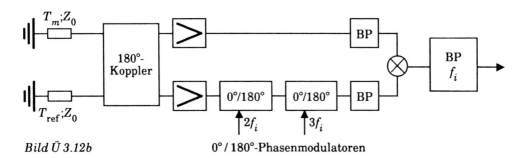

Bild Ü 3.12b   0° / 180°-Phasenmodulatoren

Wie man leicht zeigen kann, gilt dann für die Eingangsgrößen des Multiplizierers:

$$\beta_{20}\,\overline{u_1^2(t)} \;=\; \beta_{20}\cdot\rho_1(0)$$

$$\cdot\,\overline{\left[(1+A_2^2)(1+A_3^2)+(1+A_3^2)\,2\cdot A_2\,s_2(t)+(1+A_2^2)\,2A_3\,s_3(t)+4A_2A_3\,s_2(t)\,s_3(t)\right]}$$

$$\overline{u_2^2(t)} \;=\; \rho_2(0)\,.$$

Hier liefert bereits $\overline{u_1^2(t)}$ einen Anteil bei $f_i = 10$ kHz, der von höherer Ordnung klein ist. Danach liefert der mit β_{22} verknüpfte Term einen entsprechenden Beitrag. Die Koeffizienten β_{mn} der Potenzreihenentwicklung hängen vom verwendeten Multiplizierer ab. Es muß also von Fall zu Fall entschieden werden, ob eine Doppelmodulation mit beiden Phasenschaltern in einem Zweig oder mit je einem Phasenschalter in den Zweigen günstiger ist.

Übungsaufgabe 3.7

Der verlustlose 3 dB-90°-Koppler habe Phasenbeziehungen wie im untenstehenden Bild gezeigt.

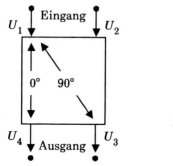

Bild Ü 3 7a

Wir wollen die Korrelation am Ausgang bilden:

$$U_4^* U_3 = \frac{1}{\sqrt{2}} (U_1 + jU_2)^* \frac{1}{\sqrt{2}} (jU_1 + U_2)$$

$$= \frac{1}{2} j|U_1|^2 - \frac{1}{2} j|U_2|^2,$$

weil U_1 und U_2 unkorreliert sein sollen. Damit ist gezeigt, daß für ein
Korrelationsradiometer mit einem 90°-Koppler der Realteil der Korrelation am Ausgang immer null bleibt und der Nullabgleich im Imaginärteil
vorgenommen werden muß. Wie im untenstehenden Bild gezeigt, erfordert
dies eine weitere 90°-Phasenverschiebung (vgl. auch Bild 3.2).

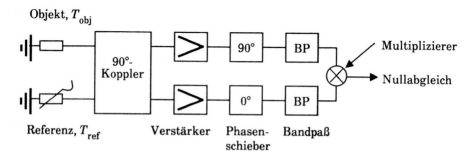

Bild Ü 3.7b

Übungsaufgabe 3.8

Für die mit zwei 180°-Kopplern realisierte Schaltung stellt der Korrelator-
ersatz die bereits in Abschnitt 3.1 beschriebene Schaltung nach Bild 3.4 für
$\phi = 0$ dar. Im 180°-Koppler werden Summe und Differenz der Eingangsgrößen gebildet und anschließend im Schaltradiometer die Differenz der
Betragsquadrate:

$$\frac{1}{4} \left| (A_m - A_{ref}) V_1 + (A_m + A_{ref}) V_2 \right|^2 - \frac{1}{4} \left| (A_m - A_{ref}) V_1 - (A_m + A_{ref}) V_2 \right|^2$$

$$= \mathrm{Re} \left\{ (A_m - A_{ref}) V_1 \cdot (A_m + A_{ref})^* V_2^* \right\}$$

$$= \left(|A_m|^2 - |A_{ref}|^2 \right) \cdot \mathrm{Re} \left\{ V_1 V_2^* \right\}$$

$$= k\Delta f (T_m - T_{ref}) \, \mathrm{Re} \left\{ V_1 V_2^* \right\} .$$

Für $T_m = T_{ref}$ ergibt sich also unabhängig von V_1 und V_2 eine Nullanzeige.
Dies gilt übrigens auch für die Schaltung nach Bild 3.18, wie ein Vergleich
mit Gl. (3.56) zeigt. Verwendet man statt der 180°-3dB-Koppler zwei
90°-3 dB-Koppler, so bildet das Schaltradiometer die Differenz der Betragsquadrate von

und

$$\frac{1}{2} \left[V_1 (A_m + j A_{ref}) + j V_2 (j A_m + A_{ref}) \right]$$

$$\frac{1}{2} \left[j V_1 (A_m + j A_{ref}) + V_2 (j A_m + A_{ref}) \right] .$$

Die weitere Rechnung zeigt, daß die Anzeige proportional zu

$$- k\Delta f (T_m - T_{ref}) \cdot \mathrm{Re} \left\{ V_1 V_2^* \right\}$$

ist. Wiederum ergibt sich für $T_m = T_{ref}$ unabhängig von V_1 und V_2 eine
Nullanzeige.

Übungsaufgabe 3.9

In der Schaltung nach Bild 3.13 kann der Zirkulator durch einen Isolator wie in Bild Ü3.9 ersetzt werden.

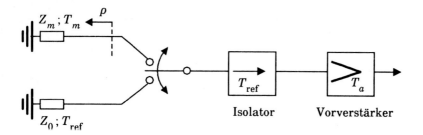

Isolator   Vorverstärker

Bild Ü 3.9

Der Isolator soll die gleiche Temperatur wie die Referenzrauschquelle aufweisen. Als Abgleichbedingung erhält man wiederum:

$$T_{ref} = T_{ref}|\rho|^2 + T_m(1-|\rho|^2) \tag{1}$$

woraus unmittelbar

$$T_m = T_{ref}$$

folgt. Die Rauschsignale am Ausgang des Vorverstärkers für die beiden Schalterstellungen sind unkorreliert. Für den absoluten Fehler des Schaltradiometers gilt daher:

$$\Delta T_{sch} = \sqrt{2} \cdot \sqrt{2}\, \Delta T_{ref}$$

$$= 2\,\Delta T_{ref} = \frac{2}{\sqrt{\Delta f \cdot \tau}}\,(T_{ref}+T_a).$$

Fügt man in die Bilanzgleichung (1) den Fehlerterm ΔT_{sch} ein, so erhält man:

$$T_{ref} \pm \Delta T_{sch} = T_{ref}|\rho|^2 + T_m(1-|\rho|^2).$$

Auflösen nach T_m liefert:

$$T_m = T_{ref} \pm \frac{\Delta T_{sch}}{1-|\rho|^2}.$$

Die Meßobjekttemperatur T_m wird mit dem Fehler

$$\Delta \tilde{T}_m = \frac{\Delta T_{sch}}{1 - |\rho|^2}$$

gemessen. Für den relativen Fehler erhält man:

$$\frac{\Delta \tilde{T}_m}{T_m} = \frac{\Delta T_{sch}}{T_m} \cdot \frac{1}{1 - |\rho|^2}$$

Für $|\rho| \to 1$ wird der relative Fehler beliebig groß.

Übungsaufgabe 3.10

Um den Temperaturfehler bestimmen zu können, muß zunächst eine Gl. (3.22) entsprechende Form für das Korrelationsradiometer berechnet werden. Als Grundlage für die weiteren Rechnungen soll das Bild Ü3.10 dienen.

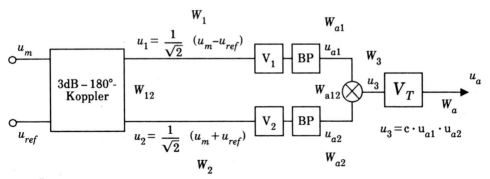

Bild Ü 3.10: Prinzipschaltung des Korrelationsradiometers

Das mittlere Schwankungsquadrat der Ausgangsspannung wird, wie in Kapitel 3.3.2, zu

$$\overline{u_a^2(t)} = \int_{-\infty}^{\infty} W_a(f)\,\mathrm{d}f = \int_{-\infty}^{\infty} W_3(f)\,|V_T(f)|^2\,\mathrm{d}f \tag{1}$$

berechnet. Um das Spektrum $W_3(f)$ aus

$$\rho_3(\theta) = \overline{u_3(t) \cdot u_3(t+\theta)} = c^2\,\overline{u_{a1}(t)\,u_{a1}(t+\theta)\,u_{a2}(t)\,u_{a2}(t+\theta)} \tag{2}$$

berechnen zu können, müssen die Ergebnisse aus Kapitel 1.2.7 bzw. Übungsaufgabe 1.5 auf die hier benötigte Form erweitert werden. Unter den dort genannten Voraussetzungen gilt:

$$\rho_3(\theta) = c^2\left[\rho_{a12}^2(0) + \rho_{a1}(\theta)\,\rho_{a2}(\theta) + \rho_{a12}(\theta)\rho_{a21}(\theta)\right].\tag{3}$$

Eine Fouriertransformation von (3) liefert einen Ausdruck für $W_3(f)$:

$$W_3(f) = c^2\,\rho_{a12}^2(0)\,\delta(f)$$

$$+ c^2\int_{-\infty}^{\infty}\left[W_{a1}(f')\cdot W_{a2}(f-f') + W_{a12}(f')\,W_{a21}(f-f')\right]df'.\tag{4}$$

Mit $W(f) = W(-f)$ für Leistungsspektren und $W_{xy}(f) = W_{yx}(-f)$ für Kreuzspektren kann (4) auch folgendermaßen geschrieben werden:

$$W_3(f) = c^2\,\rho_{a12}^2(0)\,\delta(f)$$

$$+ c^2\int_{-\infty}^{\infty}\left[W_{a1}(f')\cdot W_{a2}(f'-f) + W_{a12}(f')\,W_{a12}(f'-f)\right]df'.\tag{5}$$

Mit

$$\overline{u_a(t)}^2 = \left(V_T(0)\cdot\overline{u_3(t)}\right)^2 = \left(c\,V_T(0)\,\overline{u_{a1}(t)\,u_{a2}(t)}\right)^2$$

$$= (c\cdot V_T(0)\cdot\rho_{a12}(0))^2\tag{6}$$

kann, ähnlich wie in Gl. (3.21), die Varianz σ_a^2 der Ausgangsspannung berechnet werden:

$$\sigma_a^2 = \overline{u_a^2(t)} - \overline{u_a(t)}^2 = c^2\,\rho_{a12}^2(0)\int_{-\infty}^{\infty}|V_T(f)|^2\,\delta(f)\,df$$

$$+ c^2\int\int_{-\infty}^{\infty}|V_T(f)|^2\left[W_{a1}(f')\,W_{a2}(f'-f) + W_{a12}(f')\,W_{a12}(f'-f)\right]df'df$$

$$- (c\,V_T(0)\cdot\rho_{a12}(0))^2$$

$$= c^2\int\int_{-\infty}^{\infty}|V_T(f)|^2\left[W_{a1}(f')\,W_{a2}(f'-f) + W_{a12}(f')\,W_{a12}(f'-f)\right]df'df.\tag{7}$$

Berücksichtigt man die Spannungsverstärkungen V_1 und V_2 der beiden Kanäle, so erhält man mit denselben Näherungen wie in Kap. 3.3.2:

$$\sigma_a^2 \approx c^2 \int_{-\infty}^{\infty} |V_T(f)|^2 \, df$$

$$\cdot \left[\int_{-\infty}^{\infty} |V_1|^2 |V_2|^2 \, W_1(f) \, W_2(f) \, df + \int_{-\infty}^{\infty} (V_1^* V_2)^2 \, W_{12}^2(f) \, df \right]. \tag{8}$$

Wegen $\quad W_{12}^2(f) = W_{12}^{2*}(-f) \quad$ gilt: $\quad \operatorname{Re} W_{12}^2(f) = \operatorname{Re} W_{12}^2(-f)$

und $\qquad Im \, W_{12}^2(f) = -Im \, W_{12}^2(-f)$

und damit $\quad \displaystyle\int_{-\infty}^{\infty} W_{12}^2(f) \, df = \int_{-\infty}^{\infty} (\operatorname{Re} W_{12}^2(f) + Im \, W_{12}^2(f)) \, df$

$$= 2 \int_0^{\infty} \operatorname{Re} W_{12}^2(f) \, df$$

kann (8) auch wie folgt geschrieben werden:

$$\sigma_a^2 \approx 2 \cdot c^2 \int_0^{\infty} |V_T(f)|^2 \, df$$

$$\cdot \left[2 \int_0^{\infty} |V_1|^2 |V_2|^2 \, W_1(f) \, W_2(f) \, df + 2 \int_0^{\infty} \operatorname{Re} \left\{ (V_1^* V_2)^2 \, W_{12}^2(f) \right\} df \right]. \tag{9}$$

Mit der Annahme $V_1 = V_2 = V$ und rechteckförmigen Bandpaßfiltern wird aus (8):

$$\sigma_a^2 \approx 2 \, c^2 \int_0^{\infty} |V_T(f)|^2 \, df \cdot \left[2 |V|^4 \int_0^{\infty} W_1(f) \, W_2(f) \, df + 2 |V|^4 \int_0^{\infty} \operatorname{Re} W_{12}^2(f) \, df \right]$$

$$= 4 \, c^2 \int_0^{\infty} |V_T(f)|^2 \, df \cdot |V|^4 \left[W_1(f_0) \, W_2(f_0) + \operatorname{Re} W_{12}^2(f_0) \right] \Delta f$$

$$= 4 \, c^2 \int_0^{\infty} |V_T(f)|^2 \, df$$

$$\cdot |V|^4 \left[W_1(f_0) \, W_2(f_0) + \operatorname{Re}^2 W_{12}(f_0) - Im^2 W_{12}(f_0) \right] \Delta f. \tag{10}$$

Mit der effektiven Tiefpaßbandbreite Δf_T nach Gl. (3.24) erhält man unter Berücksichtigung von

$$\overline{u_a(t)}^2 = (c\,V_T(0)\,\rho_{a12}(0))^2 = \left(c\,V_T(0)\int_{-\infty}^{\infty}W_{a12}\,df\right)^2$$

$$= \left(2c\cdot V_T(0)\cdot\int_0^{\infty}\mathrm{Re}\,W_{a12}(f)\,df\right)^2 = \left(2c\,V_T(0)\,|V(f_0)|^2\,\Delta f\,\mathrm{Re}\,W_{12}(f_0)\right)^2$$

für die auf $\overline{u_a(t)}^2$ bezogene Varianz:

$$\tilde{\sigma}^2{}_a = \frac{\sigma_a^2}{\overline{u_a(t)}^2}$$

$$= \frac{W_1(f_0)\,W_2(f_0) + \mathrm{Re}^2\,W_{12}(f_0) - Im^2\,W_{12}(f_0)}{\mathrm{Re}^2\,W_{12}(f_0)}\cdot\frac{\Delta f_T}{\Delta f} \tag{11}$$

oder, unter Verwendung des in Gl. (1.84) definierten normierten Kreuzspektrums k_{12}:

$$\tilde{\sigma}^2{}_a = \left(2 + \frac{1 - |k_{12}|^2}{\mathrm{Re}^2\,k_{12}}\right)\frac{\Delta f_T}{\Delta f}. \tag{12}$$

Die Anzeige des Korrelationsradiometers ist proportional zum Realteil des Kreuzspektrums W_{12} bei der betrachteten Frequenz f_0:

$$\overline{u_a(t)} = C\cdot\mathrm{Re}\,W_{12}(f_0).$$

Einsetzen in (11) liefert:

$$\sigma^2{}_a = \tilde{\sigma}^2{}_a\cdot\overline{u_a(t)}^2 = C^2\left[2\,\mathrm{Re}^2\,W_{12}(f_0) + W_1(f_0)\,W_2(f_0) - |W_{12}(f_0)|^2\right]\frac{\Delta f_T}{\Delta f}.$$

Für Nullabgleich gilt

$$\overline{u_a(t)} = 0 \Rightarrow \mathrm{Re}\,W_{12}(f_0) = 0.$$

Nach durchgeführtem Nullabgleich gilt also für die Varianz der Ausgangsspannung:

$$\sigma^2{}_a = C^2\left[W_1(f_0)\,W_2(f_0) - |W_{12}(f_0)|^2\right]\frac{\Delta f_T}{\Delta f}. \tag{13}$$

Mit Hilfe der symbolischen Rechnung erhält man für die benötigten Spektren:

$$W_1(f_0)\,\Delta f \;=\; U_1 U_1^* \;=\; k\Delta f(T_m + T_{ref}) \;=\; U_2 U_2^* \;=\; W_2(f_0)\cdot\Delta f$$

$$= 2k\Delta f T_m \quad \text{für Nullabgleich}$$

und

$$W_{12}(f_0)\,\Delta f \;=\; k\Delta f(T_m - T_{ref})$$

$$= 0 \quad \text{für Nullabgleich}.$$

Der Fehler der Anzeige kann auch als Temperaturfehler aufgefaßt werden:

$$\sigma_a^2 \;=\; C^2\,W_1(f_0)\,W_2(f_0)\,\frac{\Delta f_T}{\Delta f} \;=\; \overline{u_a(t)}^2 \bigg|_{T_m - T_{ref} = \Delta T}$$

$$= C^2(k\Delta f)^2\,(T_m - T_{ref})^2 \;=\; C^2(k\Delta f)^2\cdot\Delta T^2$$

$$\Rightarrow 4\,T_m^2\,\frac{\Delta f_T}{\Delta f} \;=\; \Delta T^2$$

$$\Rightarrow \frac{\Delta T}{T_m} \;=\; 2\sqrt{\frac{\Delta f_T}{\Delta f}}\ .$$

Wird als Tiefpaß ein idealer Integrator mit der Integrationszeit τ verwendet, so gilt mit Gl. (3.27):

$$\frac{\Delta T}{T_m} \;=\; \sqrt{2}\cdot\frac{1}{\sqrt{\Delta f\,\tau}}$$

Das Ergebnis ist identisch mit Gl. (3.61).
Eine direkte Rechnung zur Ableitung des Temperaturfehlers ist im folgenden erläutert. Die Anzeige An des im Korrelationsradiometer enthaltenen Korrelators ist proportional zum Realteil des Kreuzspektrums seiner Eingangsgrößen:

$$An \;\sim\; \text{Re}\left\{\frac{1}{2}\left(U_m + U_{ref}\right)\left(U_m - U_{ref}\right)^*\right\}\ .$$

Die Anwendung der Identität

$$\text{Re}\left\{ab^*\right\} \;=\; \frac{1}{4}\left(|a+b|^2 - |a-b|^2\right)$$

liefert

$$An \sim \frac{1}{8} |U_m + U_{ref} + U_m - U_{ref}|^2 - \frac{1}{8} |U_m + U_{ref} - U_m + U_{ref}|^2$$

$$= \frac{1}{2} \left(|U_m|^2 - |U_{ref}|^2 \right).$$

Man erhält die bekannte Proportionalität:

$$An \sim T_m - T_{ref}.$$

Für die Varianz des Abgleichtemperaturfehlers gilt damit wiederum Gl. (3.60) und Gl. (3.61).

Übungsaufgabe 3.11

Ein Korrelationsradiometer nach Bild 3.18 mit nicht-idealem Multiplizierer wird unter Abgleichbedingungen ($T_{ref} = T_m$) keine Nullanzeige liefern, auch wenn Meßobjekt und Referenz vollkommen unkorrelierte Quellen sind. Der entstehende Gleichspannungsfehler soll im folgenden berechnet werden.

Das Ausgangssignal y eines nicht-idealen Multiplizierers kann allgemein durch die Potenzreihenentwicklung

$$y = \sum_{m=0}^{\infty} \sum_{n=0}^{\infty} \beta_{mn} u_1^m u_2^n$$

dargestellt werden. Am Ausgang des Korrelators, also hinter dem Tiefpaß erhält man den zeitlichen Mittelwert

$$\langle y \rangle = \sum_{m=0}^{\infty} \sum_{n=0}^{\infty} \beta_{mn} \langle u_1^m \cdot u_2^n \rangle.$$

Für unkorrelierte gaußverteilte Eingangsgrößen u_1 und u_2 gilt mit den Gln. (1.60) und (1.63):

$$\langle u_1^m u_2^n \rangle = \frac{1}{j^{m+n}} \left[\frac{d^m}{dv_1^m} e^{(-\frac{1}{2} \langle u_1^2 \rangle v_1^2)} \cdot \frac{d^n}{dv_2^n} e^{(-\frac{1}{2} \langle u_2^2 \rangle v_2^2)} \right] \Big|_{v_1 = v_2 = 0}$$

Für die n-te Ableitung der Funktion e^{av^2} gilt:

$$\frac{d^n}{dv^n} e^{av^2} = e^{av^2} \cdot \sum_{k=0}^{\hat{k}} \frac{a^k}{k!} \cdot \frac{n!}{(n-2k)!} \cdot (2av)^{n-2k}$$

$$\text{mit} \quad \hat{k} = \begin{cases} \dfrac{n}{2} & \text{für } n \text{ gerade} \\[2mm] \dfrac{n-1}{2} & \text{für } n \text{ ungerade}. \end{cases}$$

Wie man einsehen kann, wird damit $\langle u^m_1 \cdot u^n_2 \rangle$ immer dann null, wenn m oder n ungerade sind. Für m und n gerade kann man $m = 2k$ und $n = 2l$ setzen. Damit erhält man als Ergebnis für die Ausgangsgröße des Korrelators:

$$\langle y \rangle = \sum_{k=0}^{\infty} \sum_{l=0}^{\infty} \beta_{2k2l} \frac{(-1)^{k+l} (2k)! \cdot (2l)!}{2^{k+l} \cdot k! \, l!} \cdot (\langle u_1^2 \rangle)^k \cdot (\langle u_2^2 \rangle)^l .$$

Am Ausgang tritt ein Gleichspannungsoffset auf, der abhängig von der Leistung der Eingangsgrößen ist.

Bei Verwendung eines periodischen Phasenschalters wie in Bild 3.19 werden auch die Koeffizienten $\langle u^m_1 \, u^n_2 \rangle$ periodische Funktionen der Zeit sein. Der zeitliche Mittelwert $\langle y \rangle$ bleibt jedoch konstant. Wie im unmodulierten Fall ist der entstehende Fehler ein reiner Gleichspannungsfehler. Verwendet man einen bei der Schaltfrequenz $f_i = 10$ kHz arbeitenden phasenempfindlichen Detektor, so liefert nur der Korrelationsterm $\langle u_1 \, u_2 \rangle$ einen Anteil bei f_i.

Man erhält also, unabhängig von der Art des Multiplizierers, für verschwindende Korrelation eine Nullanzeige.

Weist der eingesetzte Phasenschalter eine parasitäre Amplitudenmodulation auf, dann ist es günstig, eine Doppelmodulation wie in Übungsaufgabe 3.6 vorzusehen.

Übungsaufgabe 3.12

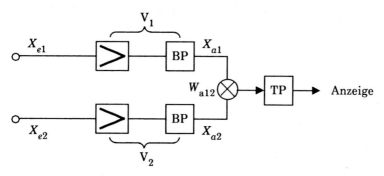

Bild Ü 3.12

Mit den Bezeichnungen aus Bild Ü3.12 gilt für das Kreuzspektrum W_{a12} in symbolischer Schreibweise:

$$W_{a12} = X_{a1}^* \cdot X_{a2} = V_1^* X_{e1}^* \cdot V_2 X_{e2}.$$

Mit $V_1 \approx V \approx V_2$ gilt:

$$W_{a12} = |V|^2 X_{e1}^* X_{e2} = |V|^2 W_{e12}.$$

Setzt man diese Beziehung in Gl. (11) aus Übungsaufgabe 3.10 ein, so erhält man:

$$\bar{\sigma}_a^2 = \frac{|V|^4 \left[W_{e1} W_{e2} + \mathrm{Re}^2 W_{e12} - Im^2 W_{e12} \right]}{|V|^4 \mathrm{Re}^2 W_{e12}} \cdot \frac{\Delta f_T}{\Delta f} \tag{1}$$

Bei einer Korrelationsmessung wird der relative Meßfehler für die Meßgröße, nämlich der Realteil des Kreuzspektrums, groß, wenn die Meßgröße klein wird. Der Zähler in Gl. (1) hängt dagegen nur wenig vom Kreuzspektrum ab.

Übungsaufgabe 3.13

Mit den Gln. (3.66) und (3.59) erhält man für kleine relative Fehler:

$$Y_m = \frac{P_2' \pm \Delta P_2'}{P_2 \mp \Delta P_2} = \frac{P_2'}{P_2} \cdot \frac{1 \pm \dfrac{\Delta P_2'}{P_2'}}{1 \mp \dfrac{\Delta P_2}{P_2}}$$

$$= Y \cdot \frac{1 \pm \dfrac{1}{\sqrt{\Delta f \tau}}}{1 \mp \dfrac{1}{\sqrt{\Delta f \tau}}} \approx Y\left(1 \pm \frac{2}{\sqrt{\Delta f \tau)}}\right).$$

Der Fehler des Y-Faktors bewirkt einen Fehler der Rauschzahl gemäß:

$$F_m = \frac{T_{ex}}{T_0} \cdot \frac{1}{Y\left(1 \pm \dfrac{2}{\sqrt{\Delta f \tau}}\right) - 1}$$

$$\approx \frac{T_{ex}}{T_0} \frac{1}{Y-1}\left(1 \mp \frac{Y}{Y-1} \frac{2}{\sqrt{\Delta f \tau}}\right) = F \pm \Delta F.$$

Für das gegebene Zahlenbeispiel erhält man mit

$$\Delta f = 5\ \text{MHz};\ \tau = 0,1\,\text{s};\ F = 6\,\text{dB} \triangleq 4;\ \frac{T_{ex}}{T_0} = 16\,\text{dB} \triangleq 40$$

und

$$Y = 1 + \frac{T_{ex}}{T_0 \cdot F} = 11$$

für den relativen Fehler der Rauschzahl:

$$\frac{\Delta F}{F} = 0,0031.$$

Übungsaufgabe 3.14

Rechnergesteuerte Geräte zur Messung der Rauschzahl linearer Meßobjekte erlauben es, die Leistungen P_2 und P_2' sowohl ohne als auch mit
Meßobjekt zu messen. Wenn G_0 der Gewinn der Meßschaltung ist, so gilt
für die ohne Meßobjekt gemessenen Rauschleistungen:

$$
\begin{aligned}
P_2 &= G_0(T_0 + T_a)k\Delta f \\
P_2' &= G_0(T_{g0} + T_a)k\Delta f
\end{aligned}
\quad \Rightarrow \quad
G_0 = \frac{P_2' - P_2}{k\Delta f(T_{g0} - T_0)} \, .
$$

Dabei ist $T_{g0} - T_0$ die Übertemperatur des Rauschgenerators und T_a ist die
Systemtemperatur des Vorverstärkers.

Wenn $G_{ges} = G \cdot G_0$ der Gewinn der Zusammenschaltung von Meßobjekt
und Meßschaltung ist, so gilt mit der veränderten Systemtemperatur T_a':

$$
\begin{aligned}
\tilde{P}_2 &= G_{ges}(T_0 + T_a')k\Delta f \\
\tilde{P}_2' &= G_{ges}(T_{g0} + T_a')k\Delta f
\end{aligned}
\quad \Rightarrow \quad
G_{ges} = \frac{\tilde{P}_2' - \tilde{P}_2}{k\Delta f(T_{g0} - T_0)} \, .
$$

Also gilt für den Gewinn des Meßobjektes:

$$
G = \frac{G_{ges}}{G_0} = \frac{\tilde{P}_2' - \tilde{P}_2}{P_2' - P_2} \, .
$$

Lösungen zu den Übungsaufgaben (Kapitel 4)

Übungsaufgabe 4.1

Um die AKF der unregelmäßigen Folge von δ-Impulsen abzuleiten, wird zunächst die AKF einer unregelmäßigen Folge von Rechteckimpulsen berechnet. Eine solche Folge $y(t)$ möge die folgenden Eigenschaften haben:

$$y(t) = \sum_\nu u(t - t_\nu) \qquad u(t - t_\nu) = \frac{1}{\tau} \cdot \text{rect} \frac{2(t - t_\nu)}{\tau}$$

mit

$$\text{rect } x = \begin{cases} 1 & \text{für } |x| \leq 1 \\ 0 & \text{für } |x| > 1 \, . \end{cases}$$

Somit haben die Rechteckimpulse das gleiche Impulsmoment wie die δ-Impulse:

$$\int_{-\infty}^{+\infty} u(t)\,dt = \int_{-\infty}^{+\infty} \delta(t)\,dt = 1 \, .$$

Die AKF der Folge von Rechteckfunktionen

$$P_{yy}(\theta) = \langle\, y(t) \cdot y(t+\theta)\,\rangle$$

soll berechnet werden. Dazu werden in Bild Ü4.1a die Zeitintervalle 1, 2 und 3 betrachtet, in denen jeweils eine bestimmte Anzahl m_i von Impulsen beginnt. Mit

$$y(t) = \frac{1}{\tau} (m_1 + m_2) \qquad \text{und} \qquad y(t + \theta) = \frac{1}{\tau} (m_2 + m_3)$$

gilt für die AKF:

$$P_{yy}(\theta) = \frac{1}{\tau^2} \langle (m_1 + m_2) \cdot (m_2 + m_3) \rangle \tag{1}$$

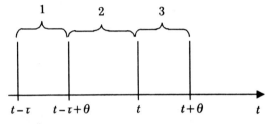

Bild Ü4.1a: Zur Berechnung von $P_{yy}(\theta)$

Wegen der vorausgesetzten Unabhängigkeit der Impulse gilt

$$\langle m_1 m_2 \rangle = \langle m_1 \rangle \cdot \langle m_2 \rangle$$

und für die anderen Faktoren entsprechend. Mit der Impulsdichte z gilt zudem $\langle m_1 \rangle = \langle m_3 \rangle = z \cdot \theta$ und $\langle m_2 \rangle = z(\tau - \theta)$. Wegen

$$\langle m^2_2 \rangle = \langle m_2 \rangle + \langle m_2 \rangle^2$$

gilt

$$\langle m^2_2 \rangle = z(\tau - \theta) + z^2 (\tau - \theta)^2.$$

Setzt man all diese Größen in (1) ein, so ergibt sich für positives θ und $\theta \leq \tau$:

$$P_{yy}(\theta) = \frac{z}{\tau^2}(\tau - \theta) + z^2 \qquad \text{für } \theta \leq \tau.$$

Wird $\theta > \tau$ so müssen nur die Intervalle der Länge τ vor $y(t)$ bzw. $y(t+\theta)$ berücksichtigt werden und man erhält:

$$P_{yy}(\theta) = z^2 \qquad \text{für } \theta > \tau.$$

Weil die AKF des stationären Zufallsprozesses eine gerade Funktion ist, gilt die folgende vollständige Gleichung:

$$P_{yy}(\theta) = \begin{cases} \dfrac{z}{\tau^2} \cdot (\tau - |\theta|) + z^2 & \text{für } |\theta| \leq \tau \\[2mm] z^2 & \text{für } |\theta| > \tau \end{cases} \qquad (2)$$

Die AKF ist also für $|\theta| > \tau$ konstant und geht für $|\theta| \leq \tau$ in einen dreieckförmigen Verlauf über. Der Maximalwert liegt bei $\theta = 0$ und beträgt

$$P_{yy}(\theta = 0) = \frac{z}{\tau} + z^2$$

Der Verlauf dieser AKF ist in Bild Ü4.1b dargestellt.

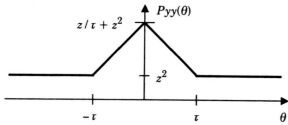

Bild Ü4.1b: AKF der Folge von Rechteck-Impulsen

Führt man den Grenzübergang $y(t) \to x(t)$ also $\tau \to 0$ durch, so nimmt auch die AKF den Verlauf einer δ-Funktion, der ein Gleichanteil z^2 überlagert ist, an. Im Sinne der Distributionentheorie geht also die AKF der Folge von Rechteckimpulsen über in die AKF der Folge von δ-Impulsen:

$$P_{xx}(\theta) \;=\; z \cdot \delta(\theta) + z^2 \,.$$

Damit ist Gl. (4.14) abgeleitet. In (2) tritt sowohl für $|\theta| \leq \tau$ als auch für $|\theta| > \tau$ ein Anteil z^2 auf, der unabhängig von θ ist. Ein solcher Anteil kann nur dann auftreten, wenn der betrachtete Prozeß einen Gleichanteil besitzt. Der Anteil z^2 fällt demnach weg, wenn man nur den Schwankungsanteil von $y(t)$ betrachtet, und es ergibt sich:

$$P_{Syy}(\theta) \;=\; \begin{cases} \dfrac{z}{\tau^2} \cdot (\tau - |\theta|) & \text{für } |\theta| \leq \tau \\[2ex] 0 & \text{für } |\theta| > \tau \,. \end{cases}$$

Für $\tau \to 0$ geht auch diese Funktion in einen Dirac-Impuls der Stärke z über:

$$P_{Sxx}(\theta) \;=\; z \cdot \delta(\theta) \,.$$

Damit ist auch Gl. (4.16) abgeleitet.

Übungsaufgabe 4.2

Zunächst soll die rauschende Diode durch eine thermische Rauschersatzspannungsquelle W_{UD} und einen Innenwiderstand R_i dargestellt werden. Für die Elemente dieser Quelle gilt wegen Bild 4.4

$$R_i \;=\; R_b + \frac{1}{G_s}$$

und

$$W_{UD} \;=\; W_U + \frac{W_{is}}{G_s^2} \;=\; 4kTR_b + 4kT'_{ef} \cdot \frac{1}{G_s} \,.$$

T'_{ef} ist hierbei die effektive Temperatur der Schottky-Diode bei vernachlässigtem Bahnwiderstand und mit

$$\frac{T'_{ef}}{T} \;=\; \frac{1}{2}\, n \left(1 + \frac{I_{ss}}{I_0 + I_{ss}} \right)$$

aus Gl. (4.31) folgt wegen $W_{UD} = 4kT_{ef}R_i$ nach Gleichsetzen und Umstellen:

$$\frac{T_{ef}}{T} = \frac{\dfrac{T'_{ef}}{T} + R_b G_s}{1 + R_b G_s} .$$

Mit G_s nach Gl. (4.28) und den gegebenen Werten folgt für $T = 300$ K die unten angegebene Wertetabelle, deren Werte für Ströme $I_0 > 0,2$ mA recht gut mit den gemessenen Werten übereinstimmen.

$I_0/$mA	0,1	0,2	0,4	0,8	1,2	1,6
T_{ef}/T	0,61	0,62	0,64	0,68	0,71	0,73

Übungsaufgabe 4.3

Die Rauschzahl eines Vierpols ist definiert als das Verhältnis der Rauschspektren bei rauschendem und rauschfreiem Vierpol. Beide Spektren sollen zunächst berechnet werden.

Wegen Gl. (4.49) gilt für das zu U^e gehörende Spektrum

$$|U^e|^2 = 2kTR_{e0} .$$

Führt man eine Maschenanalyse durch, so gilt mit den als Maschenströmen aufgefaßten Strömen $\tilde{I}_b$ und $\tilde{I}_c$ für die durch die Rauschquellen in der linken Masche eingeprägte Spannung u_1:

$$u_1 = (R_g + R_b + R_{e0}) \cdot \tilde{I}_b + R_{e0}\,\tilde{I}_c .$$

Für $\tilde{I}_c$ gilt hierbei:

$$\tilde{I}_c = -(I^a + a_0 \tilde{I}_e) = -(I^a - a_0 (\tilde{I}_b + \tilde{I}_c)) .$$

Mit $R = R_g + R_b + R_{e0}$ gilt also:

$$u_1 = R\tilde{I}_b + R_{e0}\,\tilde{I}_c$$

$$\tilde{I}_c = \frac{a_0 \tilde{I}_b - I^a}{1 - a_0} .$$

Löst man die erste Gleichung nach $\tilde{I}_b$ auf, setzt das Ergebnis in die zweite Gleichung ein und löst diese dann nach $\tilde{I}_c$ auf, so erhält man nach einiger Rechnung:

$$\tilde{I}_c = \frac{1}{R_{e0} + R\left(\dfrac{1}{a_0} - 1\right)} \cdot \left(u_1 - \frac{R}{a_0} I^a\right).$$

In der symbolischen Schreibweise gilt also:

$$|\tilde{I}_c|^2 = W_{i2} = \frac{1}{\left(R_{e0} + R\left(\dfrac{1}{a_0} - 1\right)\right)^2} \cdot \left(|u_1|^2 + \frac{R^2}{a_0^2} |I^a|^2\right).$$

Hierbei wurden die gemischten Anteile weggelassen, weil die Quellen miteinander nicht korreliert sind. Schreibt man die Anteile von $|u_1|^2$ einzeln auf, so ergibt sich:

$$|\tilde{I}_c|^2 = W_{i2} = \frac{1}{\left(R_{e0} + R\left(\dfrac{1}{a_0} - 1\right)\right)^2} \cdot \left[4kT\left(R_g + R_b + \frac{R_{e0}}{2}\right) + \frac{R^2}{a_0^2} W_i^a\right].$$

Damit ist das Ausgangsspektrum für den rauschenden Transistor berechnet. Um aus dieser Gleichung das Spektrum für den rauschfreien Transistor zu erhalten, müssen lediglich die Spektren W_i^a, $|U^b|^2$ und $|U^e|^2$ zu null gesetzt werden und man erhält:

$$W_{i20} = \frac{1}{\left(R_{e0} + R\left(\dfrac{1}{a_0} - 1\right)\right)^2} \cdot \left[4kTR_g\right].$$

Setzt man beide Größen ins Verhältnis, so erhält man die Rauschzahl:

$$F = \frac{W_{i2}}{W_{i20}} = \frac{4kT\left(R_g + R_b + \dfrac{R_{e0}}{2}\right) + \dfrac{R^2}{a_0^2} W_i^a}{4kTR_g}$$

$$= 1 + \frac{R_b}{R_g} + \frac{R_{e0}}{2R_g} + \frac{(R_g + R_b + R_{e0})^2}{4a_0^2 kTR_g} \cdot W_i^a.$$

Mit den Gln. (4.50) und (4.48) erhält man so das gesuchte Ergebnis der Gl. (4.53).

Die Rauschzahl ist damit wie erwartet abhängig vom Generatorinnenwiderstand. Für einen bestimmten Wert $R_{g\,opt}$ wird F minimal. Um $R_{g\,opt}$ zu erhalten, muß in Gl. (4.53) dF/dR_g gebildet und anschließend aus $dF/dR_g = 0$ die Größe $R_{g\,opt}$ errechnet werden. Man erhält:

$$R^2_{g\,opt} = (R_b + R_{e0})^2 + (2R_b + R_{e0}) \cdot \dfrac{R_{e0}\,a^2_o}{a_0(1 - a_0) + \dfrac{(a^2_0 I_{ee} + I_{cc})}{I_e + I_{ee}}} \,.$$

Setzt man diesen Wert in Gl. (4.53) ein, so ergibt sich nach einiger Rechnung für die minimale Rauschzahl:

$$F_{min} = 1 + \dfrac{R_{g\,opt} + R_b + R_{e0}}{R_{e0}\,a^2_0}\left[a_0(1 - a_0) + \dfrac{(a^2_0 I_{ee} + I_{cc})}{I_e + I_{ee}}\right].$$

Mit den angegebenen Zahlenwerten erhält man

$$R_{g\,opt} = 222\ \Omega$$

und

$$F_{min} = 1{,}57 \qquad \text{oder} \qquad F_{min} = 2\ \text{dB}\,.$$

Übungsaufgabe 4.4

Zur Berechnung der Rauschzahl in Basisschaltung kann man von dem unten angegebenen Ersatzschaltbild ausgehen. Die Rechnung erfolgt in Analogie zu Übungsaufgabe 4.3.

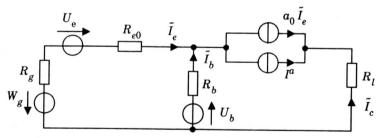

Bild Ü4.4: Kleinsignalverstärker in Basisschaltung

$$u_1 = (R_g + R_{e0} + R_b)\tilde{I}_e + R_b \cdot \tilde{I}_c = R\tilde{I}_e + R_b \tilde{I}_c \qquad (1)$$

$$\tilde{I}_c = -(I^a + a_0 \cdot \tilde{I}_e). \qquad (2)$$

Löst man Gl. (1) nach $\tilde{I}_e$ auf und setzt in Gl. (2) ein, so erhält man:

$$\tilde{I}_c = \frac{-u_1 - \dfrac{R}{a_0} I^a}{\dfrac{R}{a_0} - R_b}.$$

In der symbolischen Schreibweise gilt also:

$$|\tilde{I}_c|^2 = \frac{1}{\left(\dfrac{R}{a_0} - R_b\right)^2}\left[|u_1|^2 + \frac{R^2}{a_0^2}\, W_i^a\right].$$

Bildet man W_{i2} und W_{i20}, so erhält man für die Rauschzahl F die gleiche Beziehung wie in Übungsaufgabe 4.3.

Daraus folgt, daß unter den gegebenen Voraussetzungen Rauschzahl und optimale Rauschzahl in Emitter- und Basisschaltung gleich sind.

Übungsaufgabe 4.5

Aus den Gln. (4.116), (4.118), (4.120) und (4.122) folgt:

$$-jC = \frac{-j\omega C_g Q(V_g)}{\sqrt{\dfrac{(\omega C_g)^2}{g_m} R(V_g) \cdot g_m \cdot P(V_g)}}$$

und daher

$$C(V_g) = \frac{Q(V_g)}{\sqrt{P(V_g)R(V_g)}}.$$

Durch Einsetzen der Gln. (4.117), (4.119) und (4.121) erhält man

$$C(V_g) = \frac{\dfrac{1}{10} \dfrac{1 + 3\sqrt{V_g}\,(2 + \sqrt{V_g})}{(1 + \sqrt{V_g})(1 + 2\sqrt{V_g})}}{\sqrt{\dfrac{1}{2}\dfrac{1 + 3\sqrt{V_g}}{1 + 2\sqrt{V_g}}\,\dfrac{1}{10}\dfrac{1 + 7\sqrt{V_g}}{1 + 2\sqrt{V_g}}}}$$

$$= \frac{1 + 3\sqrt{V_g}\,(2 + \sqrt{V_g})}{(1 + \sqrt{V_g})\sqrt{5(1 + 3\sqrt{V_g})(1 + 7\sqrt{V_g})}}.$$

Die Funktion $C(V_g)$ hat bei $V_g = 0$ den Wert 0,447 und fällt bis $V_g = 1$ monoton auf den Wert 0,395. Das normierte Kreuzspektrum ist also nahezu unabhängig vom Arbeitspunkt.

Übungsaufgabe 4.6

Die Ableitung der Gl. (4.128) nach X_0 ergibt:

$$\frac{\partial F}{\partial X_0} = -\frac{2\omega C_g}{g_m R_0}(P - Q) + 2X_0 \frac{(\omega C_g)^2}{g_m R_0}(P + R - 2Q).$$

Daraus folgt für den Blindanteil der optimalen Quellenimpedanz:

$$X_{opt} = \frac{1}{\omega C_g} \cdot \frac{P - Q}{P + R - 2Q}.$$

Durch Einsetzen in Gl. (4.128) erhält man:

$$F(X_{opt}) = 1 + \frac{R_g + R_s}{R_0}$$

$$+ \frac{1}{g_m R_0}\left[\frac{PR - Q^2}{P + R - 2Q} + (\omega C_g)^2(R_0 + R_g + R_s)^2(P + R - 2Q)\right].$$

Die Ableitung dieser Funktion nach R_0 liefert:

$$\frac{dF(X_{opt})}{dR_0} = -\frac{R_g + R_s}{R_0^2} + \frac{1}{(g_m R_0)^2} \left[2g_m R_0 (\omega C_g)^2 (R_0 + R_g + R_s)(P + R - 2Q) \right.$$

$$\left. - g_m \frac{PR - Q^2}{P + R - 2Q} - g_m (\omega C_g)^2 (R_0 + R_g + R_s)^2 (P + R - 2Q) \right].$$

Aus der Bedingung $dF(X_{opt})/dR_0 = 0$ für den Realteil der optimalen Quellenimpedanz folgt:

$$(\omega C_g)^2 (R_{opt} + R_g + R_s)(R_{opt} - R_g - R_s)(P + R - 2Q) - g_m (R_g + R_s)$$

$$- \frac{PR - Q^2}{P + R - 2Q} = 0 \,.$$

Aufgelöst nach R_{opt} ergibt sich:

$$R_{opt} = \sqrt{(R_g + R_s)^2 + \frac{PR(1 - C^2) + g_m (R_g + R_s)(P + R - 2Q)}{(\omega C_g)^2 (P + R - 2Q)^2}} \,,$$

wobei mit Gl. (4.122) $Q^2 = C^2 PR$ gesetzt wurde.

Durch Einsetzen von

$$\frac{PR - Q^2}{P + R - 2Q} + g_m (R_g + R_s) + (\omega C_g)^2 (P + R - 2Q)(R_g + R_s)^2$$

$$= (\omega C_g)^2 R_{opt}^2 (P + R - 2Q)$$

in die Beziehung für $F(X_{opt})$ erhält man zunächst

$$F_{min} = 1 + 2 \cdot \frac{(\omega C_g)^2}{g_m} (R_{opt} + R_g + R_s)(P + R - 2Q)$$

und mit dem Ergebnis für R_{opt} folgt direkt Gl. (4.132).

Übungsaufgabe 4.7

Durch Einsetzen der Gln. (4.83) und (4.85) in die Gl. (4.135) ergibt sich für die minimale Rauschzahl:

$$F_{min} = 1 + 3K\omega C_0 \sqrt{\frac{R_g + R_s}{G_0}} \cdot \frac{1 + \sqrt{V_g}}{(1 + 2\sqrt{V_g})^2 \sqrt{1 - \sqrt{V_g}}} \cdot$$

Setzt man $x = \sqrt{V_g}$, dann ist zur Ermittlung des günstigsten Arbeitspunktes das Minimum der Funktion

$$\frac{1 + x}{(1 + 2x)^2 \sqrt{1 - x}}$$

zu bestimmen. Durch Nullsetzen der Ableitung erhält man

$$\sqrt{1 - x}\,(1 + 2x) - (1 + x)\left(-\frac{1 + 2x}{2 \cdot \sqrt{1 - x}} + 4 \cdot \sqrt{1 - x}\right) = 0$$

und nach einigen Umformungen die quadratische Gleichung

$$x^2 + \frac{5}{6}\,(x - 1) = 0\,.$$

Diese Gleichung hat die Lösung

$$x = \frac{1}{12}\,(\sqrt{145} - 5) \approx \frac{7}{12}\,,$$

woraus für den günstigsten Wert der normierten Spannung V_g folgt:

$$V_{g\,opt} \approx \left(\frac{7}{12}\right)^2 \approx \frac{1}{3}\,.$$

Bei dieser Berechnung ist der Faktor K in Gl. (4.135) als konstant betrachtet worden. Berücksichtigt man zusätzlich die V_g-Abhängigkeit von K gemäß Gl. (4.136), so ergibt sich ein geringfügig anderer Wert für die normierte Spannung:

$$V_{g\,opt} = \left(\frac{\sqrt{7} - 1}{3}\right)^2 \approx 0{,}3\,.$$

Lösungen zu den Übungsaufgaben (Kapitel 5)

Übungsaufgabe 5.1

Faßt man die Widerstände R_b als äußere Beschaltung des Vierpols mit der Leitwertmatrix $[G]$ auf, so erhält man aus

$$\begin{bmatrix} I_s \\ I_i \end{bmatrix} = [G] \begin{bmatrix} U'_s \\ U'_i \end{bmatrix} \quad \text{mit} \quad U'_s = U_s - I_s R_b \quad \text{und} \quad U'_i = U_i - R_b I_i$$

nach einiger Rechnung:

$$\begin{bmatrix} I_s \\ I_i \end{bmatrix} = \frac{1}{(1 + G_0 R_b)^2 - G_1^2 R_b^2} \begin{bmatrix} R_b(G_0^2 - G_1^2) + G_0 & G_1 \\ G_1 & R_b(G_0^2 - G_1^2) + G_0 \end{bmatrix} \begin{bmatrix} U_s \\ U_i \end{bmatrix}$$

$$= [G'] \begin{bmatrix} U_s \\ U_i \end{bmatrix}. \tag{1}$$

Durch Erweiterung von $[G']$ um Y_s und Y_i erhält man die Matrix $[\tilde{G}']$. Hieraus läßt sich das Verhältnis U_i / I_{sg} bestimmen:

$$\frac{U_i}{I_{sg}} = - \frac{G_1}{\det[\tilde{G}']} .$$

Daraus folgt für den Gewinn:

$$G_p = \frac{4 \operatorname{Re} Y_s \cdot \operatorname{Re} Y_i \cdot G_1^2}{|\det[\tilde{G}']|^2} . \tag{2}$$

Mit der nur um den Generatorleitwert erweiterten Matrix $[G'_e]$ erhält man für den Eingangsleitwert:

$$Y_{ei} = \frac{I_i}{U_i} = \frac{\det[G'_e]}{[G'_e]_{11}} .$$

Einsetzen von $Y_i = Y^*_{ei}$ in (2) liefert einen Ausdruck für den verfügbaren Gewinn. Für eingangs- und ausgangsseitige Leistungsanpassung gilt:

$$Y_s = \frac{\det [G'_e]}{[G'_e]_{11}} .$$

Nach kurzer Rechnung erhält man daraus:

$$Y_s^2 = \frac{[R_b(G_0^2 - G_1^2) + G_0]^2 - G_1^2}{[(1 + G_0 R_b)^2 - G_1^2 R_b^2]^2} .$$

Einsetzen in (2) liefert nach einiger Rechnung für den maximal verfügbaren Gewinn:

$$G_m = \frac{G_1^{\ 2}}{(R_b(G_0^{\ 2} - G_1^{\ 2}) + G_0)^2} \left(\frac{1}{1 + \sqrt{1 - \dfrac{G_1^{\ 2}}{(R_b(G_0^{\ 2} - G_1^{\ 2}) + G_0)^2}}} \right)^2 . \tag{3}$$

Dieses Ergebnis hätte man auch direkt durch Vergleich von (1) mit der Gl. (5.9) ableiten können. Ersetzt man nämlich in Gl. (5.24) G_0 durch

$$R_b(G^2_{\ 0} - G^2_{\ 1}) + G_0$$

so erhält man (3).

Übungsaufgabe 5.2

Das für den Gewinn benötigte Verhältnis U_i / I_{sg} läßt sich aus der um Y_s, Y_i und Y_{sp} erweiterten Matrix $\tilde{G}$ berechnen. Wegen

$$I_{sg} = Y_s U_s + I_s \ ; \quad 0 = Y_i U_i + I_i \ ; \quad 0 = Y_{sp}^* U_{sp}^* + I_{sp}^*$$

gilt:

$$\begin{bmatrix} I_{sg} \\ 0 \\ 0 \end{bmatrix} = \begin{bmatrix} G_0 + Y_s & G_1 & G_2 \\ G_1 & G_0 + Y_i & G_1 \\ G_2 & G_1 & G_0 + Y_{sp}^* \end{bmatrix} \begin{bmatrix} U_s \\ U_i \\ U_{sp}^* \end{bmatrix}$$

und damit:

$$\frac{U_i}{I_{sg}} = [\tilde{G}]_{21}^{-1} = \frac{G_1(Y_{sp}^* + G_0) - G_1 G_2}{\det [\tilde{G}]} .$$

Mit Gl. (5.16) erhält man für den Gewinn:

$$G_p = \left| \frac{G_1(Y^*_{sp} + G_0) - G_1 G_2}{\det [\tilde{G}]} \right|^2 \cdot 4 \mathrm{Re} Y_s \cdot \mathrm{Re} Y_i \quad . \tag{1}$$

Zur Berechnung des verfügbaren Gewinns muß der Eingangsleitwert auf der Zwischenfrequenzseite berechnet werden. Dazu wird die Matrix $[G]$ lediglich um Y_s und Y^*_{sp} erweitert:

$$\begin{bmatrix} 0 \\ I_i \\ 0 \end{bmatrix} = \begin{bmatrix} G_0 + Y_s & G_1 & G_2 \\ G_1 & G_0 & G_1 \\ G_2 & G_1 & G_0 + Y^*_{sp} \end{bmatrix} \begin{bmatrix} U_s \\ U_i \\ U^*_{sp} \end{bmatrix} .$$

Damit gilt für den gesuchten Eingangsleitwert:

$$Y_{ei} = \frac{1}{[G_e]^{-1}_{22}} = \frac{\det [G_e]}{(G_0 + Y_s)(G_0 + Y^*_{sp}) - G_2^2} .$$

Einsetzen von $Y_i = Y^*_{ei}$ in (1) liefert einen Ausdruck für den verfügbaren Gewinn.

Übungsaufgabe 5.3

Aus weißem unmoduliertem Rauschen werden mit Hilfe rechteckförmiger Bandpässe die Signale $X_1(t)$ bei f_1 und $X_2(t)$ bei f_2 herausgefiltert. Die Bandbreite der Bandpässe sei sehr klein gegenüber dem Frequenzversatz $f_2 - f_1$. Die bandpaßgefilterten Signale können als Faltung der Zeitfunktion $s(t)$ des unmodulierten weißen Rauschens mit den entsprechenden Impulsantwortfunktionen $h_1(t)$ bzw. $h_2(t)$ angegeben werden:

$$X_1(t) = \int_{-\infty}^{\infty} h_1(t') \cdot s(t - t') \, dt'$$

$$X_2(t) = \int_{-\infty}^{\infty} h_2(t'') \cdot s(t - t'') \, dt''.$$

Das Signal $X_2(t)$ wird um $f_2 - f_1$ frequenzversetzt. Dies kann z.B. durch ideale Multiplikation mit $2 \cdot \cos[2\pi(f_2 - f_1)t]$ erfolgen. Das entstehende Signal $\tilde{X}_2(t)$ hat damit Frequenzanteile bei f_1 und kann neben $X_1(t)$ als Eingangsgröße eines Korrelators nach Bild 3.2 aufgefaßt werden. Für die gesuchte Korrelation gilt, wenn Integration und zeitliche Mittelung vertauscht werden:

$$\langle X_1(t) \cdot \tilde{X}_2(t) \rangle = \int \int_{-\infty}^{\infty} h_1(t') h_2(t'') \langle 2 \cdot \cos[2\pi(f_2 - f_1)t] \cdot s(t - t') s(t - t'') \rangle \mathrm{d}t' \mathrm{d}t''.$$

Die Mittelwertbildung über $s(t-t')\, s(t-t'')$ liefert nur für $t'=t''$ einen Anteil, weil $s(t)$ weiß ist. Damit muß der Ausdruck in Winkelklammern nur für $t'=t''$ betrachtet werden.

$$\langle 2 \cdot \cos(\omega_p t) \cdot s(t - t')\, s(t - t'') \rangle \Big|_{t'=t''} = \langle 2 \cdot \cos(\omega_p t) \cdot s^2(t - t') \rangle$$

Die zeitliche Mittelwertbildung über eine mit $\cos(\omega t)$ multiplizierte Funktion liefert stets null. Damit verschwindet der Realteil des Kreuzspektrums von X_1 und $\tilde{X}_2$. Ebenso läßt sich zeigen, daß auch der Imaginärteil verschwindet.

Übungsaufgabe 5.4

Zunächst soll für eine gerade Pumpansteuerung gezeigt werden, daß der Imaginärteil des Kreuzspektrums verschwindet. Bei der Imaginärteilmessung des Kreuzspektrums mit einer Schaltung nach Bild 3.2 muß in einem Zweig eine Phasenverschiebung um 90° vorgenommen werden. Im hier betrachteten Fall kann die 90°-Phasenverschiebung durch den idealen Frequenzversetzer erzeugt werden, indem nicht mit $2\cos(\omega_p t)$ sondern mit $2\sin(\omega_p t)$ mulitpliziert wird. Gl. (5.33) lautet dann:

$$A = \frac{2G_1}{G_0} \sin(\omega_p t') \cdot \rho_0 \cdot \delta(t' - t'').$$

Für das Verhältnis von Kreuzspektrum zu Autospektrum gilt:

$$\frac{\langle X_i(t) \cdot \tilde{X}_s(t) \rangle}{\langle X_i^2(t) \rangle} = \frac{Im\{I_{r1}^* I_{r2}\}}{|I_{r1}|^2}$$

$$= \frac{\rho_0 \dfrac{2G_1}{G_0} \cdot \displaystyle\int_{-\infty}^{\infty} h_i(t') h_s(t') \cdot \sin(\omega_p t') \mathrm{d}t'}{\rho_0 \displaystyle\int_{-\infty}^{\infty} h_i^2(t') \mathrm{d}t'}$$

Wie man leicht zeigen kann, wird das Zählerintegral null, weil

$$\cos(\omega_i t') \cdot \cos(\omega_s t') \cdot \sin(\omega_p t') = \tfrac{1}{4}[\sin(2\omega_p t') + \sin(2\omega_s t') + \sin(2\omega_i t')]$$

keinen konstanten Term erzeugt.

Bei gemischt gerader-ungerader Pumpansteuerung gilt statt Gl. (5.29)

$$s_m(t) = s(t) \sqrt{1 + \frac{2\,\mathrm{Re}\,G_1}{G_0} \cdot \cos(\omega_s(t) - \frac{2\,\mathrm{Im}\,G_1}{G_0} \cdot \sin(\omega_p t)} \, .$$

Ersichtlich liefert die Integration in Gl. (5.34) nur dann einen von null verschiedenen Wert, wenn in Gl. (5.33) eine Cosinusfunktion steht. Bei der Bestimmung des Realteils, also bei Multiplikation mit $2\cos(\omega_p t)$ lautet der Gl. (5.33) entsprechende Ausdruck:

$$A = \rho_0 \cdot \delta(t' - t'') \left[\frac{2\,\mathrm{Re}\,G_1}{G_0} \cos(\omega_p t') + \frac{2\,\mathrm{Im}\,G_1}{G_0} \sin(\omega_p t') \right] .$$

Nur der erste Term in der Klammer erbringt einen Beitrag und man erhält nach einer ähnlichen Rechnung wie bei gerader Pumpansteuerung:

$$\frac{\langle X_i(t) \cdot \tilde{X}_s(t) \rangle}{\langle X_i^2(t) \rangle} = \frac{\mathrm{Re}\,\{I^*_{r1} I_{r2}\}}{|I_{r1}|^2} = \frac{\mathrm{Re}\,G_1}{G_0} \, . \tag{1}$$

Bei der Bestimmung des Imaginärteils, also bei Multiplikation mit $2\sin(\omega_p t)$ lautet der Gl. (5.33) entsprechende Ausdruck:

$$A = \rho_0 \cdot \delta(t' - t'') \left[\frac{2\,\mathrm{Re}\,G_1}{G_0} \sin(\omega_p t') - \frac{2\,\mathrm{Im}\,G_1}{G_0} \cos(\omega_p t') \right] .$$

Hier erbringt nur der zweite Term in der Klammer einen Beitrag und man erhält:

$$\frac{\langle X_i(t) \cdot \tilde{X}_s(t) \rangle}{\langle X_i^2(t) \rangle} = \frac{\mathrm{Im}\,\{I^*_{r1} I_{r2}\}}{|I_{r1}|^2} = -\frac{\mathrm{Im}\,G_1}{G_0} \, . \tag{2}$$

Einsetzen von Gl. (5.27) liefert das gesuchte Ergebnis:

$$I^*_{r1} I_{r2} = \mathrm{Re}\,\{I^*_{r1} I_{r2}\} + j\,\mathrm{Im}\,\{I^*_{r1} I_{r2}\}$$

$$= 2k\left(\frac{n}{2} T\right)\left[\mathrm{Re}\,G_1 - j\,\mathrm{Im}\,G_1\right] = 2k\left(\frac{n}{2} T\right)G_1^* \, .$$

Für die anderen Matrixelemente ergibt sich entsprechend Gl. (5.40):

$$
\begin{bmatrix}
I^*_{rs}I_{rs} & I^*_{rs}I_{ri} & I^*_{rs}I^*_{rsp} \\
I^*_{ri}I_{rs} & I^*_{ri}I_{ri} & I^*_{ri}I^*_{rsp} \\
I_{rsp}I_{rs} & I^*_{rsp}I_{ri} & I_{rsp}I^*_{rsp}
\end{bmatrix}
= 2k \cdot \frac{n}{2} \cdot T
\begin{bmatrix}
G_0 & G^*_1 & G^*_2 \\
G_1 & G_0 & G^*_1 \\
G_2 & G_1 & G_0
\end{bmatrix}
$$

Vergleicht man die Korrelationsmatrix des Schottky-Dioden-Mischers bei gemischt gerader-ungerader Pumpansteuerung mit der Korrelationsmatrix eines passiven thermisch rauschenden Mehrtors homogener Temperatur (Gl. (2.33)),

$$
k \cdot T
\begin{bmatrix}
2 \cdot \operatorname{Re} Y_{11} & Y^*_{12} + Y_{21} & Y^*_{13} + Y_{31} \\
Y^*_{21} + Y_{12} & \dots & \dots \\
\dots & \dots & \dots
\end{bmatrix}
$$

so erkennt man wegen

$$
Y^*_{12} + Y_{21} = G^*_1 + G^*_1 = 2 \cdot G^*_1
$$

die Proportionalität beider Matrizen.

Übungsaufgabe 5.5

Der zu untersuchende Abwärtsmischer soll, wie in Bild Ü5.5 gezeigt, beschaltet sein.

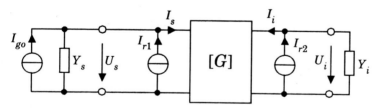

Bild Ü 5.5

Mit

$$
\begin{bmatrix}
I_s \\
I_i
\end{bmatrix}
=
\begin{bmatrix}
G_0 & G_1 \\
G_1 & G_0
\end{bmatrix}
\begin{bmatrix}
U_s \\
U_i
\end{bmatrix}
$$

für reelles G_1 und

$$I_s = I_{r1} + I_{g0} - U_s Y_s$$

$$I_i = I_{r2} - U_i Y_i$$

erhält man:

$$\begin{bmatrix} I_{g0} + I_{r1} \\ I_{r2} \end{bmatrix} = \begin{bmatrix} G_0 + Y_s & G_1 \\ G_1 & G_0 + Y_i \end{bmatrix} \begin{bmatrix} U_s \\ U_i \end{bmatrix} = [\tilde{G}] \cdot \begin{bmatrix} U_s \\ U_i \end{bmatrix} \, .$$

Auflösen nach U_i liefert:

$$U_i = [\tilde{G}]^{-1}{}_{22} \cdot I_{r2} + [\tilde{G}]^{-1}{}_{21} \cdot (I_{g0} + I_{r1})$$

$$= \frac{(G_0 + Y_s)I_{r2} - G_1(I_{g0} + I_{r1})}{\det [\tilde{G}]} \, .$$

Damit erhält man für die Rauschzahl F:

$$F = \frac{|U_i|^2}{|U_{i0}|^2} = \frac{|(G_0 + Y_s)I_{r2} - G_1(I_{g0} + I_{r1})|^2}{|G_1 I_{g0}|^2} \, .$$

Mit Gl. (5.27) und Gl. (5.38) erhält man für ein reelles Y_s nach kurzer Rechnung:

$$F = 1 + \frac{n}{2} \frac{T}{T_0} \frac{G_1^2 G_0 - 2G_1^2(G_0 + Y_s) + G_0(G_0 + Y_s)^2}{G_1^2 \cdot Y_s} \, .$$

Mit den Gln. (5.20) und (5.19) kann die letzte Gleichung umgeformt werden:

$$F = 1 + \frac{n}{2} \frac{T}{T_0} \left(\frac{1}{G_{av}} - 1 \right) .$$

Daraus folgt unmittelbar das gesuchte Ergebnis Gl. (5.41). Eine entsprechende Rechnung für komplexe G_1 und Y_s führt auf dasselbe Ergebnis.

379

Übungsaufgabe 5.6

Die Schaltung nach Bild 5.10 kann als Hintereinanderschaltung von drei rauschenden Zweitoren aufgefaßt werden. Zwei Zweitore bestehen aus einem rauschenden Serienwiderstand R_b mit der Temperatur T. Der Mischer ohne Bahnwiderstand mit der Temperatur $nT/2$, der Rauschzahl F sowie dem verfügbaren Gewinn G_{av} wird von diesen Zweitoren eingeschlossen. Mit den Rauschzahlen F_{b1}, F_{b2} und den verfügbaren Gewinnen G_{av1} und G_{av2} der Serienwiderstände erhält man mit Hilfe der Kaskadenformel Gl. (2.84) für die totale Rauschzahl F_t:

$$F_t = F_{b1} + \frac{F - 1}{G_{av1}} + \frac{F_{b2} - 1}{G_{av1} G_{av}}. \tag{1}$$

Für die Rauschzahlen F_{b1} bzw. F_{b2} der durch die Bahnwiderstände gebildeten Vierpole gilt Gl. (2.74):

$$F_{b1} = 1 + \frac{T}{T_0} \frac{1 - G_{av1}}{G_{av1}}, \qquad F_{b2} = 1 + \frac{T}{T_0} \frac{1 - G_{av2}}{G_{av2}}.$$

Mit Gl. (5.41) erhält man durch Einsetzen in (1) nach kurzer Umformung:

$$F_t = 1 + \frac{T}{T_0} \left(\frac{1 - G_{av2} + G_{av2} G_{av}(1 - G_{av1}) + \dfrac{n}{2} G_{av2}(1 - G_{av})}{G_{av1} G_{av2} G_{av}} \right).$$

Der verfügbare Gewinn G_{av} des Mischers ohne Bahnverluste kann nach Gl. (5.20) berechnet werden. Für den verfügbaren Gewinn der Serienwiderstände in Abhängigkeit vom Abschlußwiderstand R auf der Eingangsseite gilt:

$$G_{av1} = \frac{R_1}{R_b + R_1} \qquad G_{av2} = \frac{R_2}{R_b + R_2}.$$

Für den ersten Serienwiderstand ist $R_1 = Z_s$, also gleich dem Abschlußwiderstand auf der Signalseite. Für den zweiten Serienwiderstand ist $R_2 = Z_{ei}$, wobei Z_{ei} der Eingangswiderstand des Mischers auf der Zwischenfrequenzseite ist.

Übungsaufgabe 5.7

Wie in Übungsaufgabe 5.6 wird der Mischer mit Bahnverlusten als Hintereinanderschaltung von drei Zweitoren aufgefaßt. Nach dem Dissipationstheorem gilt für die Hintereinanderschaltung von N Zweitoren:

$$
F = \frac{\sum_{i=1}^{N} \beta_i T_i}{\beta_0 T_0} . \tag{1}
$$

Dabei sind die β_j die in den verschiedenen Temperaturgebieten relativ verbrauchten Wirkleistungen.

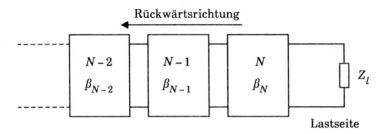

Bild Ü 5.7a

Weil die Rauschzahl unabhängig vom Lastwiderstand ist, wird am Ausgang für Z_l Leistungsanpassung angenommen. Für die relative, vom N-ten Zweitor bei Einspeisung von der Lastseite verbrauchte Wirkleistung gilt:

$$
\beta_N = \frac{P_g \cdot (1 - \overleftarrow{G}_{KN})}{P_g} = (1 - \overleftarrow{G}_{KN}) .
$$

Dabei ist $\overleftarrow{G}_{KN}$ die Leistungsverstärkung des N-ten Zweitores in Rückwärtsrichtung und P_g die verfügbare Generatorleistung. Ebenso gilt für das $(N-1)$-te Zweitor:

$$
\beta_{N-1} = \overleftarrow{G}_{KN} (1 - \overleftarrow{G}_{KN-1}) .
$$

Allgemein gilt:

$$
\beta_j = (1 - \overleftarrow{G}_{Kj}) \cdot \prod_{i=j+1}^{N} \overleftarrow{G}_{Ki} . \tag{2}
$$

381

Um die β_j in Abhängigkeit der verfügbaren Gewinne in Vorwärtsrichtung angeben zu können, muß ausgenutzt werden, daß der Gewinn richtungsunabhängig ist (Übungsaufgabe 2.14).

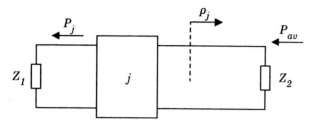

Bild Ü 5.7b

Greift man irgendeins der hintereinandergeschalteten Zweitore heraus (Bild Ü5.7b), so gilt für die von diesem Zweitor in Rückwärtsrichtung übertragene Leistung P_j:

$$P_j = \overleftarrow{G}_{Kj} \cdot (1 - |\rho_j|^2) \cdot P_{av}. \tag{3}$$

Dabei ist P_{av} die verfügbare Leistung und ρ_j ist der bei Fehlanpassung zu berücksichtigende Reflexionsfaktor. Gl. (3) kann auch als

$$P_j = \overleftarrow{G}_{pj} \cdot P_{av} \tag{4}$$

geschrieben werden, wobei $\overleftarrow{G}_{pj}$ der Gewinn in Rückwärtsrichtung ist. Aus (3) und (4) folgt:

$$\overleftarrow{G}_{Kj} = \frac{\overleftarrow{G}_{pj}}{(1 - |\rho_j|^2)}. \tag{5}$$

Für Leistungsanpassung auf der rechten Seite ($Z_2 = Z_{opt}$, $\rho_j = 0$) wird $\overleftarrow{G}_{Kj} = \overleftarrow{G}_{pj}$. Die bei der Definition des Gewinns vorausgesetzte konjugierte Anpassung auf der Generatorseite wird in Gl. (5) berücksichtigt. In ähnlicher Weise kann man eine Beziehung zwischen Gewinn und verfügbarem Gewinn in Vorwärtsrichtung ableiten:

$$G_{pj} = (1 - |\rho_j|^2) \cdot G_{avj}. \tag{6}$$

Mit der Richtungsunabhängigkeit des Gewinns ($\overleftarrow{G}_p = G_p$) folgt aus (5) und (6):

$$\overleftarrow{G}_{Kj} = G_{avj}. \tag{7}$$

Damit wurde für jedes reziproke Zweitor gezeigt, daß der verfügbare Gewinn in Vorwärtsrichtung gleich der Leistungsverstärkung in umgekehrter Richtung ist. Diesen Satz hätte man auch aus einer anderen Überlegung ableiten können. Wird nämlich durch geeignete Wahl des Bezugswiderstandes Z_0 die Abschlußimpedanz Z_2 aus Bild Ü5.7b optimal, also für konjugierte Anpassung gewählt, so folgt unter Berücksichtigung der Richtungsunabhängigkeit des Gewinns unmittelbar

$$\overleftarrow{G}_{Kj} = \overleftarrow{G}_{pj} = G_{pj} = G_{avj},$$

also das Ergebnis Gl. (7). Dabei wird benutzt, daß die Leistungsverstärkung nicht vom speisenden Generatorinnenwiderstand abhängt.

Einsetzen von (7) in (2) liefert die gesuchten β_j der Hintereinanderschaltung von drei Zweitoren. Mit den Bezeichnungen aus Übungsaufgabe 5.6 gilt:

$$\beta_3 = (1 - G_{av2})$$

$$\beta_2 = G_{av2}(1 - G_{av})$$

$$\beta_1 = G_{av} \cdot G_{av2} \cdot (1 - G_{av1})$$

$$\beta_0 = G_{av1} \cdot G_{av} \cdot G_{av2} = \frac{1}{L}.$$

Einsetzen in (1) liefert das bereits aus Übungsaufgabe 5.6 bekannte Ergebnis für die Rauschzahl des Abwärtsmischers mit Bahnwiderstand:

$$F_t = 1 + \frac{T}{T_0}\left(\frac{1 - G_{av2} + G_{av2}G_{av}(1 - G_{av1}) + \frac{n}{2}G_{av2}(1 - G_{av})}{G_{av1}G_{av2}G_{av}}\right).$$

383

Übungsaufgabe 5.8

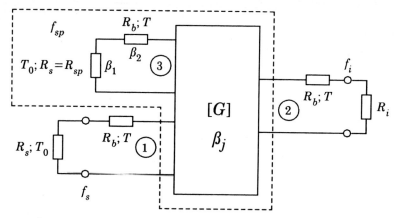

Bild Ü 5.8

Der verfügbare Gewinn G_{av} von Tor 1 nach Tor 2 kann wie üblich berechnet werden. Mit der gleichen Symmetrieüberlegung, die zu Gl. (5.45) führte, erhält man für den in der Schottky-Diode verbleibenden relativen Leistungsanteil:

$$\beta_j = 1 - 2G_{av}.$$

Speist man von der Zwischenfrequenzseite aus ein, so gelangen gleiche Leistungsanteile zum Tor 1 und zum Tor 3. Für den im Abschluß R_{sp} verbleibenden Anteil gilt:

$$\beta_1 = G_{av} \frac{R_{sp}}{R_b + R_{sp}}.$$

Der Bahnwiderstand an Tor 3 verbraucht die relative Leistung

$$\beta_2 = G_{av} \frac{R_b}{R_b + R_{sp}}.$$

Damit gilt für die Rauschzahl des in Bild Ü5.8 gestrichelt eingezeichneten Vierpols:

$$F = 1 + \frac{\beta_1 T_0 + \beta_2 T + \beta_j \frac{n}{2} T}{G_{av} T_0}.$$

Setzt man dieses Ergebnis für F in Gl. (1) aus Übungsaufgabe 5.6 ein, so erhält man die Rauschzahl des Breitbandmischers unter Berücksichtigung des Bahnwiderstandes.

Übungsaufgabe 5.9

Mit

$$s(t) = \sum_{n=-\infty}^{\infty} S_n \exp(jn\omega_p t)$$

und

$$S_{-n} = S_n^* \qquad (s(t) \text{ reell})$$

erhält man entsprechend Gl. (5.25):

$$
\begin{bmatrix} U_u \\ U_i \\ U^*_l \end{bmatrix}
=
\begin{bmatrix} S_0 & S_1 & S_2 \\ S^*_1 & S_0 & S_1 \\ S^*_2 & S^*_1 & S_0 \end{bmatrix}
\begin{bmatrix} Q_u \\ Q_i \\ Q^*_l \end{bmatrix}.
$$

Übungsaufgabe 5.10

Der Gewinn nach Gl. (5.65) wird maximal, wenn Z_i gegen den negativen Bezugswiderstand $-Z_0$ geht. Z_0 ist reell und z.B. gleich R_g. Der Imaginärteil von Z_i muß also verschwinden. Dies kann nur für Kompensation am Eingang und am Ausgang erreicht werden. Ist der Gewinn sehr groß, so liegt $-Z_i$ sehr dicht bei $Z_0 = R_g$. Einsetzen von $-Z_i \approx R_g = R_l$ in Gl. (5.75) liefert für die Rauschzahl:

$$
F = 1 + \frac{T}{T_0}\left(\frac{1 + \dfrac{S_1^2}{\omega_i \omega_l \cdot R_b^2}\dfrac{\omega_i}{\omega_l}}{\dfrac{S_1^2}{\omega_i \omega_l \cdot R_b^2} - 1} \right).
$$

Wie man an den Gleichungen (5.64) und (5.65) erkennen kann, gilt für große Gewinne zudem

$$
\frac{S_1^2}{\omega_i \omega_l \cdot R_b^2} \gg 1
$$

und damit für die Rauschzahl:

$$F = 1 + \frac{T}{T_0}\left(\frac{\omega_i\,\omega_l\cdot R_b^2}{S_1^2} + \frac{\omega_i}{\omega_l}\right). \tag{1}$$

Ableiten des Klammerausdrucks in (1) nach ω_l liefert die optimale Frequenz $\omega_{l\,\mathrm{opt}}$:

$$\omega_{l\,\mathrm{opt}} = \frac{S_1}{R_b}.$$

Durch Einsetzen in (1) erhält man die optimale Rauschzahl:

$$F_{\mathrm{opt}} = 1 + \frac{2\cdot T}{T_0}\,\frac{\omega_i}{\omega_{l\,\mathrm{opt}}}.$$

Übungsaufgabe 5.11

Um den verfügbaren Gewinn und den maximalen Gewinn zu berechnen, muß der Eingangswiderstand auf der Signal- und der Lastseite bestimmt werden. Bei Kompensation der induktiven Blindwiderstände gilt die Beziehung:

$$\begin{bmatrix} 0 \\ U_u \end{bmatrix} = \begin{bmatrix} R_b + R_g & \dfrac{S_1}{jw_u} \\[2ex] \dfrac{S_1}{jw_i} & R_b \end{bmatrix} \begin{bmatrix} I_i \\ I_u \end{bmatrix} = [Z]\begin{bmatrix} I_i \\ I_u \end{bmatrix}.$$

Für Leistungsanpassung am Ausgang muß R_u gleich dem reellen Eingangswiderstand Z_{in} auf der Lastseite sein. Es gilt:

$$Z_{in} = R_u = \frac{U_u}{I_u} = \frac{1}{[Z]_{22}^{-1}} = R_b + \frac{S_1^2}{\omega_i\,\omega_u(R_b + R_g)}. \tag{1}$$

Einsetzen von R_u in Gl. (5.77) liefert für den verfügbaren Gewinn:

$$G_{av} = \cfrac{1}{\dfrac{\omega_i}{\omega_u}\dfrac{R_g + R_b}{R_g} + \dfrac{R_b\omega_i^2}{S_1^2}\dfrac{(R_g + R_b)^2}{R_g}}. \tag{2}$$

Aus einer Symmetrieüberlegung folgt für beidseitige Anpassung:

$$R_g = R_u = R_b + \frac{S_1^2}{\omega_i \omega_u (R_b + R_g)}$$

und daraus:

$$R_u = R_g = \sqrt{R_b^2 + \frac{S_1^2}{\omega_i \omega_u}}. \tag{3}$$

Einsetzen von (3) in Gl. (5.77) liefert den maximalen Gewinn:

$$G_m = \frac{S_1^2}{\omega_i^2 R_b^2} \cdot \frac{1}{\left[1 + \sqrt{1 + \dfrac{S_1^2}{\omega_i \omega_u R_b^2}} \right]^2} \cdot$$

Zur Berechnung der Rauschzahl wird am Ausgang Leistungsanpassung angenommen und das Rauschen des Bahnwiderstandes wird durch zwei in Serie geschaltete Rauschquellen $|U_b|^2 = 4kT R_b \Delta f$ berücksichtigt. Die Quellen sind unkorreliert, weil sie bei verschiedenen Frequenzen wirken. Das Rauschen des Widerstands auf der Signalseite wird mit dem Betragsquadrat der Übertragungsfunktion zur Lastseite übertragen. Damit gilt für die am Lastwiderstand verfügbare und durch das Bahnwiderstandsrauschen verursachte Leistung:

$$\Delta P_2 = \frac{kT\Delta f \cdot R_b}{R_u} \left(\left| \frac{S_1}{\omega_i(R_g + R_b)} \right|^2 + 1 \right).$$

Mit R_u aus (1) und dem verfügbaren Gewinn aus (2) erhält man nach einiger Rechnung für die Rauschzahl des Aufwärtsmischers in Frequenzgleichlage:

$$F = 1 + \frac{\Delta W_2}{W_{20}} = 1 + \frac{\Delta W_2}{G_{av} T_0 k}$$

$$= 1 + \frac{T}{T_0} \frac{R_b}{R_g} \left(1 + \frac{\omega_i^2}{S_1^2} (R_g + R_b)^2 \right)$$

Lösungen zu den Übungsaufgaben (Kapitel 6)

Übungsaufgabe 6.1

Am Ausgang des Seitenbandfilters tritt entweder das untere Seitenband $x_l(t)$ oder das obere Seitenband $x_u(t)$ auf:

$$x_l(t) = Re\left\{ X_l \cdot \exp[j(\Omega_0 - \omega)t] \right\}$$

$$= \frac{1}{2}\left\{ X_l \cdot \exp[j(\Omega_0 - \omega)t] + X_l^* \cdot \exp[-j(\Omega_0 - \omega)t] \right\},$$

$$x_u(t) = Re\left\{ X_u \cdot \exp[j(\Omega_0 + \omega)t] \right\}$$

$$= \frac{1}{2}\left\{ X_u \cdot \exp[j(\Omega_0 + \omega)t] + X_u^* \cdot \exp[-j(\Omega_0 + \omega)t] \right\}.$$

Im Mischer werden diese Signale mit $2 \cdot \cos \Omega_0 t = \exp(j\Omega_0 t) + \exp(-j\Omega_0 t)$ multipliziert. Für das untere Seitenband erhält man als Mischprodukt:

$$x_l'(t) = \frac{1}{2}\left\{ X_l \cdot \exp[j(2\Omega_0 - \omega)t] + X_l^* \cdot \exp(j\omega t) \right.$$

$$\left. + X_l \cdot \exp(-j\omega t) + X_l^* \cdot \exp[-j(2\Omega_0 - \omega)t] \right\}.$$

Analog ergibt sich für das obere Seitenband:

$$x_u'(t) = \frac{1}{2}\left\{ X_u \cdot \exp[j(2\Omega_0 + \omega)t] + X_u^* \cdot \exp(-j\omega t) \right.$$

$$\left. + X_u \cdot \exp(j\omega t) + X_u^* \cdot \exp[-j(2\Omega_0 + \omega)t] \right\}.$$

Das Tiefpaßfilter unterdrückt die Anteile bei $2\Omega_0 \pm \omega$. Daher ergibt sich als Ausgangssignal entweder

$$x_{lb}(t) = \frac{1}{2}[X_l^* \exp(j\omega t) + X_l \exp(-j\omega t)]$$

$$= Re\{X_l^* \exp(j\omega t)\} = Re\{X_{lb} \exp(j\omega t)\}$$

oder

$$x_{ub}(t) = \frac{1}{2}[X_u \exp(j\omega t) + X_u^* \exp(-j\omega t)]$$

$$= Re\{X_u \exp(j\omega t)\} = Re\{X_{ub} \exp(j\omega t)\}.$$

Auf gleiche Weise läßt sich die Schaltung bei Betrieb als Einseitenband-modulator berechnen.

Übungsaufgabe 6.2

Mit den Gln. (6.17) und (6.18) folgt aus Gl. (6.12):

$$\begin{bmatrix} X_{lb} \\ X_{ub} \end{bmatrix} = \frac{X_0}{2} \begin{bmatrix} \exp(-j\phi_0) & -j\cdot\exp(-j\phi_0) \\ \exp(j\phi_0) & j\cdot\exp(j\phi_0) \end{bmatrix} \begin{bmatrix} \dfrac{\Delta X}{X_0} \\ \Delta\Phi \end{bmatrix},$$

$$|X_{lb}|^2 = \frac{X_0^2}{4}\left[\left|\frac{\Delta X}{X_0}\right|^2 + |\Delta\Phi|^2 - j\cdot\frac{\Delta X^*}{X_0}\Delta\Phi + j\frac{\Delta X}{X_0}\Delta\Phi^*\right]$$

$$= \frac{X_0^2}{4}\left[\left|\frac{\Delta X}{X_0}\right|^2 + |\Delta\Phi|^2 + 2Im\left\{\frac{\Delta X^*}{X_0}\Delta\Phi\right\}\right],$$

$$|X_{ub}|^2 = \frac{X_0^2}{4}\left[\left|\frac{\Delta X}{X_0}\right|^2 + |\Delta\Phi|^2 + j\cdot\frac{\Delta X^*}{X_0}\Delta\Phi - j\frac{\Delta X}{X_0}\Delta\Phi^*\right]$$

$$= \frac{X_0^2}{4}\left[\left|\frac{\Delta X}{X_0}\right|^2 + |\Delta\Phi|^2 - 2Im\left\{\frac{\Delta X^*}{X_0}\Delta\Phi\right\}\right].$$

Ersetzt man die Zeigerprodukte durch die zugehörigen Spektren, ergeben sich die Gln. (6.19) und (6.20).

Aus den Gln. (6.17), (6.18) und (6.13) folgt:

$$\begin{bmatrix} \dfrac{\Delta X}{X_0} \\[2mm] \Delta\Phi \end{bmatrix} = \frac{1}{X_0} \begin{bmatrix} \exp(j\phi_0) & \exp(-j\phi_0) \\[1mm] j\cdot\exp(j\phi_0) & -j\cdot\exp(-j\phi_0) \end{bmatrix} \begin{bmatrix} X_{lb} \\[1mm] X_{ub} \end{bmatrix},$$

$$\left|\frac{\Delta X}{X_0}\right|^2 = \frac{1}{X_0^2}\left[|X_{lb}|^2 + |X_{ub}|^2 + X_{lb}^* X_{ub}\cdot\exp(-2j\phi_0) + X_{lb} X_{ub}^*\cdot\exp(2j\phi_0)\right]$$

$$= \frac{1}{X_0^2}\left[|X_{lb}|^2 + |X_{ub}|^2 + 2Re\{X_{lb}^* X_{ub}\cdot\exp(-2j\phi_0)\}\right],$$

$$|\Delta\Phi|^2 = \frac{1}{X_0^2}\left[|X_{lb}|^2 + |X_{ub}|^2 - X_{lb}^* X_{ub}\cdot\exp(-2j\phi_0) - X_{lb} X_{ub}^*\cdot\exp(2j\phi_0)\right]$$

$$= \frac{1}{X_0^2}\left[|X_{lb}|^2 + |X_{ub}|^2 - 2Re\{X_{lb}^* X_{ub}\cdot\exp(-2j\phi_0)\}\right].$$

Mit den äquivalenten Spektren erhält man hieraus die Gln. (6.21) und (6.22).

Übungsaufgabe 6.3

Für das Betragsquadrat des normierten Kreuzspektrums gilt:

$$\left|\frac{W_{lub}(\omega)}{\sqrt{W_n(\Omega_0-\omega)\cdot W_n(\Omega_0+\omega)}}\right|^2 = \frac{\left(|m_a|^2 - |m_\phi|^2\right)^2 + 4Re^2\{m_a^* m_\phi\}}{\left(|m_a|^2 + |m_\phi|^2\right)^2 - 4Im^2\{m_a^* m_\phi\}}$$

$$= \frac{\left(|m_a|^2 + |m_\phi|^2\right)^2 - 4|m_a|^2|m_\phi|^2 + 4Re^2\{m_a^* m_\phi\}}{\left(|m_a|^2 + |m_\phi|^2\right)^2 - 4Im^2\{m_a^* m_\phi\}}.$$

Mit

$$|m_a|^2|m_\phi|^2 = |m_a^*|^2|m_\phi|^2 = |m_a^* m_\phi|^2$$

$$= Re^2\{m_a^* m_\phi\} + Im^2\{m_a^* m_\phi\}$$

folgt, daß das Betragsquadrat gleich eins ist.

Übungsaufgabe 6.4

Es sei: $u_e(t) = \hat{u}_e \cos \omega t$.

Dann gilt für die Ausgangsspannung:

$$u_a(t) = \begin{cases} V_0 \hat{u}_e \cos \omega t, & |u_e| \leq u_0 \\ u_{a\,max}, & u_e > u_0 \\ -u_{a\,max}, & u_e < -u_0 \end{cases}$$

mit der Kleinsignalverstärkung

$$V_0 = \frac{u_{a\,max}}{u_0}.$$

Für $\hat{u}_e \leq u_0$ arbeitet der Verstärker im linearen Aussteuerungsbereich und die Beschreibungsfunktion B ist gleich der Kleinsignalverstärkung V_0:

$$B = V_0 \quad \text{für } \hat{u}_e \leq u_0.$$

Für $\hat{u}_e > u_0$ hat $u_a(t)$ einen Zeitverlauf wie im folgenden Bild.

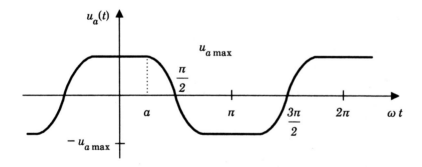

Die Grenze a zwischen linearem und Sättigungsbereich ist gegeben durch

$$V_0 \hat{u}_e \cdot \cos a = u_{amax}$$

oder

$$a = \arccos \frac{u_{a\,max}}{V_0 \hat{u}_e} = \arccos \frac{u_0}{\hat{u}_e}.$$

Die Ausgangsspannung läßt sich als Fourier-Reihe darstellen:

$$u_a(t) = \sum_{n=1}^{\infty} u_{an} \cdot \cos n\omega t.$$

Die Amplitude der Grundwelle erhält man aus

$$u_{a1} = \frac{1}{\pi} \int_0^{2\pi} u_a(t) \cdot \cos \omega t \, d\omega t$$

$$= \frac{4}{\pi} \int_0^{\frac{\pi}{2}} u_a(t) \cdot \cos \omega t \, d\omega t$$

$$= \frac{4}{\pi} \left[\int_0^a u_{a\,max} \cos \omega t \, d\omega t + \int_a^{\frac{\pi}{2}} V_0 \hat{u}_e \cdot \cos^2 \omega t \, d\omega t \right]$$

$$= \frac{4}{\pi} \left[u_{a\,max} \cdot \sin a + V_0 \hat{u}_e \left(\frac{\pi}{4} - \frac{a}{2} \right) - \frac{1}{4} V_0 \hat{u}_e \cdot \sin 2a \right]$$

$$= \frac{4}{\pi} u_{a\,max} \left[\left(1 - \frac{1}{2} \frac{\hat{u}_e}{u_0} \cdot \cos a \right) \cdot \sin a + \frac{1}{2} \frac{\hat{u}_e}{u_0} \left(\frac{\pi}{2} - a \right) \right].$$

Mit

$$\cos a = \frac{u_0}{\hat{u}_e}$$

und

$$\sin a = \sin \left[\arcsin \sqrt{1 - \left(\frac{u_0}{\hat{u}_e} \right)^2} \right] = \sqrt{1 - \left(\frac{u_0}{\hat{u}_e} \right)^2}$$

ergibt sich

$$u_{a1} = \frac{4}{\pi} u_{a\,max} \left[\frac{1}{2} \sqrt{1 - \left(\frac{u_0}{\hat{u}_e} \right)^2} + \frac{1}{2} \frac{\hat{u}_e}{u_0} \left(\frac{\pi}{2} - \arccos \frac{u_0}{\hat{u}_e} \right) \right]$$

$$= \frac{2}{\pi} u_{a\,max} \left[\sqrt{1 - \left(\frac{u_0}{\hat{u}_e} \right)^2} + \frac{\hat{u}_e}{u_0} \arcsin \frac{u_0}{\hat{u}_e} \right].$$

Für die Beschreibungsfunktion $B = u_{a1} / \hat{u}_e$ folgt schließlich:

$$B = V_0 \frac{2}{\pi} \left[\frac{u_0}{\hat{u}_e} \sqrt{1 - \left(\frac{u_0}{\hat{u}_e} \right)^2} + \arcsin \frac{u_0}{\hat{u}_e} \right].$$

An der Grenze zum linearen Bereich, d.h. für $\hat{u}_e = u_0$, erhält man erwartungsgemäß $B = V_0$; für $\hat{u}_e \to \infty$ geht B gegen null und u_{a1} gegen $4/\pi \cdot u_{a\,\text{max}}$. Zusammengefaßt ergibt sich für die aussteuerungsabhängige Beschreibungsfunktion der im folgenden Bild dargestellte Verlauf. An der Bereichsgrenze ist B stetig differenzierbar.

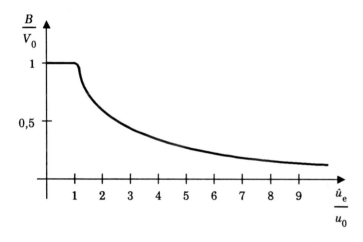

Übungsaufgabe 6.5

Mit den Bezeichnungen aus Übungsaufgabe 6.4 ist

$$k_a = - \frac{\hat{u}_e}{B(\hat{u}_e)} \cdot \frac{dB(\hat{u}_e)}{d\hat{u}_e}.$$

Für die Ableitung der Beschreibungsfunktion ergibt sich:

$$\frac{dB}{d\hat{u}_e} = V_0 \frac{2}{\pi} \left[-\frac{u_0}{\hat{u}_e^2}\sqrt{1-\left(\frac{u_0}{\hat{u}_e}\right)^2} + \frac{u_0}{\hat{u}_e}\frac{-2\frac{u_0}{\hat{u}_e}\cdot\left(-\frac{u_0}{\hat{u}_e^2}\right)}{2\cdot\sqrt{1-\left(\frac{u_0}{\hat{u}_e}\right)^2}} + \frac{-\frac{u_0}{\hat{u}_e^2}}{\sqrt{1-\left(\frac{u_0}{\hat{u}_e}\right)^2}} \right]$$

$$= -V_0\frac{2}{\pi}\frac{u_0}{\hat{u}_e^2}\left[\sqrt{1-\left(\frac{u_0}{\hat{u}_e}\right)^2} + \frac{1-\left(\frac{u_0}{\hat{u}_e}\right)^2}{\sqrt{1-\left(\frac{u_0}{\hat{u}_e}\right)^2}}\right]$$

$$= -V_0\frac{4}{\pi}\frac{u_0}{\hat{u}_e^2}\sqrt{1-\left(\frac{u_0}{\hat{u}_e}\right)^2}.$$

Daraus folgt

$$k_a = \frac{V_0\frac{4}{\pi}\frac{u_0}{\hat{u}_e}\cdot\sqrt{1-\left(\frac{u_0}{\hat{u}_e}\right)^2}}{V_0\frac{2}{\pi}\left[\frac{u_0}{\hat{u}_e}\sqrt{1-\left(\frac{u_0}{\hat{u}_e}\right)^2} + \arcsin\frac{u_0}{\hat{u}_e}\right]},$$

$$k_a = \frac{2\frac{u_0}{\hat{u}_e}\cdot\sqrt{1-\left(\frac{u_0}{\hat{u}_e}\right)^2}}{\frac{u_0}{\hat{u}_e}\sqrt{1-\left(\frac{u_0}{\hat{u}_e}\right)^2} + \arcsin\frac{u_0}{\hat{u}_e}}.$$

An der Grenze zum linearen Bereich, d.h. für $\hat{u}_e = u_0$, ist $k_a = 0$. Für $\hat{u}_e \gg u_0$ gilt wegen $\arcsin u_0/\hat{u}_e \approx u_0/\hat{u}_e$ und

$$\sqrt{1-\left(\frac{u_0}{\hat{u}_e}\right)^2} \approx 1$$

$k_a \approx 1$. Im linearen Bereich ist $B = V_0 = $const und damit $k_a = 0$. Insgesamt erhält man für den Amplitudenkompressionsfaktor den im Bild dargestellten Verlauf. Bei Überschreitung des linearen Aussteuerungsbereichs steigt k_a sehr schnell auf Werte nahe bei eins an.

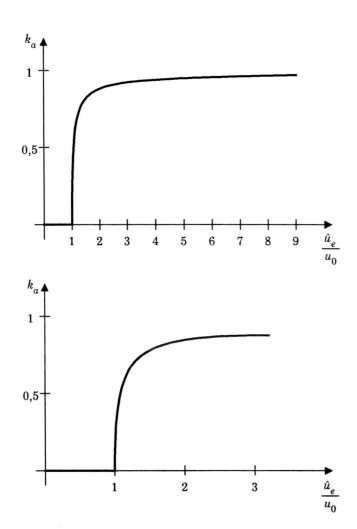

Bei dem hier betrachteten Zusammenhang zwischen $u_e(t)$ und $u_a(t)$ tritt unabhängig von der Aussteuerung keine Phasenverschiebung zwischen Eingangs- und Ausgangssignal auf. Daher gilt $\beta = \text{const} = 0$ und somit auch $k_\phi = 0$.

Übungsaufgabe 6.6

Das Eingangssignal kann als Kombination eines Trägersignals bei f_1 und eines oberen Seitenbandes bei $f_1 + \Delta f$ betrachtet werden. Das Seitenband bewirkt sowohl eine Amplituden- als auch eine Phasenmodulation des Trägers mit der Modulationsfrequenz $\Delta f = f_2 - f_1$. Beide Modulationsarten lassen sich getrennt behandeln, wenn das obere Seitenband in zwei gleichphasige Signale mit der Amplitude $A_2 / 2$ aufgeteilt wird und gleichzeitig zwei gegenphasige Signale derselben Amplitude bei der unteren Seitenbandfrequenz $f_1 - \Delta f$ hinzugefügt werden:

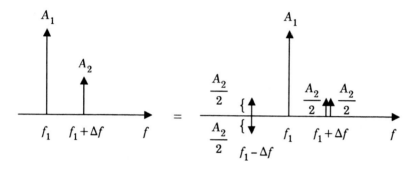

Wegen $A_2/A_1 \ll 1$ bewirkt das gleichphasige Paar von Seitenbandzeigern näherungsweise eine reine Amplitudenmodulation, das andere Paar eine reine Phasenmodulation. In einem stark nichtlinearen System wird die Amplitudenmodulation weitgehend unterdrückt, so daß am Ausgang neben dem Träger nur noch die der Phasenmodulation zugeordneten Seitenbandzeiger auftreten. Wenn der Phasenhub der Modulation konstant bleibt, ändert sich das Verhältnis der Seitenband- und Trägeramplituden nicht und mit einem Verstärkungsfaktor V erhält man am Ausgang ein Spektrum der folgenden Form:

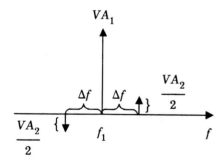

Wenn bei einem Frequenzvervielfacher oder -teiler der Phasenhub um einen Faktor n vervielfacht oder geteilt wird, ändern sich auch die Seitenbandamplituden um denselben Faktor relativ zum Träger. Es ergeben sich dann Spektren wie im folgenden Bild.

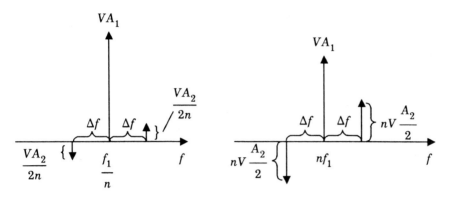

Frequenzteiler   Frequenzvervielfacher

Wichtig ist, daß bei der Vervielfachung oder Teilung zwar der Phasen- oder Frequenzhub geändert wird, nicht dagegen die Modulationsfrequenz. Daher haben die Seitenbänder der Ausgangssignale denselben Abstand Δf zum Träger wie die Komponente A_2 des Eingangssignals.

Übungsaufgabe 6.7

Es soll angenommen werden, daß das Signal $x(t)$ dem Mischer nicht direkt, sondern über einen Phasenschieber mit der Phase ϕ_0 zugeführt wird. Dann gilt:

$$x(t) \;=\; X_0 \cdot \cos\left[\Omega_0 t + \phi_0 + \Delta\phi(t)\right],$$

$$y(t) \;=\; Y_0 \cdot \cos\left[\Omega_0 t + \Delta\psi(t)\right].$$

Wird der Mischer als Multiplizierer mit der Multipliziererkonstanten K_M behandelt, dann gilt für das Ausgangssignal:

$$
\begin{aligned}
u(t) \;=\;& K_M \cdot x(t)\, y(t) \\[4pt]
=\;& K_M \cdot X_0 Y_0 \cos\left[\Omega_0 t + \phi_0 + \Delta\phi(t)\right] \cdot \cos\left[\Omega_0 t + \Delta\psi(t)\right] \\[4pt]
=\;& \tfrac{1}{2} K_M X_0 Y_0 \Big\{ \cos\left[\Delta\psi(t) - \Delta\phi(t) - \phi_0\right] \\[4pt]
& + \cos\left[2\Omega_0 t + \phi_0 + \Delta\phi(t) + \Delta\psi(t)\right] \Big\}
\end{aligned}
$$

397

Der hochfrequente zweite Term wird durch ein Tiefpaßfilter unterdrückt.
Mit $|\Delta\psi(t) - \Delta\phi(t)| \ll 1$ folgt dann:

$$u(t) = \tfrac{1}{2} K_M X_0 Y_0 \{\cos\phi_0 \cos[\Delta\psi(t) - \Delta\phi(t)]$$

$$+ \sin\phi_0 \sin[\Delta\psi(t) - \Delta\phi(t)]\}$$

$$\approx \tfrac{1}{2} K_M X_0 Y_0 \{\cos\phi_0 + \sin\phi_0 \cdot [\Delta\psi(t) - \Delta\phi(t)]\}.$$

Das Ausgangssignal besteht also aus einer Gleichspannung und einer
Wechselspannung, die der Differenz der Phasenschwankungen der beiden
Eingangssignale proportional ist. Für die Phasendetektorkonstante K_{PD}
ergibt sich:

$$K_{PD} = \tfrac{1}{2} K_M X_0 Y_0 \cdot \sin\phi_0.$$

Für $\phi_0 = 0$ ist $K_{PD} = 0$. Die Empfindlichkeit wird maximal, wenn beide
Eingangssignale eine Phasendifferenz von 90° haben. In diesem Fall ver-
schwindet auch der Gleichspannungsanteil des Ausgangssignals. Durch
Beobachtung der Gleichspannung bei Durchstimmung eines variablen
Phasenschiebers läßt sich daher ein balancierter Mischer auf maximale
Empfindlichkeit als Phasendetektor abgleichen.

Übungsaufgabe 6.8

Die drei Meßobjekte mögen die Rauschspektren $W_{\psi n1}$, $W_{\psi n2}$ und $W_{\psi n3}$
aufweisen. Durch paarweise Messung des Phasenrauschens mit der Schal-
tung aus Bild 6.9 erhält man für die Ausgangsspannung $u(t)$ die Rauschspektren

$$W_{u1} = K^2_{PD} (W_{\psi n1} + W_{\psi n2}),$$

$$W_{u2} = K^2_{PD} (W_{\psi n1} + W_{\psi n3}),$$

$$W_{u3} = K^2_{PD} (W_{\psi n2} + W_{\psi n3}).$$

Dieses lineare Gleichungssystem läßt sich nach den unbekannten Spektren
$W_{\psi ni}$, $i = 1,2,3$, auflösen:

$$W_{\psi n1} = \frac{1}{2K_{PD}^2} (W_{u1} + W_{u2} - W_{u3}),$$

$$W_{\psi n2} = \frac{1}{2K_{PD}^2} (W_{u1} - W_{u2} + W_{u3}),$$

$$W_{\psi n3} = \frac{1}{2K_{PD}^2} (- W_{u1} + W_{u2} + W_{u3}).$$

Lösungen zu den Übungsaufgaben (Kapitel 7)

Übungsaufgabe 7.1

Mit $U = |\underline{U}|$ und $I = |\underline{I}|$ gilt $R = -U/I$ und

$$k_a = -\frac{I}{R(I)} \cdot \frac{\mathrm{d}R}{\mathrm{d}I} = -\frac{I^2}{U} \frac{\mathrm{d}}{\mathrm{d}I}\left(\frac{U}{I}\right)$$

$$= -\frac{I^2}{U} \cdot \frac{I\dfrac{\mathrm{d}U}{\mathrm{d}I} - U}{I^2} = -\frac{I}{U} \cdot \frac{\mathrm{d}U}{\mathrm{d}I} + 1 \,.$$

Die abgegebene Leistung ist gegeben durch

$$P = \frac{1}{2} U I \,.$$

Beim Maximalwert von P verschwindet die Ableitung nach der Stromamplitude I:

$$\frac{\mathrm{d}P}{\mathrm{d}I} = \frac{1}{2}\left(I\frac{\mathrm{d}U}{\mathrm{d}I} + U\right) = 0 \,.$$

Daraus folgt

$$\frac{\mathrm{d}U}{\mathrm{d}I} = -\frac{U}{I} < 0 \,.$$

Dies bedeutet, daß das Maximum der Leistung im abfallenden Teil der Kurve in Bild 7.4a auftritt. Für den Kompressionsfaktor in diesem Betriebspunkt ergibt sich

$$k_a = 2 \,.$$

Übungsaufgabe 7.2

Die Schwingfrequenz folgt aus Gl. (7.37):

$$F_0 = \frac{\Omega_0}{2\pi} = \frac{1}{2\pi\sqrt{LC}} = 503{,}3\ \mathrm{MHz} \,.$$

Mit $kT_0 = -174\ \mathrm{dBm/Hz}$ und Gl. (7.12) erhält man für W_0:

$$W_0 = \frac{F_{eff} \cdot kT_0}{2P_{in}} = \frac{(-174 + 20)\,\text{dBm/Hz}}{3\,\text{dBm}} = -157\,\text{dB/Hz}.$$

Die Grenzfrequenz $f_g = \omega_g/2\pi$ des Amplitudenrauschens beträgt

$$f_g = \frac{k_a R_0}{4\pi L} = \frac{2 \cdot 50}{4\pi \cdot 10^{-6}}\,\text{Hz} = 7{,}96\,\text{MHz}.$$

Für $f \ll f_g$ hat das Amplitudenrauschen den konstanten Wert

$$W_a = \frac{1}{k_a^2} W_0 = (-157 - 6)\,\text{dB/Hz} = -163\,\text{dB/Hz}.$$

Das Phasenrauschen bei einer Offsetfrequenz von 1 kHz ergibt sich zu

$$W_\phi = \frac{R_0^2}{(2\omega L)^2} W_0 = \frac{2500}{(4\pi \cdot 10^3 \cdot 10^{-6})^2}(-157\,\text{dB/Hz}) = -85{,}0\,\text{dB/Hz}.$$

Damit erhält man für die Spektren W_a und W_ϕ die im Bild dargestellten Kurven.

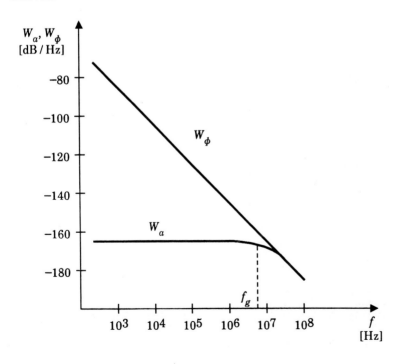

Wegen Gln. (6.34) und (6.35) sind die Zahlenwerte von W_a und W_ϕ identisch mit denen für die normierten Einseitenbandrauschleistungen $(P_{ssb}/P_c)_a$ und $(P_{ssb}/P_c)_\phi$.

Übungsaufgabe 7.3

Bei Berücksichtigung des $1/f$-Rauschens ist das Spektrum W_0 nicht mehr konstant, sondern ändert sich unterhalb von f_c mit 10 dB/Dekade. Damit ergeben sich für W_a und W_ϕ die in den folgenden Bildern dargestellten Kurven.

a) $f_c < f_g$:

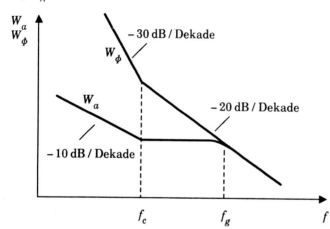

b) $f_c > f_g$:

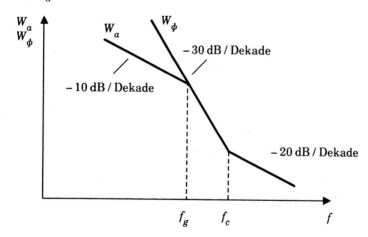

Übungsaufgabe 7.4

Die Funktion $\underline{H}(\Omega)$ aus Gl. (7.33) ist nun gegeben durch

$$\underline{H}(\Omega) \;=\; \frac{1}{R_0} \;+\; j\Omega C \;+\; \frac{1}{j\Omega L} \;.$$

Durch Einsetzen in die Schwingbedingung erhält man wie bei der Schaltung mit Serienschwingkreis die Gln. (7.36) und (7.37); Schwingfrequenz Ω_0 und -amplitude I_0 stimmen also für beide Schaltungen überein. Die Spannung $\underline{U}$ ist jetzt identisch mit der Spannung am Lastwiderstand, so daß $\underline{A}(\Omega) \equiv 1$ gilt. Mit $\Omega = \Omega_0 + \omega$ und $\omega \ll \Omega_0$ folgt

$$\underline{H}(\Omega) \;=\; \frac{1}{R_0} \;+\; 2j\omega C$$

und

$$\underline{H}_\Sigma \;=\; 1 + 2j\omega R_0 C \,; \qquad \underline{H}_\Delta \;=\; 0 \,.$$

Für die Amplituden- und Phasenschwankungen ergibt sich:

$$\frac{\Delta \underline{U}_R}{U_{R0}} \;=\; \frac{\Delta \underline{U}}{U_0} \;=\; \frac{1}{k_a - 2j\omega R_0 C(1-k_a)} \; \frac{\Delta \underline{U}_n}{U_0} \;,$$

$$\Delta \underline{\Theta} \;=\; \Delta \underline{\Psi} \;=\; -\,\frac{1}{2j\omega R_0 C} \; \Delta \underline{\Psi}_n \;.$$

Die Stabilität läßt sich mit Hilfe der Funktion

$$N(p) \;=\; k_a - 2p R_0 C (1 - k_a)$$

überprüfen. Aus $N(p) = 0$ folgt

$$p \;=\; \frac{k_a}{2 R_0 C (1 - k_a)} \;.$$

Für $0 < k_a < 1$ ist $p > 0$; die Schaltung ist daher im allgemeinen nicht stabil.

Eintoroszillatoren mit Parallelschwingkreis sind stabil, wenn der aktive Zweipol Kennlinien der folgenden Form aufweist:

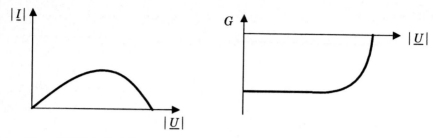

Gegenüber Bild 7.4 sind Strom und Spannung vertauscht worden. Damit läßt sich der Oszillator mit Parallelschwingkreis völlig analog zur Schaltung mit Serienschwingkreis berechnen, da lediglich in allen Gleichungen die dualen Größen einzusetzen sind.

Übungsaufgabe 7.5

Die optimale Signalleistung kann mit Gl. (6.77) berechnet werden:

$$P_{s\,opt} = \frac{P_{sat}}{G_0} \cdot \ln G_0 = (5\,\text{dBm}) \cdot \ln(15\,\text{dB}) = 10,4\,\text{dBm}.$$

Die Verstärkung bei diesem Signalpegel beträgt:

$$G(P_{s\,opt}) = \frac{G_0 - 1}{\ln G_0} = 9,5\,\text{dB}.$$

Am Ausgang des Verstärkers erhält man daher eine Leistung von 19,9 dBm. Durch den Leistungsteiler reduziert sich die Ausgangsleistung des Oszillators auf 16,9 dBm $\approx$ 50 mW.

Aus Gl. (7.59) folgt

$$G(P_{s\,opt}) \cdot 2\beta^2 = (1 + 2\beta)^2 = 4\beta^2 + 4\beta + 1$$

oder

$$\beta^2 - \frac{2\beta}{G(P_{s\,opt}) - 2} - \frac{1}{2G(P_{s\,opt}) - 4} = 0.$$

Die quadratische Gleichung hat die Lösung

$$\beta = \frac{1 + \sqrt{\dfrac{G(P_{s\,opt})}{2}}}{G(P_{s\,opt}) - 2} = 0,45.$$

404

Übungsaufgabe 7.6

Der Amplitudenkompressionsfaktor bei optimaler Eingangsleistung ergibt sich mit Gl. (6.79):

$$k_a = 1 - \frac{\ln G_0}{G_0 - 1} = 0{,}887 \, .$$

Für die Grenzfrequenzen $f_{g1} = \omega_{g1}/2\pi$ und $f_{g2} = \omega_{g2}/2\pi$ erhält man:

$$f_{g1} = k_a(1 + 2\beta) \frac{F_0}{2Q_0} = 8{,}43 \, \text{MHz} \, ,$$

$$f_{g2} = \frac{1}{k_a} f_{g1} = 9{,}50 \, \text{MHz} \, .$$

Die spektrale Leistungsdichte W_0 berechnet sich zu

$$W_0 = \frac{F_{eff} \, kT_0}{2P_{in}} = (-174 + 20 - 3 - 10{,}4) \, \text{dB/Hz} = -167{,}4 \, \text{dB/Hz} \, .$$

Ohne Berücksichtigung des $1/f$-Rauschens beträgt das Amplitudenrauschen bei Frequenzen unterhalb von f_{g1}

$$W_a = \left(\frac{1}{k_a} - 1\right)^2 W_0 = -185{,}3 \, \text{dB/Hz}$$

und oberhalb von f_{g2}

$$W_a = (1 - k_a)^2 W_0 = -186{,}3 \, \text{dB/Hz} \, .$$

Bei starker Amplitudenkompression liegen die beiden Grenzfrequenzen direkt nebeneinander; der Abfall im Amplitudenrauschen ist dann nur sehr schwach ausgeprägt.

Ohne $1/f$-Rauschen ist das Phasenrauschen gegeben durch

$$W_\phi(f) = \left[1 + \left(\frac{1 + 2\beta}{2Q_0 f/F_0}\right)^2\right] W_0 \, ;$$

bei $f = 1 \, \text{kHz}$ erhält man den Zahlenwert $W_\phi = -87{,}8 \, \text{dB/Hz}$.

Bei Berücksichtigung des $1/f$-Rauschens sind alle Zahlenwerte für die Spektren noch mit $(1+f_c/f)$ zu multiplizieren. Damit ergeben sich die im Bild dargestellten Kurven.

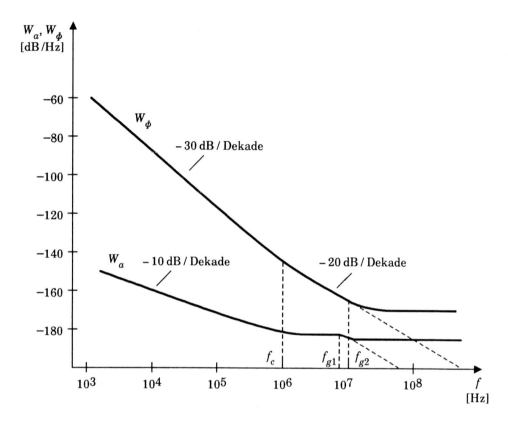

Übungsaufgabe 7.7

Durch die Vertauschung der Reihenfolge von Resonator und Leistungs-teiler ändert sich die Funktion $\underline{H}(\Omega)$ nicht. Daher bleibt auch die Schwing-bedingung unverändert und die daraus berechneten Werte für die Schwingamplitude, den Koppelfaktor β und den Amplitudenkompressions-faktor k_a stimmen mit denen aus den Übungsaufgaben 7.5 und 7.6 überein. Durch die modifizierte Auskopplung ist die Funktion $\underline{A}(\Omega)$ nicht mehr frequenzunabhängig; es gilt:

$$\underline{A}(\Omega) \;=\; \underline{H}(\Omega)\,.$$

Mit Gl. (7.19) erhält man für die Amplituden- und Phasenschwankungen des Ausgangssignals:

$$
\begin{bmatrix} \dfrac{\Delta \underline{Z}}{Z_0} \\[2ex] \Delta \underline{\Theta} \end{bmatrix} = \begin{bmatrix} \underline{H}_\Sigma & j\underline{H}_\Delta \\[1ex] -j\underline{H}_\Delta & \underline{H}_\Sigma \end{bmatrix} \begin{bmatrix} \dfrac{\Delta \underline{Y}}{Y_0} \\[2ex] \Delta \underline{\Psi} \end{bmatrix}
$$

mit $\quad \underline{H}_\Sigma = \dfrac{1+2\beta}{1+2\beta+2jQ_0\omega/\Omega_0}$

und $\quad \underline{H}_\Delta = 0$.

Daraus folgt

$$
\frac{\Delta \underline{Z}}{Z_0} = \frac{1+2\beta}{k_a(1+2\beta)+2jQ_0\omega/\Omega_0} \cdot \frac{\Delta \underline{Y}_n}{Y_0}
$$

$$
\Delta \underline{\Theta} = \frac{1+2\beta}{2jQ_0\omega/\Omega_0} \cdot \Delta \underline{\Psi}_n
$$

mit den Spektren

$$
W_a(\omega) = (1-k_a)^2 \frac{(1+2\beta)^2}{k_a^2(1+2\beta)^2+(2Q_0\omega/\Omega_0)^2} W_0,
$$

$$
W_\phi(\omega) = \left(\frac{1+2\beta}{2Q_0\omega/\Omega_0}\right)^2 W_0.
$$

Ein Vergleich mit den Gln. (7.65) und (7.66) zeigt, daß nun die Grenzfrequenz ω_{g2} nicht mehr auftritt. Das Phasenrauschen fällt konstant mit 20 dB / Dekade ab; dasselbe gilt für das Amplitudenrauschen für Offsetfrequenzen oberhalb der Grenzfrequenz ω_{g1}. Quantitativ erhält man unterhalb der Grenzfrequenz $f_{g1} = 8{,}43$ MHz für die Spektren W_a und W_ϕ dieselben Werte wie in Übungsaufgabe 7.6. Der für $f \gg f_{g1}$ für beide Spektren konstante Abfall mit 20 dB / Dekade führt zu den im Diagramm gestrichelt eingezeichneten Kurven.

407

Übungsaufgabe 7.8

Mit Gl. (7.90) gilt für die Standardabweichung der gemessenen Geschwindigkeit:

$$\sigma_v = \frac{c}{\Omega_0} \sigma_\Omega$$

mit σ_Ω als Standardabweichung der Frequenzdifferenz. Wie bei der Berechnung von σ_ϕ läßt sich σ_Ω als Integral des zugehörigen Spektrums darstellen:

$$\sigma_\Omega^2 = 2 \int_{-\infty}^{+\infty} W_\Omega(f)\,[1 - \cos(2\pi ft)]\,df.$$

Wegen

$$\Delta\Omega(t) = \frac{d}{dt}\left[\Delta\phi(t)\right]$$

ist der Zusammenhang zwischen den Spektren W_Ω und W_ϕ gegeben durch

$$W_\Omega = (2\pi f)^2\, W_\phi.$$

Daraus folgt:

$$\sigma_\Omega^2 = 2 \int_{-\infty}^{+\infty} (2\pi f)^2\, W_\phi(f)\,[1 - \cos(2\pi ft)]\,df.$$

Übungsaufgabe 7.9

Für das Ausgangssignal des Verstärkers hat der 3 dB-Koppler dieselbe Wirkung wie der Leistungsteiler in Bild 7.6. Die Funktionen $\underline{H}(\Omega)$ und $\underline{A}(\Omega)$ aus den Gln. (7.56) und (7.57) ändern sich daher nicht. Die Übertragungsfunktion $\underline{E}(\Omega)$ des Einkopplungsnetzwerkes aus Bild 7.12 hat wie $\underline{A}(\Omega)$ den konstanten Wert $1/\sqrt{2}$. Mit $\underline{Y}_i = \underline{Z}_i/\sqrt{2}$ und $\underline{Z} = \underline{Y}/\sqrt{2}$ gilt

$$\frac{\underline{Y}_i}{\underline{Y}} = \frac{1}{2}\,\frac{\underline{Z}_i}{\underline{Z}} = q_i \exp(j\theta)$$

und

$$q_i = \frac{1}{2}\left|\frac{\underline{Z}_i}{\underline{Z}}\right| = \frac{1}{2}\sqrt{\frac{P_i}{P_0}}.$$

Da $\underline{B}(x)$ gemäß Gl. (7.53) reell ist, folgt aus dem Imaginärteil der Schwing-bedingung (7.92):

$$(1 + 2\beta)\, q_i \sin \theta - 2Q_0 \frac{\Omega_i - \Omega_0}{\Omega_0}\, (1 + q_i \cos \theta) = 0\,.$$

An den Grenzen des Synchronisationsbereiches gilt $\Omega_i - \Omega_0 = \pm\Delta\Omega_m$ und $\theta = \pm 90°$. Damit ergibt sich

$$(1 + 2\beta)\, q_i = 2Q_0 \frac{\Delta\Omega_m}{\Omega_0}$$

und

$$\Delta\Omega_m = \frac{\Omega_0}{4Q_0}\, (1 + 2\beta) \sqrt{\frac{P_i}{P_0}}\,.$$

Übungsaufgabe 7.10

Die Verzögerungsleitung hat die Übertragungsfunktion

$$\underline{H}(\Omega) = \exp\left[-\left(a' + j\frac{\Omega}{v}\right)l\right] = \exp\left[-\left(a' + j\frac{\Omega_0 + \omega}{v}\right)l\right]$$

mit v als Phasengeschwindigkeit der Welle auf der Leitung. Da l ein ganz-zahliges Vielfaches der Wellenlänge bei der Schwingfrequenz Ω_0 ist, gilt $\Omega_0 l / v = n2\pi$ und daher

$$\underline{H}(\Omega_0 + \omega) = \exp\left[-\left(a' + j\frac{\omega}{v}\right)l\right]\,.$$

Zusammen mit $G(\Omega) = j$ folgt dann aus Gl. (7.129):

$$W_u(\omega) = \left(\frac{K_{AD}Y_0}{2}\right)^2 \left| \frac{\exp\left[-\left(a'+j\frac{\omega}{v}\right)l\right]+j}{\exp(-a'l)+j} - \frac{\exp\left[-\left(a'+j\frac{\omega}{v}\right)l\right]-j}{\exp(-a'l)-j} \right|^2 \cdot W_\phi(\omega)$$

$$= \left(\frac{K_{AD}Y_0}{2}\right)^2 \left| \frac{2j\exp(-a'l)\left[1-\exp\left(-j\frac{\omega}{v}l\right)\right]}{1+\exp(-2a'l)} \right|^2 W_\phi(\omega)$$

$$= \left(K_{AD}Y_0 \frac{\exp(-a'l)}{1+\exp(-2a'l)}\right)^2 \left[\left(1-\cos\frac{\omega l}{v}\right)^2 + \sin^2\frac{\omega l}{v}\right] W_\phi(\omega).$$

Durch weitere Umformung erhält man schließlich:

$$W_u(\omega) = (K_{AD}Y_0)^2 \left[\frac{\sin\frac{\omega l}{2v}}{\cosh a'l}\right]^2 W_\phi(\omega).$$

Die günstigste Leitungslänge l_{opt} kann durch Ableitung des Klammerausdrucks nach l bestimmt werden. Mit der Näherung $\sin \omega l/2v \approx \omega l/2v$ für niedrige Offsetfrequenzen ergibt sich für l_{opt} die Bedingung

$$a'l_{opt} \tanh(a'l_{opt}) = 1.$$

Diese transzendente Gleichung hat die Näherungslösung

$$a'l_{opt} \approx 1{,}2 \qquad \text{bzw.} \qquad l_{opt} \approx 1{,}2/a'.$$

Übungsaufgabe 7.11

Der Resonator möge kritisch gekoppelt sein, so daß der Frequenzdiskriminator die maximale Empfindlichkeit aufweist. Mit $\beta=1$ folgt aus Gl. (7.131):

$$H(\Omega_0) = 0, \quad H(\Omega_0+\omega) = H^*(\Omega_0-\omega).$$

Wird ein 3 dB-180°-Koppler verwendet, so tritt an einem Ausgang die Summe, am anderen Ausgang die Differenz der Eingangssignale auf. Die Amplitudenschwankungen der beiden Ausgangssignale erhält man mit Hilfe von Gl. (7.18):

$$\frac{\Delta \underline{Y}_1}{Y_0} = \frac{1}{2} \left[\frac{H(\Omega_0+\omega)+\exp{(j\gamma)}}{\exp{(j\gamma)}} + \frac{H(\Omega_0+\omega)+\exp{(-j\gamma)}}{\exp{(-j\gamma)}} \right] \frac{\Delta \underline{X}}{X_0}$$

$$+ \frac{j}{2} \left[\frac{H(\Omega_0+\omega)+\exp{(j\gamma)}}{\exp{(j\gamma)}} - \frac{H(\Omega_0+\omega)+\exp{(-j\gamma)}}{\exp{(-j\gamma)}} \right] \Delta \underline{\Phi}$$

$$= [1+H(\Omega_0+\omega)\cdot\cos{\gamma}] \frac{\Delta \underline{X}}{X_0} + H(\Omega_0+\omega)\sin{\gamma}\cdot\Delta\underline{\Phi} \quad,$$

$$\frac{\Delta \underline{Y}_2}{Y_0} = \frac{1}{2} \left[\frac{H(\Omega_0+\omega)-\exp{(j\gamma)}}{-\exp{(j\gamma)}} + \frac{H(\Omega_0+\omega)-\exp{(-j\gamma)}}{-\exp{(-j\gamma)}} \right] \frac{\Delta \underline{X}}{X_0}$$

$$+ \frac{j}{2} \left[\frac{H(\Omega_0+\omega)-\exp{(j\gamma)}}{-\exp{(j\gamma)}} - \frac{H(\Omega_0+\omega)-\exp{(-j\gamma)}}{-\exp{(-j\gamma)}} \right] \Delta \underline{\Phi}$$

$$= [1-H(\Omega_0+\omega)\cdot\cos{\gamma}] \frac{\Delta \underline{X}}{X_0} - H(\Omega_0+\omega)\sin{\gamma}\cdot\Delta\underline{\Phi} \quad.$$

Die Ausgangsspannung $u(t)$ ist die Differenz der Spannungen der beiden Detektoren, welche zu den Amplitudenschwankungen $\Delta \underline{Y}_1 / Y_0$ und $\Delta \underline{Y}_2 / Y_0$ proportional sind. Daher gilt:

$$u(t) \sim \frac{\Delta \underline{Y}_1 - \Delta \underline{Y}_2}{Y_0} = 2H(\Omega_0 + \omega)\left(\cos{\gamma} \frac{\Delta \underline{X}}{X_0} + \sin{\gamma}\,\Delta\underline{\Phi} \right).$$

Man erkennt, daß für $\gamma = 90°$ der Beitrag der Amplitudenschwankungen des Eingangssignals verschwindet, während gleichzeitig der Konversionswirkungsgrad für die Phasenschwankungen maximal wird. Bei Verwendung eines 3 dB-90°-Kopplers erhält man dasselbe Ergebnis für $\gamma = 0$.

411

Stichwortverzeichnis

3dB-Methode	125
Abwärtsmischer	179
mit FET	199
Ersatzschaltbild	185f
Gewinn	182ff
maximaler Gewinn	182ff
verfügbarer Gewinn	182ff
Vierpolersatzschaltbild	181
AM-PM-Konversionsfaktor	239
Amplitudenkonversionsfaktor	239
Amplitudenmodulation, parasitäre	117
Amplitudenrauschen	197, 244ff
von Verstärkern	232
von Oszillatoren	255ff
Amplitudenverteilung	7, 8
Amplitudenverteilungsdichte	7
Antennenrauschen	62
Autokorrelationsfunktion	12
Transformation der	26, 27
Avalanche-Diode	127
Avalancherauschen	4
äquivalente Basisbandzeiger	226
äquivalente Rauschtemperatur	41
Messung der	94
balancierter Mischer	197
Basisbandzeiger, äquivalente	226
bedingte Wahrscheinlichkeit	9
bedingte Wahrscheinlichkeitsdichte	9
Beschreibungsfunktion	237, 252
bipolarer Transistor	145
bivariate Wahrscheinlichkeitsdichte	21
Boltzmann-Konstante	35
Breitbandmischer	185
Campbell'sches Theorem	133ff
charakteristische Funktion	16
Clutter-Rauschen	280
Dämpfungsglied, π-	60
Dichte	7
diskrete Zufallsvariable	6
Dissipationstheorem	196, 43ff, 72f
Doppelmodulation	118
effektive Bandbreite	99
effektive Temperatur	139
Einseitenbandversetzer	226
Eintoroszillator	251, 263ff
Elastanz	206
Entfernungsmessung	277f
entkoppelter Vierpol	59
ergodischer Prozeß	11
Ersatzquellen	47ff
Erwartungswert	10
externe Güte	286
Faltungssatz	17
Fehlanpassung des Meßobjekts	103
Fehler bei der Rauschleistungsmessung	97, 121

bei der Rauschtemperaturmessung	121
bei der Rauschzahlmessung	127
beim Korrelationsradiometer	124
beim Korrelator	124
Feldeffekttransistor (FET)	152
Frequenzdiskriminator	299
Frequenzmodulation	280
Frequenzrauschen	261
Frequenzteiler	242
Frequenztranslation	188, 190
Frequenzumsetzung	221
Frequenzversetzer	190
Frequenzvervielfacher	242
Funkelrauschen	5, 141, 222
Gasspektroskopie	281
Gaußprozeß	22
Gaußverteilung	8
Generatorimpedanz, optimale	80
Gesamtrauschzahl	74
Geschwindigkeitsmessung	278ff
Gewichtsfunktion	24
Gewinn	67, 104
des Abwärtsmischers	182ff
maximaler	67
Richtungsunabhängigkeit	73
verfügbarer	67
Gleichlageaufwärtsmischer	215
Gleichlageumsetzung	178
Graham-receiver	122
Grenzfrequenz des Amplitudenrauschens	267
Grenzwertsatz, zentraler	9, 17
Großsignalverstärker	240
Heterodynempfang	275
Hochfrequenzwiderstand	143
Hooge-Beziehung	223
Impatt-Diode	252
Impedanzmatrix	48
Impulsantwortfunktion	24
injizierte Leistung	285
Intrinsic-Zone	142
Isolator	56
Kaskadenformel	75ff
Kehrlageumsetzung	178
Kleinsignalleitwert	138
Kombinationsfrequenzen	177
Kompensations-Korrelationsradiometer	120
Kompensationsradiometer	107
komplexe Frequenz	262
Konversionsmatrix	237
für lineare Netzwerke	259
Konversionsverlust	184
Korrelation	12, 93, 188, 221
Korrelationsmatrix	193
Korrelationsradiometer	115
Korrelator	115

Offsetfehler	117
Kovarianz	23
Kreuzkorrelationsfunktion	13
Messung der	89
Kreuzspektrum, Messung des	89
Kreuzspektrum, normiertes	29
kritische Kopplung	302
Lawinenlaufzeitdiode	252
Lawinenrauschen	4, 141
Leistungsmesser	91
Leistungsspektrum	14, 36
Transformation des	27
Leistungsverstärkung	66
Leitwertmatrix	47
maximaler Gewinn	67
Messung der äquivalenten Rauschtemperatur	94
der Kreuzkorrelationsfunktion	89
der Mischerrauschzahl	202
der Rauschzahl	125
der verfügbaren Rauschleistung	94
des Amplitudenrauschens	295
des Kreuzspektrums	89
des Oszillatorrauschens	295ff
des Phasenrauschens	244, 297
Meßfehler, prinzipieller	88
minimale Rauschzahl des FET	169f
Mittelwert -einer Summenvariablen	20
mittleres Schwankungsquadrat	97
mittleres Spannungsquadrat	35
mittleres Stromquadrat	35
Moment	10
zentrales	10
Multiplizierer	89
nichtlineare Zweitore	219ff
Normalverteilung	8
normierte Einseitenbandrauschleistung	231
normiertes Kreuzspektrum	29
Normierungsbedingung	7
Nyquist-Beziehung	41
Gültigkeit der	41
Offsetfrequenz	230
Ohmscher Bereich	156
parametrischer Ansatz	176
parametrischer Verstärker	203. 209
Rauschzahl	212
Phasendetektor	245
Phasendetektorkonstante	245
Phasenmodulation	280
Phasenrauschen	24ff
von Oszillatoren	255ff
von Verstärkern	232
Grenzfrequenz	289
Reduzierung	282
Phasenregelkreis	290ff
Phasensynchronisation	283
PIN-Diode	142
Pinchoff-Spannung	154
Planck'sche Korrektur	41
pn-Diode	141
Poisson-Prozeß	133
Prozeß, ergodischer	11
, stationärer	11
, stochastischer	6
Pumpsignal	176
Radiometer	94
Kompensations-	107
Korrelations-	115
Schalt-	100
zweizügiges	122
Rauschanpassung	78
Rauscheckfrequenz	223
Rauschen des vollständigen FET	167
von Oszillatoren	251ff, 259
$1/f$-	5, 222
Avalanche-	4
Funkel-	5, 141, 222
Lawinen-	4, 141
moduliertes	188, 223
Schrot-	4
thermisches	4
unmoduliertes	188
Rauschersatzschaltbild, Bipolartransistor	147f
innerer FET	159
Schottky-Diode	138
vollständiger FET	168
Rauschersatzschaltung des Mischers	187
eines Vierpols	47ff
Rauschersatzwelle	55
Rauschleistung, mittlere	10
verfügbare	40
Rauschseitenband	223
Rauschwelle	55
Rauschzahl	64ff, 219
des FET	168
des inneren FET	170
des Mischers	187, 195, 276
eines Kleinsignalverstärkers	149
, Definition der	65ff
, Messung	125
, minimale	79
, parametrischer Verstärker	212
RC-Kreis	37
Realisierung	6
Reflexionsfaktor	105
Resonatorgüte	273
Sättigungsbereich	156
Schaltradiometer	100
Scharmittelwert	10
Schottky-Beziehung	136
Schottky-Diode	137
Rauschersatzschaltbild	138
Schroteffekt	4
Schrotrauschen	4, 131ff
, Spektrum des	136
Schwankungsquadrat, mittleres	97
Schwingbedingung	254, 284

Shokley-Modell	154
Signal-zu-Rauschverhältnis	68
Signalflußdiagramm	255
Signalteiler	61
Spannungssteuerung	181
spektrale Dichtefunktion	36
spektrale Leistungsdichte	14
spektrale Verteilungsfunktion	36
Spektrometer	94
Spektrum	14, 36
des Schrotrauschens	136
, einseitiges	14
, zweiseitiges	14
Spiegelfrequenz	179
Stabilitätsbedingung	262
Standardabweichung	11
Stark-Modulation	282
stationär	11
statistisch unabhängige Variable	10
statistische Unabhängigkeit	9
stetige Zufallsvariable	6
stochastische Variable	6
stochastischer Prozeß	6
Streumatrix	55
Streuung	8, 11
relative	99
Summenvariable, Mittelwert	20
Varianz	19, 20
symbolische Rechnung	31
thermisches Rauschen	3
komplexer Impedanzen	38ff
von Widerständen	35
Transistor, bipolarer	145
Feldeffekt-	152
Übertragungsfunktion	25
Vakuumröhre	131
Varaktor	203
Variable, statistisch unabhängige	10
stochastische	6
zufällige	6
Varianz	10
einer Summenvariablen	19, 20
VCO (Voltage Controlled Oszillator)	290
Verbundwahrscheinlichkeit	9
Verbundwahrscheinlichkeitsdichte	9
verfügbarer Gewinn	67
Verstärker	63
dekorrelierter	63
parametrischer	203, 209
Verteilungsdichte	7
Wahrscheinlichkeitsdichte	7
bivariate	21
Wellenbezugswiderstand	56
Wiener-Kintchine-Relationen	14
Y-Faktor-Methode	127
zentraler Grenzwertsatz	9, 17
Zirkulator	56
Zufallsvariable	6
diskrete	6
stetige	6
zufällige Variable	6
Zweitoroszillator	252, 269ff
Zweitransistormodell	159

Hüthig

Hans-Georg Unger

Elektromagnetische Theorie für die Hochfrequenztechnik

In der Hochfrequenztechnik dienen elektromagnetische Schwingungen und Wellen zur Signalübertragung, zu Meßzwecken und zur Navigation, zur medizinischen Diagnose und Therapie sowie um Stoffe zu prüfen oder zu verarbeiten. Für diese Anwendungen muß der Elektrotechniker lernen, wie elektromagnetische Wellen ausgestrahlt, übertragen und empfangen werden. Er muß bestimmen können, wie solche Schwingungen und Wellen mit Materie in bestimmten Verteilungen wechselwirken.

Für diese praktischen Aufgaben des Hochfrequenz- und Elektrotechnikers liefert dieses Buch das theoretische Rüstzeug. Neben den wichtigsten Gesetzen der elektromagnetischen Lösungsverfahren und allgemeinen Lösungen der Maxwellschen Gleichungen für Leitung-, Strahlungs- und Beugungsprobleme behandelt.

Teil I: Allgemeine Gesetze und Verfahren, Antennen und Funkübertragung, planare, rechteckige und zylindrische Wellenleiter

2., überarb. Auflage 1988, XII, 428 S., 146 Abb., kart., DM 65,—
ISBN 3-7785-1573-X

Aus dem Inhalt:
Allgemeine Eigenschaften von Feldern und Wellen im Raum · Bildtheorie · Antennen und Funkübertragung · Einfache Antennenformen · Gruppenstrahler · Wendelantennen · Ebene Wellenfunktionen · Zylindrische Wellenfunktionen · Optische Wellenleiter · Aufgaben und Lösungen.

Hüthig Buch Verlag
Im Weiher 10
6900 Heidelberg 1

Hans-Georg Unger

Elektromagnetische Theorie für die Hochfrequenztechnik

Hüthig

Teil II: Kugelwellen, Feldentwicklungen, Störungs- und Variationsverfahren, Mikrowellenkreise und Resonatoren, Wellenkopplung, magnetisierte Plasmen und Ferrite

2. Auflage 1989, VIII, 425 S.,
105 Abb., kart., DM 65,—
ISBN 3-7785-1574-8

ELTEX Studientexte
Elektrotechnik

Diese Lehrbuchreihe basiert auf Fernstudienkursen, die für den Diplomstudiengang Elektrotechnik an der Fernuniversität entwickelt worden sind.

Der vorliegende Band ist der elektromagnetischen Theorie für die Hochfrequenztechnik gewidmet.

Um die elektromagnetischen Wellen optimal nutzen zu können, muß der Elektrotechniker lernen, wie diese Wellen sich im Raum und längs Leitungen ausbreiten, wie sie ausgestrahlt und empfangen werden können und wie Körper sie beugen.

Für diese praktischen Aufgaben des Hochfrequenz- und Elektrotechnikers liefert dieses Buch das theoretische Rüstzeug. Dazu werden neben den wichtigsten Gesetzen der elektromagnetischen Theorie die mathematischen Lösungsverfahren und allgemeine Lösungen der Maxwellschen Gleichungen behandelt.

Hüthig Buch Verlag
Im Weiher 10
6900 Heidelberg 1

Hüthig

Edgar Voges

Hochfrequenztechnik

Band 1: Bauelemente und Schaltungen

1986, 403 S., 255 Abb., kart.,
DM 60,—
ISBN 3-7785-1269-2

Die Hochfrequenztechnik befaßt sich allgemein mit elektromagnetischen Vorgängen, die so schnell sind, daß Wellen- und Laufzeiteffekte maßgebend sind.

Im vorliegenden Band werden HF-Bauelemente behandelt. Die Wirkungsweisen, Bemessungsgrundlagen, Bauformen und kennzeichnenden Parameter von Bauelementen wie Transistoren (u. a. GaAs-MESFET), Dioden (u. a. Schottky-Dioden, Varaktor-Dioden, PIN-Dioden) werden dargestellt. Mit dem jeweiligen Bauelement zusammen werden exemplarische Schaltungen, Schaltungstechniken und grundsätzliche Berechnungsverfahren für z. B. Verstärker, Frequenzumsetzer, Oszillatoren angeführt.

Das Buch soll mit hochfrequenztechnischen Verfahren und Betrachtungsweisen bei Bauelementen und Schaltungen vertraut machen. Es wird dazu das Zusammenwirken von HF-Bauelementen, kennzeichnenden Parametern, Berechnungsverfahren und Schaltungsentwurf hervorgehoben.

Hüthig Buch Verlag
Im Weiher 10
6900 Heidelberg 1